水力机械空蚀与泥沙磨损

主　编　宋文武

副主编　吕文娟　石建伟　符　杰

科学出版社

北　京

内 容 简 介

本书涉及的内容主要包括空化与空蚀的基本理论、水力机械中的空化与空蚀、水力机械空化流动数值模拟、水力机械泥沙磨损、含沙水中空蚀和磨蚀理论、水力机械抗磨蚀材料及表面强化技术，以及含沙水中水力机械抗磨蚀设计和运行措施等。本书充分反映运行在含沙水中的水力机械的空化、空蚀与泥沙磨损的分析方法及先进的实用技术，同时在进行数值模拟分析时配有实例，内容充实，结构清晰，便于读者阅读和理解。

本书主要作为能源与动力工程专业流体机械及工程方向的本科生、研究生的教材，同时可作为从事流体机械及工程的研究、设计、制造、安装、检修与运行等有关工程技术人员的参考书。

图书在版编目（CIP）数据

水力机械空蚀与泥沙磨损 / 宋文武主编. —北京：科学出版社，2020.3

ISBN 978-7-03-064433-6

Ⅰ. ①水… Ⅱ. ①宋… Ⅲ. ①水力机械－空蚀－研究②水力机械－泥沙磨损－研究 Ⅳ. ①TV131.66

中国版本图书馆 CIP 数据核字（2020）第 025047 号

责任编辑：冯 铂 刘 琳 / 责任校对：杜子昂
责任印制：罗 科 / 封面设计：墨创文化

科学出版社出版
北京东黄城根北街 16 号
邮政编码：100717
http: //www.sciencep.com
成都锦瑞印刷有限责任公司印刷
科学出版社发行 各地新华书店经销
*
2020 年 3 月第 一 版 开本：787×1092 1/16
2020 年 3 月第一次印刷 印张：16 1/4
字数：380 000

定价：58.00 元

（如有印装质量问题，我社负责调换）

前　言

水力机械在国民经济中的地位和作用非常重要，我国水力资源十分丰富，水能又是清洁可再生能源，开发水能是实现可持续发展战略的重要举措。但运行在含沙水中的水力机械常常出现空化、空蚀与泥沙磨损，造成设备性能下降、机组寿命缩短，威胁着电力生产系统的安全运行。而水力机械破坏往往是空化、空蚀与泥沙磨损的综合体现，为了深入了解运行在含沙水中的水力机械的抗空化、空蚀与泥沙磨损性能，有必要从空化、空蚀与泥沙磨损等全方面分析成因，抓住问题的主要矛盾。为推动我国水力机械事业的发展，我们在总结多年教学经验的基础上，结合水力机械空化、空蚀与泥沙磨损研究的需要，编写了本书。

本书共分 8 章。涉及的内容主要包括空化与空蚀的基本理论、水力机械中的空化与空蚀、水力机械空化流动数值模拟、水力机械泥沙磨损、含沙水中空蚀和磨蚀理论、水力机械抗磨蚀材料及表面强化技术，以及含沙水中水力机械抗磨蚀设计和运行措施等。

本书充分反映运行在含沙水中的水力机械的空化、空蚀与泥沙磨损的分析方法及先进的实用技术，同时在进行数值模拟分析时配有实例，内容充实，结构清晰，便于读者阅读和理解。

本书由宋文武教授任主编，吕文娟讲师、石建伟讲师、符杰副教授任副主编。其中第 1 章、第 2 章由吕文娟讲师编写，第 3 章、第 4 章、第 5 章、第 6 章由宋文武教授编写，第 7 章由石建伟讲师编写，第 8 章由符杰副教授编写。另外，宋文武教授团队的研究生陈建旭、罗旭、万伦、宿科等参与了部分章节的编写和图表处理工作，全书由宋文武教授负责统稿。

本书由兰州理工大学李仁年教授主审，西华大学副校长刘小兵教授、西华大学能源与动力工程学院赖喜德教授等对本书的编写提出了许多宝贵意见。本书是我们在总结多年“水力机械空化、空蚀与泥沙磨损”课程教学讲义及教学经验的基础上，适应现代水力机械空化、空蚀与泥沙磨损研究发展的趋势，结合西华大学以及国内外同行的大量研究成果编写而成的，因此，在本书的编写过程中参阅并引用大量的文献与研究成果，同时，本书的编写还凝聚了我们的同事、朋友和研究生的心血，在此一并致谢！

本书的出版得到了流体及动力机械教育部重点实验室、流体机械及工程四川省重点实验室、四川省教育厅省级教改项目以及西华大学教务处、发展规划处、研究生部、学科建设办公室、能源与动力工程学院等的大力支持，在此表示衷心的感谢！

同时，本书的出版还得到了四川省科技厅项目以及四川省教育厅重大培育项目的资助，在此表示衷心的感谢！

最后还应说明的是，虽然我们尽了最大的努力，但限于水平，书中难免有疏漏与不妥之处，恳请读者给予批评指正。

编　者

2019 年 1 月

前言

[illegible]

目　录

第1章　绪　论

空化与空蚀（或统称空蚀）是发生于液体作为介质的水力机械中的一种特有现象，而在固体和空气中一般不会发生空化和空蚀。1893 年，人们确认英国一台驱逐舰螺旋桨的破坏是空化的结果，这是首次发现的空化现象。之后人们对螺旋桨、水轮机和水泵等水力机械的空化问题进行了大量研究。随着水力机械向高速、大容量方向发展，空化一直是至关重要的问题。

在水力机械的运行过程中，空蚀会使水力机械的过流部件产生侵蚀破坏，并伴随严重的噪声和振动，空蚀严重时还会使得水力机械效率显著降低甚至不能正常运行。因此，水力机械的空蚀问题是水力机械设计、制造、科学研究及水电站、泵站运行等方面非常关心的基本问题，也是提高水力机械力学性能和质量所必须研究与解决的重要课题。

本章主要介绍空化与空蚀相关的基本概念、研究发展史及空蚀的分类和危害等。

1.1　空化与空蚀的基本概念

在常温常压下，液体分子逸出液体表面而成为气体分子的过程，称为汽化。从微观角度来看，汽化是液体中动能较大的分子克服液体表面分子的引力而逸出液体表面的过程。如果维持液体温度不变，使液体表面的压力（即压强）降低到某个临界值后，液体也会汽化，在液体中形成含有蒸气或其他气体的明显气泡（或称空泡、空穴）。气泡随液体运动到压力较高的地方后，泡内的蒸气将重新凝结，气泡溃灭。伴随着气泡的初生、发育和溃灭，会产生一系列的物理和化学现象。这种由表面压力降低使液体汽化的过程称为空化，它包括空泡的初生、发育和溃灭的整个过程。

汽化的临界压力称为汽化压力，以 p_v 表示。汽化压力不但随液体性质的不同而不同，而且随液体温度的变化而变化。对于同一种液体来说，随着温度的升高，汽化压力也增大，水在各种温度下的汽化压力值见表 1.1。为应用方便，汽化压力用其导出单位 mH_2O（$1mH_2O = 9806.65Pa$）表示。

表 1.1　水的汽化压力值

水的温度/℃	0	5	10	20	30	40	50	60	70	80	90	100
汽化压力/mH_2O	0.06	0.09	0.12	0.24	0.43	0.72	1.26	2.03	3.18	4.83	7.15	10.33

从物理本质上看，空化与沸腾这两种现象至少在初生问题上是一样的，只是液体在汽化的原因上有所不同。沸腾由于升温而形成，而空化是由于压力下降而引起的。除了沸腾和空化这两种液体汽化的现象，当液体中含有过饱和的气体而压力降低时，大量气体也会释放出来，也可在液体中出现气体，这种现象称为起泡或伪空化，它与空化有着本质上的不同。图 1.1 反映了空化和沸腾状态变化方向的不同。

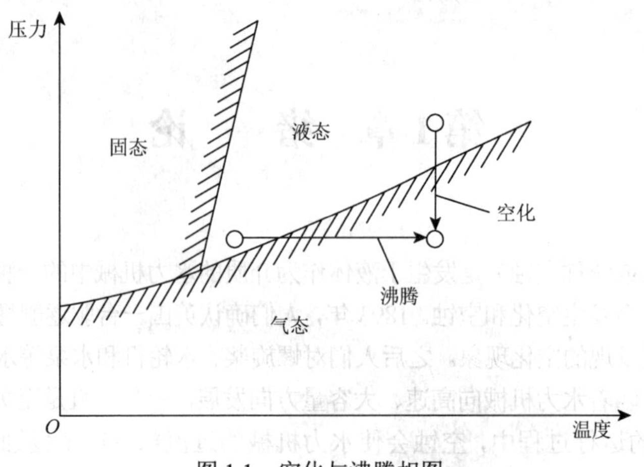

图 1.1 空化与沸腾相图

按照空化发展的不同阶段，空化可分为初生空化、附体空化和超空化三个阶段。

1. 初生空化

随着液流中压力的降低，当某一低压区的压力降低到产生空化的临界压力（即 $p=p_{cr}$）时，液流中开始出现不连续的、阵发性的空泡，称为初生空化。

2. 附体空化

当液流低压区的压力继续降低（$p<p_{cr}$）时，低压区范围扩大，空泡便持续存在，成为发展的空化。但这时空化的范围仍不大，贴附在绕流体（过流部件）上，故称为附体空化。

3. 超空化

随着液流中低压区的压力进一步降低，低压区的范围不断扩大，空化区范围也不断发展，最后空泡长度超过了绕流体的范围，形成了稳定的尾流，这时的空化称为超空化。

通常所讲的空蚀现象包括空化和空蚀两个过程。如前所述，空化是在液体中形成空穴，使液相流体的连续性遭到破坏，它发生在压力下降到某一临界值的流动区域中。在空穴中主要充满着液体的蒸气以及从溶液中析出的气体。当这些空穴进入压力较低的区域时，就开始发育为较大的空泡，然后空泡被流体带到压力高于临界值的区域，空泡生存的条件消失，于是空泡破裂溃灭，空泡在流场中初生、发育、溃灭与再生，循环不已。这个过程称为空化。空化过程可以发生在液体内部，也可以发生在固定边界上。

空泡溃灭后发生一系列复杂的物理现象，对过流表面的材料造成破坏。这种由于空泡的溃灭对过流表面材料的破坏现象称为空蚀。在空泡溃灭过程中伴随着机械、电化、热力、化学等过程的作用。同时由空蚀的过程可见，空蚀是包含空泡的初生、发育和溃灭的非恒定过程，这个过程发展得极快，只有凭借高速的显微记录仪器，才能观察到这一全过程。克纳普（Knapp）和霍兰德（Hollander）对弹头体空泡的高速摄影记录（拍摄频率为 2 万幅/s）显示了空泡发育、溃灭、反弹到最后完全溃灭的全过程，整个过程历时约 0.006s，如图 1.2 所示。

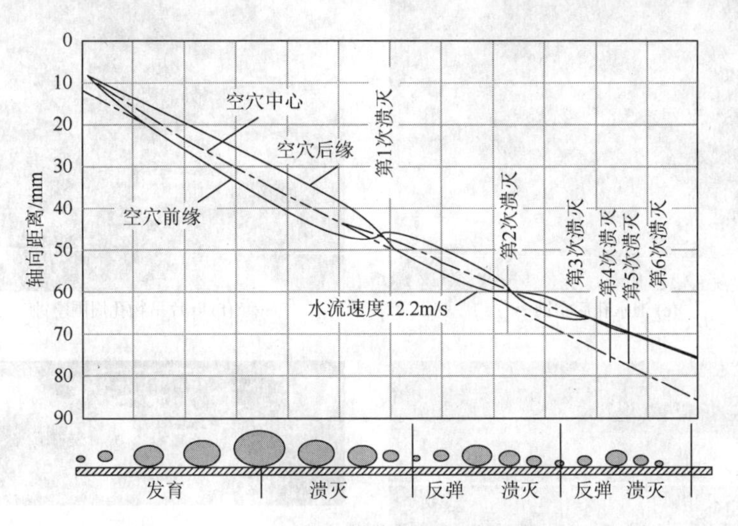

图 1.2 空泡发育和溃灭的历史过程

空蚀是空化的直接后果，空蚀只发生在固体边界上。不同于冲刷、磨损、冲击和撞击，空蚀对材料的破坏是空化空泡的溃灭所致，是大量空泡溃灭所释放的能量被材料吸收而造成的，其中空泡溃灭时产生的高压对材料的反复冲击引起材料的疲劳断裂是最主要的原因。图 1.3 为一些发生空蚀的材料表面示例。

(a) 空蚀破坏的金属材料表面

(b) 混流式水轮机转轮叶片空蚀（一）

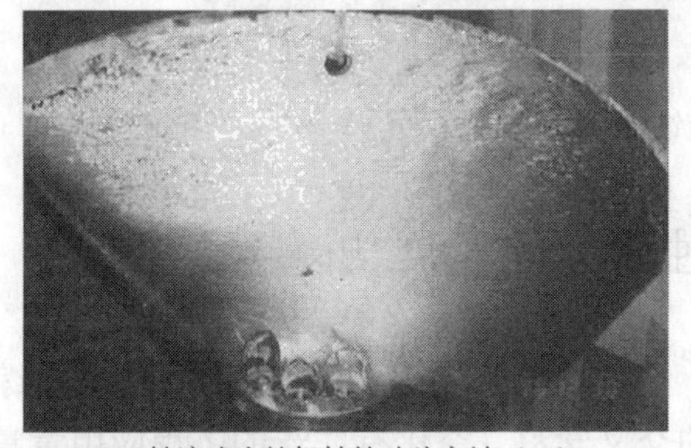

(c) 轴流式水轮机转轮叶片空蚀（一）

(d) 空蚀破坏的混流式水轮机转轮

(e) 泄水孔后空蚀　(f) 叶片吊物孔周围空蚀

(g) 出水口空蚀　(h) 混流式水轮机转轮叶片空蚀（二）

(i) 轴流式水轮机转轮叶片空蚀（二）　(j) 离心泵叶轮叶片空蚀

图 1.3　发生空蚀的材料表面

1.2　空化与空蚀研究的发展史

人们认识和研究空化至今只有 100 多年。空化属于水动力学研究范畴，同时是综合流体力学、物理学、材料学、声学等多门学科的交叉学科。空化有广泛的工程应用背景，在船舶工程、水中兵器、水利工程和水力机械等的设计中，抗空化性能都占有相当重要的地位；在环保工程、医疗工程、宇航工程、核工程等领域，空化也越来越受到重视和关注。

1754 年，欧拉（Euler）首先从理论上预言，流体可能发生空化、空蚀。他指出，水管中某处的压强降低到负值时，水即自管壁分离，而在该处形成一个真空空间，这种现象应予避免。

1893 年及其后的三五年中，英国的一艘驱逐舰和一艘汽轮机船先后在航行中航速突然下降，检查发现螺旋桨桨叶莫名其妙地被物体击穿。后来才知道，这是螺旋桨上发生的空化现象。这是人们对空化的第一次感性认识。

1895 年，英国工程师帕森斯（Parsons）设计组装了一台设备，用于在实验室里观察螺旋桨桨叶被击穿的现象。该设备虽然很小，全长约 1m，试验段截面面积只有 15cm^2，但它却是世界上第一个空化实验水洞。

1897 年，英国巴纳比（Barnaby）在与帕森斯等一起研究船舶螺旋桨推进效率严重下降问题的过程中，参考雷诺（Reynolds）“当螺旋桨上压力降低到真空时吸入空气”的分析，参照弗劳德（Froude）研究中曾用过的“cavitation”一词，将击穿螺旋桨桨叶的这种水动力学现象定义为空化（cavitation）。这是第一次提出“空化”概念。

1924 年，美国托马斯（Thomas）建议用一个无量纲参数来描述液体中的空化状态，这个参数后来发展成为空化相似参数。从此对空化现象有了定量的描述，可以依此进行试验模拟和比较换算。

20 世纪初，水泵和水轮机也出现了同样现象。1935 年，巴拿马地峡的麦登（Madden）水坝输水廊道发生严重的空蚀破坏；1941 年，美国鲍尔德水利枢纽东岸泄洪隧道又遭严重破坏，引起美国政府的高度重视，责令陆军工程兵团研究并解决空化破坏问题，从而引发了世界各国对空化，尤其是空蚀的广泛研究。

瑞利（Rayleigh）早在 1917 年就计算过一个空心的球泡在无界静止液体中的溃灭问题；1949 年，普莱赛特（Plesset）在瑞利的基础上，考虑液体的黏性和表面张力，计算了一个含空气和蒸气的球形泡从发育到溃灭的完整过程，从而建立了空泡动力学基本方程，这就是著名的瑞利-普莱赛特（Rayleigh-Plesset，R-P）方程。此后，空泡动力学和空化的理论研究进入了一个蓬勃发展的时期。

20 世纪 40 年代，空蚀研究出现了气核（核子）理论，对空化、空蚀现象的解释更进一步，也更加趋于合理。50 年代以后，世界各国对空蚀机理的研究都十分重视，并且着重于解决工程实际问题。例如，克纳普等发现了固定空蚀结构的不稳定性，揭示了空蚀引起强烈振动的原因，其产生的条件为，绕流速度大于 15m/s，绕流界面长厚比大于 4.5，固定空蚀频率为 12～200Hz。

1970 年，美国克纳普等出版了 *Cavitation* 一书，比这稍早一点的时候（1966 年），前苏联毕尔尼克（Перник）出版了 *проблемыКавитация* 一书。这两本书第一次全面系统地阐述了当时人们对空化的认识。两本书的风格不同，前者比较直观，后者比较理论化。

1966 年，国际拖曳水池会议（International Towing Tank Conference）空化委员会组织了全球第一次空化起始比较试验，并且几经模型更换、试验内容充实、试验规则完善，历时 20 多年，对空化实验模拟和相似换算的研究起到了重要作用。

自进入宇航时代以来，由于空蚀对液体火箭燃料泵、空间动力站泵（这些泵都要求高速、高压、轻量、安全）的影响十分突出，空蚀的研究就显得更加必要了。20 世纪 70 年代初，英国、日本、联邦德国等国家先后研究了超空蚀前置轮和超空蚀泵，用作火箭发动机泵、化工流程泵、热电站冷凝泵和试验供水泵等。

20 世纪 70 年代中期，前苏联在超空泡减阻问题的研究上取得了举世瞩目的成就，研制出速度达到 100m/s 的“暴风雪”超空泡超高速鱼雷。虽然工程应用并不很成功，但这是人类对空化裨益的第一次重大应用。

100 多年来，人们对空化现象进行了不断的研究，逐渐揭示空化的机理，并为空化的防治提供了有效的措施。

1.3 空蚀的分类及危害

1.3.1 空蚀的分类

1. 按空泡团的形态及空泡生成原因分类

（1）游移型空蚀。它是由一种单个瞬态空泡或小空泡团组成的空蚀现象。这些空泡或小空泡团在液体中形成并随液体流动而膨胀、收缩、反弹、溃灭。这种空蚀可发生在界面低压点或液体内部的移动漩涡核心内。

（2）固定型空蚀。它是由附着在绕流体固定界面上的空泡团构成的空蚀现象。这种空泡团与液体有光滑的分界线，而且相对来说是稳定的，故称固定型空蚀。这种空蚀可发生在水泵叶片进口边附近，它与叶型、水流冲角、流速、叶槽内压力等因素有关。

从瞬态来说，固定空泡团并不稳定，空泡团的末端常产生回充水流，使空泡团消失，但接着又会产生空泡团，这是一个产生、消失不断循环的过程。

（3）漩涡型空蚀。它是一种高剪切流形成的漩涡中心低压区产生的空蚀。从空泡的形态来说，它可能是游移型的，也可能是固定型的，如轴流泵叶片外缘与叶轮室内壁的间隙处产生的空蚀就属于漩涡型空蚀。漩涡型空蚀也可发生在淹没射流的剪切流内，以及过流表面刻痕、凸起物的下游，后者也称为粗糙空蚀。

（4）振动型空蚀。液体中固体表面振动，从而在液体中产生压力脉动，使液体压力降到等于或低于汽化压力时，引起振动型空蚀。它的特点是液体并不流动，局部液体反复产生空泡。根据振动引起空蚀的原理设计的磁激振荡空蚀发生器已广泛应用于研究材料的抗剥蚀性能领域。

2. 按空蚀在水力机械内的部位分类

（1）叶面空蚀。发生在叶片表面的空蚀。

（2）间隙空蚀。发生在水泵（轴流泵、混流泵、离心泵）和水轮机叶片外缘与叶（转）轮室内壁的间隙处。

（3）涡带空蚀。由于进水流道产生涡带，其中心压力下降到汽化压力并伸入水力机械内引起的空蚀。

以此类推，按空蚀发生部位命名，如导叶空蚀、隔舌空蚀等。

3. 按产生空蚀的设备或机件名称分类

（1）水力机械空蚀，如水泵、水轮机等的空蚀。

（2）管路系统空蚀，如闸阀、孔板、文丘里管、虹吸管等的空蚀。

（3）水工建筑物空蚀，如坝面空蚀、闸门空蚀等。

1.3.2　空化的危害

在医疗、水加工领域，可以利用空化进行结石破碎、机加工毛刺清除等工作。但是在水力机械领域，目前得出的结论是：在水力机械内发生的空化过程都是有害的，其危害主要表现在3个方面。

（1）空化会导致水力机械水力性能明显降低。对于泵而言，通常当进口压力降低到某种程度时，其性能会急剧下降，这种现象定义为空化断裂。空化的这种负面作用自然会影响到泵的设计，也就是说需要对泵的设计进行改进以使空化对泵性能的负面影响降到最低，或者在空化依然存在的情况下通过其他方法提高泵的性能。在离心泵或者斜流泵叶轮进口上游安装诱导轮就是一种改进的设计方法。另外一种改进设计方法是采用超空化转桨式叶片形状，这种超空化翼型的形状像弧形的楔子，进口边很锋利，出口边较钝、较厚，主要用于螺旋桨的设计领域。

（2）空化会导致材料表面的破坏。当空泡输送到高压区时，空泡破裂，靠近空泡破裂位置的材料表面就会受到破坏。空化强度可能非常高，而且很难消除。对于大多数水力机械的设计者而言，空化破坏可能是空化研究中最大的问题。以完全消除空化为目标的研究曾经有很多，但是事实证明这几乎是不可能的。因此，对空化破坏的研究方向已经调整为尽量降低空化的负面作用。同时，通常与空化破坏相伴随的还有空化振动和空化噪声等问题。

（3）空化的第三个负面作用并不为人周知。要了解空化的第三个负面作用，首先应明确的是空化不仅对定常态的流体流动产生影响，而且会影响流动的非定常特性或者动态响应特性。对动态响应特性的改变会使流动内部出现不稳定性，这些不稳定性在没有空化的时候不会发生。这些不稳定性包括旋转空化和空化喘振等，旋转空化与压缩机中的旋转失速现象相似，空化喘振与压缩机喘振类似。这些不稳定性会导致流量和压力的振荡，从而引起泵及其进出口管路的结构破坏。由空化引起的各种各样的非定常流动的分类目前还没有完全建立起来。

第 2 章 空化与空蚀的基本理论

本章介绍的内容是：空泡动力学基础；空蚀的机理；材料的抗空蚀性能；空化数；水力机械空化系数、吸出（上）高度及安装高程；空化相似定律和空化比转速；空蚀的比尺效应。

2.1 空泡动力学基础

如果在空间中空泡的密度不太大，则每一个空泡将独立运动，而邻近空泡运动对其影响可忽略。因此，研究单个空泡的运动特性及其有关动力变化过程对不同类型的空化均具有普遍意义，有关的学科称为空泡动力学（bubble dynamics）。空泡动力学属于流体力学的一个分支，研究液体中空泡的初生、发育和溃灭等理论问题。它涉及的数学和流体力学知识较多，本节简要介绍有关内容，重点内容是空化现象的物理概念分析。

2.1.1 不可压缩非恒定势流的能量方程

不可压缩非恒定势流的能量方程又称运动方程，是流体动力学的基础。

理想流体的运动微分方程（即欧拉运动微分方程）为

$$\begin{cases} f_x - \dfrac{1}{\rho}\dfrac{\partial p}{\partial x} = \dfrac{\partial u_x}{\partial t} + u_x\dfrac{\partial u_x}{\partial x} + u_y\dfrac{\partial u_x}{\partial y} + u_z\dfrac{\partial u_x}{\partial z} \\ f_y - \dfrac{1}{\rho}\dfrac{\partial p}{\partial y} = \dfrac{\partial u_y}{\partial t} + u_x\dfrac{\partial u_y}{\partial x} + u_y\dfrac{\partial u_y}{\partial y} + u_z\dfrac{\partial u_y}{\partial z} \\ f_z - \dfrac{1}{\rho}\dfrac{\partial p}{\partial z} = \dfrac{\partial u_z}{\partial t} + u_x\dfrac{\partial u_z}{\partial x} + u_y\dfrac{\partial u_z}{\partial y} + u_z\dfrac{\partial u_z}{\partial z} \end{cases} \tag{2-1}$$

对式（2-1）进行推演可得如下方程，即

$$\begin{cases} f_x - \dfrac{1}{\rho}\dfrac{\partial p}{\partial x} = \dfrac{\partial u_x}{\partial t} + \dfrac{\partial}{\partial x}\left(\dfrac{u^2}{2}\right) + 2(u_z\omega_y - u_y\omega_z) \\ f_y - \dfrac{1}{\rho}\dfrac{\partial p}{\partial y} = \dfrac{\partial u_y}{\partial t} + \dfrac{\partial}{\partial y}\left(\dfrac{u^2}{2}\right) + 2(u_x\omega_z - u_z\omega_x) \\ f_z - \dfrac{1}{\rho}\dfrac{\partial p}{\partial z} = \dfrac{\partial u_z}{\partial t} + \dfrac{\partial}{\partial z}\left(\dfrac{u^2}{2}\right) + 2(u_y\omega_x - u_x\omega_y) \end{cases} \tag{2-2}$$

式（2-1）和式（2-2）中，f 为单位质量力；ρ 为液体密度；p 为液体所受压强；u 为液体的运动速度；t 为时间；ω 为旋转角速度常数；下角 x, y, z 为相关量在 x, y, z 轴上的分量。

式（2-2）为葛罗米柯-兰姆运动微分方程，该方程可以显示流动是无旋（有势）的或有旋的。若流动无旋，则方程右边第三项为零；反之，则不为零。

对非恒定无旋流，式（2-2）中的$\frac{\partial u_x}{\partial t},\frac{\partial u_y}{\partial t},\frac{\partial u_z}{\partial t}$若用速度势$\varphi$表示，则

因为

$$u_x=\frac{\partial\varphi}{\partial x},\quad u_y=\frac{\partial\varphi}{\partial y},\quad u_z=\frac{\partial\varphi}{\partial z} \tag{2-3}$$

所以

$$\begin{cases}\dfrac{\partial u_x}{\partial t}=\dfrac{\partial}{\partial t}\left(\dfrac{\partial\varphi}{\partial x}\right)=\dfrac{\partial}{\partial x}\left(\dfrac{\partial\varphi}{\partial t}\right)\\ \dfrac{\partial u_y}{\partial t}=\dfrac{\partial}{\partial t}\left(\dfrac{\partial\varphi}{\partial y}\right)=\dfrac{\partial}{\partial y}\left(\dfrac{\partial\varphi}{\partial t}\right)\\ \dfrac{\partial u_z}{\partial t}=\dfrac{\partial}{\partial t}\left(\dfrac{\partial\varphi}{\partial z}\right)=\dfrac{\partial}{\partial z}\left(\dfrac{\partial\varphi}{\partial t}\right)\end{cases} \tag{2-4}$$

在无旋流的情况下，式（2-2）右边第三项为零，将式（2-4）代入式（2-2）中，则得

$$\begin{cases}f_x-\dfrac{1}{\rho}\dfrac{\partial p}{\partial x}-\dfrac{\partial}{\partial x}\left(\dfrac{u^2}{2}\right)-\dfrac{\partial}{\partial x}\left(\dfrac{\partial\varphi}{\partial t}\right)=0\\ f_y-\dfrac{1}{\rho}\dfrac{\partial p}{\partial y}-\dfrac{\partial}{\partial y}\left(\dfrac{u^2}{2}\right)-\dfrac{\partial}{\partial y}\left(\dfrac{\partial\varphi}{\partial t}\right)=0\\ f_z-\dfrac{1}{\rho}\dfrac{\partial p}{\partial z}-\dfrac{\partial}{\partial z}\left(\dfrac{u^2}{2}\right)-\dfrac{\partial}{\partial z}\left(\dfrac{\partial\varphi}{\partial t}\right)=0\end{cases} \tag{2-5}$$

式中，$f_x=\frac{\partial F}{\partial x},f_y=\frac{\partial F}{\partial y},f_z=\frac{\partial F}{\partial z}$（作用在流体上的质量力有势，则存在力势函数$F$），故式（2-5）可写成

$$\begin{cases}\dfrac{\partial}{\partial x}\left(F-\dfrac{p}{\rho}-\dfrac{u^2}{2}-\dfrac{\partial\varphi}{\partial t}\right)=0\\ \dfrac{\partial}{\partial y}\left(F-\dfrac{p}{\rho}-\dfrac{u^2}{2}-\dfrac{\partial\varphi}{\partial t}\right)=0\\ \dfrac{\partial}{\partial z}\left(F-\dfrac{p}{\rho}-\dfrac{u^2}{2}-\dfrac{\partial\varphi}{\partial t}\right)=0\end{cases} \tag{2-6}$$

将式（2-6）写成全微分的形式为

$$\mathrm{d}\left(F-\frac{p}{\rho}-\frac{u^2}{2}-\frac{\partial\varphi}{\partial t}\right)=0$$

积分该式可得

$$F-\frac{p}{\rho}-\frac{u^2}{2}-\frac{\partial\varphi}{\partial t}=C$$

上式为理想液体非恒定无旋流在某一时刻t的能量方程，不同时刻，常数C不同，故可写成

$$F-\frac{p}{\rho}-\frac{u^2}{2}-\frac{\partial\varphi}{\partial t}=C(t)$$

也可以写成

$$\frac{p}{\rho}+\frac{u^2}{2}+\frac{\partial\varphi}{\partial t}-F=C(t) \tag{2-7}$$

2.1.2 气核和空泡的稳定性、临界半径与临界压力

液体中气核和空泡的稳定与否，与液体的压力、液体的表面张力、气核和空泡中的气体种类/质量/汽化压力及液体的温度等因素有关。液体中气核和空泡一经膨胀，它们周围的液体就会发生运动。当气核和空泡膨胀时，吸收其周围液体的能量，而且纯径向运动是无旋的，故式（2-7）中$\frac{\partial\varphi}{\partial t}$一项应为负，即

$$\frac{p}{\rho}+\frac{u^2}{2}-\frac{\partial\varphi}{\partial t}-F=C(t)$$

根据空泡初生前的边界条件，令上式中密度ρ为常数，并忽略质量力（重力），则液体运动的能量方程为

$$\frac{p_\infty}{\rho}=\frac{p}{\rho}+\frac{u^2}{2}+\frac{\partial\varphi}{\partial t} \tag{2-8}$$

式中，p_∞为空泡区上游无穷远处液体的压力；其他符号意义同前。

球形空泡在液体中膨胀或缩小，液体相对于空泡中心做径向运动。由于纯径向运动是无旋的，根据兰姆（Lamb）的速度势函数方程：

$$\varphi=\frac{R^2}{r}\cdot\frac{\mathrm{d}R}{\mathrm{d}t} \tag{2-9}$$

式中，R为空泡半径，R是时间t的函数；r为从空泡中心算起的径向距离；t为时间。

液体中相对于空泡中心的径向速度为

$$u=-\frac{\partial\varphi}{\partial r}=\frac{R^2}{r^2}\cdot\frac{\mathrm{d}R}{\mathrm{d}t} \tag{2-10}$$

将式（2-9）对t取偏导数得

$$\frac{\partial\varphi}{\partial t}=\frac{R^2}{r}\cdot\frac{\mathrm{d}^2R}{\mathrm{d}t^2}+\frac{2R}{r}\left(\frac{\mathrm{d}R}{\mathrm{d}t}\right)^2 \tag{2-11}$$

当$R=r$时，$u=\frac{\mathrm{d}R}{\mathrm{d}t}$，则$u=U$，$U$为空泡壁面的速度。将式（2-10）和式（2-11）代入式（2-8），化简后得

$$R\frac{\mathrm{d}U}{\mathrm{d}t}+\frac{3}{2}U^2=\frac{p-p_\infty}{\rho} \tag{2-12}$$

式中，p为液体作用于空泡壁面的压力。

这就是1917年由瑞利发表的著名的空泡运动方程式，也是液体中空泡变化（膨胀或缩小）的能量方程。

从式（2-12）可分析空泡壁面压力和空泡变化的关系，也就是可以求出空泡周围水体内压力的瞬态分布以及空泡泡径随时间的变化情况。

在暂态平衡的条件下，空泡壁面压力与其内部气体压力、汽化压力是相等的（图 2.1），用公式表达则为

$$p+\frac{2\sigma}{R}=p_{\mathrm{v}}+p_{\mathrm{g}} \tag{2-13}$$

$$p_{\mathrm{g}}=\frac{NT}{R^3}$$

式中，p_{v} 为汽化压力，与液体温度有关；p_{g} 为空泡内气体的压力；T 为液体温度（K）；N 为一定质量特定气体常数；σ 为表面张力，与温度有关。

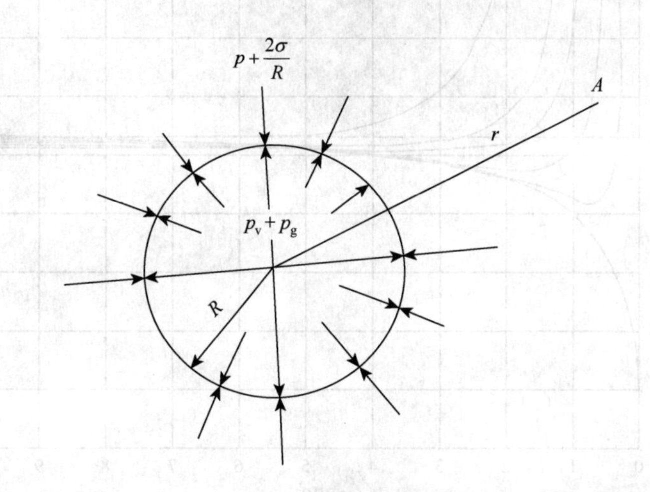

图 2.1　空泡受力示意图

将式（2-13）代入式（2-12）可得

$$\rho\left(R\frac{\mathrm{d}U}{\mathrm{d}t}+\frac{3}{2}U^2\right)=p_{\mathrm{v}}+\frac{NT}{R^3}-\frac{2\sigma}{R}-p_\infty=F(R,T) \tag{2-14}$$

从式（2-14）可以看出 $F(R,T)$ 是促使空泡变化的力。

当 $F(R,T)>0$ 时，液体压力和表面张力小于空泡内的汽化压力和气体压力，使得空泡向外膨胀。

当 $F(R,T)<0$ 时，与上述情况相反，空泡缩小。

当 $F(R,T)=0$ 时，空泡处于平衡状态，即

$$p_\infty-p_{\mathrm{v}}=\frac{NT}{R^3}-\frac{2\sigma}{R} \tag{2-15}$$

当 $F(R,T)$ 为定值时，空泡半径与液体压力的关系如图 2.2 所示。

图中 R_0 为气核初始半径。空泡内一定质量特定气体常数 N 计算式为

$$N=\frac{3nK_{\mathrm{b}}}{4\pi},\quad n=A_{\mathrm{n}}\cdot M_{\mathrm{mol}}$$

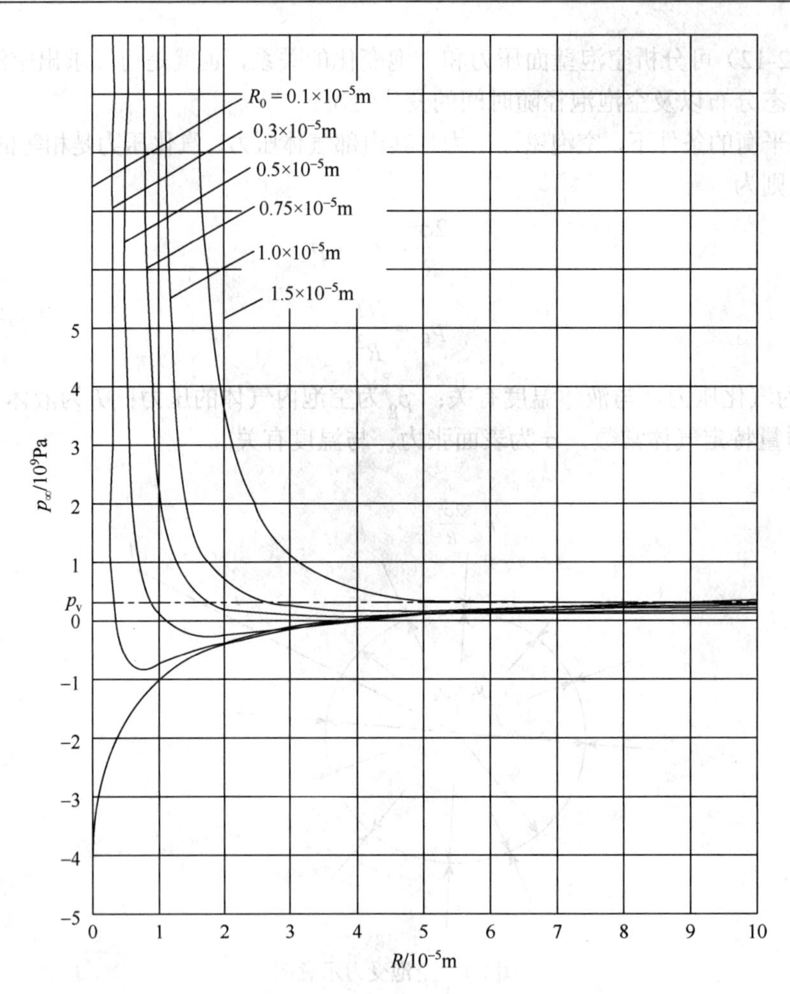

图 2.2　空泡半径 R 与液体压力 p_∞的关系曲线

式中，n 为空泡内气体分子个数，按所含气体的摩尔质量计算；K_b 为玻尔兹曼（Boltzmann）常量，$K_b = 1.381\times10^{-23}$ J/K；A_n 为阿伏伽德罗常量，$A_n = 6.02\times10^{23}\text{mol}^{-1}$；$M_{mol}$ 为气体的摩尔质量。

从式（2-14）可以看出，作为空泡半径的函数，$F(R,T)$ 必然有一个极限值。故有如下情况存在：

当 $\dfrac{\partial F}{\partial R} < 0$ 时，空泡稳定；

当 $\dfrac{\partial F}{\partial R} > 0$ 时，空泡不稳定；

当 $\dfrac{\partial F}{\partial R} = 0$ 时，空泡介于稳定与不稳定的临界状态。

由式（2-14）可以求出空泡的临界半径为

$$R_c = \left(\frac{3}{2}\frac{NT}{\sigma}\right)^{1/2} \tag{2-16}$$

从式（2-16）可以看出，临界半径 R_c 取决于空泡中气体的种类、含量、表面张力和液体温度。

临界半径 R_c 是空泡处于稳定和不稳定的临界状态的半径。其物理意义是：当气核达到临界半径 R_c 时，即使液体的压力上升，气核也会迅速膨胀为空泡。

由上述关系式，很容易求出空泡的临界压力：

$$(p_\infty - p_v)_c = -\frac{2}{3} \cdot \frac{2\sigma}{R_c} \tag{2-17}$$

从式（2-17）可以看出，在 σ 相同的条件下，临界半径 R_c 越小，临界压力的绝对值越大，气核迅速膨胀为空泡（即空蚀初生）的负压越小，如图 2.3 所示。

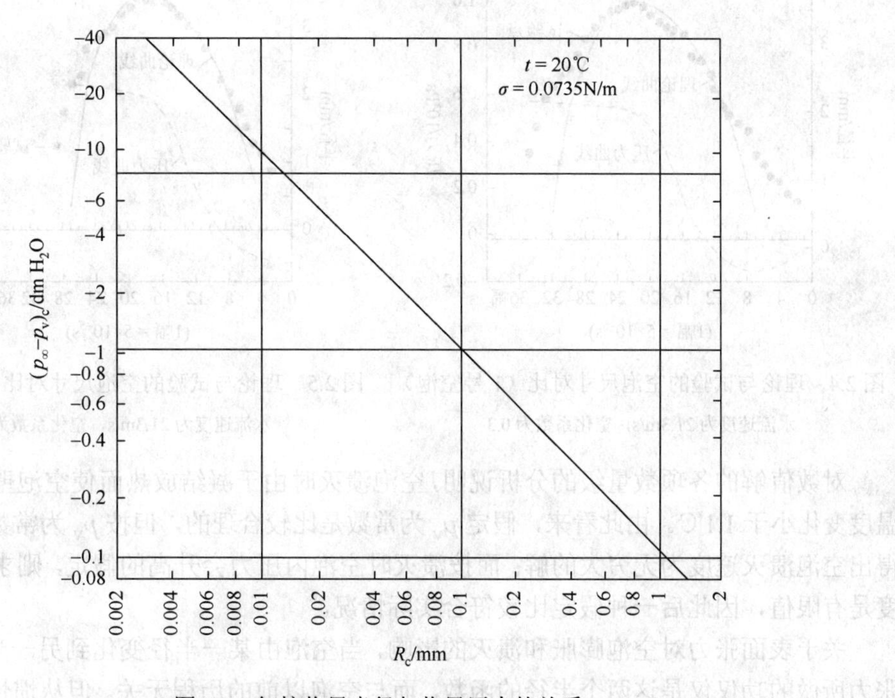

图 2.3　气核临界半径与临界压力的关系

由此可见，临界压力是空泡处于临界半径即临界平衡状态时，来流液体的压力 p_∞ 与汽化压力 p_v 之差。

临界压力的物理意义是：气核能迅速膨胀为空泡，即空蚀初生时必需的液体压力。

必须注意，当流速一定时，空蚀消失时的液体压力一般都比空蚀初生时的压力高，而且变化不大。因此，有些试验人员常常取空蚀消失的压力作为实用领域衡量液流有无空蚀的界限。对照初生空蚀，将它称为消失空蚀。

2.1.3　含汽型空泡的膨胀溃灭与压力的关系

对不可压缩液体非恒定流中只含气体的空泡，式（2-13）变为

$$p = p_V - \frac{2\sigma}{R} \tag{2-18}$$

当 p_V、σ 和 p 均为常数，但 p 为水动力压力场的压力时，普莱赛特应用式（2-12）和式（2-18）来计算仅含蒸气的空泡。他将其分析应用于 1.5 倍圆柱直径的弹头抛射体头部来观测空泡。若空泡密度很低，并假定 p_∞ 作为未发生空泡时的压力分布，则由数值积分和试验所得结果均绘于图 2.4 和图 2.5。从两图中可以看出，除空泡初生和溃灭阶段外，理论与试验情况基本相符。空泡初生时理论与试验结果不符，普莱赛特认为是壁面影响的缘故。空泡溃灭时理论与试验结果不符，是由于这时蒸气像永久气体一样会升高压力。

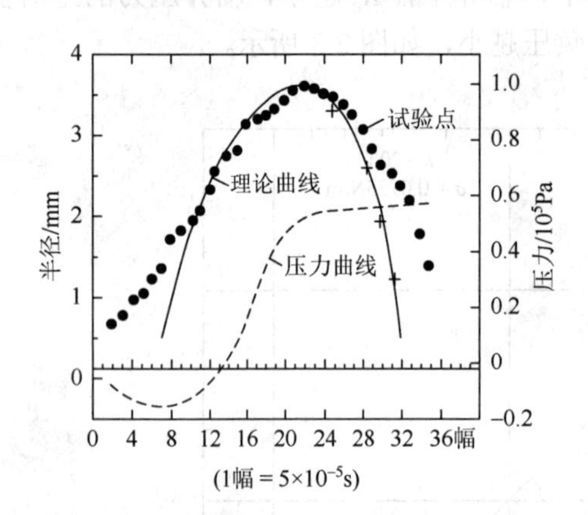

图 2.4　理论与试验的空泡尺寸对比（1 号空泡）

水流速度为 21.3m/s，空化系数为 0.3

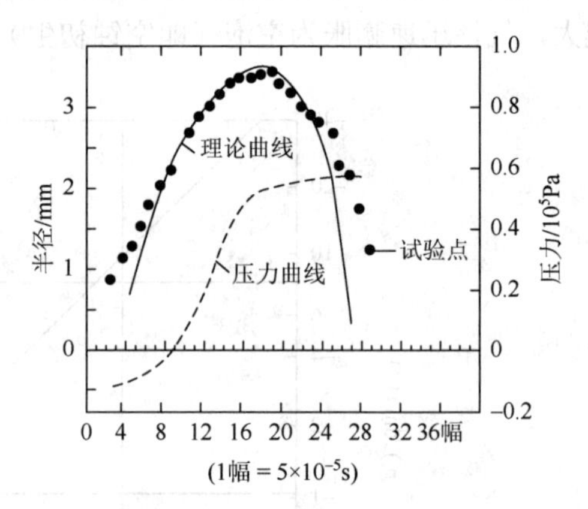

图 2.5　理论与试验的空泡尺寸对比（2 号空泡）

水流速度为 21.3m/s，空化系数为 0.3

对数值解的各项数量级的分析说明，空泡溃灭时由于凝结放热而使空泡壁面上产生的温度变化小于 1.1℃。由此看来，假定 p_V 为常数是比较合理的，但按 p_V 为常数的假定，则得出空泡溃灭速度为无穷大的解；而按溃灭时空泡内压力会升高的假定，则求得的溃灭速度是有限值，因此后一种假定比较符合实际情况。

关于表面张力对空泡膨胀和溃灭的影响，当空泡由某一半径变化到另一半径时，表面张力所做的功仅仅是这两个半径的函数，而与空泡以前的历程无关。但从惯性力来看，这就不对了，因为在这种情况下所做的功与有效的压力差有关。

当空泡初生时，表面张力会减小空泡的直径，故可推迟空蚀的初生或者减弱空蚀的程度，这是有利的影响。当气核膨胀为空泡后，由于半径增大，对表面张力对空蚀无明显影响。而当空泡溃灭时，经过反弹，半径变小，表面张力指向空泡中心，会加速空泡的溃灭，因而助长了空泡的危害性。

由此可见，表面张力的影响与空蚀过程有关，不能一概而论。

2.2　空蚀的机理

2.2.1　空蚀发生的条件

在应用流体力学对流动现象进行分析和计算时，通常均有流体的连续介质假设，即认为流体是它所占据空间的一种连续介质，且这种连续介质到处都具有流体的一切属性。应用这一种假设得到表示液体运动的全部基本方程式：

$$Z_1+\frac{p_1}{\rho g}+\frac{\alpha_1 v_1^2}{2g}=Z_2+\frac{p_2}{\rho g}+\frac{\alpha_2 v_2^2}{2g}=\text{常数}$$

然而在有些情况下，这一假设是否仍然有效呢？现来分析理想不可压缩流体流线上任意两点间的伯努利方程式。它是能量守恒定律的一种特殊情况。例如，位置势能 Z 及流体的动能 $\frac{\alpha v^2}{2g}$ 增加，要保持能量守恒，则只有压力 p 降低，当 $Z+\frac{\alpha v^2}{2g}$ 增大到一定值时，压力 p 就会下降到这种液体在该温度下的汽化压力 p_v，即 $p<p_v$，那么此时液体将会转变成为气态。此时液体的连续性假设就失效了，这种物质相的转变发生在极短的时间内且伴随爆炸的现象，在液体中形成了明显的充满蒸气的空腔，也就是说在液体中形成了空泡，流体变成了气液两相流。

这种相的改变可进行如下的分析理解：水从液体变为气体时绝不是水分子被破坏，水分子破坏必须是把 H_2O 分解成为 H_2 和 O_2，所以说从液体变化为气体是由液体的能力把相邻的水分子拉开，水分子被拉开时填充这种水分子的空隙成为蒸气状态的一个现象。

由此可见，液体转变为气体的关键在于能力，这种能力取决于液体的强度。

研究表明，纯水具有很大的抗张强度，使液体断裂破坏的理论最大张应力为

$$p=\frac{2\sigma}{R_m} \tag{2-19}$$

式中，σ 为液体的表面张力（在标准状态下，水的表面张力 $\sigma=72.5\text{dyn/cm}=0.074\text{g/cm}$）；$R_m$ 为表面张力作用的有效距离，也就是使一个微小的气泡破坏的气泡半径。当该气泡的尺寸小到 1 个分子程度时，计算得

$$p=\frac{2\sigma}{R_m}=\frac{2\times0.074}{2\times10^{-8}}=7400(\text{kg/cm}^2)$$

注意：0℃和标准气压下，1cm^3 粒径为 0.1～2.0mm 的气体分子数为 $n_0=2.68731\times10^{19}$ 个，此时一个分子半径约为 $2\times10^{-8}\text{cm}$，即 $R_m=2\times10^{-8}\text{cm}$。

当气泡直径为 0.05mm，即 $R_m=0.0025\text{cm}$ 时，计算的 $p=0.059\text{kg/cm}^2$，即直径为 0.05mm 的气泡在液体时用很小的拉力就可使其膨胀。

这里需要说明的是，从纯水变成蒸气现象的本质并没有一开始就允许存在气泡，故纯水的破坏从理论上分析是很难产生空蚀的。

但是，无论什么材料总是不可避免地从某一薄弱部位开始破坏。液体中类似的薄弱部位就是蒸气或气体的气泡。而实际的水流（天然水流）并不是纯粹的单相介质，在其中必定溶解部分气体及一些固体颗粒。这些物质使得液体的强度大大减弱（因为它必存在一定数量的气泡，这些气泡成了液体中的薄弱部位），这种实际存在于水流

中的气泡与固体质点称为空化核子。通过试验发现，液体中空化核子数量越多，尺寸越大，水的破坏强度就越低。因此，天然水的破坏强度就取决于当时温度下的汽化压力了。

水力机械实际存在湍流脉动、附面层漩涡以及固体及有机类杂物等，当水流的压力低于当时温度的汽化压力时，存在于水中的空泡及蒸气微团迅速地生长膨胀并随主水流一道前进。当这些生成的空泡运动到压力比较高的部位时，空泡受到外界压力的作用，空泡内的蒸气顿时凝结，并经过反弹，直到最后完全溃灭。空泡在溃灭的同时，产生极高压力的、高温的、放电的、光学的、化学活泼的并伴随腐蚀的过程，这就是空蚀现象。

由此可见，发生空蚀的条件即液体中存在空化核子和压力降低到当时温度的汽化压力。

2.2.2　空蚀初生的机理

当液体在水轮机、水泵内部流动时，存在于液体中的空蚀核子在进入局部低压区时，会迅速地生长成空泡，空泡随着液流到达高压区后，受到周围液体的压力压缩，并经过反弹，直到最后完全溃灭，对过流部件表面产生破坏，这一过程称为空蚀。

在低压区空化的液体挟带着大量的空泡，形成了两相流运动，因而破坏了液体宏观上的连续性，严格地讲，此时均质流体力学中的各个方程均已失效，必须对流体力学中的连续性介质假设进行新的补充。

空化、空蚀何时初生呢？现在对空化、空蚀初生的普遍解释是：由于在液体中存在杂质、微小固体颗粒，或液体界面上的缝隙中存在小的气核，当液体的压力降低到一定程度时，气核就迅速膨胀成为人眼可见的空泡，空泡在压力升高处溃灭。当气核小时，压力必须很低才能引发空蚀；当气核较大时，液体压力大于汽化压力的情况也可能发生空化、空蚀。因此空蚀初生的压力并不是一个固定值，它的大小是由气核的数量、大小、水流流过低压区的压力等诸多因素确定的。但是在大多数情况下，在液体压力等于或低于汽化压力时空蚀初生，而空泡在高压区溃灭时，形成微射流冲击，使得界面材质遭到破坏。

气核的直径很小，只有几微米，在液体中含气量过饱和时，气体就会进入核中，气核逐渐膨胀，直到漂到液面逸出。如果液体中含气量是亚饱和的，在表面张力的作用下，气核的直径将收缩，从而核内部的压力很高，远远超过汽化压力，迫使气核内气体逐渐变样或冷凝于液体中，气核消失。

既然气核不能单独稳定地悬浮在液体中，就必须设想气核是以一定的寄居形式存在于液体中的。设想的寄居模型如图 2.6 所示。图 2.6 解释缝隙中能够寄存气核的原因。由于表面张力的作用，缝隙中的气隙内气体压力和液体表面张力与液体压力保持平衡，气隙内的气核才得以存在。

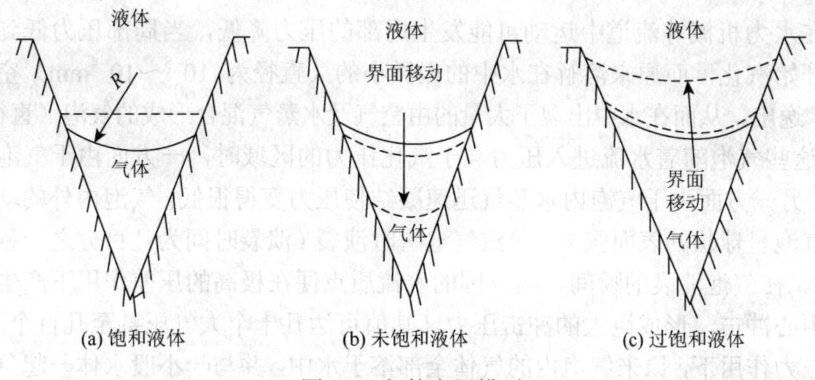

图 2.6　气核寄居模型

（1）含气量饱和，界面达到平衡状态。

（2）含气量亚饱和，气隙内的气体继续溶于液体中，故液面向缝隙尖角处浸进，使得 R 不断变小，直到气隙内气体压力和气隙处液体的表面张力与液体压力达到平衡。

（3）含气量过饱和，与（2）相反，液面向上移动直到平衡。

1975 年，皮特森（Peterson）等用全息法、光散法和液体技术显微镜测得了水中的气核直径和不同直径的气核数目，并发表了试验结果，证明了气核的存在，气核直径为 7～10μm。

这里提出一个问题：无气核是否会产生空蚀？

早就有人做过这方面的理论与试验研究。例如，将水先进行特殊处理，清除杂质和气体，加高温高压，使之接近于“纯水”，然后用静力学和动力学的方法测量其能否承受负压，结果发现这种水在远低于其温度下的汽化压力时，仍不发生空蚀，这也证明了气核的存在。

2.2.3　空蚀剥蚀的机理

这里使用“剥蚀”一词，以区别于化学的腐蚀、泥沙的磨蚀、水力的冲蚀。如前所述，空蚀剥蚀机理是一个十分复杂的问题，空蚀很可能是多种因素综合作用的结果。事实表明，任何固体材料（包括化学惰性材料、非导电材料，甚至高强度材料），在任何液体［包括海水、淡水、化学惰性液体，甚至金属性液体（如汞、钠等)］的一定动力条件作用下，都能引起空蚀剥蚀。空蚀剥蚀可以破坏任何种类的材料，如各种钢材、玻璃，即无论是弹性材料或脆性材料，无论硬度多大都能遭到空蚀剥蚀。

目前认为，空蚀对材料表面的剥蚀破坏作用有机械作用理论、化学作用理论、电化作用理论、热作用理论和微射流理论五种，其中以机械作用理论为主。

1. 机械作用理论

机械作用理论得到学界广泛认同。

水流在水力机械等流道中运动可能发生局部的压力降低，当局部压力低到汽化压力时，水就开始汽化，而原来溶解在水中的极微小的（直径为 10^{-5}～10^{-4}mm）空气泡同时开始聚集、逸出，从而在水中出现了大量的由空气及水蒸气混合形成的气泡（直径为 0.1～2.0mm）。这些气泡随着水流进入压力高于汽化压力的区域时，一方面由于气泡外动水压力的增大，另一方面由于气泡内水蒸气迅速凝结使压力变得很低，气泡内外的动水压差远大于维持气泡呈球状的表面张力，导致气泡瞬时溃裂（溃裂时间为几百分之一秒甚至几千分之一秒）。在气泡溃裂的瞬间，其周围的水流质点便在极高的压差作用下产生极大的流速向气泡中心冲击，形成巨大的冲击压力（其值可达几十个大气压甚至几百个大气压）。在此冲击压力作用下，原来气泡内的气体全部溶于水中，并与一小股水体一起急剧收缩形成聚能高压水核。而后水核迅速膨胀冲击周围水体，并一直传递到过流部件表面，致使过流部件表面受到一小股高速射流的撞击。这种撞击现象是伴随运动水流中气泡的不断生成与溃裂而产生的，它具有高频脉冲的特点，从而对过流部件表面造成破坏，这种破坏作用称为空蚀的机械作用。

2. 化学作用理论

发生空化和空蚀时，气泡使金属材料表面局部出现高温是发生化学作用的主要原因。这种局部出现的高温可能是气泡在高压区被压缩时放出的热量，或者是高速射流撞击过流部件表面而释放出的热量。据试验测定，在气泡凝结时，局部瞬时高温可达 300℃，高温和高压促进气泡对金属材料表面的氧化腐蚀作用。

3. 电化作用理论

在发生空化和空蚀时，局部受热的材料与四周低温的材料之间会产生局部温差，形成热电偶，材料中有电流流过，引起热电效应，产生电化腐蚀，破坏金属材料的表面层，使它发暗、变毛糙，加快了机械剥蚀作用。

4. 热作用理论

如果溃灭时空泡中含有相当数量的永久气体，则在空泡溃灭时气体的温度必然会升高，可能会高达数百摄氏度。这是因为空泡溃灭的过程极其短暂，在极短的时间内热交换不足以使空泡内的气体被周围水体冷却，在水的冲击作用下，这些热的气体与金属表面接触时，将会使金属表面局部加热到熔点，或使其局部强度降低而产生破坏。

5. 微射流理论

微射流理论仍归属于力学作用范畴，这种理论认为：当空泡在压力梯度作用下在边界附近溃灭时，空泡不再保持对称的球形，而变形成扁平形，最后分裂成两个小气泡而溃灭、消失。根据试验观察，空泡溃灭、微射流形成有三种类型，如图 2.7 所示。无论哪一种类型，在空泡溃灭前的一瞬间，周围液体中都可形成一束微射流，从两个分裂的小气泡之间通过。这束微射流的速度非常高，可达 100～300m/s，作用时间为几微秒，产生的压力为数百兆帕。当高速微射流反复冲击固体表面时，过流表面因疲劳而造成空蚀破坏。

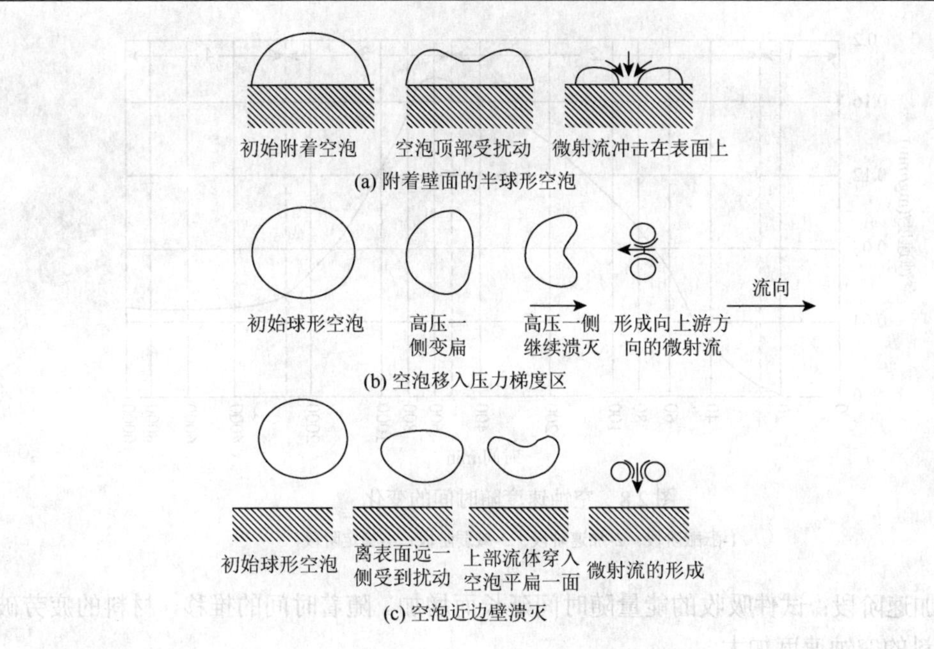

图 2.7　微射流-溃灭模式示意图

总之，空蚀剥蚀机理是一个复杂的问题，可以认为机械作用是主要的，但也不能排除其他作用的影响。空泡反弹时的冲击波和微射流冲击使界面粗糙，形成坑洼后，液体中的有机物、气体对材料产生化学腐蚀作用；冲击还使界面形成热电偶，产生电化腐蚀，这些都能加速部件的剥蚀。

空蚀破坏初始一般均使过流壁面变粗糙，继而发展成为麻点坑面，严重时壁面将成为海绵状的蜂窝孔面。

研究空蚀问题必须注意以下几个问题：

（1）水流空化后所具有的空蚀破坏能力；

（2）过流部件材料的抗空蚀破坏能力；

（3）上述两者综合作用所产生的空蚀程度。

2.3　材料的抗空蚀性能

2.3.1　空蚀速度随时间的变化

空蚀引起剥蚀，空蚀速度通常以单位时间材料的损失质量计算。空蚀速度并不是固定的，它随时间而变化，一般可分为 4 个变化阶段，如图 2.8 所示，即酝酿阶段（无损失阶段）、加速阶段、减弱阶段和稳定阶段。

（1）酝酿阶段：试件在这个阶段没有可量测到的剥蚀损失，在已给定频率的情况下，该阶段的长短只与磁致伸缩仪的振幅有关。出现该阶段的原因一般认为是材料在轧制过程中形成了抗剥蚀保护层，材料在受到反复的微射流冲击后变脆，产生裂纹和疲劳现象。

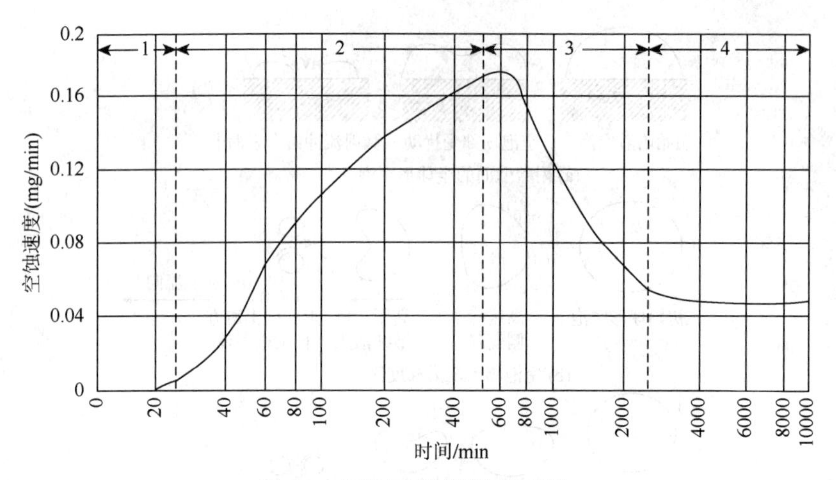

图 2.8　空蚀速度随时间的变化

1-酝酿阶段；2-加速阶段；3-减弱阶段；4-稳定阶段

（2）加速阶段：试件吸收的能量随时间延长而增加。随着时间的推移，材料的疲劳破损导致材料的空蚀速度加大。

（3）减弱阶段：空蚀速度达到峰值后，试件吸收能量的能力降低而使试件的空蚀速度也有所降低。这个阶段开始的特征是在试件表面上形成孤立的深坑，这些深坑对试件吸收能量的能力减弱有影响。

（4）稳定阶段：试件在减弱阶段之后空蚀速度将接近一个常数，以后便与试验的历时无关了。分析认为，这是因为当试验历时足够长时，蚀坑内形成了“水垫”，使空蚀速度不再变化。

2.3.2　空蚀程度的表示方法

空蚀程度的表示方法主要有以下七种。

（1）失质法：根据试验材料试验前后的质量损失来计量。单位时间的质量损失称为空蚀率，常用单位为 g/h。它简单易行，特别是对于不吸水材料，在空蚀程度很大、材料失质较多时更适用；而对塑性较大及吸水量较大的材料，用这种表示方法误差较大。

（2）失体法：根据试验材料试验前后的体积损失来计量，常用单位为 cm^3/h。当试验材料塑性较大、受空蚀作用后只有变形而无损失时，这种方法不适用。这种方法的缺点是当试验材料体积损失很小时，其体积损失不易准确量测。

（3）面积法：将易损涂层涂于试验材料受空蚀的部位，经过一定试验时间后，将受空蚀失去的涂层面积与总涂层面积的比值作为空蚀程度的计量。这种方法对于抗空蚀性能较好的非塑性材料非常方便。

（4）深度法：试验材料表面受空蚀破坏后，被蚀去的深度是计量空蚀程度的重要指标。但因在试验材料表面上各处被蚀的深度不同，蚀坑大小不一样，故常用一定尺寸（如 5mm×5mm）的平均空蚀深度（mean depth of penetration，MDP）作为空蚀程度的指标。

（5）蚀坑法：克纳普在研究金属材料抗空蚀性能时，用试验材料经过空蚀后每单位时间、单位面积中的麻点数（即空蚀麻点率）作为空蚀程度的一种表示方法。他的试验表明，空蚀麻点率与试验时间无关。只要试验历时不太长，麻点不互相搭接，就不致影响麻点的计数精度。

清华大学黄继汤等将尺寸为 10cm×10cm 的金属材料试件表面分成长、宽各为 1cm 的小方格，用显微镜在各个小格子的角点处计数视野（ϕ3mm）中的蚀坑数，再把这些角点处（共计 81 个角点）的蚀坑总数加起来作为这块试件的代表性蚀坑数，称为特征空蚀麻点数。空蚀程度等于特征空蚀麻点数除以试验历时，称为特征空蚀麻点率。这种方法只适用于金属材料。

（6）空蚀破坏时间法：用单位面积失去单位质量所需的时间来表示空蚀程度，其常用单位为 h/(kg·m^2)；一般其原始数据仍用失质法测得的数据，但要经过换算。用失质法时，失质越小，其空程程度越高；而用空蚀破坏时间法时，时间越长，其空程程度越高，这样在概念上比较直观，实质上对量测方法并无影响。

（7）放射性同位素法：1958 年克尔（Kerr）曾在水轮机转轮上涂放射性同位素保护层。在水轮机运转过程中，用测定排水中的放射性来确定转轮的空蚀程度。

上述各种方法中，以失质法应用较普遍，特别是用磁致伸缩仪进行金属材料抗空蚀性能试验时，国内外均广泛应用此法，目前很多重要成果及一些基本规律都是基于该法得到的。

2.3.3　影响空蚀程度的因素

由于空蚀问题比较复杂，影响空蚀程度的因素较多，主要有水质、液体物性、绕流物体特性、水流含气量等，现分别描述如下。

1. 水质的影响

根据纯水中分子的结构，氧原子处于中心，两个氢原子及剩余的两个电子各占角顶，彼此通过极性键连成整体。由于两种原子各自带的电荷不相等，两个键的夹角为 104°45′，彼此的极性无法抵消，形成了具有极性的分子结构。附加氢键可使分子间引力增强，单个分子逸出的可能性减小；也就是说，若要在纯水、无杂质的液相内形成一个微气泡，需要克服很大的分子间引力。在非纯水情况下，由于天然水中含有大量的微粒和未溶解的微气泡，极易构成细小的水气相间的分界面，这就为空化提供了前提条件。汛期的水流较冬天的水流易于空化；挟沙水流较清水易于空化；重碳酸盐硬水中含有一定数量游离的金属及较多的 CO_2 气体也是加剧材料空蚀破坏的重要因素。

2. 液体物性的影响

（1）汽化压力的影响。当汽化压力相同时，空蚀程度几乎相同。这在用铝试件在水、苯等 4 种液体中做的空蚀试验中得到了验证。

（2）表面张力的影响。表面张力将加速空泡的压缩过程，当空泡溃灭时，液体的表面张力越大，空泡的溃灭压强也越大，相应地其所造成的壁面材料的空蚀破坏也越严重。

（3）液体黏性的影响。液体黏性对空泡的溃灭速度有明显的减慢影响，液体的黏性越大，空泡的溃灭过程越缓慢，溃灭压强也越小，因而试件的空蚀破坏越轻。

（4）液体密度及压缩性的影响。当液体密度增加、压缩性减小时，试件的空蚀破坏有加重的趋势，空蚀程度与液体中的声速和密度的乘积间存在指数关系。

3. 试验历时的影响

试验研究发现，在试验条件不变的情况下，随着试验的进行，试件的空蚀速度并不是一个常数。在早期用磁致伸缩仪进行金属材料试验时，发现在试验的最初阶段，试件的质量并无损失，存在酝酿阶段（无损失阶段）、加速阶段、减弱阶段和稳定阶段等4个阶段。

4. 试件位置的影响

在缩放型设备内用水流进行材料的空蚀试验时，常将水流的空化数调整到小于初生空化数，在设备内形成固定型空穴，此时在空穴范围内边壁上各处的空蚀程度是不同的。克纳普曾在水洞中用轴对称的绕流体进行软铝材料空蚀试验，得出沿水流方向不同地点的单位时间内单位面积上的空蚀坑数，发现在固定型空穴的界面和边壁相接处空蚀最严重，在该处的前后空蚀均较轻，这说明空蚀破坏是由沿固定型空穴界面随水流运动的游移型空泡溃灭造成的。

5. 绕流物体大小的影响

当绕流物体尺寸较大时，游移型空泡有充裕的时间膨胀，溃灭时释放的能量也大，造成物体壁面上的空蚀破坏更严重。在一定的固定型空穴的相对长度情况下，理论及试验均已证实，空蚀程度与绕流物体线性尺寸的立方成正比。

6. 绕流壁面粗糙度及硬度的影响

绕流壁面粗糙度对壁面空蚀程度的影响是很敏感的。壁面光滑会推迟空化的发生并使空蚀量减少。例如，表面经过研磨的钢材（平均表面凸起高度为0.4μm）较表面未经研磨的钢材（表面凸起高度为0.8μm）抗空蚀性能有所提高。

7. 水流含气量的影响

利用文丘里管型空蚀设备对退火铝材料进行的空蚀破坏试验中发现，水中含气量的增加不仅可以减轻材料的空蚀破坏，而且可以明显地降低噪声。

在讨论含气量对空蚀程度的影响时，有一个问题值得注意，由前面可知，当水流中无气核存在时，理论上水流内部不应发生空化，不会对过流壁面造成空蚀破坏；只有水流中含有一定量的气体时，才能引起水流空化，造成边壁的空蚀破坏。在一定范围内，水中的含气量越大，其使材料空蚀破坏的能力越大；但当水流中含气量大到一定程度后，将改变水流的物性，使过流壁面的空蚀破坏又趋于减弱，甚至可以完全避免空蚀破坏，这种现象在水工水力学中称为掺气减蚀；因而会产生一个问题，含气量到底是多少时，含气量到底是多少时，才能达到过流壁面的减蚀效果最优？这个问题有待进一步研究。

8. 水流速度的影响

影响过流壁面空蚀程度的诸因素中，水流速度也是一个很敏感的因素。克纳普最早进行了这方面的研究，他在美国加州理工学院水洞中对软铝试件的试验结果表明，材料的空蚀程度 I 与水流速度 v 间满足：$I = Av^n$，A 为有关常数。其试验数据表明空蚀强度均随水流速度的6次方（即 $n = 6$）变化。前苏联的有关金属材料试验也证实了这个结论。

美国密歇根大学文丘里管型空蚀设备中的试验表明，上式中 n 值最大为5。而一些转盘空蚀设备试验则表明 $n = 1 \sim 5$。目前，对于金属材料，可以认为 $n = 4 \sim 10$。

对于不同类型的水泥沙浆，不同条件下的试验结果表明，当水流速度小于25m/s时，空蚀程度与水流速度的关系中的指数 $n = 1.5 \sim 3.5$；但当水流速度大于25m/s时，$n = 2.5 \sim 7.5$。

9. 压强的影响

当试件下游压强一定时，空蚀程度随试件位置上游压强的增加而增加。当试件上游压强固定时，空蚀程度随下游压强的增加而出现一个最大值。这是因为在空化区中，压强的增加将使空泡溃灭的强度加大，而同时空化区中的空泡数目会减少，这样，当下游压强增加到相当高时，自然会使空化消失，空化消失前空蚀最为严重。

10. 温度的影响

水温低时，水体中的含气量高，气体对于空泡溃灭的缓冲作用加大，可使作用在过流壁面上的溃灭压强减小。随着温度的上升，含气量减少，这种缓冲作用也将减少，使空泡的溃灭压强加大，材料的空蚀破坏加剧。水温继续升高时，汽化压力也加大，这又将使空泡的溃灭压强有所降低。

11. 水流含沙量的影响

国内以及印度等国家的学者在这方面的研究比较系统，特别是“5·12”汶川地震后，山体结构变化，泥石流频繁发生，岷江等流域水中含沙量加大，对水工结构以及机组造成了较大的破坏，因此，对水流含沙量的影响研究就显得特别重要。这类研究涉及气、液、固三相的高速水流问题，其机理较为复杂。普遍认为：

（1）金属材料在含沙量较低的水中的空蚀失重较清水中有所增加，但含沙量进一步提高后，失重又呈下降趋势。

（2）当介质中含有悬浮质泥沙时，由于泥沙颗粒不断地对试件表面进行研磨，试件表面始终处于较清水光滑的状态，从而减缓了空蚀破坏的发展，有抑制空蚀的作用。

（3）在含沙水流的空蚀试验中，虽然空蚀和磨蚀两种作用并存，但随着含沙量增加，空蚀作用将较磨蚀作用逐渐减弱。

（4）金属材料与混凝土材料的空蚀破坏机理及形态有差别。特别是受到水流中泥沙的磨蚀以后，两种材料试件表面粗糙度的变化完全不同。

12. 材料抗空蚀性能的影响

影响材料抗空蚀性能的因素很多，金属和脆性材料的差别也是很大的。

影响金属材料抗空蚀性能的主要因素是材料的力学性能、金相结构、过流表面状态及物理性质。当材料表面硬度较高时，其抗空蚀性能高，这个结论对一些典型的金属材料是正确的，但对某些合金材料则有例外，例如，铝青铜的抗空蚀性能要较普通碳钢和铸铁都好，但它的硬度却较后两者都低。

在空泡溃灭压强的冲击作用下，有些金属表面受应变硬化的影响，使得金属表面的硬度有所增加，从而增强了金属的抗空蚀性能。

空蚀破坏的外界作用力（主要是空泡溃灭的冲击力）超过材料的塑性极限，以及由多个空泡群的连续顺序溃灭产生的连续冲击力作用，使材料产生疲劳破坏。

通常认为，金属的金相组织越细，其抗空蚀性能越好，例如，铸件材料结晶的粒度粗大，其抗空蚀性能就较差。由于合金的金相结构不同，其抗空蚀性能也不相同，一般来讲，奥氏体不锈钢的抗空蚀性能最强。这是因为晶粒各向异性的材料在晶粒不同方向的弹性模量、抗拉强度、屈服强度均不相同，因而破坏就会发生在晶体强度较低的方向上，表现为成片地剥落。具有较细结晶组织的材料抗空蚀性能较好，这是因为晶粒越细，在单位金属体积中晶粒数越多。材料变形时，同样的变形量可能在更多的晶粒中发生，产生较为均匀的变形，而不致造成局部应力集中，以致裂纹过早地产生和发展，因而可提高这类材料的抗空蚀性能。

材料的过流表面状态对材料破坏的酝酿阶段有很大影响。如果材料表面有一层致密而坚固的表面膜层，则可以大大地延缓空蚀破坏的发展过程。例如，在水中，不锈钢材料的表面可以形成一层薄而坚固的氧化物保护膜，它同基体可形成牢固的整体结构，且可以经受空蚀破坏过程中发生的电化学腐蚀作用，只有当空泡溃灭时作用在不锈钢试件表面的压强超过不锈钢的屈服强度时，试件才被破坏，所以不锈钢的抗空蚀性能较其他种类材料高。碳钢和低合金钢的表面氧化膜较厚而质地疏松，在较弱的外力冲击下就会被破坏，随后内部的金属会再度氧化，在外力的作用下又会再度被破坏，在空蚀与腐蚀两种因素的联合作用下，碳钢会迅速遭到破坏。

多数脆性材料在空蚀破坏过程中基本上不存在电学及化学作用，主要是机械作用，这类材料中具有代表性的是混凝土。混凝土是一种由粗骨料、细骨料及水泥和其他填充料合成的非均质的脆性材料，其成分配比和浇注施工都会影响其抗空蚀性能。与金属相比，混凝土的应力应变曲线的弹性阶段很短，当水泥石中局部的应力达到混凝土破坏应力的50%～85%时，水泥石中即会出现微观裂缝，随着应力加大，这些微观裂缝将会扩展成为大裂缝而导致混凝土破坏。

当混凝土壁面受到空泡溃灭压强的反复作用时，其表面上薄弱处首先破坏而形成凹坑，这种凹坑可使作用于其上的压力冲击波聚焦而增加其压强，继续使凹坑范围扩大。根据观测，混凝土破坏过程中，初期主要是水泥沙浆层发生破坏，而使粗骨料裸露。因此，在空蚀破坏的初期，胶结骨料的水泥沙浆的强度起决定性作用，而粗骨料的种类对混凝土抗空蚀性能只起次要作用。采用过高水泥用量的混凝土来提高其抗空蚀性能并不理想，因为这种混凝土的温度裂缝和收缩裂缝大部分集中在表层。

当混凝土表层被空蚀破坏后，裸露的粗骨料将成为空化源，空蚀程度将取决于混凝土粗骨料的粒度和形状以及其随时间进程裸露的高度。粗骨料裸露到某种程度将被水流冲落、带走，这样层层剥落而形成一个凹凸不平的表面，导致泄水建筑物整体破坏。

2.4 空 化 数

影响流动液体中空穴的产生、发展、消失以及与此相关的流动特性的主要因素是边界几何形状、绝对压力、流速和形成空泡或维持空穴的临界压力，所以在水动力学中，经常采用反映上述参数之间关系的无量纲量尺来描述流体中的空化强度，称为空化数。它的数学表达式可以根据下面的分析来确定。绕流静止单翼型表面上的压力分布特征如图 2.9 所示。

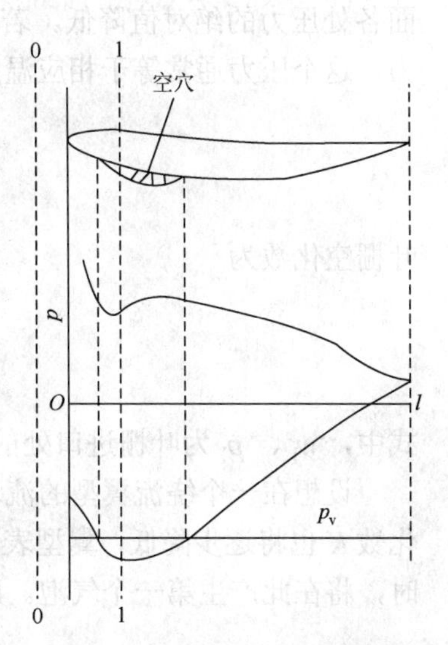

图 2.9　液体中空化区的形成

若绕流液体的密度为 ρ，可对断面 0-0 和 1-1 列出伯努利方程：

$$p_\infty + \frac{\rho}{2}w_0^2 = p_1 + \frac{\rho}{2}w_1^2$$

此式可用单翼型的压力系数 $\overline{C}_p$ 表示，即

$$\overline{C}_p = \frac{p_1 - p_\infty}{\frac{1}{2}\rho w_0^2} = 1 - \left(\frac{w_1}{w_0}\right)^2 \tag{2-20}$$

式中，p_∞、w_0 为未被干扰的 0-0 断面上液体的压力和速度；p_1、w_1 为 1-1 断面单翼型表面点的压力和速度。

当 1-1 断面取在单翼型上压力最低点处时，速度将最大，而压力将最低，于是有

$$\overline{C}_{p\min} = \frac{p_{\min} - p_\infty}{\frac{1}{2}\rho w_0^2} = 1 - \left(\frac{w_{\max}}{w_0}\right)^2 \tag{2-21}$$

水力机械转子中的流动可视为叶栅绕流流动。而叶栅的压力系数 C_p 可表示为

$$C_p = \frac{p_m - p_2}{\frac{1}{2}\rho w_2^2} = 1 - \left(\frac{w_m}{w_2}\right)^2 \tag{2-22}$$

式中，p_m、w_m 为叶栅翼型上任一点的压力和速度；p_2、w_2 为叶栅下游的压力和速度。

同样，在叶栅的翼型上有压力最低点，该处的压力为p_{min}，因此，叶栅的最低压力系数为

$$C_{p\min}=\frac{p_{min}-p_2}{\frac{1}{2}\rho w_2^2}=1-\left(\frac{w_{max}}{w_2}\right)^2 \tag{2-23}$$

单翼型或叶栅的压力系数$\bar{C}_p$和C_p值取决于单翼型或叶栅本身的流动特性及来流速度。给定条件使p_{min}降低到发生空化的某一数值（临界压力p_{cr}），即能产生空化。例如，在固定压力值下增加相对速度w_0，或w_0保持不变而不断降低p_∞，都能使绕流翼型体表面各处压力的绝对值降低。若不计表面张力，当发生空化时，压力p_{min}就是空穴内的压力，这个压力通常等于相应温度下的汽化压力p_v。因此，定义单翼型空化数为

$$\bar{K}=\frac{p_\infty-p_v}{\frac{1}{2}\rho w_0^2} \tag{2-24}$$

叶栅空化数为

$$K=\frac{p_1-p_\infty}{\frac{1}{2}\rho w_1^2} \tag{2-25}$$

式中，w_1、p_1为叶栅进口处的速度和压力。

设想在一个绕流翼型的流场中，保持来流速度w_0不变，逐步降低环境压力p_∞，则空化数$\bar{K}$也将逐步降低，翼型表面各点的压力也同时降低。当翼型表面最低压力降低到p_∞时，将在此产生第一个气泡。此时的空化数特称为初生空化数，记为$\bar{K}_i$，所以，

$$\bar{K}_i=\frac{p_\infty-p_{min}}{\frac{1}{2}\rho w_0^2} \tag{2-26}$$

同理，对于叶栅，有

$$K_i=\frac{p_1-p_{min}}{\frac{1}{2}\rho w_1^2} \tag{2-27}$$

如果保持环境压力不变而逐步增加来流速度，同样可以得到以上结果，即空化数逐步降低。当其降低到一定值时，开始产生空化，此时的空化数同样为初生空化数，其值也可由式（2-26）和式（2-27）计算。

显然，初生空化数取决于翼型的绕流特性，其值取决于翼型表面的速度分布。根据式（2-21）和式（2-23）可知，初生空化数与最低压力系数之间有确定的关系，对于单翼型绕流，有

$$\bar{K}_i=-\bar{C}_{p\min} \tag{2-28a}$$

对于叶栅绕流，则有

$$K_i=(1-C_{p\min})\left(\frac{w_2}{w_1}\right)^2-1 \tag{2-28b}$$

若流速 w_0（或 w_1）继续加大，或压力 p_∞（或 p_1）继续减小，则沿物体表面其他点的压力将依次降至临界压力，因而空化区将从空穴初生处蔓延，此时 $K < K_i$，而在空化初生之前，$K > K_i$。因此，对于任何存在的或潜在的空泡压力（常为 p_∞）不变的系数，通过调整 w_0（或 w_1）或 p_∞ 可使 K 大于、等于或小于 K_i，从而可以实现从没有空穴到空穴初生和发展的整个过程。

在一定温度下，p_v 是一定的，当液体在绕流中开始出现空穴时，对应 p_∞ 越大，K_i 也越大，这说明在较高的 p_∞ 时出现了空化，也就是这一绕流物体易于产生空化。反之，欲使液体中某处产生空化，只有在 p_∞（或 p_1）较小的数值下或者在 w_0 较大的数值下才可能，此时所对应的 K_i 较小，则该物体不易产生空化。

根据以上分析，可以更进一步阐明空化数与初生空化数的物理意义如下。

空化数 K 是一个表示绕流环境条件的参数，因为环境压力和来流速度都与单翼型或叶栅本身的特性无关。空化数的分子项与静压力或静压头有关，它的增大将抑制空化的发生。分母项是液流速度的动压头或流速能头（即流速水头）。物体表面上任意点的速度都与来流速度成正比，同时物体表面的压力将随来流速度的增加而降低，所以分母的增大将促使空化发生。对于任何绕流物体，空化数大表示它处于一个比较安全的环境中，发生空化的可能性较小。

初生空化数则是绕流物体本身的流动特性，与环境条件无关。从式（2-28）可知，在相同的来流条件下，最低压力系数较小（绝对值较大）的物体，其初生空化数较大，而最低压力点的压力较低，因此发生空化的可能性大。对这样的物体，为了不发生空化，就对环境有更高的要求，即要求较大的空化数。

物体在一个具体的绕流环境中是否会产生空化，则取决于双方的关系，这就是前面指出的，当 $K > K_i$ 时没有空化，当 $K = K_i$ 时空化初生，当 $K < K_i$ 时空化发展。

空化数和初生空化数是发生空化现象的流动的动力相似准则。为了保持原、模型空化特性相似，必须保持原、模型中两个空化数相等。如果在水力机械的原、模型中，除保持几何相似外，斯特劳哈尔数 Sr 及空化数 K 和初生空化数 K_i 均能保持相等，那么，在空化初生前及空化初生时两个流动就可达到相似，这也是水力机械模型空化实验的理论根据。但是，模型试验的条件往往与原型有差别，除了在试验中不能保持雷诺数、弗劳德数和韦伯数相等外，还有水中的杂质，尤其是水中的含气量、气核分布、介质的热力学性质以及边界表面状况等都难以保持原、模型相似，所以，实际上要做到原、模型空化特性相似是很困难的。这些因素的影响统称为比例效应，是在进行空化特性换算时必须考虑的。

2.5　水力机械空化系数、吸出（上）高度及安装高程

为了预测和改善水力机械的抗空化与空蚀性能，避免或减轻空蚀的危害，必须了解水力机械中影响空化发生和发展的主要因素。水力机械流道内的最低压力区是空化与空蚀的最敏感区域，而水力机械转子的低压侧（水轮机转轮出口、泵叶轮进口附近）是低压区。研究影响水力机械转子低压侧空化特性的参数及其表示与计算，对保证水力机械的优良性能和稳定工作是非常重要的，这里以水轮机和泵为研究对象进行介绍。

2.5.1　水力机械的空化系数

1. 转子叶片上的最低压力

水力机械的转子叶片通常选用具有一定几何形状的翼型制作，组成叶栅。液流通过转子时，叶栅的翼型剖面上压力是变化的，在速度最高处，其压力最低。若将最低压力点记为 K，则对水轮机工况，K 点位于接近出口边处，而对泵工况，K 点将位于进口边附近，分别如图 2.10 和图 2.11 所示。若 K 点压力等于汽化压力，则将在叶片表面产生空化。

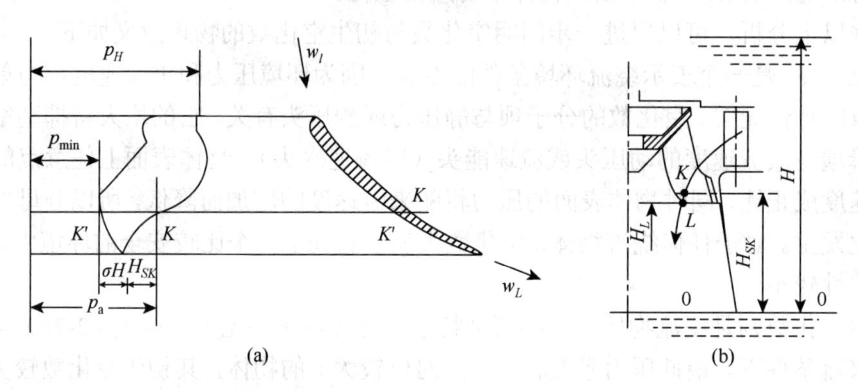

图 2.10　水轮机叶片表面压力分布

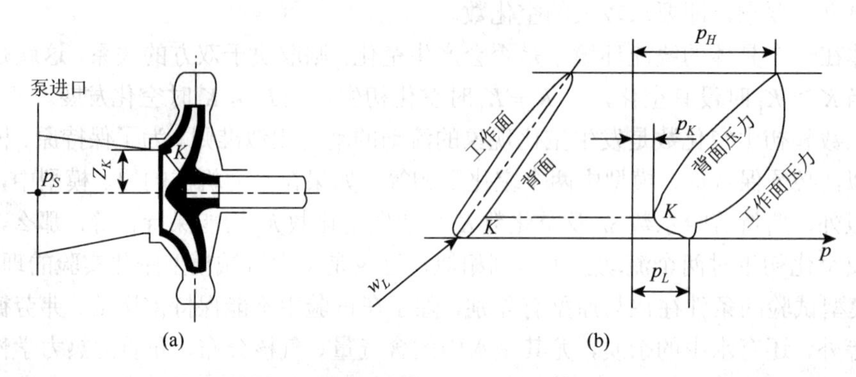

图 2.11　泵叶片表面压力分布

考察图 2.12 中水力机械转子内的最低压力点的压力。图 2.12 中 K 为最低压力点（实际上，K 点通常在低压边的最大直径处附近），L 点位于叶片低压边，S 点是机器进（出）口断面上的一点，对泵而言，是吸水室进口处，对水轮机而言，是尾水管出口处。S 点所在的断面称为低压测量断面；另一个断面则为高压测量断面。根据在该两个断面上测量的速度、压力和高程计算水头或扬程。而机器的空化特性基本上取决于低压测量断面的参数，与高压测量断面上的参数关系不大。在以后的讨论中，将机器的低压测量断面简称为机器的低压侧。应该注意到，机器的低压侧与转子的低压侧不是同一个概念。转子的低压侧是图 2.12 中的 L 点，而机器的低压侧是图 2.12 中的 S 点。0 点为下游自由水面上的一点。

在工程上，水轮机尾水管出口处即下游河道，其表面上 0 点的压力为大气压。对泵而言，吸水室与吸水池之间通常有图 2.12 中虚线所示的管路，而且管路有可能很长（如对于输油管线上的中继泵），同时 0 点压力也不一定是大气压。

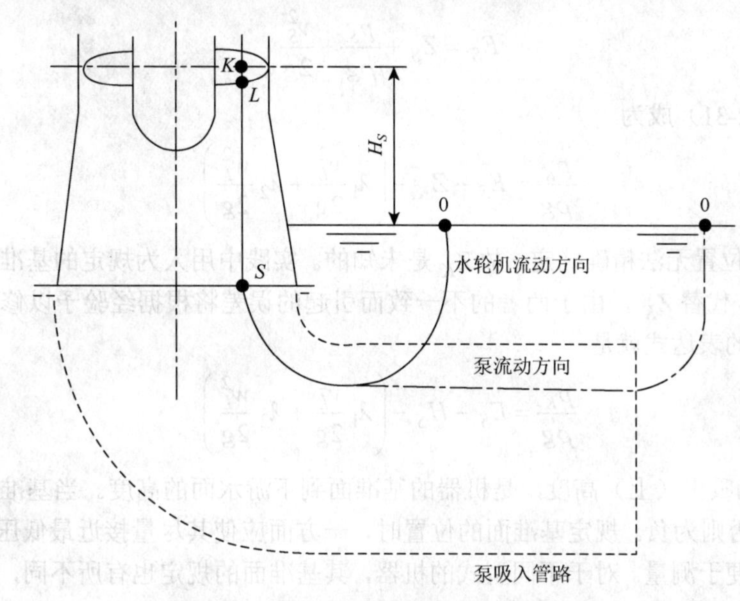

图 2.12　叶片表面最低压力点与吸出高度

取 0 点高程为 $Z_0=0$，对 0、S 两点利用伯努利方程并注意到 $v_0=0$，可得

$$Z_S+\frac{p_S}{\rho g}+\frac{v_S^2}{2g}=\frac{p_0}{\rho g}\mp\Delta H_{0-S} \tag{2-29}$$

式中，ΔH_{0-S} 为 0 与 S 两点间的水力损失，对泵取“−”号，对水轮机取“+”号，以下类似的表达意义相同。

对 S、L 两点利用伯努利方程，有

$$\frac{p_L}{\rho g}=Z_S+\frac{p_S}{\rho g}+\frac{v_S^2}{2g}-Z_L-\frac{v_L^2}{2g}\mp\Delta H_{S-L} \tag{2-30}$$

对 L、K 两点利用相对运动伯努利方程，得

$$\frac{p_K}{\rho g}=Z_L-Z_K+\frac{p_L}{\rho g}+\frac{w_L^2-w_K^2}{2g}\mp\Delta H_{L-K}+\frac{u_K^2-u_L^2}{2g}$$

式中，v、w、u 分别为绝对速度、相对速度、圆周速度。

将式（2-30）代入上式，得

$$\frac{p_K}{\rho g}=Z_S+\frac{p_S}{\rho g}+\frac{v_S^2}{2g}-Z_K-\left(\frac{v_L^2}{2g}\pm\Delta H_{S-L}\right)-\frac{w_K^2-w_L^2}{2g}\mp\Delta H_{L-K}+\frac{u_K^2-u_L^2}{2g} \tag{2-31}$$

由于 L、K 两点距离很近，将式（2-31）最后两项忽略不计，并令

$$\frac{v_L^2}{2g}\pm\Delta H_{S-L}=\lambda_1\frac{v_L^2}{2g} \tag{2-32}$$

$$\frac{w_K^2 - w_L^2}{2g} = \lambda_2 \frac{w_L^2}{2g} \tag{2-33}$$

系数λ_1、λ_2对几何相似的机器在相似工况下是常数。记

$$E_S = Z_S + \frac{p_S}{\rho g} + \frac{v_S^2}{2g} \tag{2-34}$$

于是式（2-31）成为

$$\frac{p_K}{\rho g} = E_S - Z_K - \left(\lambda_1 \frac{v_L^2}{2g} + \lambda_2 \frac{w_L^2}{2g}\right)$$

由于K点位置无法精确确定，故Z_K是未知的。实践中用人为规定的基准面到下游水面的高度差H_S代替Z_K，由于两者的不一致而引起的误差将根据经验予以修正。最后得到的最低压力的表达式就是

$$\frac{p_K}{\rho g} = E_S - H_S - \left(\lambda_1 \frac{v_L^2}{2g} + \lambda_2 \frac{w_L^2}{2g}\right) \tag{2-35}$$

式中，H_S称为吸出（上）高度，是机器的基准面到下游水面的高度。当基准面高于下游水位时为正，否则为负。规定基准面的位置时，一方面应使其尽量接近最低压力点K，另一方面应使其便于测量。对于不同型式的机器，其基准面的规定也有所不同，这在其他章节中有叙述。

2. 空化余量

将式（2-35）两端同时减去$\frac{p_v}{\rho g}$，得

$$\frac{p_K - p_v}{\rho g} = \left(E_S - H_S - \frac{p_v}{\rho g}\right) - \left(\lambda_1 \frac{v_L^2}{2g} + \lambda_2 \frac{w_L^2}{2g}\right) = \mathrm{NPSH}_a - \mathrm{NPSH}_r \tag{2-36}$$

式中，

$$\begin{cases} \mathrm{NPSH}_r = \lambda_1 \dfrac{v_L^2}{2g} + \lambda_2 \dfrac{w_L^2}{2g} \\ \mathrm{NPSH}_a = E_S - H_S - \dfrac{p_v}{\rho g} \end{cases} \tag{2-37}$$

用式（2-29）等号右边各项代替式（2-37）中的E_S，有

$$\mathrm{NPSH}_a = \frac{p_0}{\rho g} - H_S - \frac{p_v}{\rho g} \mp \Delta H_{0-S} \tag{2-38}$$

在泵的计算中利用式（2-38），并且最后一项取“–”号。在水轮机中，由于$p_0 = p_a$，$\Delta H_{0-S} = 0$，故有

$$\mathrm{NPSH}_a = \frac{p_a - p_v}{\rho g} - H_S = H_a - H_v - H_S \tag{2-39}$$

式中，H_a和H_v分别是用液柱高度表示的大气压和汽化压力。

显然，水力机械内部是否发生空化，取决于$(p_K - p_v)$的正与负，即取决于$NPSH_a$和$NPSH_r$两个参数。这两个参数是表征水力机械空化与空蚀的重要参数，由式（2-37）可知，$NPSH_r$是一个只与机器内部流动有关的参数，对于既定机器的既定工况是常数。它表示由于液体流动而引起的叶片上最低压力点处相对于机器低压侧压力的降低，称为动压降。它是水力机械内部抗空化性能的度量，而与机器的安装位置和液体性质无关。在一定的外界条件下，$NPSH_r$越小，p_K越高，则发生空化的可能性就越小。

$NPSH_a$是与机器外部环境（装置）有关的参数。在式（2-37）中，E_S是机器低压侧S点处液体的总能量（水头，以 0 断面的高程为基准计算），$(E_S - H_S)$则表示以机器的基准面为高程基准计算的S点处的总水头，即机器进（出）口处液体总能头折算到基准面高度的数值。因此，$NPSH_a$表示机器低压侧液体总能头（折算到基准面）超过汽化压力的部分，它表示了外部环境（装置）给机器提供的避免发生空化的条件，是水力机械装置抗空化性能的度量。根据伯努利方程，$NPSH_a$可以根据下游水面的参数计算［式（2-38）和式（2-39）］。但应注意，对于泵装置而言，一般不能忽略吸水管路的水力损失ΔH_{0-S}。有些情况下，下游液面的参数难以求得（如长途输油管路的中继泵），则可以直接测量进口断面的压力、高度和流速（即测定E_S），然后用式（2-37）计算。

在水力机械中，$NPSH_a$和$NPSH_r$都称为空化余量（习惯上都称为空蚀余量），但两者的意义是不同的。$NPSH_a$只取决于水力机械装置和环境的有关参数，称为装置有效空化余量（也称装置有效正净吸头）。$NPSH_a$越大，说明机器低压侧液体具有的能量超过汽化压力的余量越多，机器越不容易发生空化、空蚀。$NPSH_r$只与机器内部流动特性有关而与装置情况无关，称为水力机械必需空化余量（也称水力机械必需净正吸头）。对机器本身来说，动压降引起叶片上压力最低点的压力降低，是发生空化的根本原因，因而$NPSH_r$反映机器抗空化性能。在水力机械的设计和安装中，为使机器在运行中不发生空化与空蚀，就要尽量提高$NPSH_a$和降低$NPSH_r$。

综上，水力机械在工作过程中是否发生空化、空蚀，取决于机器本身和环境（装置）两个方面的因素。由式（2-36）可知，若$NPSH_a > NPSH_r$，则有$p_K > p_v$，不会发生空化；若$NPSH_a = NPSH_r$，则有$p_K = p_v$，开始发生空化；若$NPSH_a < NPSH_r$，则有$p_K < p_v$，空化进一步发展，将变得严重。

3. 空化（或空蚀）系数

用H除前述水力机械空化余量表示式（2-36）两端，得

$$\frac{p_K - p_v}{\rho g H} = \frac{NPSH_a}{H} - \frac{NPSH_r}{H} \tag{2-40}$$

式中，右边第一项的意义同$NPSH_a$，表示装置的空化条件，对于水轮机，称为电站空化系数，也称为托马（Thoma）空化系数，对于泵，则称装置空化系数，以σ_p表示，即

$$\sigma_p = \frac{NPSH_a}{H} \tag{2-41}$$

在水轮机中，式（2-38）中的$p_0 = p_a$，$\Delta H_{0-S} \approx 0$，于是有

$$\sigma_{\mathrm{p}} = \frac{p_{\mathrm{a}} - p_{\mathrm{v}}}{\rho g H} - \frac{H_S}{H} = \frac{H_{\mathrm{a}} - H_{\mathrm{v}} - H_S}{H} \tag{2-42}$$

对于泵，考虑吸入管路损失，则有

$$\sigma_{\mathrm{p}} = \frac{H_{\mathrm{a}} - H_{\mathrm{v}} - H_S - \Delta H_{0-S}}{H} \tag{2-43}$$

式（2-40）中右边第二项反映水力机械抗空化性能，称为水力机械的空化系数，用σ表示：

$$\sigma = \frac{\mathrm{NPSH}_r}{H} \tag{2-44}$$

这样，可以得水力机械初生的空化条件为

$$\sigma_{\mathrm{p}} = \sigma \tag{2-45}$$

故可知，当 K 点压力 p_K 降至相应温度的汽化压力 p_{v} 时，水轮机的空化处于临界状态，此时$\sigma_{\mathrm{p}} = \sigma$；当$\sigma_{\mathrm{p}} > \sigma$时，工作轮中最低压力点的压力 $p_K > p_{\mathrm{v}}$，工作轮中不会发生空化；当$\sigma_{\mathrm{p}} < \sigma$时，工作轮中最低压力点的压力 $p_K < p_{\mathrm{v}}$，工作轮中将发生空化。显然，NPSH_r是机器中两点之间的压力差，而H是总压差，根据相似原理，它们的比值对几何相似、工作在相似工况下的机器是常数，故空化系数σ是水力机械空化现象的相似准则，对几何相似、工作在相似工况下的机器是常数。

2.5.2 水力机械的吸出（上）高度

由 2.5.1 节知，H_S为水力机械吸出（上）高度。一般情况下，水力机械低压侧的压力都低于大气压力，因此采用真空度（低于大气压力的差值）表示更为方便。水轮机低压侧（出口）的真空度将液体吸出转轮，称为吸出真空度，对应H_S为吸出高度。而泵低压侧（入口）的真空度将液体吸入吸水室，称为吸入真空度，对应H_S为吸上高度。吸出（入）真空度是比较方便量测和计算的参数，其数值可以直接反映机器空化与空蚀的安全余量或空化（空蚀）的发展程度。

图 2.13 为水力机械的装置简图。

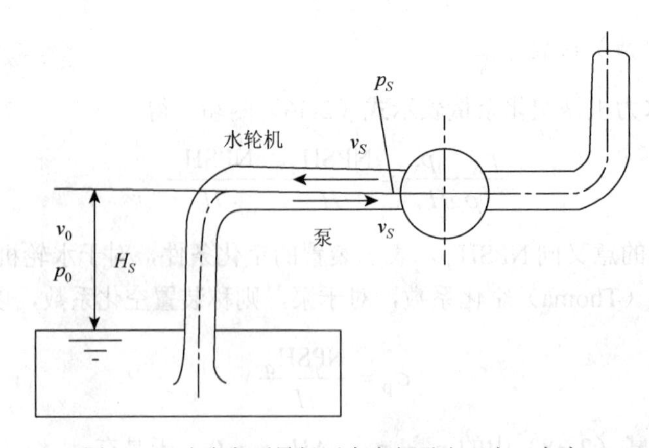

图 2.13　叶片表面最低压力点与吸出（上）高度

图中机器的基准面到下游液面的距离 H_S 即吸出（上）高度。由下游液面 0 点和机器低压侧 S 点可写出伯努利方程：

$$\frac{p_0}{\rho g}+\frac{v_0^2}{2g}=H_S+\frac{p_S}{\rho g}+\frac{v_S^2}{2g}\pm\Delta H_{0-S} \tag{2-46}$$

式中，各量的意义与前面相同。当基准面低于下游液面时，H_S 取负值。

将大气压力 $p_{\mathrm{a}}/(\rho g)$ 分别减去式（2-46）等号的两边，整理可得吸出（入）真空度 h_{v} 的表达式：

$$h_{\mathrm{v}}=\frac{p_{\mathrm{a}}-p_S}{\rho g}=\frac{p_{\mathrm{a}}-p_0}{\rho g}+H_S+\frac{v_S^2}{2g}\pm\Delta H_{0-S} \tag{2-47}$$

当 $p_0=p_{\mathrm{a}}$ 时，式（2-47）可简化为

$$h_{\mathrm{v}}=H_S+\frac{v_S^2}{2g}\pm\Delta H_{0-S} \tag{2-48}$$

$$H_S=h_{\mathrm{v}}-\frac{v_S^2}{2g}\mp\Delta H_{0-S} \tag{2-49}$$

由式（2-47）～式（2-49）可以看出：如果 p_0 增大、H_S 减小、v_S 减小、水轮机运行的 ΔH_{0-S} 增大或泵运行的 ΔH_{0-S} 减小，则空化的发展程度会减小或者空化的安全余量会增大；反之，则空化的发展程度会增大或空化的安全余量会减小。在一般情况下，p_0 取决于装置运行条件，不能任意改变。在进行空化实验的特殊装置上，可以利用改变 p_0 的方法控制空化的初生、发展程度和终止。通常，为了提高水力机械的总体技术经济指标，应尽可能减小 ΔH_{0-S}，适当增大 v_S。因此，对已经设计制造好的水力机械，为了避免和减轻空蚀，唯一能够人为控制的参数是 H_S。

在一定的环境下（大气压力等），每台机器都有一个 h_{v} 的临界值，当 h_{v} 大于该值时水力机械会发生空化。如果通过空化实验确定了允许的吸出（入）真空度 $[h_{\mathrm{v}}]$，则由式（2-49）可以得到允许的吸出（上）高度 $[H_S]$。

$$[H_S]\leqslant[h_{\mathrm{v}}]-\frac{v_S^2}{2g}\mp\Delta H_{0-S} \tag{2-50}$$

或

$$[H_S]=[h_{\mathrm{v}}]-\frac{v_S^2}{2g}\mp\Delta H_{0-S}-K' \tag{2-51}$$

式中，K' 为空化安全余量修正值。

2.5.3　水力机械的安装高程

由前面的讨论可知，水力机械转子叶片上最低压力点的压力和机器低压侧的真空度都与 H_S 有关，此数值直接影响机器工作中的抗空化（空蚀）性能。因此，合理地选择此值，将机器安装在合适高度，是防止水力机械发生空化（空蚀）的重要措施。由于 H_S 的确定

与选定的基准面有直接关系，而在工程实践中，水轮机和泵行业有不同的做法，故对两种机器分别进行讨论。

1. 水轮机吸出高度计算

在水电站中安装的水轮机，其下游水面压力为大气压力 p_a，通常水轮机尾水管出口至下游河道的水力损失 ΔH_{0-S} 很小，可取 $\Delta H_{0-S}\approx 0$，由式（2-42）可得

$$H_S=\frac{p_a}{\rho g}-\frac{p_v}{\rho g}-\sigma_p H \tag{2-52}$$

根据在水轮机转轮内不发生空化（空蚀）的条件 $\sigma_p > \sigma$，取空化安全系数为 K_σ $(K_\sigma \geqslant 1)$，即

$$\sigma_p = K_\sigma \sigma \tag{2-53}$$

这样，在已知水轮机的空化系数 σ 时，就可计算 H_S：

$$H_S=\frac{p_a}{\rho g}-\frac{p_v}{\rho g}-K_\sigma \sigma H \tag{2-54}$$

大气压力随海拔的增加而降低，在通常水轮机的安装高程范围内，大约海拔每升高900m，大气压力降低 $1mH_2O$。海平面的平均大气压力为 $10.333mH_2O$，若水轮机安装高程为 ∇m，则大气压力将降低 $\nabla/900mH_2O$。水电站水温通常在 5～25℃，水的汽化压力为 0.0889～$0.3229mH_2O$。这样式（2-54）可写为

$$H_S=10.333-\frac{\nabla}{900}-(0.0889 \sim 0.3229)-K_\sigma \sigma H$$

通常简化为

$$H_S=10.0-\frac{\nabla}{900}-K_\sigma \sigma H \tag{2-55}$$

根据式（2-55）计算出的吸出高度 H_S，在已知水电站尾水位的情况下就可以确定水轮机的安装位置，这样就可以保证该水轮机的装置空化系数大于空化系数。

在应用式（2-55）计算水轮机的吸出高度时，空化系数 σ 是由水轮机的模型空化实验确定的，但确定空化安全系数 K_σ 是比较困难的。下面根据试验、运行的实际经验给出一些建议值，在进行计算时，应根据实际情况和要求确定。

一般取 $K_\sigma=1.1\sim 1.45$，水轮机的比转速越高，K_σ 越大；也可按水轮机水头选取 K_σ。

对混流式水轮机：$H=30\sim 250$m 时，取 $K_\sigma=1.15\sim 1.20$；$H>250$m 时，可取 $K_\sigma=1.05$。

对大型混流式水轮机则取 $K_\sigma=2.0\sim 2.2$。

对轴流转桨式水轮机：低水头取 $K_\sigma=1.1\sim 1.2$；高水头取 $K_\sigma=2.0$。

H_S 还可按下面的公式计算：

$$H_S=10.0-\frac{\nabla}{900}-(\sigma+\Delta\sigma)H \tag{2-56}$$

式中，$\Delta\sigma$ 为空化系数的修正值，可按水轮机的设计水头从图2.14中选取。式中其他各项与式（2-55）相同。图2.14中的 $\Delta\sigma = f(H)$ 曲线是经验统计得到的。

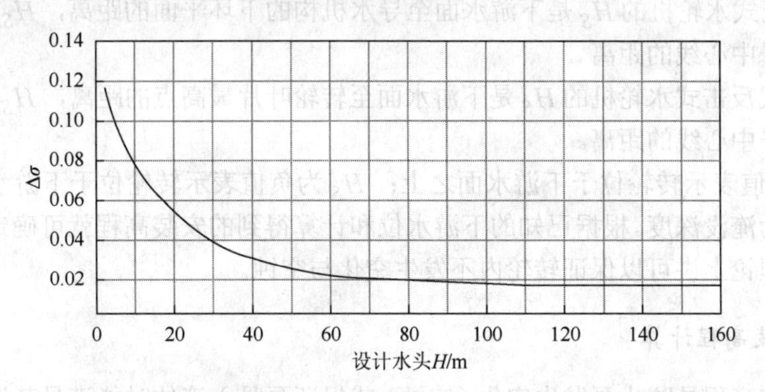

图2.14　空化系数修正值与设计水头 H 的关系曲线

当然，吸出高度 H_S 的最后确定还必须考虑基建条件、投资量和运行条件等，进行方案的技术经济比较。如果水中含沙量大，为了避免空蚀和泥沙磨损的相互影响与联合作用，吸出高度 H_S 应取得安全一些。

吸出高度 H_S 是按基准面的高度计算的，选定的基准面位置通常靠近叶片上最低压力点。但基准面的位置对水电站的安装作业并不总是方便的，所以又规定了安装高程的基准面。安装高程的基准面到下游水面的距离用 H_{SZ} 表示，如图2.15所示。

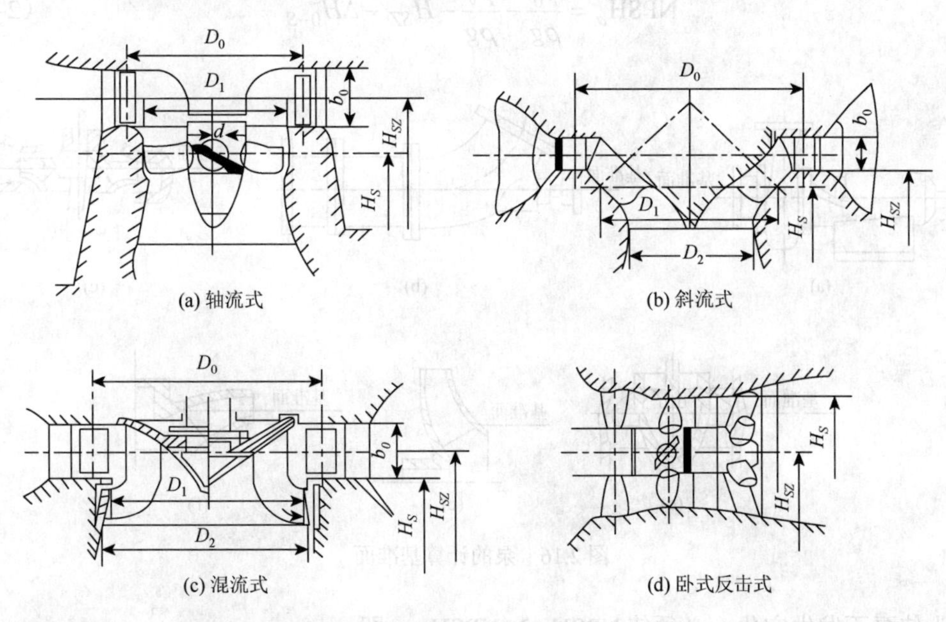

图2.15　不同型式水轮机吸出高度与安装高程的基准面

（1）轴流式水轮机的 H_S 是下游水面至转轮叶片旋转中心线的距离，H_{SZ} 是下游水位至导水叶水平中心线的距离。

（2）斜流式水轮机的 H_S 是下游水面至转轮叶片旋转轴线与转轮室内表面交点的距离，H_{SZ} 是从下游水位至导叶底环水平位置处的距离。

（3）混流式水轮机的 H_S 是下游水面至导水机构的下环平面的距离，H_{SZ} 是下游水位至导水叶水平中心线的距离。

（4）卧式反击式水轮机的 H_S 是下游水面至转轮叶片最高点的距离，H_{SZ} 是下游水位至转轮的水平中心线的距离。

H_S 为正值表示转轮位于下游水面之上；H_S 为负值表示转轮位于下游水面之下，其绝对值常称为淹没深度。根据已知的下游水位和计算得到的安装高程就可确定水轮机的安装高程，从理论上讲可以保证转轮内不发生空化与空蚀。

2. 泵安装高程计算

泵的安装高程是防止泵发生空化（空蚀）或保证泵吸入液体时能满足其进口吸入真空度要求的几何吸上高度。由式（2-38）知，

$$\mathrm{NPSH}_a=\frac{p_0}{\rho g}-\frac{p_\mathrm{v}}{\rho g}-H_S-\Delta H_{0-S} \tag{2-57}$$

当吸入液面的压力为大气压力时，$p_0=p_\mathrm{a}$。H_S 为吸上高度，其值与计算基准面的选择有关。我国规定泵的基准面选取如图 2.16 所示。图 2.16（a）～（d）适用于常规泵，图 2.16（e）和（f）则适用于大型泵。在泵行业，计算吸上高度和安装高程的基准面相同，即 $H_S=H_{SZ}$，于是式（2-57）可写为

$$\mathrm{NPSH}_a=\frac{p_0}{\rho g}-\frac{p_\mathrm{v}}{\rho g}-H_{SZ}-\Delta H_{0-S} \tag{2-58}$$

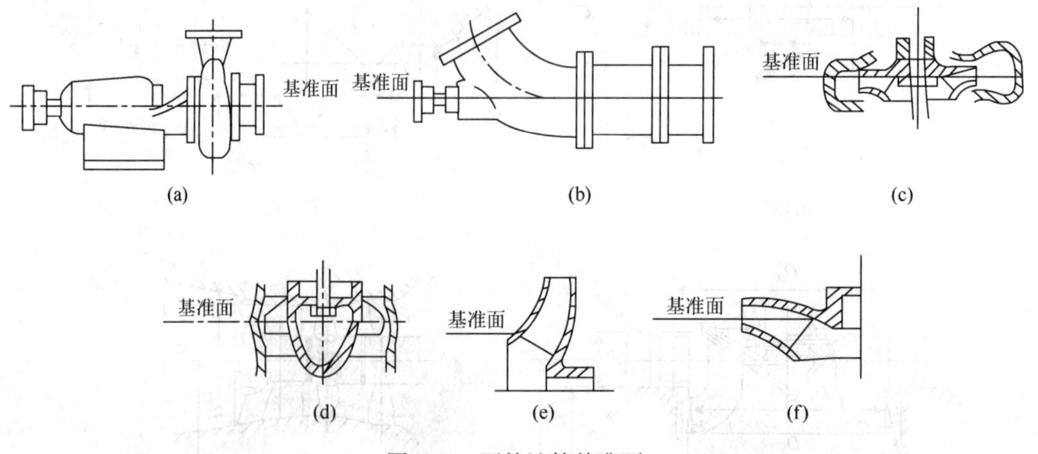

图 2.16　泵的计算基准面

为使泵不发生空化，必须使 $\mathrm{NPSH}_a>\mathrm{NPSH}_r$，即

$$\mathrm{NPSH}_a=\mathrm{NPSH}_r+K \tag{2-59}$$

式中，K 为空化安全余量，我国规定 $K=0.3\sim1.0\mathrm{m}$。

$\mathrm{NPSH}_r=\sigma H$，因此装置有效空化余量也可写成

$$\text{NPSH}_a = \sigma H + K \tag{2-60}$$

有了NPSH_a之后，就可由式（2-58）计算泵的安装高程，即几何吸上高度H_{SZ}。

$$H_{SZ} = \frac{p_0}{\rho g} - \frac{p_\text{v}}{\rho g} - \Delta H_{0-S} - \text{NPSH}_a = H_0 - H_\text{v} - \Delta H_{0-S} - (\text{NPSH}_r + K) \tag{2-61}$$

或

$$H_{SZ} = H_0 - H_\text{v} - \Delta H_{0-S} - (\sigma H + K) \tag{2-62}$$

如果下游液面上的压力为大气压，则可用H_a代替式(2-62)中的H_0。泵安装高程H_{SZ}为从泵基准面至吸入液面的垂直高度。计算得到的值为负，表示为倒灌（即泵叶轮在液面以下）；为正，则表示为吸上。

水力机械的安装高程除了与机器运行时是否发生空化有关，还与水电站（或泵站）的工程造价有关。尤其是当安装高程H_{SZ}为负值时，对工程的影响更大。若水轮机要安装在下游水面以下，则水电站厂房的水下工程的开挖量就大，工程的费用随之增加，同时对厂房的防渗要求也更高，对大型泵站也是如此。因此，确定安装高程H_{SZ}时，空化安全余量的选择要综合考虑各种因素，力求达到最佳综合效益。

2.6　空化相似定律和空化比转速

2.6.1　空化相似定律

NPSH_r表示水力机械的抗空化性能。在此基础上找到一系列几何相似的机器在相似工况下运行时抗空化性能之间的关系，称为空化相似定律。空化相似定律用来解决相似泵、相似水轮机（不同转速、尺寸）等NPSH_r的相互换算问题。

对于几何相似的水力机械，在相似工况下其对应点的速度比值相等，压降系数λ_1和λ_2相等，则根据式（2-37），有

$$\frac{(\text{NPSH}_r)_\text{p}}{(\text{NPSH}_r)_\text{m}} = \frac{\left(\lambda_1 \dfrac{v_L^2}{2g} + \lambda_2 \dfrac{w_L^2}{2g}\right)_\text{p}}{\left(\lambda_1 \dfrac{v_L^2}{2g} + \lambda_2 \dfrac{w_L^2}{2g}\right)_\text{m}} = \frac{u_\text{p}^2}{u_\text{m}^2} = \frac{(nD)_\text{p}^2}{(nD)_\text{m}^2} \tag{2-63}$$

式中，n为转速；D为尺寸；下角p和m分别表示原型与模型，即

$$\frac{(\text{NPSH}_r)_\text{p}}{(\text{NPSH}_r)_\text{m}} = \frac{(nD)_\text{p}^2}{(nD)_\text{m}^2} \tag{2-64}$$

式(2-64)就是空化相似定律的表达式。几何相似的水力机械，在相似工况下运行时，原型、模型机的空化余量之比等于原型、模型机的转速和尺寸乘积的平方比。

2.6.2　空化比转速

水力机械的空化系数σ反映了其抗空化性能，σ越小，说明转子本身的抗空化性能越好。但是σ在应用中也有不便，尤其是在离心泵中应用更是不能真正反映叶轮的实际空

化情况。因为最大的动压降（或NPSH_r）只是在泵叶轮的进口处，并且在很大程度上和转轮的出口条件无关。在转轮的进口条件相同、外径不同的泵内，其扬程不同，但是NPSH_r相同，这样空化系数σ亦将不同。因此，在泵中希望代表抗空化性能的系数内不要引入扬程的数值，这样采用空化比转速较为方便。

与比转速类似，可以推导出水力机械空化相似准则——空化比转速C。对于几何相似的水力机械，在相似工况下运行，由空化相似定律［式（2-64）］得

$$\frac{\mathrm{NPSH}_r}{(nD)^2}=\text{常数} \tag{2-65}$$

同时，由水力机械的相似定律得

$$\frac{Q}{nD^3}=\text{常数} \tag{2-66}$$

由式（2-65）和式（2-66）联立，消去尺寸参数，得

$$\sqrt[4]{\frac{(Q/nD^3)^2\times 10^3}{\left[\mathrm{NPSH}_r/(nD)^2\right]^3}}=\frac{5.62n\sqrt{Q}}{(\mathrm{NPSH}_r)^{3/4}}=\text{常数} \tag{2-67}$$

称此常数为空化比转速，记为C，即

$$C=\frac{5.62n\sqrt{Q}}{(\mathrm{NPSH}_r)^{3/4}} \tag{2-68}$$

由上述可知，对几何相似、工况相似的水力机械，C等于常数。因此，C可以作为空化相似准数，它表征机器本身抗空化（空蚀）性能。几何相似的水力机械，在相似工况下运转时，C相等，即抗空化（空蚀）性能相同。在一定流量和转速下，C越大（NPSH_r越小），机器抗空化（空蚀）性能越好。

和比转速n_s一样，当空化比转速C作为一台机器的抗空化性能的判据时，必须用规定工况的参数。在我国的水泵行业，C是用最高效率工况下的参数计算的；在水轮机行业，则习惯使用空化系数σ。但根据相似定律，二者对水轮机和泵都是通用的。叶片泵C的范围随泵的使用要求的不同而不同，如主要考虑提高效率（对空化不作要求）的泵，$C=600\sim800$；兼顾效率和空化的泵，$C=800\sim1100$；主要考虑提高抗空化性能的泵，$C=1100\sim1600$。对火箭推进泵，因其特殊用途，要求很小的NPSH_r，C超过5500。

空化过程对比能量特性的模拟更困难，所以原、模型的尺寸和转速不同时，其空化比转速C也会有些改变。实践证明，随着尺寸增加、转速增高，C有增大的趋势。

根据水力机械模型试验提供的空化比转速C值，可由式（2-68）对原型的指定运行工况计算NPSH_r或在给定NPSH_r时计算原型的转速n。

综上，若忽略空泡对流动的影响，则由相似定律可知，对于两个相似的流动，由对应点上的同名量组合而成的无量纲数一定是相等的。因此，原型和模型的空化系数σ、空化比转速C分别相等，即

$$\sigma_{\mathrm{p}}=\sigma_{\mathrm{m}},\ C_{\mathrm{p}}=C_{\mathrm{m}} \tag{2-69}$$

由空化系数相等和相似换算关系，还可得出

$$\frac{(\text{NPSH}_r)_\text{p}}{(\text{NPSH}_r)_\text{m}}=\frac{H_\text{p}}{H_\text{m}}=\frac{(nD)_\text{p}^2}{(nD)_\text{m}^2} \tag{2-70}$$

式（2-69）和式（2-70）即空化相似定律，但实际上，这只是未发生空化时的流动相似，是动压降的相似。如果原型和模型的装置空化系数也相等，即

$$\sigma_{\text{p,p}}=\sigma_{\text{p,m}} \tag{2-71}$$

则将使原型和模型的最低压力与汽化压力的差值相等，即

$$(p_{\min}-p_\text{v})_\text{p}=(p_{\min}-p_\text{v})_\text{m} \tag{2-72}$$

这时（起码在理论上）原型和模型的空化发展程度是相似的。

2.7　空蚀的比尺效应

原型与模型泵、水轮机的空蚀相似，除遵守几何相似和运动相似以外，还必须保持动力相似。这就要求雷诺数、弗劳德数、欧拉数、斯特劳哈尔数、韦伯数、马赫数和空蚀数都应相等。此外，模型与原型空泡运动相似数也应相等。但实际上要保持模型与原型的上述各值都相等是不可能的。例如，雷诺数仅能保持在自模区；又如，若满足欧拉数相等，则满足雷诺数与弗劳德数相等本身就是相互矛盾的。

另外，从相似律的观点来说，粗糙率、气核及空泡都无法按比例放大，因而空泡的发育和溃灭的过程就无法按比例模拟。由于液体性质（空化核的含量和尺寸）、表面张力、热力学效应、液体的压力和流速、绕流面的尺寸、液体流经低压区的历史、液流的不稳定性等因素难以模拟，原型、模型的抗空化性能的相似只是近似的，这就是空化的比尺（比例）效应。空化的比尺效应在水力机械中空化发生前、空化初生和空化发展这三个阶段都有表现。

（1）空化发生前，影响相似的主要因素是液体的雷诺数。雷诺数的影响主要表现在对必需空化余量的表达式（2-37）第一式中两个系数的影响。λ_1 的定义中包含损失项 ΔH_{S-L}，雷诺数不同使效率不同，损失项将不能相似。雷诺数不同还不能保证原型和模型完全动力相似，故叶片翼型上的压力分布也不完全相同，这将使 λ_2 发生改变，这都使必需空化余量不能保持完全相似。雷诺数对泵和水轮机的影响是不同的，这是因为二者的损失项在空化余量表达式中的符号不同。

（2）在其他条件相同的情况下，空化初生主要受液体抗拉强度的影响。而影响液体抗拉强度的主要因素是液体中的含气量，液体中含气量越多，空化初生开始得越早。

（3）如果空化已得到一定程度的发展，则水力机械内的流动变成了带有相变过程的两相流动，显然，前面所述的相似准则对这样的流动相似是不充分的。可惜目前对这样的相似条件还研究得不够，所以难以保持原型和模型的空化发展程度相似。水力机械的空化系数一般都是用能量法通过水力机械的模型空化实验确定的，这意味着测得的是空化已发展到一定程度时的临界空化系数。显然，原型和模型的临界空化系数实际上是不完全相等的。

（4）对空化的发展影响较大的一个因素是绕流物体的绝对尺寸和流速，这是因为空泡

的产生需要使液体经受一定的拉应力，空泡的长大则需要此拉应力持续一定的时间，而物体尺寸和流速将直接影响拉应力的大小及持续时间。

但以上这些因素的影响难以进行定量的计算，工程上只能用经验公式估算。以下简要介绍几个修正公式，这些公式主要用于水轮机，因为原型水轮机的尺寸特别大，比尺效应特别明显。

（1）雷诺数的影响。根据式（2-32），有

$$\lambda_1 = 1 \pm \frac{\Delta H_{S-L}}{v_1^2/(2g)} \tag{2-73}$$

随着雷诺数的增加，损失的相对值减小。故对水轮机而言，λ_1 增加，空化系数也增加；而泵的 λ_1 和空化系数则会减小。雷诺数对空化系数的这种影响和其对效率的影响是一致的，所以对水轮机有以下换算关系式：

$$\sigma_{\mathrm{p}} = 1.17\sigma_{\mathrm{m}} \frac{\eta_{h,\mathrm{m}}}{\eta_{h,\mathrm{p}}} \tag{2-74}$$

式中，η_h 为水力效率。

由于水力损失在水力机械总损失中所占的比例大，而在换算时通常 η_h 是未知的，因此，工程上常用总效率 η 代替水力效率 η_h，即

$$\sigma_{\mathrm{p}} = 1.17\sigma_{\mathrm{m}} \frac{\eta_{\mathrm{m}}}{\eta_{\mathrm{p}}} \tag{2-75}$$

（2）液体中含气量的影响。试验研究表明，液体中的微小气泡是活性（即游离的）空化核子。液体中空化核子的含量越高，最大活性空化核子的尺寸越大，则液体的抗拉强度越低，空化初生时的压力越高。国外学者的试验证明，当总含气量由 0.25%增加到 1.50%时，水轮机的空化系数 σ 增加约 26%。水力机械在进行模型空化实验时，其液体比较清洁，含杂质少，而且含气量也在一定范围内。而实际工作的原型中，液体含气量不固定，含杂质也较多，较模型更容易发生空化。其修正公式为

$$\sigma_{\mathrm{p}} = \sigma_{\mathrm{m}} + \frac{8.48}{H}\left(\sqrt{a_{\mathrm{p}}} - \sqrt{a_{\mathrm{m}}}\right) \tag{2-76}$$

式中，a_{p} 和 a_{m} 分别为原型和模型所用液体中空气体积分数；H 为原型水力机械的工作水头。

（3）原型和模型尺寸（D）及水头对空化的影响。尺寸和水头的不同将使液流承受的最大拉应力值和持续时间不同，从而对空化的初生及发展产生影响。

由式（2-40）知，

$$\frac{p_K - p_{\mathrm{v}}}{\rho g H} = \sigma_{\mathrm{p}} - \sigma \tag{2-77}$$

记 K 点压力最小时 $(p_K = p_{\min})$ 的空化系数 σ 为 σ^*，这样就有

$$\frac{p_{\mathrm{v}} - p_{\min}}{\rho g H} = \sigma^* - \sigma_{\mathrm{p}} \tag{2-78}$$

令 $Z_{\max} = p_{\mathrm{v}} - p_{\min}$，表示转轮叶片背面最低压力点液流所受到的拉应力。当 $p_{\min} < p_{\mathrm{v}}$ 时，液体将被破坏，空化开始发展。

考察两个在运动相似工况下工作的相似水力机械，设二者的装置空化系数相同，并且等于水力机械的空化系数：

$$\sigma_{p,p}=\sigma_{p,m}=\sigma \tag{2-79}$$

因为 $p_{v,p}=p_{v,m}$，于是

$$\frac{(p_v-p_{\min})_p}{\rho g H_p}=\frac{(p_v-p_{\min})_m}{\rho g H_m}\sigma^*-\sigma_p \tag{2-80}$$

即

$$\frac{Z_p}{H_p}=\frac{Z_m}{H_m} \text{或者} \frac{Z_p}{Z_m}=\frac{H_p}{H_m} \tag{2-81}$$

也就是

$$Z_p=Z_m\frac{H_p}{H_m} \tag{2-82}$$

此式说明原型叶片空化区的理论拉应力为模型的 H_p/H_m 倍，也就是说，原型的空化发展程度大于模型。

设转轮叶片背面拉应力区的相对长度为 $\overline{l}=l/L$，其中 l 为拉应力作用区长度，L 为叶片翼型弦长，则作用在微元液体上的拉应力持续时间为 $t=l/w$（w 为拉应力作用区的平均流速）。这样，由 $l\propto D$ 和 $w\propto\sqrt{H}$ 的关系，可得到在两相似的水力机械中，微元液体在拉应力作用区所经历的时间关系为

$$\frac{t_p}{t_m}=\frac{D_p}{D_m}\sqrt{\frac{H_m}{H_p}} \tag{2-83}$$

式中，由于模型试验的水头 H_m 在提高，水头 H 的影响相对较小，则在 $\sigma_{p,p}=\sigma_{p,m}$ 条件下，因为 $D_p>D_m$，$t_p>t_m$，所以原型空化比模型要严重。

由于原型和模型工作水头不同，对叶片背面空化区拉应力值 Z 有影响；同时由于水头和转轮尺寸（直径）不同，对微元液体经受拉压力的持续时间 t 产生影响。综合结果，原型水力机械的空化系数比模型大，其相互关系如下：

$$\sigma_p=\sigma_m+m(\sigma_1-\sigma_m)\left(1-\frac{H_m}{H_p}\right) \tag{2-84}$$

式中，m 为修正系数，$m<1$；σ_1 为开始发生空化时的空化系数，假定 $\sigma_1=\sigma_m$；σ_m 为模型外特性急剧变化时的空化系数；σ_p 为原型外特性急剧变化时的空化系数。

由式（2-84）可知，当 $H_p>H_m$ 时，$\sigma_p>\sigma_m$。

在空化的比尺效应研究方面，还应注意以下一些值得研究的问题。

（4）模型和原型中空蚀对效率、飞逸转速、轴向水推力的影响。

（5）模型和原型中产生的噪声、振动、压力脉动的频率与振幅。

（6）不同空蚀类型的危害程度。

（7）影响空蚀的热力学因素。

（8）引起空蚀初生的边界层研究等。

第 3 章　水力机械中的空化与空蚀

在水力机械的运行中，空蚀会使水力机械的过流部件产生空蚀破坏，并伴随严重的噪声和振动，严重时会使水力机械效率显著降低，甚至不能正常运行，同时严重威胁着水力机械的寿命。因此，水力机械的空蚀问题，是水力机械设计、制造、科学研究及水电站、泵站等运行方面非常关心的基本问题，也是提高水力机械力学性能和质量所必须认真研究的重要课题。

本章主要介绍水力机械的空蚀类型、水力机械空化实验及装置、水力机械空蚀程度及其主要影响因素、水轮机尾水管的涡带空蚀、水力机械空蚀的防护等。主要内容有空蚀机理及水力机械空蚀的特点和空蚀的模拟、研究方法，并着重介绍水力机械的空蚀防护方法。

3.1　水力机械的空蚀类型

空蚀的类型较为复杂，其分类方法也较多，按产生空蚀的设备或机件来分，有水力机械空蚀、管路系统空蚀以及水工建筑物空蚀等；按空泡团的形态及空泡生成的原因来分，有游移型空蚀、固定型空蚀、漩涡型空蚀以及振动型空蚀等。

空化发生的过程大概可分为四个阶段（图 3.1），分别是初始空化、片状空化、云状空

(a) 初始空化　(b) 片状空化　(c) 云状空化　(d) 超空化

图 3.1　空化变化情况图

化以及超空化。初始空化只有极微小的空泡出现，边界层没有明显分离；当空化数降低时，开始出现连续气相，也就是片状空化；当空化数进一步降低时，出现大量空化泡，显现为云状空化；空泡变化的最后阶段，当压力降到很低后，空泡随着压力的恢复溃灭而出现超空化现象。

本节主要介绍发生在水力机械内部的空蚀类型。

在水力机械内部发生的空蚀类型通常按空蚀发生的部位分为以下四类。

3.1.1　翼型空蚀

翼型空蚀主要指水流绕流叶片时局部压强降低所引起的空蚀，如图 3.2（a）Ⅰ、Ⅲ区所示。当水流为负冲角时，空蚀将发生在Ⅱ区。

翼型空蚀与叶片几何形状和水力机械的运行工况密切相关。当水轮机工况偏离设计工况时，会诱发或加剧翼型空蚀。进口相对速度大小和方向发生变化，就会造成叶片边壁上压强分布的偏离，改变了其上的空化数分布，会影响空蚀发生的部位。小流量时，翼型空蚀发生在下叶片背面；大流量时，翼型空蚀常发生在叶片工作面。

图 3.2（b）为混流式和轴流式水轮机可能发生翼型空蚀的主要区域；图 3.2（c）为泵叶轮的翼型空蚀部位示意图。

根据国内许多水电站水轮机的调查，混流式水轮机的翼型空蚀主要发生在图 3.2（b）所示的 A、B、C、D 四个区域：A 区为叶片背面下半部出水边；B 区为叶片背面与下环靠近处；C 区为下环立面内侧；D 区为转轮叶片背面与上冠交界处。轴流式水轮机的翼型空蚀主要发生在叶片背面的出水边和叶片与轮毂的连接处附近。

翼型空蚀也是叶片泵最主要的空蚀破坏形式。常见的，对于离心泵，空化、空蚀常发生在进口边背面及后盖板上（a、b 区）；对于轴流泵，空化、空蚀常发生在进口边背面及靠近轮毂处（a、b 区）、导叶进口边背面（d 区）及靠近叶轮吸水管壁位置（c 区）。

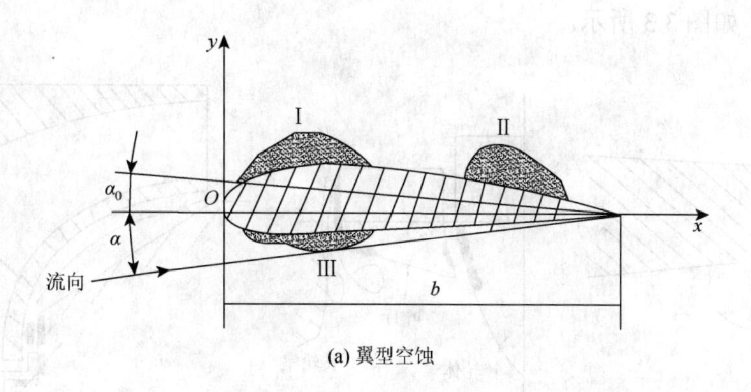

(a) 翼型空蚀

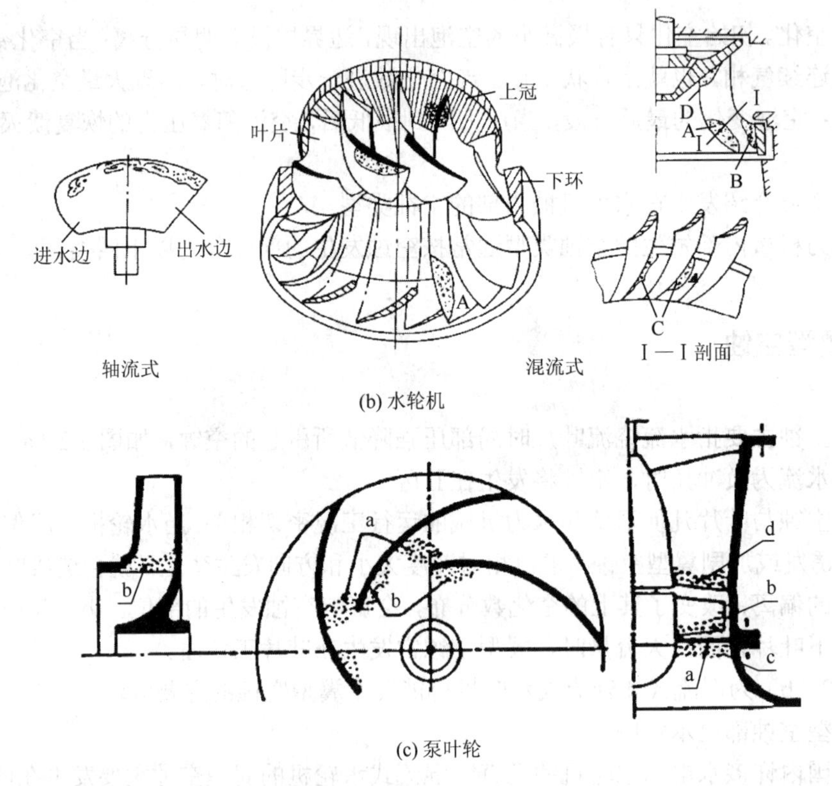

(b) 水轮机

(c) 泵叶轮

图 3.2　翼型空蚀部位示意图

3.1.2　间隙空蚀

间隙空蚀是由于水流通过某些狭小的间隙时引起局部流速升高，压力降低到一定程度时所发生的一种漩涡型空蚀。间隙空蚀主要发生在混流式水轮机转轮上、下迷宫环间隙处，轴流转桨式水轮机叶片外缘与转轮室的间隙处、叶片根部与轮毂间隙处、导水叶端面间隙处，冲击式水轮机的喷嘴和喷针之间，以及轴流泵、混流泵叶片外缘与叶轮室的间隙处等，如图 3.3 所示。

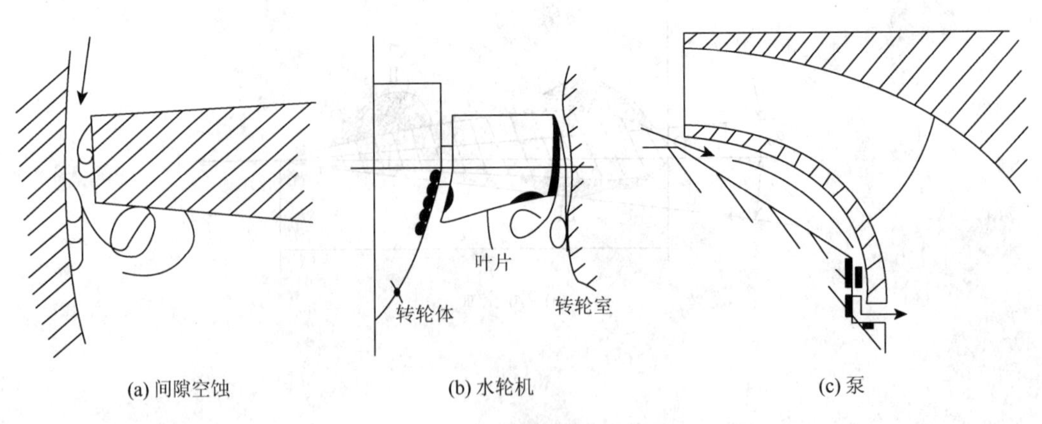

(a) 间隙空蚀　　(b) 水轮机　　(c) 泵

图 3.3　间隙空蚀部位示意图

这种空蚀极易造成叶片背面及转轮室空蚀破坏，其破坏范围都不大，但破坏程度严重。

3.1.3 空腔空蚀

空腔空蚀是反击式水轮机所特有一种漩涡型空蚀，尤其以混流式水轮机最为突出。当反击式水轮机偏离设计工况运行时，转轮叶片出口水流不再保持法向，而出现了一定的圆周分速度。这种旋转水流在尾水管中会产生回流，以至于在尾水管的中心部分形成强制涡，此涡在导叶及转轮水流不对称的情况下将形成偏心，进而形成螺旋状涡带。当涡带中心出现的负压小于汽化压力时，水流会产生空化现象，而旋转的涡带一般周期性地与尾水管壁相碰，使尾水管壁产生空化和空蚀，故称为空腔空蚀，如图 3.4 所示。这种空蚀将使尾水管内速度场发生周期性的变化，造成机组机械振动和运行不稳定。

叶片泵的吸水管处也易发生空腔空蚀。

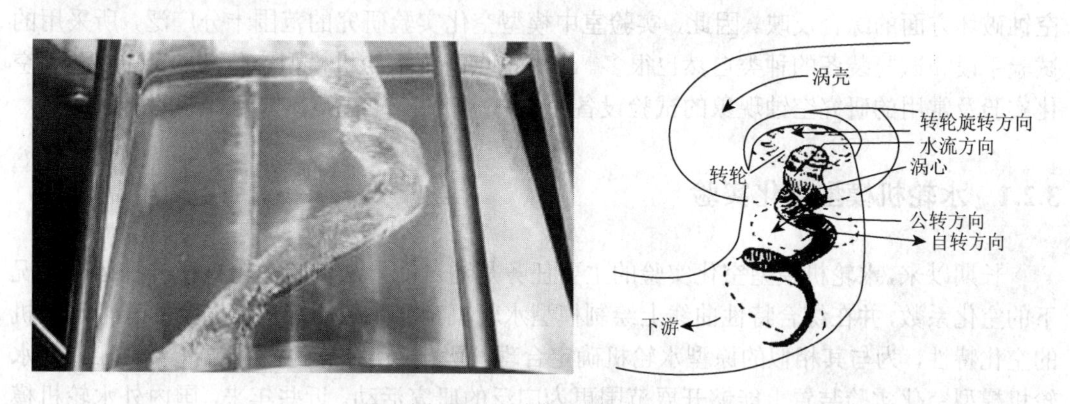

图 3.4　尾水管空腔涡带

3.1.4 局部空蚀

局部空蚀主要是由叶片铸造和加工缺陷形成表面不平整、砂眼、气孔等所引起的局部流态突然变化而造成的。例如，转桨式水轮机的局部空化和空蚀一般发生在转轮室连接的不光滑台阶处或局部凹坑处的后方；其局部空化和空蚀还可能发生在叶片固定螺钉及密封螺钉处，这是由螺钉的凹入或突出造成的。混流式水轮机转轮上冠泄水孔后的空化和空蚀破坏也是一种局部空蚀。

水力机械空化、空蚀中翼型空蚀最普遍也最严重，空腔空蚀在某些水电站比较严重，以致影响水轮机的稳定运行，间隙空蚀和局部空蚀只产生在局部较小的范围内。混流式水轮机主要是翼型空蚀，间隙空蚀和局部空蚀是次要的；转桨式水轮机以间隙空蚀为主；冲击式水轮机以间隙空蚀为主，发生在喷嘴和喷针处，而在水斗的分水刃处由于承受高速水流而常常发生局部空蚀。

3.2 水力机械空化实验及装置

在实验室中对模型的研究，是研究水力机械空化的发生机理、各种绕流体和通流体的空化特性、各种流体机械及其通流元件等抗空化性能的主要手段。由于可以人为地改变试验条件和试验对象，便于对各种流动参数和物理参数的测量，便于观察空化发生和发展各阶段的外观状态以及空蚀破坏的效果，并采用高速摄影拍摄空化图像等。实验室中对模型进行的空化实验，在空化研究领域中占有十分重要的地位。

空化的流体动力学模拟理论，是指导模型空化实验的理论基础，也是由模型试验结果向原型换算的基本依据。而这种模拟理论，也只有通过模型试验与原型试验相互比较、相互验证才能使其更加完善。

由于空化是极其复杂的一种物理过程，不但需要探明这一过程所涉及的相关因素及其在空化的发生、发展和空化强度等方面所起的作用，而且要揭示绕流物体或机械在空化和空蚀破坏方面的综合反映。因此，实验室中模型空化实验研究的范围十分广泛，所采用的试验手段和试验装备的种类自然也很多。这里重点介绍水轮机模型空化实验、叶片泵的空化实验及常用的研究空蚀现象的试验设备。

3.2.1 水轮机模型空化实验

长期以来，水轮机模型空化实验的主要任务是通过能量法测定水轮机在各种运行工况下的空化系数，并在综合特性曲线上绘制模型水轮机空化系数的等值线以全面表征水轮机的空化特性，为与其相似的原型水轮机确定合理的吸出高度提供试验根据。实际上，在水轮机模型空化实验装置上能够开展范围更为广泛的研究活动。近些年来，国内外水轮机模型空化实验研究的任务不断扩大；不但测定出使水轮机能量指标开始突然下降的临界空化系数，而且测定出开始发生空化的水轮机初生空化系数；在水轮机模型空化实验装置上，利用转轮叶片表面的脆漆涂层的速蚀，确定转轮各部位在各工况下的空化强度；利用闪频灯装置、高速摄影、超声技术观测空化的发生部位和发展过程；检验各种改善水轮机抗空化性能的技术措施在模型水轮机上的实际效果等。

水轮机模型空化实验装置有封闭式和半开敞式两种。图 3.5 为国内某研究所的一种封闭式水轮机模型空化实验装置的系统图。该装置的基本参数为：模型转轮直径 $D = 250$～400mm；流量 $Q = 50$～420L/s；试验水头 $H = 4$～20m；测功电机最大功率 $P = 23$kW；转速 $n = 400$～2000r/min；系统总充水量为 50t。由变转速直流电动机驱动的水泵保证水在试验装置封闭系统中的循环。水经巨大的空气溶解槽，将转轮区在空化实验中产生的大尺寸气泡重新溶于水中。模型水轮机置于装置的上部，由测功电机测量其轴功率。水轮机蜗壳与很长的稳压引水管段相连，尾水的表面压力由真空泵组调节。为了保证水轮机模型空化实验时主泵不发生空化，模型水轮机与水泵间的高程差为 11m。

在空化实验时，人为地调节供水泵，可以保证模型水轮机的工作水头不变，而工况却在十分宽广的范围内变动。这样，可以针对能量试验时相应的工况点进行空化实验。空化实验的简单过程为：选好空化实验对应的工况点；用真空泵抽气的方法不断地改变尾水箱自由水面的真空度，从而达到改变模型水轮机装置空化系数 $\sigma_{p,m}$ 的目的；在同一工况下，同时测定各 $\sigma_{p,m}$ 下的模型水轮机效率 η，绘制 $\eta = f(\sigma_{p,m})$ 的关系曲线（有时，还同时绘制水轮机轴功率、单位转速与 $\sigma_{p,m}$ 的关系曲线）；根据该关系曲线突然下降的转折点所对应的装置空化系数，来决定模型水轮机的空化系数。显然，此时模型水轮机的空化已发展到开始影响其能量特性的地步。

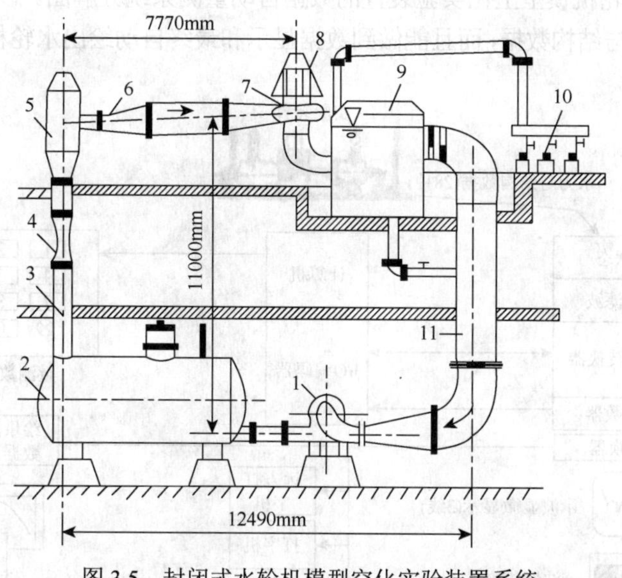

图 3.5　封闭式水轮机模型空化实验装置系统

1-水泵电机机组；2-空气溶解槽；3-压力管路；4-流量计；5-水头稳定装置；6-稳流管；7-模型水轮机；8-测功电机；9-尾水箱；10-油浸真空泵；11-回水管路

模型水轮机效率：

$$\eta_m = \frac{P_m}{\gamma Q_m H_m} = \frac{\pi}{30\gamma} \cdot \frac{M n_m}{Q_m H_m} \tag{3-1}$$

模型水轮机装置空化系数：

$$\sigma_{p,m} = \frac{H_a - H_v - H_S}{H} = \frac{H_a - H_v - [H_S' + p_S/(\rho g)]}{H} \tag{3-2}$$

式中，H 为水轮机设计水头；H_v 为当地当时的水的汽化压力（mH_2O）；H_a 为实验室所在位置的大气压力（mH_2O）；p_S 为尾水箱自由水面的真空值；H_S' 为装置几何吸出高度，导叶底环端面与尾水箱水位的相对高度（m）；γ 为水的重度（N/m^3）；n_m 为水轮机转速（r/min）；M 为水轮机轴端力矩（kg·m）；Q_m 为水轮机流量（m^3/s）。

因此，空化实验时需要随时测量的有 M、H、Q_m、p_S、H_S'、n_m 等六个参数，并应保证足够的精度；一般来说，应达到国际电工委员会（International Electrotechnical Commission，IEC）所推荐的国际规程的相应标准。测量这六个参数的方法很多。图 3.5 所示的装置中，水头 H 由水银差压计测量；流量 Q_m 由文丘里流量计测定；水轮机转速 n_m 由电子计数器测量；尾水箱自由水面的真空值 p_S 由水银真空计测量；而轴端力矩 M 则由测功电机的力臂与载荷的乘积来决定。将测得的数据代入式（3-1）和式（3-2）中，便可计算出模型水轮机效率和模型水轮机装置空化系数。试验时，逐步增大尾水箱的真空度，$\sigma_{p,m}$ 将随之降低，当水轮机能量指标开始急剧下降时所对应的模型装置空化系数临界值 $\sigma'_{p,m}$，就认为是模型水轮机空化系数。

目前，我国与一些先进国家的水轮机模型空化实验装置已采用集中控制和数据自动测量、分析、显示系统，从而提高了试验台测试的精度和节省了劳力。图 3.6 为美国原阿里斯查谟（AC）公司水轮机模型空化实验装置的数据自动量测系统分解图。该系统不仅能自动量测与记录各种水力与结构数据，而且能做到数据显示和最终自动绘出水轮机的各种性能曲线。

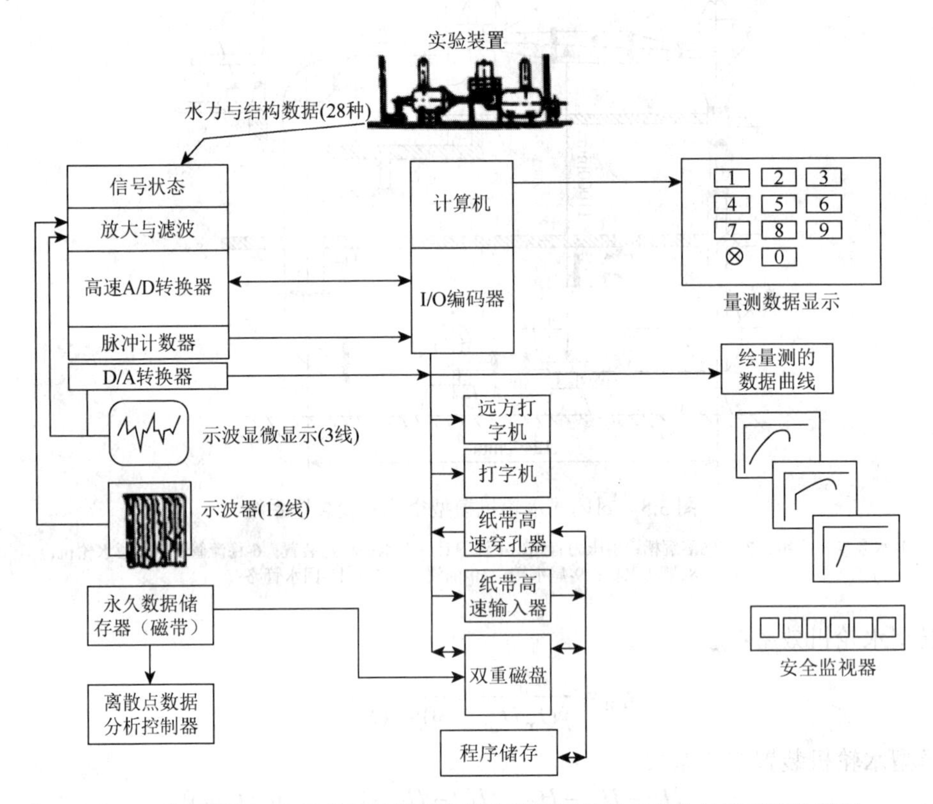

图 3.6　美国原 AC 公司水轮机模型空化实验装置的数据自动量测系统分解图

为了在空化实验时观察水轮机转轮叶片上空化区域的状况，以便结合能量法空化实验的结果来确定水轮机的抗空化性能，多年来，普遍在空化实验台上装设闪频观察仪，它是一种研究水轮机空化有效的内特性方法。利用闪频效果，在与水轮机转速同步的闪频光源照射下，就能观察到转轮某一时刻水流相对叶片的运动情况，即本来是旋转的转轮，看上去犹如静止的转轮。当空化发生时，可以清晰地看到气泡沿叶片表面的运动情况。

在空化实验时，将转轮空化状态的闪频像和外特性的实际量测相结合，合理地确定水轮机空化系数，是当前确定水轮机抗空化性能广泛采用的一种实验室方法。

水轮机模型空化实验的重要性，以及现代量测技术的进步和水轮机制造业的发展，对空化试验装置提出了更高的要求。世界各国都在努力改进空化实验装置：提高试验水头，增大模型尺寸，扩大试验台的应用范围和职能，提高测试精度和控制、操纵试验过程数据采集、显示的自动化水平。

水轮机模型空化实验的水头最好能超过 60～80m，以便给空化图像的观察、空蚀破坏试验等提供较好的条件。此外，提高水头，可以减少空化实验时尾水箱的真空度，防止空气的大量逸出，使模型水轮机使用的工作水中空气含量不致与原型条件悬殊。而在水轮机模型空化实验装置上进行水流压力脉动和转轮叶片强度试验时，也要求有较高的试验水头。近些年国外新建的水轮机空化实验台的试验水头均较高。表 3.1 中示出了国外某些高水头水轮机空化实验装置的主要参数。1974 年奥地利菲斯特公司甚至提出了修建水头 $H=360$m 的水轮机空化实验台。研究表明为了提高水轮机模型的空化、能量、振动等试验的精度，10m 左右的试验水头就已足够，更高的水头不再有更大的价值。此外，片面追求高试验水头，在技术经济上并不合理。

表 3.1　国外某些高水头水轮机模型空化试验装置的参数

序号	装设地点	建成年份	形式	转轮直径 D_1/mm	水头 H/m	流量 Q /(L/min)	测功电机参数		供水泵电功功率/kW
							功率/kW	转速/(r/min)	
1	瑞士，EW 公司	1956	闭式	250～300	100	1100（$H=25$m）	350、水力	600～4000	300×2
2	前苏联，ЛПИ 学院	1959	闭式	250	100	880	400、水力	5000	800
3	日本，日立公司	1960	开式	350～400	60	300×2	360	3000	250×2
4	日本，日立公司	1960	开式	350～400	70	500	280	2500	500
5	日本，日立公司	1960	开式	350～400	120	300	160	2000	500
6	日本，东芝公司	1961	闭式	400	50	600	900DC1	3000	450
7	日本，富士公司	1961	开式	400～700	70	1700～1400	400×2	1250～2300	750～1500
8	日本，三菱公司	1962	开式	350～500	100	1350	750	300～5360	900×2
9	前苏联，ВНИИГ 研究所	1964	开、闭式	250	66	650	—	—	—
10	前苏联，ВИГМ 研究所	1954	闭式	250～460	100	480	—	—	280×2
11	前苏联，ЛМЗ 工厂	1965	闭式	460～600	60	1400	—	—	600×2
12	前苏联，ЛМЗ 工厂	1965	闭式	250～400	70	750	—	—	—
13	瑞士，EW 公司	1968	闭式	250～300	140	1100	500	800～5200	400×2
14	德国，VOITH 公司	1972	闭式	—	110	250	420	1270～1700	500
15	罗马尼亚，RESITA 工厂	1972	闭式	400～600	160	2700	600	200～3500	800×2
16	日本，富士公司	1972	开、闭式	400～700	60	800	400	1250～2000	700
17	美国，AC 公司	1973	开、闭式	254	120	1700	450AC	3000	374×2
18	瑞典，KMW 公司	—	闭式	250～300	100	200	200	3000	200×2

模型转轮直径一般不超过 300～400mm。先进的试验台已实现集中控制，测量对象的量测结果可以数字显示，引入计算机进行控制、计算数据整理并绘制特性曲线等，从而大大节省了劳力，提高了测试过程的自动化水平。测功装置普遍采用便于控制的直流测功电机；导水机构的开关由油压接力器或电信同步电机控制；水位流量压力等用数字仪表表示。日本各公司的主要试验台上均设有自动称重装置以复核流量。

另外，在世界各国的空化实验装置上还装设检测水中含气量的设备。多数的研究者认为在水轮机空化实验时不检测水中的含气量，并设法在试验过程中保持基本不变，是一个不可忽视的错误。具体内容读者可查阅相关资料。

3.2.2 叶片泵的空化实验

叶片泵的空化系数随泵工况的变化特性需通过专门的装置经试验确定。通常利用这一装置还可试验测得水泵的扬程、功率和效率随泵流量变化的曲线：H-Q、N-Q、η-Q。在空化实验时，对应选择的工况点，调整吸水箱压力，逐步加大水泵的吸上高度即降低水泵的空化系数，直至水泵的效率和扬程出现陡降时，便可确定该工况点的临界空化系数与吸上高度。

图 3.7 为某水泵试验装置图。

试验装置测量数据误差有较严格的标准。表 3.2 为一般水泵性能试验测量相对误差允许值。一般情况下，该值均比水轮机模型试验的精度要求要低些。各国都有自己的标准。每个需要在试验台上进行试验的泵均需事先进行 0.25～2h 的试车。水泵扬程和能量特性应在流量为 0～$1.1Q_{op}$ 内逐次获得，Q_{op} 为最优工况的流量。

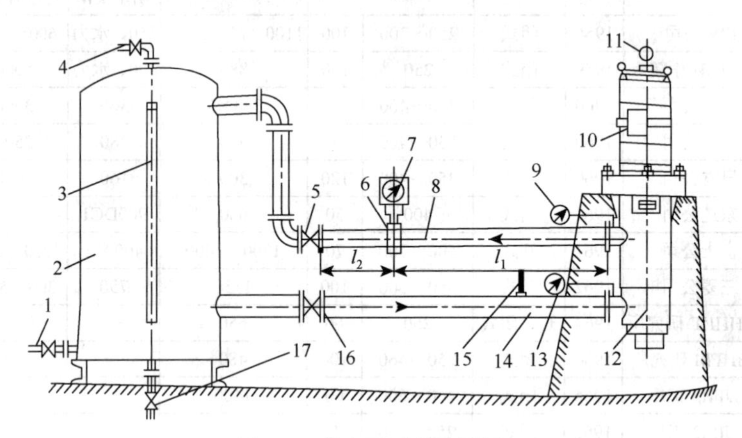

图 3.7　某水泵试验装置图

1-供水管道；2-水箱；3-水位标尺；4-排气管；5-压力罐阀门；6-除杂质设备；7-差分式气压表；8-加压管；9-压力表；10-电动机；11-转速表；12-试验水泵；13-真空压力表；14-吸水管道；15-温度计；16-阀门；17-排水阀

表 3.2　一般水泵性能试验测量相对误差允许值　　　　单位：%

情况	转速	流量	扬程	轴功率	效率
中小型泵	0.2	2.0	1.0	1.6	2.5
大泵	0.2	1.6	1.0	1.0	2.0

水泵的空化特性曲线是在各个工况流量不变的条件下经试验获得的。每条工况空化特性曲线的获取步骤是：①确定流量；②借助真空泵分步降低水箱中的压力，同时由阀门控制和保持泵的流量；③在每个压力下测量泵的转速、流量、进出口压力以及水温。在转速一定的情况下，空化特性应当针对最小流量、额定流量和最大流量工况测定。图 3.8 为定转速定流量工况下的水泵空化特性曲线，在效率 η 和扬程 H 发生突降时，便可确定该工况下的水泵空化系数 σ_p。

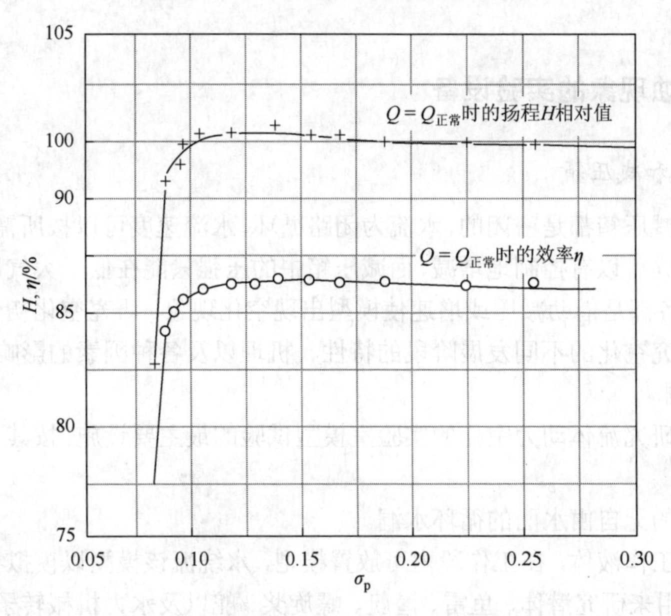

图 3.8　定转速定流量的水泵空化特性曲线

水泵空化系数 σ_p 与比转速 n_s 密切正相关。统计表明，对于单吸泵，有

$$\sigma_p = \frac{216 n_s^{4/3}}{10^6} \tag{3-3}$$

对于双吸泵，有

$$\sigma_p = \frac{137 n_s^{4/3}}{10^6} \tag{3-4}$$

可见，比转速 n_s 大的水泵，其空化系数 σ_p 也大。图 3.9 为叶片泵最优工况的空化系数 σ_p 与比转速 n_s 的统计曲线，可见叶片泵的空化系数 σ_p 与比转速 n_s 间有着密切的关系。

叶片泵的空化与空蚀性质同引用水的水质密切相关。例如，试验证实含沙水比清水的初生空化与临界空化压力高很多。我国许多泵站抽送的是含沙水。特别是黄河水系含沙量很高，大量的试验结果表明水质对空化与空化压力特性影响很大，从而导致按清水条件设计的泵抽送含沙水时会发生严重的空蚀破坏。有文献采用含沙量仅 0.8kg/m^3 的含沙水进行空化实验，当泵在中、小流量区时所得空化系数比清水试验值增大 17.8%，压力脉动的幅值也有所增大。

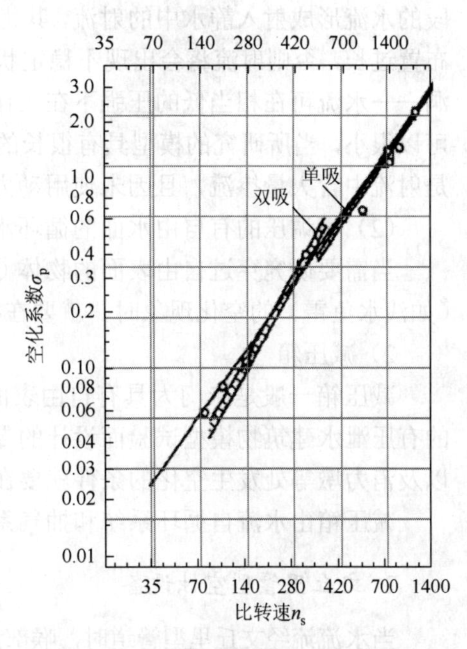

图 3.9　叶片泵空化系数 σ_p 与比转速 n_s 的统计关系

3.2.3　研究空蚀现象的实验设备

1. 循环水洞和减压箱

循环水洞和减压箱都是密闭的，水流为闭路循环，水流速度可以按所需工况进行调节；循环水洞中的压强可以有控制地增减，而减压箱中的压强只能在低于大气压力的条件下进行调节。两种设备都是借助减压或增速使模型出现空化现象，研究空化初生的条件及其影响因素，或者研究空化的不同发展阶段的特性、机理以及各种因素的影响。

1）循环水洞

循环水洞是研究流体动力空化的实验室模型试验的最主要设施。按其工作特性可分为两大类。

（1）可调压的无自由水面的循环水洞。

通常以水为工作液体，在工作段内可放置模型，水绕流该模型以模拟物体在水中的运动。这种水洞可用来研究潜体、鱼雷、潜艇、螺旋桨、舵以及水力机械转子等的空化现象。

用于专门研究水轮机或水泵水力特性的循环水洞就是水力机械试验台；用于专门研究潜体和壁面不平整度的循环水洞通常称为水洞或水筒。

循环水洞工作性能主要取决于初生空蚀系数、能量比以及工作段的流速分布等。循环水洞可按工作段的水流特性细分为：①管流式工作段水洞——工作段是一个封闭的喉管，是最为通用的一种循环水洞，制造简单，纵向流速分布较均匀，但其工作段内边壁影响较大，且沿纵向有压强坡降；②开敞式工作段水洞——为了使边壁影响减到最小，可使工作段的水流形成射入静水中的射流，其优点是观测和拆装模型较为方便，缺点是工作段不能布置过长，否则射流将会出现不稳定状态，且空化数无法降到最小；③自由射流工作段水洞——水流可在相当低的压强下在工作段中以射流形式通过，这类工作段中的水流空化数可以很小，当所研究的模型具有很长的固定型空穴时，用这种设备较为理想，但它的缺点是射流中含大量掺流，且因未使用动力，故大部分能量不能循环使用。

（2）可调压的有自由水面的循环水洞。

当需要研究穿过自由表面的物体（如导弹的入水和离水）或接近自由表面运动的物体（如浅水鱼雷）的空化现象时，就要在循环水洞内模拟水的自由表面或波浪状况。

2）减压箱

减压箱一般是专门为具有自由表面水流的水工建筑物模型或上下游在大气压作用下的有压泄水建筑物模型试验而设计的专用设备。例如，研究溢流坝面、闸门门槽、泄水洞以及消力墩等处发生空化的条件就要在这种设备中进行。

减压箱由水流自循环系统和抽气系统两部分组成。

2. 文丘里管型空蚀设备

当水流流经文丘里型管道时，喉部流速大到一定程度后，该处所产生的低压可使流经该处的水流空化，形成固定型空穴，在固定型空穴内表面上附着的游移型空泡将在其尾部溃灭，如果在固定型空穴尾部放置材料试件，则试件表面由于游移型空泡溃灭而发生空蚀破坏。

利用这种方式可在一定时间内测得材料的抗空蚀性能，或对不同材料的抗空蚀性能进行对比。

由于这种设备中的水流情况与实际水流比较接近，目前在实验室内常用它来研究空蚀机理和测定材料的抗空蚀性能。

3. 振动式空蚀设备

振动式空蚀设备用电磁或超声波使容器内静止的水产生振荡型空化，致使水中的试件表面产生空蚀，又称无主流空化。

1）磁致伸缩振动空蚀设备（简称磁致伸缩仪）

1932 年 Gaines 首先成功研制出使用纵向共振镍管的磁致振荡设备。以后不断改进，成为一种加速空蚀进程的实验设备。其基本原理仍是利用镍或镍合金在交变磁场中能够伸长或缩短的特性，使置于镍制换能器端部的试件在水中产生高频振动，试件表面产生的空泡溃灭可使试件发生空蚀。

图 3.10（a）和（b）分别为两种磁致伸缩仪。

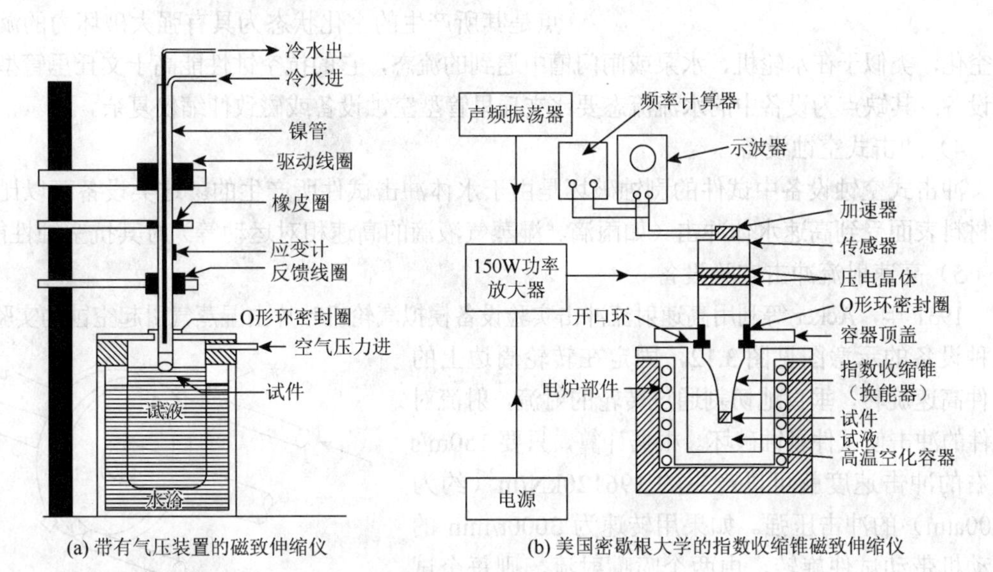

(a) 带有气压装置的磁致伸缩仪　　(b) 美国密歇根大学的指数收缩锥磁致伸缩仪

图 3.10　磁致伸缩仪

2）超声波振动空蚀设备

超声波振动空蚀设备的原理是：超声波所传递的压力脉冲幅度与声音的强度有关，当超声波较强时，其压力脉冲可引起静止水体内部足够的压降而发生空化，如果这种压力脉冲以一定的频率作用在水体上，水体将发生振动，使水体内部不断发生空化过程，致使置于其中的试件发生空蚀破坏。

图 3.11 为 Ellis 和 Plesset 所研制的固定试件的超声波振动空蚀设备。

这种设备有一个安装在试液容器重金属底板以上适当距离处的钛酸钡（$BaTiO_3$）环，环的内外表面均涂以导电材料并与电极连接，电极上施加既定频率的高压交流电，这个环就会随着施加电压的频率沿径向同步伸缩，因而可使环中的试液发生空化。试液中的

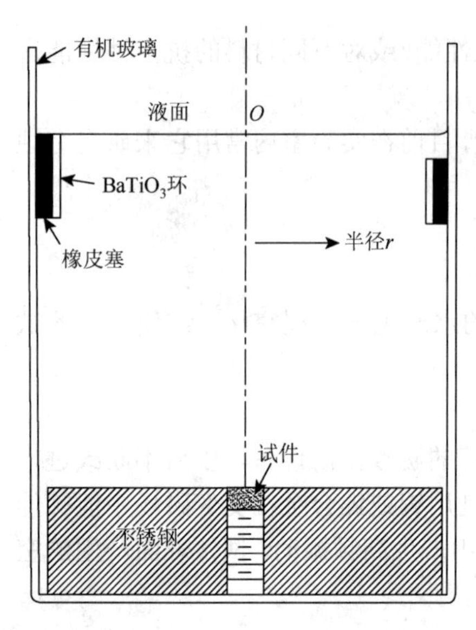

图 3.11　固定试件的超声波振动空蚀设备

空化可使试件表面产生空蚀破坏。其优点是试件本身不承受振动和相应的应力；缺点是无法对空化强度进行定量量测和不宜采用与试件材料的化学活性不适应的试液。

3）旋转圆盘空蚀实验设备

旋转圆盘空蚀实验设备简称转盘装置，是丹麦 Rasmussen 于 1956 年开始采用的。这种设备的原理是：在转盘上距轴心不同距离处开有贯穿转盘厚度的小孔或嵌在转盘上的突体，当转盘在置于外套中的试液内高速旋转时，在小孔或突体后部将产生尾流空化，其中游移型空泡将在尾流末端沿盘面溃灭，嵌入盘面空泡溃灭处的试件表面将产生空蚀破坏；这样就可以测定各种试件材料或涂料的相对抗空蚀性能。一般圆盘的最大圆周速度均大于 40m/s。这种设备的特点是其所产生的空化状态为具有强大破坏力的漩涡型空化，类似于在水轮机、水泵或闸门槽中遇到的流态，它的抗空蚀性能高于文丘里管型空蚀设备；其缺点为设备中的水流流态要比文丘里管型空蚀设备或磁致伸缩仪复杂。

4）冲击式空蚀设备

冲击式空蚀设备中试件的剥蚀破坏是由于水体冲击试件所产生的。这类设备可以比较当材料表面受到高速水体冲击（如雨滴、湿蒸气液滴的高速相对运动等）时其抗空蚀性能。

5）高速射流冲击实验设备

1931 年，Acker 等利用高速射流冲击实验设备模拟汽轮机叶片由湿蒸气引起空蚀的实验。这种设备的示意图见图 3.12，固定在转轮周边上的试件高速旋转，垂直地切割通过转轮的射流，射流对试件的冲击使试件剥蚀破坏。根据计算，只要 150m/s 左右的冲击速度就可以产生约 196120kN/m^2（约为 2000atm）的冲击压强。如果用转速为 3000r/min 的电动机带动试件旋转，由两个喷嘴射流，则每个试件每小时将经受 36 万次水流的冲击。目前这类设备中射流速度可高达 300～600m/s。

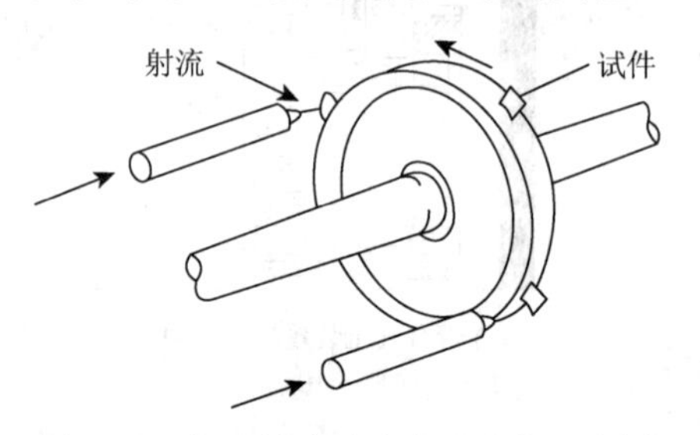

图 3.12　高速射流冲击实验设备示意图

6）水滴冲击实验设备

水滴冲击实验设备的原理是利用气枪子弹或弹簧使水滴高速冲击试件，造成试件表面的剥蚀破坏。水滴冲击的最高速度可达 500～1000m/s，见图 3.13。

7）往复式活塞型空蚀设备

往复式活塞型空蚀设备属于静压式实验设备，设备的气缸内灌满水并且密封，因此，当活塞由容器顶部的凸轮带动时，活塞可向下移动；凸轮可使活塞轴突然释放，从而大气压力可驱使活塞突然向上运动，这样就会造成水体内的空泡成长，成长起来的空泡在下一次活塞向下移动过程中发生溃灭，使气缸壁材料产生空蚀破坏。

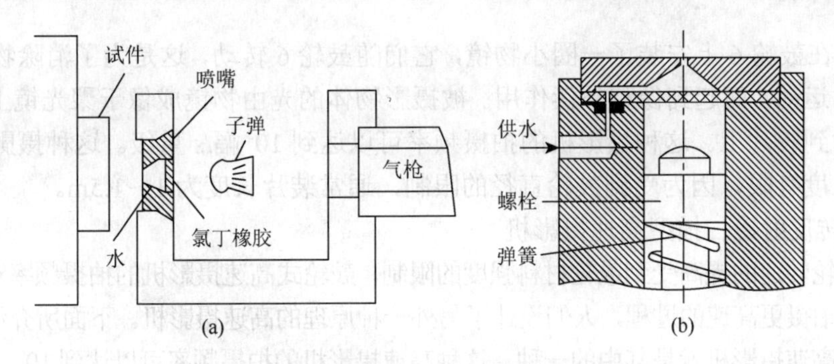

图 3.13　水滴冲击实验设备示意图

这些设备共同的缺点是还没有一个统一的衡量空蚀程度的方法，虽然有过各种建议，但目前任何建议都未能得到公认。此外，目前也没有一种直接的方法可把室内的实验结果用于预估原型空蚀程度。目前，比较各种实验最好的方法是按同一类型材料的空蚀程度来衡量，但有时也会出现反常现象，这可能是由化学作用或空化强度不同所造成的。

4. 高速摄影研究方法

高速摄影记录作为研究高速运动过程最有效的方法之一，目前已在科学技术的许多领域中得到广泛应用。它对研究非恒定流动和空蚀机理是必不可少的，它能将时间信息放大几百倍乃至数千万倍。例如，先用 20000 幅/s 的摄影频率拍摄空蚀现象，再以普通电影机 24 幅/s 的放映速度进行放映，就能把流逝过程的时间放慢约 833 倍。这样就能把 0.001m/s 的运动延长为 0.83m/s 来进行观察，从而使人们对空蚀现象进行深入的分析。

高速摄影机的种类繁多，在水力机械实验研究中通常采用的有以下两种。

1）胶片连续运动的高速摄影机

胶片连续运动的高速摄影机的特点是：在一次拍摄中能够得到较多的画面，并能直接放映。目前广泛采用的高速电影摄影机即属此类。它的拍摄频率从几百幅每秒到几万幅每秒，但常用的拍摄频率为几千幅每秒。

图 3.14 所示的鼓轮式高速摄影机即属此类。在这种摄影机里，鼓轮 5 和鼓轮 6 是旋转的。胶片固定在鼓轮 5 的内表面上。鼓轮 5 带着这段胶片高速旋转，从而避免了胶片受

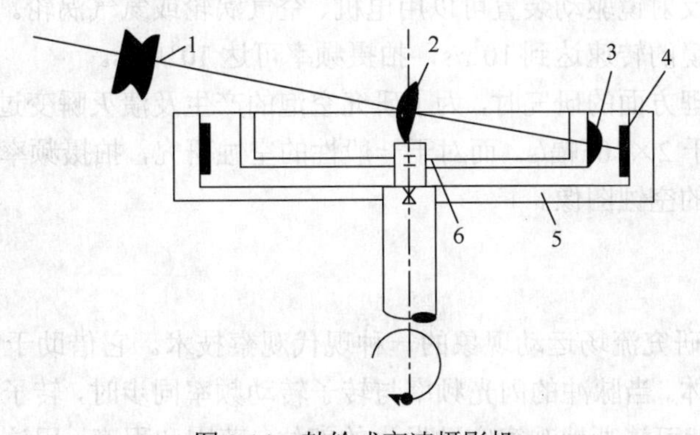

图 3.14　鼓轮式高速摄影机

1-物镜；2-聚光镜；3-小物镜；4-胶片；5、6-鼓轮

拉而断裂。在鼓轮 6 上安装了一圈小物镜，它们随鼓轮 6 转动，这是为了消除物像与胶片之间的相对运动，而起到像移补偿作用。被摄影物体的光由物镜成像于聚光镜上，再通过小物镜投射到胶片上。这种摄影机的拍摄频率可以达到 10^5 幅/s 量级。这种摄影机的缺点是胶片的长度有限，因为受到鼓轮直径的限制，通常装片长度为 1～1.5m。

2）旋转反射镜扫描型高速摄影机

由于鼓轮转速的提高受到鼓轮材料强度的限制，鼓轮式高速摄影机的拍摄频率难以进一步提高。为了拍摄更高速的过程，人们设计了另外一种原理的高速摄影机。下面所介绍的旋转反射镜扫描型高速摄影机就是其中的一种。这种高速摄影机的拍摄频率可以达到 10^6 幅/s 以上。

该机共有两种旋转反射镜扫描系统：一种是有限工作角系统，它要求被研究现象的起点和摄影记录的起点同步。这种系统的原理图如图 3.15 所示。这里，平面反射镜限定工作角为 α，摄影时，现象必须当光线从边缘位置 A_1 沿着焦面弧开始移动时瞬间发生。这种系统可用于起点的时间足够精确的过程。另一种为连续作用的系统（或称等待型系统），如图 3.16 所示。在这种系统中胶片上始终有被研究现象的图像，并且可以在任何瞬间进行摄影记录。它比前述需要起点同步的有限工作角系统要好，它时刻都处于等待扫描状态，因此能拍摄起点在时间上很不稳定的空蚀现象。

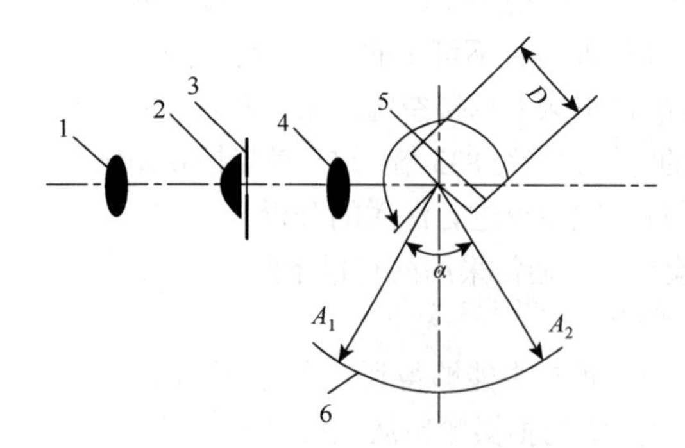

图 3.15 有限工作角系统的原理示意图

1-物镜；2-场镜；3-狭缝；4-转像系统；5-反射镜；6-胶片

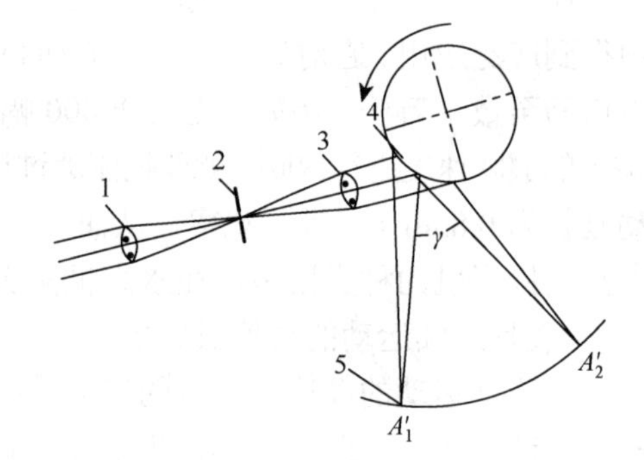

图 3.16 等待型系统的原理示意图

1-物镜；2-狭缝；3-转像系统；4-反射多面体；5-胶片

在上述系统中反射镜驱动装置可以用电机、空气涡轮或氦气涡轮。采用氦气涡轮驱动装置时，可使反射镜的转速达到 10^4r/s，拍摄频率可达 10^8 幅/s。

在进行空蚀机理方面的研究时，为了研究空泡的产生及溃灭瞬变过程，要求有较高拍摄频率，通常不低于 2×10^4 幅/s。而对于一般性的空蚀研究，拍摄频率在 0.5×10^4 幅/s 以上即可得到有价值的空蚀图像。

5. 闪频观测法

闪频观测法是研究流场运动现象的一种现代观察技术。它借助于闪频仪所产生的脉冲强光照射运动物体。当脉冲的闪光频率与转子转动频率同步时，转子在闪光下呈现不动的“假象”，这样就可清晰地观察空蚀发生的部位、范围和程度。用这种方法观察轴流泵的空蚀状态非常方便，只要叶轮室是透明的即可。但用于混流泵和离心泵的空蚀观察，则必须设置透明的观察窗或采取反光措施，以观察叶轮内的空蚀状态，如图 3.17～图 3.19 所示。用普通带闪光灯的照相机配合闪频仪，可以对空蚀空泡状态的变化过程进行拍摄，根据拍摄的照片和外特性实验情况，可综合地评定水力机械的空蚀参数。

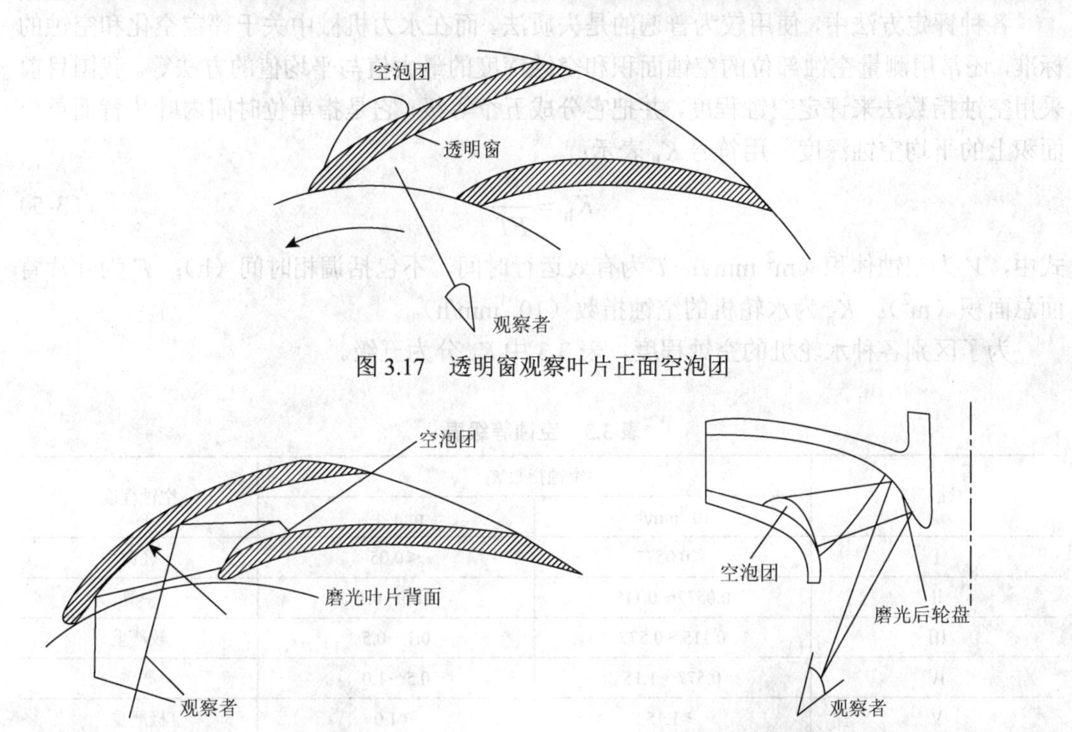

图 3.17　透明窗观察叶片正面空泡团

图 3.18　磨光叶片背面观察叶片正面空泡团　　图 3.19　磨光后轮盘观察前轮盘的空泡团

对闪频仪的基本要求是：闪频图像应具有良好的清晰度和可见度，并能同步跟踪被观察对象运动频率的变化，一般用手不断扭动旋钮进行调整。目前国外采用的闪频仪已经能自动跟随叶轮转速的变化，因此图像很稳定。

闪频仪本身产生的脉冲强光源既能作为观察光源，又可作为照明光源。因此，对叶轮槽道内光的强度没有特别的要求，但若要求将图像通过光学系统反射到控制台的屏幕上，则需要强光照明和复杂的光学系统。

但是闪频观测法只能鉴别不稳定流动的概况，对所研究的对象进行宏观分析，提供人们眼力分辨限度内的图像，而对空蚀现象的微观分析却无能为力。空蚀空泡从初生到溃灭的过程可以短到 10^{-3}s，这种瞬间的变化用人的视觉是无法分辨的。因此，要观察空蚀的全过程，则必须用高速摄影机来进行拍摄。

3.3　水力机械空蚀程度及其主要影响因素

第 2 章详细介绍了空蚀程度的衡量方法及空蚀程度的影响因素。本节针对水轮机和泵，主要介绍水轮机的空蚀程度、各种水轮机的空蚀破坏特征、影响水轮机空蚀程度的主要因素及叶片泵的抗空蚀性能。

3.3.1 水轮机的空蚀程度

各种评定方法中，使用较为普遍的是失质法。而在水力机械中关于评定空化和空蚀的标准，还常用测量空蚀部位的空蚀面积和空蚀深度的最大值与平均值的方法等。我国目前采用空蚀指数法来评定空蚀程度，并把它分成五个等级，它是指单位时间内叶片背面单位面积上的平均空蚀深度，用符号 K_h 表示：

$$K_h = \frac{V}{FT} \tag{3-5}$$

式中，V 为空蚀体积（$m^2 \cdot mm$）；T 为有效运行时间，不包括调相时间（h）；F 为叶片背面总面积（m^2）；K_h 为水轮机的空蚀指数（10^{-4}mm/h）。

为了区别各种水轮机的空蚀程度，表 3.3 中 K_h 分为五级。

表 3.3　空蚀等级表

空蚀等级	空蚀指数 K_h		空蚀程度
	10^{-4}mm/h	mm/年	
Ⅰ	＜0.0577	＜0.05	轻微
Ⅱ	0.0577～0.115	0.05～0.1	中等
Ⅲ	0.115～0.577	0.1～0.5	较严重
Ⅳ	0.577～1.15	0.5～1.0	严重
Ⅴ	≥1.15	≥1.0	极严重

经实际计算，我国已安装混流式水轮机的空蚀指数 $K_h = (0.016～3.18)\times 10^{-4}$mm/h。

近年来，国外水轮机的抗空蚀性能有了很大提高，目前大多数国家的 K_h 接近于 $0.025\times 10^{-4}～0.05\times 10^{-4}$mm/h，并在向更小的 K_h 发展。

3.3.2 各种水轮机的空蚀破坏特征

1. 轴流式水轮机

轴流式水轮机会发生翼型空蚀、间隙空蚀和空腔空蚀等，其中间隙空蚀比较突出，特别是叶片外缘与转轮室以及叶片与转轮体的间隙附近，使转轮室、叶片外缘、叶片法兰的下表面和转轮局部遭受破坏，其破坏区的示意图见图 3.20。转轮室的空蚀区主要分布在叶片旋转轴线以下，有些水轮机在叶片轴线以上也出现局部破坏，这与转轮室壁面不平整度有关。

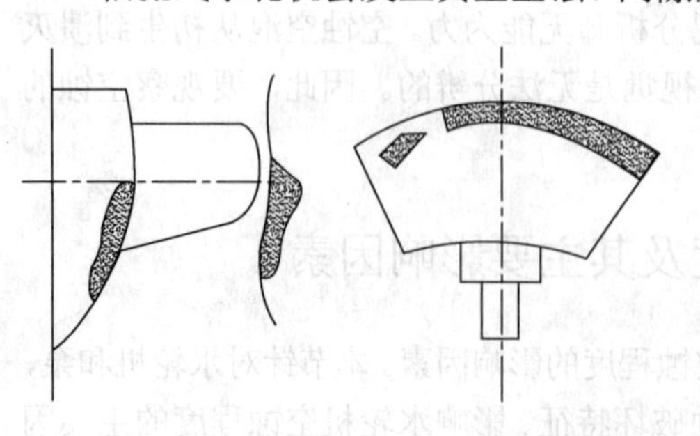

图 3.20　轴流式水轮机的空蚀破坏区示意图

轴流式水轮机翼型空蚀通常发生在叶片背面靠近出水边及外缘，但有时在叶片正面也出现破坏。我国已投入运行的轴流式水轮机的叶型破坏也相当严重。图 3.21 是几个电站轴流式水轮机叶片空蚀部位示意图，由调查资料可知，凡机组在超出力或大流量情况下运行时间过长，空蚀破坏就比较严重；工况正常，则空蚀破坏比较轻。

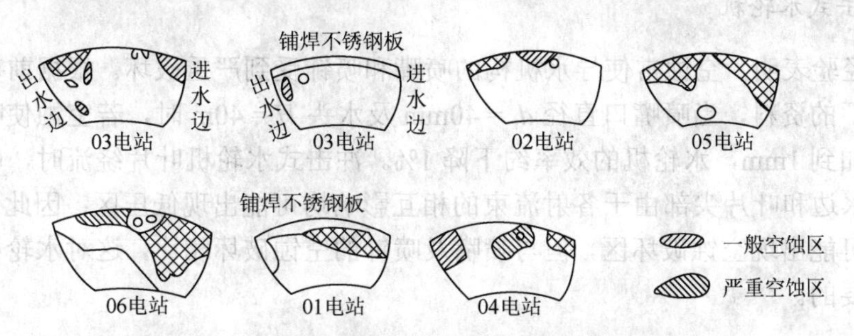

图 3.21　我国轴流式水轮机叶片空蚀部位示意图

2. 混流式水轮机

混流式水轮机的空蚀破坏主要为翼型空蚀，主要发生在叶片背面。其空蚀部位示意图如图 3.22 所示。

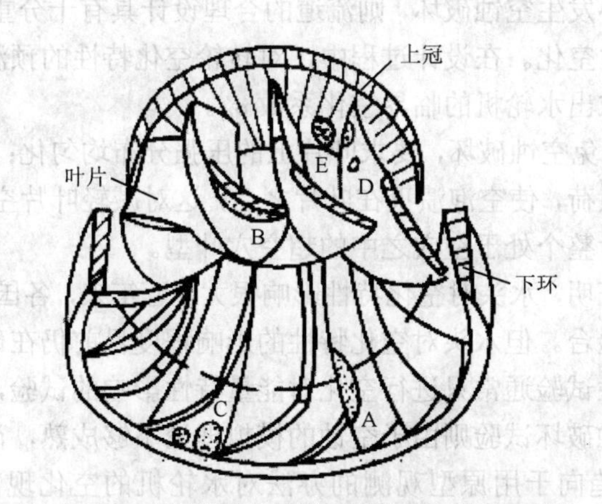

图 3.22　混流式水轮机叶片空蚀部位示意图

A 区-在叶片背面靠近出水边的下半部；B 区-在背面靠下环处；C 区-转轮下环内侧面；D 区-叶片背面靠上冠处；E 区-转轮上冠下表面

我国已运行的混流式水轮机大部分均遭空蚀破坏，见表 3.4。从表 3.4 可以看出，这些水轮机的空蚀指数或者空蚀等级还是很高的，说明我国混流式水轮机的空蚀破坏比较严重。

表 3.4　我国混流式水轮机空蚀情况

电站代号	设计水头/m	运行时间/h	空蚀指数/(10^{-4}mm/h)	空蚀等级
01	97.5	17904	0.185	Ⅲ
02	107	12182	0.645	Ⅳ
03	137	13551	0.348	Ⅴ
04	60	7000	0.8～1.0	Ⅳ
05	38		0.4～0.8	Ⅳ

混流式水轮机的间隙空蚀在清水情况下并不严重；但水流挟沙时，由于受到空蚀与磨蚀的联合作用，空蚀会更为严重。

3. 冲击式水轮机

运行经验表明，空蚀常使导水机构的喷嘴和喷针受到严重破坏。根据前苏联列宁格勒金属工厂的资料，当喷嘴口直径 $d_r = 40mm$ 及水头 $H = 40m$ 时，若空蚀使喷针的表面粗糙度增加到 1mm，水轮机的效率约下降 1%。冲击式水轮机叶片绕流时，叶片上的进水边、出水边和叶片尖部由于各射流束的相互影响均可能出现低压区；因此，在这些部位的下游可能出现空蚀破坏区，但与喷嘴及喷针的空蚀破坏相比，这对水轮机效率的影响则是次要的。

3.3.3 影响水轮机空蚀程度的主要因素

1. 转轮设计与模型试验的比尺影响

欲使水轮机转轮不发生空蚀破坏，则流道的合理设计具有十分重要的意义，首先是不要在流道内水流中发生空化。在设计过程中，对转轮空化特性的预测很少用计算的方法，而直接用模型试验来求出水轮机的临界空化系数 σ_{cr}。

过去常认为，为避免空蚀破坏，要求叶片上的压强分布均匀化；但近年来则认为还可以适当加大出水边的负荷，使空泡溃灭在叶片之后，这对减轻叶片空蚀破坏是有利的。甚至还可以设计成使叶片整个处于空穴之中的超空穴叶型。

水轮机模型试验证明，水头对空化特性影响很大。近年来，各国纷纷建立了从几十米到几百米的高水头试验台。但水头对空化特性的影响程度目前仍在研究中。

水轮机的空化特性试验通常只进行空化对能量特性影响的试验，常称为外特性法，而对水轮机更重要的空蚀破坏试验则由于空蚀的模拟理论不够成熟，尚处于探索中。

目前，国内外均趋向于用原型观测的办法对水轮机的空化现象及空蚀破坏进行研究。不少单位在原型叶片上粘贴易于空蚀破坏的薄片试件（如铅、铝以及松香类和油漆类的非金属涂层）来观测空蚀破坏的特性及其强度，并据此来修正叶型，取得了较好的效果。

2. 转轮制造材料的影响

水轮机材质对空蚀程度影响很大。大量试验表明，材料的抗空蚀性能与其化学成分、晶粒结构、金相组织、均匀程度、力学性能（如硬度、疲劳强度、应变能等）以及抗腐蚀性能等多种因素有关。目前，实验室内已研究出一系列抗空蚀性能十分优良的材料，但要在工业上应用，还要求材料工艺性良好、强度高以及价格合理等。

国内外还在研究于基体上覆盖一层高硬合金粉末镀层、各种塑料及弹性覆盖层，以及选用金属陶瓷材料等方法以提高水轮机的抗空蚀性能。一些非金属材料的抗空蚀性能见表 3.5。

表 3.5　非金属材料的抗空蚀性能

材料	实验时间/h	试件状态
高密度低压力的聚乙烯	52	未发现破坏
低密度高压力的聚乙烯	10	破坏
卡普隆	48	开始破坏
牌号 B 的卡普隆	14	开始破坏
树脂 68	9	破坏
硬聚乙烯	2	破坏
软聚乙烯	1	破坏
环氧树脂	2	破坏
含 60%石英粉的环氧树脂	2	破坏
聚酯树脂 HH-1	2	破坏
聚甲醛	7	破坏
安息香脂	2	破坏
聚丙烯	4	破坏
氧塑料 4	1	破坏
有机玻璃	2	破坏
玻璃钢	2	破坏
在 ZG20SiMn 上的弹性覆盖层	2	覆盖层破坏
喷涂在 ZG20SiMn 上的聚乙烯	17	覆盖层破坏
玻璃钢包覆聚乙烯	2	覆盖层被撕下
	2	开始破坏
1Cr18Ni10Ti	34	失质 10mg

3. 加工、制造质量的影响

经验表明，如果转轮的加工制造精度不高，即使设计性能良好的转轮仍会发生严重的空蚀破坏。

拉贝对水泵所做的试验表明，表面粗糙度若从 2.5μm 增大到 14μm，则空化数将增加 80%。很多原型试验发现，表面缺陷、凹凸不平与缝隙等常是诱发空化的来源。研究表明，试件表面有坑穴的空蚀程度比光滑表面者可增大 5～20 倍。

因此，为了保证转轮的效率、抗空化性能等，国际电工委员会在相关验收标准中分别对不同类型水轮机的表面粗糙度、波浪度、线型以及各部分尺寸公差等进行了规定。

4. 运行条件的影响

水轮机的空蚀程度与运行条件有着密切的关系。主要有以下几种影响。

1）水头的影响

水轮机工作水头偏离设计水头时，其空蚀破坏明显，偏离越多，空蚀程度越严重。这主要是因为在高水头时，转轮内的流速高于设计流速，而空蚀破坏与流速的 4～10 次方（平均为 6 次方）成正比，也就是说与水头的 3 次方成正比。在低水头运行时，由于偏离设计工况，水轮机的运行条件变坏，因而加剧了其中的空蚀破坏；如果所带负荷较小，则除了叶片背面破坏，叶片正面上冠附近靠近出口边也遭破坏，但破坏深度往往不大。

通常，水电站的水头变幅相当大，使叶片进口处水流冲角改变。日本富士公司认为，$H_{\min}/H_{\max}<0.7$，则水轮机的空蚀破坏难以避免；但美国垦务局认为，允许的水头变幅可达 65%～125%，即 $H_{\min}/H_{\max}=0.52$。

2）负荷的影响

水轮机的负荷过大或过小会使叶片绕流条件变坏而遭空蚀破坏，故国内外均对水轮机正常连续运行规定负荷范围，混流式通常为 40%～100%，转桨式为 20%～100%，这些范围以外的运行时间均加以一定限制。

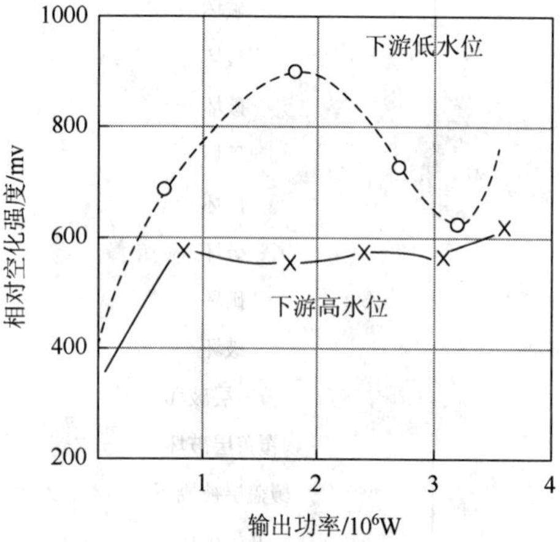

图 3.23　吸出高度对相对空化强度的影响

3）吸出高度的影响

降低吸出高度（机组安装较低或下游水位较高），则水轮机流道内的压强可增加，不易发生空化，这对减轻水轮机空蚀破坏是有利的。经验表明，这种做法对减轻翼型空蚀有好处。图 3.23 为吸出高度改变后，转轮区相对空化强度的量测结果。由图可见，降低吸出高度不但可使相对空化强度的峰值减小，而且可使负荷改变时相对空化强度变化平缓。

4）运行时间的影响

前面曾经介绍过，材料空蚀速度是随时间变化的，其变化过程大体上可以分为酝酿阶段、加速阶段、减弱阶段和稳定阶段。当过流壁面粗糙度小时，酝酿阶段就可能长。大量水轮机的运行实践表明，通常新机械要有一段酝酿期后空蚀破坏才逐渐显示出来。酝酿期随转轮材料及运行条件的不同常常会有很大差别，为 1000～10000h。一旦出现空蚀破坏，就会加速发展。

对于补焊修理过的转轮，由于补焊过程影响了原叶片的体型、应力状况，故其空蚀破坏规律与未经过补焊修理的有所不同。

5）水的物理化学性质与挟带物的影响

水的物理化学性质以及所含杂质（泥沙等）对空化及空蚀破坏均有重要影响。但总的说来，这些影响还研究得不够。

某些试验表明，空蚀破坏随水温上升而加剧，在 50～60℃时空蚀速度达到最大。

实践表明，水中含气量对空蚀程度有很大影响。国内外有不少水电站报道，向水轮机内补气可以减轻空蚀破坏；但也有人认为，只有向空蚀区补气才是有效的。国内新安江水电站、上犹江电厂等曾采用不同的补气方式减免水轮机的空蚀破坏，都取得了较好的效果。国外有些厂家在转轮出厂前就预先在叶片上开留一系列槽孔以备补气。但补气量过大会引起出力效率降低。

在挟沙水流中运行的水轮机，其过流部件的蚀损远比在清水中严重得多。据一些水电站的实际调查，空蚀及磨蚀的联合作用使水轮机的使用寿命大大缩短。

在纯空蚀情况下，壁面的空蚀破坏量与流速的 4～10 次方成正比；在纯磨蚀情况下，壁面的磨蚀破坏量与流速的 2 次方成正比；在空蚀与磨蚀的联合作用下，壁面的破坏量与流速的关系将更为复杂，破坏量并非几何相加。

此外，在我国西南石灰岩地区，水中含有大量二氧化碳等杂质，这对转轮的破坏也有很大影响，这方面的研究工作尚待进一步深入。

3.3.4 叶片泵的抗空蚀性能

叶片泵与水轮机的工作过程相反，它把旋转的机械能持续转换成水能。两种机械实现能量转化的主要部件均为转子，泵中称叶轮，在水轮机中称转轮，其形状相近。水轮机转轮的进口为高压边，出口为低压边，空化与空蚀多发生在压力低的出口。叶片泵的进口为低压边，出口则为高压边，因此空化与空蚀多发生在叶轮的进口。两种机械中发生空化与空蚀的机制、现象以及减少由其带来损害应采取的措施都有相同或相似之处。泵的种类繁多，输送介质也有很大不同，然而空化与空蚀现象在叶片泵中最为普遍和突出。

叶片泵在农业、水利工业等领域中都获得广泛应用。例如，仅我国机电排灌泵年耗电就超过 160 亿 kW·h，年耗油 200 万 t，因此提高泵的运行效率、减少空蚀破坏造成的各种损失，具有重要的经济意义。

叶片泵引起空蚀的相关因素主要有泵叶轮进口的水流状况、泵的吸上高度 H_S、叶片的型线、泵装置的条件、抽送的水质状况、泵的运行工况以及通流元件，特别是叶轮制造材料的空蚀稳定性等，其中任何一种因素不良或不合理均可使叶片泵发生空蚀。

叶片泵发生空化时会引起泵电动机组的振动和噪声，泵的工作特性和效率下降，叶片表面发生空蚀和金属材料的流失。严重的空蚀破坏有可能使叶轮无法修复而报废。

图 3.24 为离心泵空蚀的主要部位。A 区在叶片泵工作过程中常由于泵的吸上高度增加、流速增大、进口冲角过大引起脱流等导致空蚀破坏加剧，此时该区的压力在水的初生空化压力与临界空化压力之间变动，可能发生不同程度的空蚀，位置相应发生变化，形成叶片进口背面片状的空蚀破坏区；B 区位于离心泵前盖板的内壁上，此处流速由轴向转为径向，局部流速高、压力低，导致空化与空蚀；C 区是间隙空蚀区，它由泵的间隙漏损与局部流速高、压力突降引起空化，从而造成空蚀，常引起该处密封环的破坏。

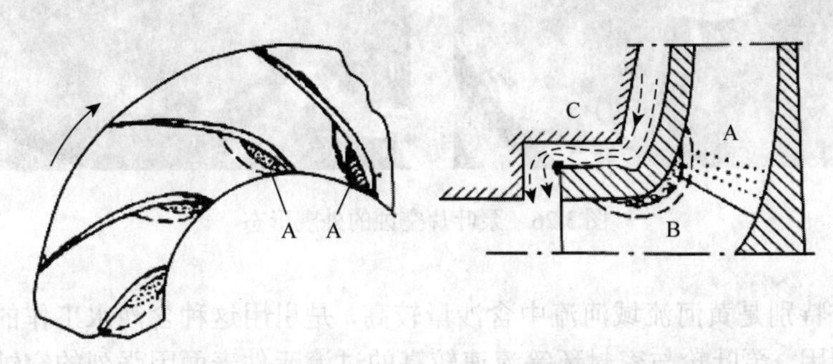

图 3.24　离心泵中发生空蚀的主要区域

图 3.25 为轴流泵空蚀破坏的主要部位，即 A、B、C、D、E 区。A 区为叶轮进口叶片背面的空蚀破坏区，特别是叶片靠近轮缘的部位，由于流速高、压力低很容易诱发空化与空蚀；B 区为叶片靠近外端面的地区，这里不仅流速高、压力低，而且由端面间隙引起的泄流漩涡周期性负压加剧了空化与空蚀；C 区是叶轮室固壁上发生的空蚀区，它与 D 区同时发生空蚀，两者均为间隙空蚀；E 区是叶轮轮毂导流锥表面的空蚀区，该区在锥体表面上流速高、易在脱流漩涡处产生漩涡空化与空蚀。

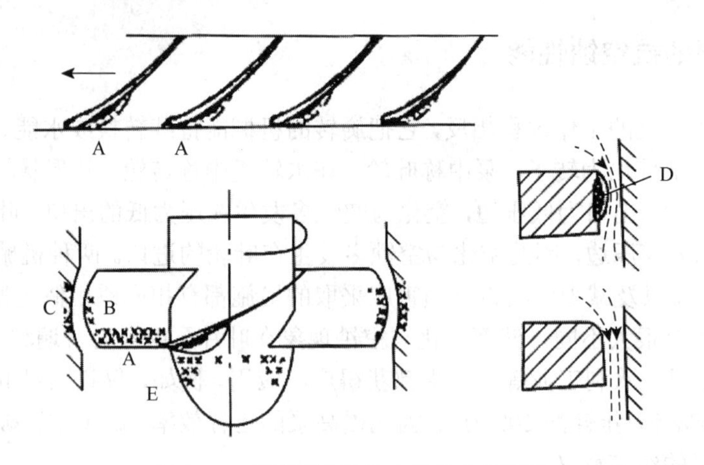

图 3.25 轴流泵中发生空蚀的主要区域

空蚀区呈斑点、凹坑、蜂窝状等材料逐渐加重破坏的形态，严重时可使叶片穿孔局部剥落。图 3.26 为泵叶片空蚀的外观形态。发生严重空化时泵的运行效率很低，并可能诱发强烈的振动和噪声，泵的空蚀破坏将加剧，引起较大的电能损耗和设备损坏。

图 3.26 泵叶片空蚀的外观形态

我国北方特别是黄河流域河流中含沙量较高，是引用这种含沙水工作的泵空蚀破坏严重的主要原因。泵叶轮与密封环等流速较高的过流元件表面因强烈的空蚀而使运行寿命很短。例如，黄河中下游的山西夹马口扬水站水泵铸铁叶轮使用寿命仅几百小时。引用黄河流域含沙水工作的水泵极少累计运行超过保证期6000h的情况，造成很大的经济损失。

前面提到，含沙水的空化压力远高于清水。水泵制造厂家生产的叶片泵样本和说明书中均以清水为抽送介质来确定泵的吸上高度，当抽送含沙水时泵必然发生严重空蚀。

3.4 水轮机尾水管的涡带空蚀

水轮机尾水管为泄水部件，它将转轮出口的水引入水电站的下游渠道。当水轮机的吸出高度 H_S 为正值时，尾水管还具有利用该部分静水头的功能。尾水管紧接水轮机的转轮，从转轮流出的水因流速很高，经扩散型尾水管后动能得以恢复，而后流入尾水渠道，水力损失将大为减少，从而提高水轮机总体的水力效率。

尾水管进口水流来自转轮出口，其流速很高，在水轮机不同工况下，流速的大小和方向都发生改变，且很不均匀，由真空和低压区周围的水平压差诱导形成尾水管中的漩涡和由轴向流动使漩涡形成沿轴向发展的涡带。旋转的涡带引起运行中的水轮机尾水管的低频水压脉动，涡带扫过尾水管的壁面，因空泡崩解引起破坏，发生尾水管的空蚀。尾水管的涡带空蚀和水压脉动引起的机组振动与功率摆动，是水电站水轮机运行的重要问题。

下面简要介绍尾水管涡带的结构。

当水轮机处于低水头或低负荷工况运转时，由于流量减小，转轮出口产生一个正向旋转的水流速度环量，即尾水管中的水流将顺着转轮的旋转方向旋转。在旋转的转轮作用下，于尾水管中心一带形成强制漩涡。通常在非最优工况下，转轮出口水流多为不对称的，在此非对称流的驱使下将形成一个偏心旋转的涡带，再加上轴向速度分量的作用，水流在尾水管中则呈螺旋状向下运动。转轮出口水流旋转速度分布如图 3.27 所示。尾水管中的大

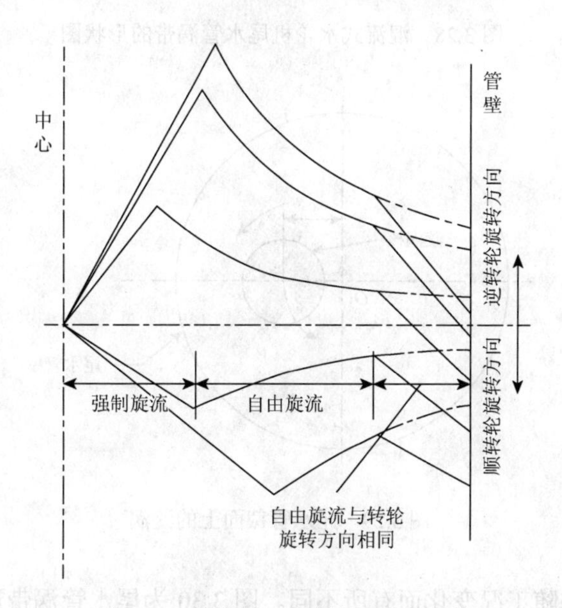

图 3.27 转轮出口水流旋转速度分布

涡带是一束低速旋转的带状流体，随着运行工况的变化，其形态也各不相同。涡带内一部分区域的压力可能低于水的空化压力，所以涡带内有可能形成气体空腔，称为空腔涡带；当然，随着压力的变化，也完全可能处于气水混合或者实心涡带状态。借助透明的有机玻璃制的尾水管可以观察到如图 3.28 所示的尾水管涡带，形状如同螺旋形向下伸展的带子。当工况不变时，涡带运动形态不变；在垂直于主轴的截面上某瞬时可以得出如图 3.29 所示的流动图形：水流绕漩涡核流动；漩涡核中心距尾水管壁中心为漩涡核偏心距 ε，漩涡核以 ε 为半径公转；沿尾水管高度方向，漩涡核公转的周期基本保持不变，即当工况一定时，涡带转速不变，为水轮机转速 n 的 1/4～1/3，可见由此引起的尾水管水流压力脉动频率很低。

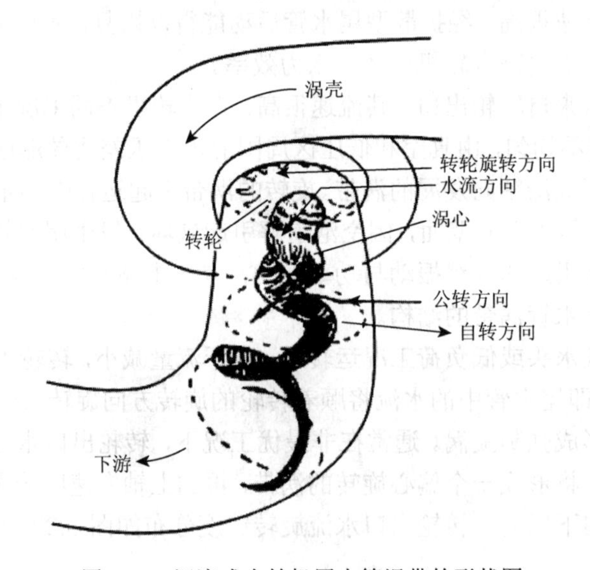

图 3.28　混流式水轮机尾水管涡带的形状图

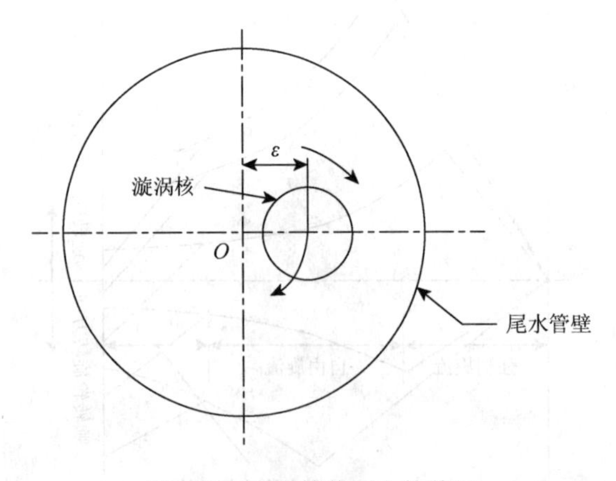

图 3.29　尾水管截面上的漩涡

尾水管涡带形态随工况变化而有所不同。图 3.30 为尾水管涡带形态随导叶开度 $\overline{a}_0$ 的变化情况。

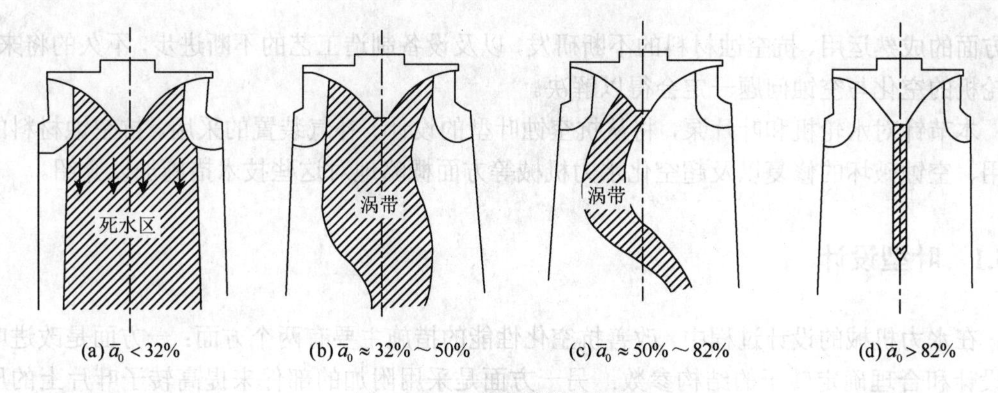

图 3.30　尾水管涡带形态变化

3.5　水力机械空蚀的防护

水力机械发生空化和空蚀破坏是其工作过程中的流动特性决定的，要完全避免发生空化可能需要付出过高的代价。为了消除与减少空化和空蚀破坏对水力机械运行的严重不良影响，必须关注和研究改善水力机械抗空化性能的具体途径。由于影响水轮机空化和空蚀破坏的相关因素很多，改善的途径是多种多样的。随着科学技术的进步，以及水力机械的发展和性能的提高，人们在理论和实践中也积累了一些经验与措施以减轻和改善水力机械的抗空化与空蚀性能。近年来，我国水电发展迅速，新建的水电站结合以往的经验，采取直接而有效的措施抵制和防止水轮机空化与空蚀，从选材、设计到制造、装置均采用最先进的水力设计理念和技术，尽量降低空蚀的破坏。

向家坝水电站是中国第三大水电站，是金沙江水电基地的最后一级水电站。就转轮叶片叶型而言，向家坝水电站转轮未采用传统的、常规的正倾角水轮机叶片，而是使用进水边前倾的负倾角叶片（又称 X 形叶片），这种叶片可减少叶片进水边背面的脱流，对工况的变化有更好的适应性。计算流体动力学（computational fluid dynamics，CFD）分析和模型试验表明，负倾角叶片正、背面压力分布均匀，下环进水边无局部低压，即负倾角叶片转轮的水力稳定性、抗空蚀性能均优于传统的正倾角叶片。目前，负倾角叶片转轮在国内的大朝山、棉花滩及三峡水电站均已使用。向家坝水电站的分瓣转轮有很多缺陷，加工周期长，加工质量难以保证，结合三峡水电站转轮整体运输的经验，向家坝水电站也采用整体转轮。向家坝水电站的转轮采用全不锈钢材料，可以很好地提高水轮机的抗空蚀性能。

碗米坡水电站位于湖南省保靖县内，是酉水梯级开发的第四个水电站。碗米坡水电站转轮在设计工艺及材料选用上进行了改良，转轮采用铸焊结构，整体运输。叶片材料为 06Cr15Ni4CuMo，上冠与下冠材料为 08Cr15Ni4CuMo，转轮材料能在常温下补焊且不需要做焊接后的热处理。

转轮叶片采用模压成型、数控加工的方法，这种加工方法使材料的晶体组织更加紧致，减少了表面不平整、砂眼、气孔等加工缺陷，减少局部空化和空蚀的可能。

随着水力学理论的不断完善、水力机械设计水平的不断提升、CFD 技术在水轮机设计方面的成熟运用、抗空蚀材料的不断研发，以及设备制造工艺的不断进步，不久的将来，水轮机的空化与空蚀问题一定会得以解决。

本节针对水轮机和叶片泵，将从抗空蚀叶型的设计、补气装置的采用、抗空蚀材料的应用、空蚀破坏的修复以及超空化水力机械等方面概略地对这些技术措施加以介绍。

3.5.1 叶型设计

在水力机械的设计过程中，改善抗空化性能的措施主要有两个方面：一方面是改进叶型设计和合理确定转子的结构参数；另一方面是采用附加的部件来提高转子叶片上的压力，如在泵的设计中采用的诱导轮。

转子的叶型设计应尽量使叶片的负荷分布比较均匀而且有尽可能小的负压，这样可少产生空泡或使空泡在叶片区的凝聚减少，可以减轻叶片的空蚀破坏。有经验指出，如果能把最大的负压区移到转轮叶片的出口边，使空泡的凝聚发生在叶片范围之外，可以在较大的变工况范围内减小负压的峰值，从而延缓空泡发生和减轻空蚀破坏。

1. 泵设计提高抗空化性能的主要措施

泵发生空化的界限是$NPSH_a = NPSH_r$；欲不使泵空化，必须增大$NPSH_a$和减小$NPSH_r$。前者是使用泵的问题，后者是设计泵的问题。影响泵空化余量的主要因素是泵叶轮进口部分的几何形状，如叶轮进口直径D_j、叶片进口角β_{1A}、叶片进口边的形状、叶片数和叶轮进口流道形状等。

故要减小$NPSH_r = \lambda_1 \dfrac{v_1^2}{2g} + \lambda_2 \dfrac{w_1^2}{2g}$，则须通过减小$\lambda_1, \lambda_2, v_1, w_1$来实现。

1）叶轮进口直径D_j

显然，加大D_j将使进口绝对速度v_1减小，但将使相对速度w_1增大，由此，对于降低空化余量，D_j将有一个最优值。

考虑法向进口条件，则有$v_1 = v_{1m}$，同时有$w_1^2 = v_1^2 + u_1^2$。叶轮进口处的速度为

$$v_0 = \frac{4Q}{\eta_V \pi (D_S^2 - d_h^2)} \tag{3-6}$$

考虑到进口边的速度差别，令

$$D_1 = K_D D_j，\quad v_1 = K_C v_0，\quad K_D = K_C \leqslant 1$$

则有

$$w_1^2 = \left[\frac{4QK_C}{\eta_V \pi (D_j^2 - d_h^2)}\right]^2 + \left(\frac{\pi}{60} K_D D_j n\right)^2 \tag{3-7}$$

这样可得到$NPSH_r$和D_j的关系式，即

$$NPSH_r = \frac{\lambda_1 + K_C^2 \lambda_2}{2g}\left(\frac{4}{\pi}\right)^2 \frac{Q^2}{\eta_V^2 \pi (D_j^2 - d_h^2)} + \frac{\lambda_2}{2g}\left(\frac{\pi K_D n}{60}\right)^2 D_j \tag{3-8}$$

若近似地认为λ_1、λ_2与D_j无关，则D_j应有一个最优值，使$NPSH_r$最小。因此将$NPSH_r$对D_j^2求导，即可得到

$$\frac{d(NPSH_r)}{dD_j^2}=-\frac{\lambda_1+K_C^2\lambda_2}{g}\left(\frac{4}{\pi}\right)^2\frac{Q^2}{\eta_V^2(D_j^2-d_h^2)}+\frac{\lambda_2}{2g}\left(\frac{\pi K_D n}{60}\right)^2=0 \tag{3-9}$$

经过整理，并用当量直径D_e代入，令$D_e^2=D_j^2-d_h^2$，得

$$D_e=\sqrt[6]{2\frac{\lambda_1+K_C^2\lambda_2}{\lambda_2}}\sqrt[3]{\frac{4\times 60}{\eta_V K_D \pi^2}}\sqrt[3]{\frac{Q}{n}} \tag{3-10}$$

令$K_0=\sqrt[6]{2\frac{\lambda_1+K_C^2\lambda_2}{\lambda_2}}\sqrt[3]{\frac{4\times 60}{\eta_V K_D \pi^2}}$，则式（3-10）简化为

$$D_e=K_0\sqrt[3]{\frac{Q}{n}} \tag{3-11}$$

K_0是一个综合系数，其值对空化影响较大。K_0适当增大，会改善在大流量时的抗空化性能，但会使叶轮的效率降低，在设计时应根据具体要求慎重选择。通常的做法是：

对要求具有高抗空化性能的叶轮，取$K_0=4.5\sim5.5$；

对兼顾抗空化性能和效率的叶轮，取$K_0=4.0\sim4.5$；

对主要考虑提高效率的叶轮，取$K_0=3.5\sim4.0$。

对水轮机，同理，适当增大转轮叶片低压侧的直径可以降低空化余量，提高抗空化性能。图3.31为中、高n_s水轮机转轮简图，下环一般带有锥角α，加大α即增加D_S。α常取6°～13°，最大可达20°。

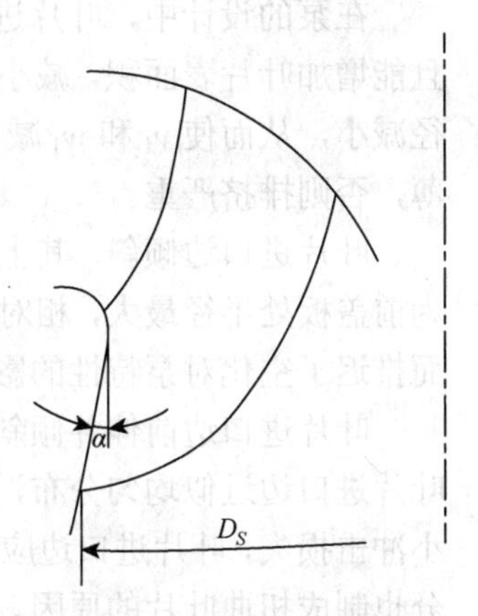

图3.31　转轮低压边直径

2）叶轮盖板进口部分曲率半径

对于低n_s的离心泵（水轮机），适当加大前盖板（下环）圆弧半径R_2和改变低压侧叶片的位置，可改善抗空化性能，如图3.32所示；加大下环圆弧半径，将降低该处轴面速度，有利于改善空化；增加离心泵前盖板的曲率半径，有利于减小前盖板处的v_1和w_1，改善速度分布的均匀性、减小泵进口部分的压力降，从而使$NPSH_r$减小，提高泵的抗空化性能；试验表明，当$R_2/D_H=0.05\sim0.075$时，空化系数减小约18%。转轮叶片的低压边位置向前延伸（图3.31中2-2所示），空化系数降低，因为这样增大了叶片受压面积，减轻了叶片的负荷。

3）叶轮叶片进口宽度

增加叶片进口宽度b_1，能增加进口过流面积，减小叶轮进口流速v_1和w_1，从而减小$NPSH_r$，这是提高抗空化性能的一种有效方法，高抗空化性能的冷凝泵首级叶轮多采用这种方法。泵的效率一般来说随b_1增加而下降。一般可取

$$\frac{4\pi b_1 D_1}{D_j^2-d_h^2}\leqslant 2.5 \tag{3-12}$$

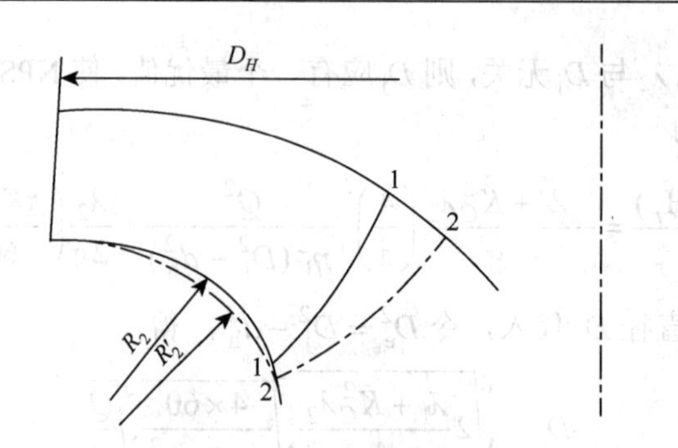

图 3.32　转轮下环型线与叶片低压边位置

4）叶片进口边的位置和叶片进口部分的形状

在泵的设计中，叶片进口边适当向吸入口方向延伸，可使液体提早接受叶片的作用，且能增加叶片表面积，减小叶片工作面和背面的压差。另外，叶片前伸使进口边的所在半径减小，从而使 v_1 和 w_1 减小，能提高泵的抗空化性能。但是叶片前伸后要求叶片做得很薄，否则排挤严重。

叶片进口边倾斜，其上各点的半径不同，因而圆周速度和相对速度也就各不相同。因为前盖板处半径最大，相对速度也最大，这样就可以把空化控制在前盖板附近的局部，从而推迟了空化对泵特性的影响。

叶片进口边前伸并倾斜，使得各点的圆周速度 u 不同。按照一元理论设计轴面速度沿叶片进口边近似均匀分布，则进口边各点的相对液流角不同。为了符合这种流动情况，减小冲击损失，叶片进口边应制成空间扭曲形状，这就是目前很多低比转速叶轮叶片进口部分也制成扭曲叶片的原因。

5）叶片进口冲角

泵的叶片进口角通常都大于进口相对液流角，即 $\beta_{1A}>\beta_1$，即采用正冲角 $\Delta\beta=\beta_{1A}-\beta_1$。冲角通常为 $\Delta\beta=3°\sim10°$，个别情况可到 15°。采用正冲角能提高泵的抗空化性能，而且对效率影响不大。其原因如下：一是增大叶片进口角 β_{1A}，从而可以减小叶片的弯曲，增大叶片进口过流面积，减小叶片进口的排挤（图 3.33）。这些因素都将减小 v_1 和 w_1，提高泵的抗空化性能。二是采用正冲角，在设计流量下液体在叶片进口背面产生脱流。背面是叶片间流道的低压侧，该脱流引起的旋涡不易向高压侧扩散，因而旋涡被控制在局部，

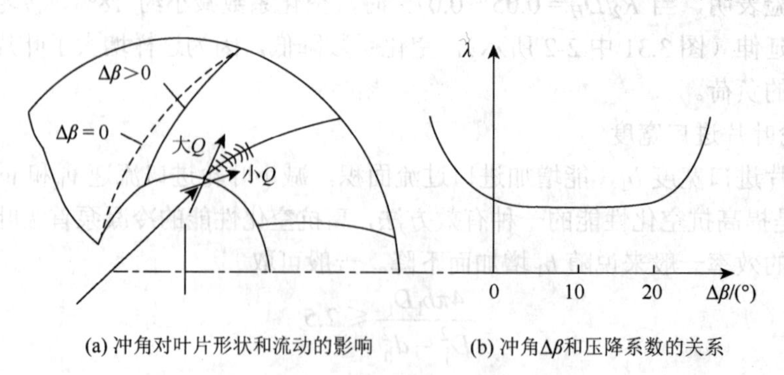

(a) 冲角对叶片形状和流动的影响　　(b) 冲角$\Delta\beta$和压降系数的关系

图 3.33　冲角对泵抗空化性能的影响

对空化的影响较小。反之，负冲角液体在叶片工作面产生漩涡，该漩涡易于向低压侧扩散，对空化的影响较大。由图 3.33（b）可见，在正冲角时，压降系数 λ 在很大正冲角范围内变化不大，在负冲角时，λ 急剧上升。三是当流量增加时，β_1 增大，采用正冲角可以避免泵在大流量下运转时出现负冲角。

6）叶片进口厚度

泵叶片进口厚度越薄，越接近流线型，叶片最大厚度离进口越远，叶片进口的压降越小，泵的抗空化性能就越好。叶片进口的形状对压降影响是十分敏感的。

7）平衡孔

泵叶片上的平衡孔对叶轮进口主液流起着破坏干扰作用，平衡孔的面积应不小于密封间隙面积的 5 倍，以减小泄漏流速，从而减小对主液流的影响，提高泵的抗空化性能。通常叶轮密封环的间隙采用 H8/h8 配合，间隙的允许值见表 3.6。根据表 3.6 可以这样设计密封环间隙：在 0.20～0.65mm 内取值基本满足所有情况，小口径取偏小值，大口径取偏大值。

表 3.6　密封环间隙　单位：mm

密封环名义直径	半径方向间隙允许值	密封环名义直径	半径方向间隙允许值
＞50～80	0.06～0.36	＞320～360	0.12～0.68
＞80～120	0.06～0.38	＞360～430	0.13～0.76
＞120～150	0.07～0.44	＞430～470	0.14～0.80
＞150～180	0.08～0.48	＞470～500	0.15～0.84
＞180～220	0.09～0.54	＞500～630	0.16～0.92
＞220～260	0.10～0.58	＞630～710	0.18～1.02
＞260～290	0.10～0.60	＞710～800	0.20～1.10
＞290～320	0.11～0.64	＞800～900	0.20～1.14

8）采用双吸泵

在泵的设计中采用双吸式叶轮可使空化系数减小。双吸式叶轮是由两个单吸式叶轮背靠背地并在一起的，每半个转轮通过泵流量的一半。对整个叶轮来说，相当于维持原来单吸式叶轮的空化余量而流量增加一倍，也就是在相同的设计流量下采用较低比转速的叶轮。由于空化系数随比转速增加而增加，故采用双吸泵可以有较小的空化系数。

9）粗糙度

叶轮进口部分光滑，水力损失减小，会明显提高泵的抗空化性能。对铸造叶轮，可通过对流道进行打磨、清理等提高流道表面的光洁度。

10）在离心叶轮吸入口前加装诱导轮

在对抗空化性能要求很高的离心泵中，近几十年来广泛采用诱导轮来提高抗空化性能。诱导轮首先在 20 世纪 40 年代初期用于火箭发动机泵上，使泵能在很高的转速下（$n=17000$～30000r/min）正常供给燃料，60 年代后在工业泵中也广泛采用。诱导轮本身是一个叶片负荷很低（只有几米扬程）、抗空化性能很好的轴流式叶轮（图 3.34），但它也与常规的轴流泵不同，轮毂比小，叶片的安装角小，叶片数少，叶栅稠密度大。在离心叶轮吸入口前加装诱导轮，当液体流过诱导轮时，从诱导轮处得到能量，相当于在离心叶轮前提高了装置有效空化余量，因此离心叶轮就不发生空化。带有诱导轮的离心泵空化比转速 C 可达 3000 左右，特殊设计的 C 可达 6300。在诱导轮中，不存在促使空泡和液体分离的离心力的作用，这样产生的空泡将随液流一起流走，不易造成整个流道的堵塞，因而在空化过程中其外特性曲线下降平缓，无明显的陡降阶段，如图 3.35 所示。由于诱导轮的一些特殊设计，它对离心泵叶轮起增压作用，改善了整个泵的抗空化性能，但牺牲了能量指标，这是因为诱导轮本身的效率较低。

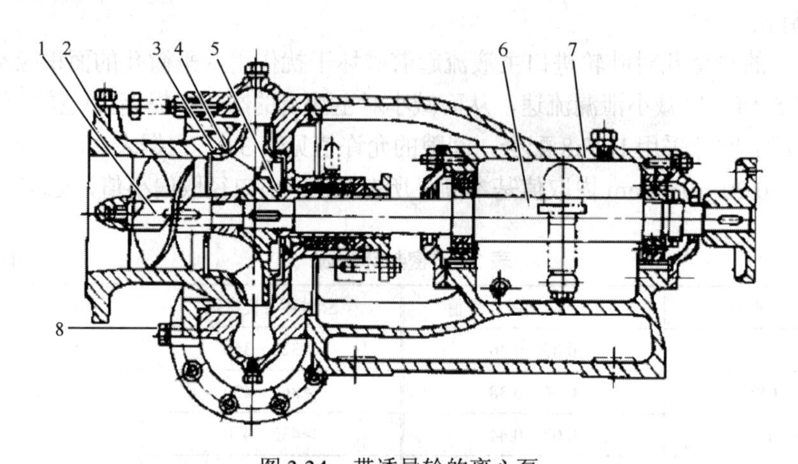

图 3.34　带诱导轮的离心泵

1-诱导轮；2-泵盖；3-密封环；4-叶轮；5-轴套；6-泵轴；7-托架；8-泵体

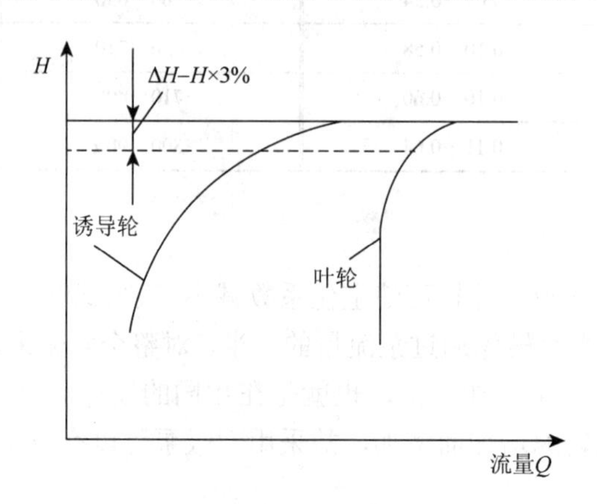

图 3.35　诱导轮的空化特性

2. 水轮机设计提高抗空化性能的主要措施

水轮机翼型空化和空蚀是其空化和空蚀的主要类型之一，而翼型空化和空蚀与很多因素有关，如翼型本身的参数、组成转轮翼栅的参数以及水轮机的运行工况等。

1）翼型设计

就翼型设计而言，要设计和试验抗空化性能良好的转轮，一般考虑两种途径：一种是使叶片背面压力的最低值分布在叶片出口边，从而使气泡的溃灭发生在叶片以外的区域，可避免叶片发生空化和空蚀破坏。当转轮叶片背面产生空化和空蚀时，最低负压区将形成大量的气泡，见图3.36（a），气泡区的长度l_c小于叶片长度l，气泡的瞬时溃灭对叶片表面的空化和空蚀破坏及水流连续性的恢复发生在气泡区尾部 A 点附近，故翼型空化和空蚀大多产生在叶片背面的中后部。若改变转轮的叶型设计，如图3.36（b）所示，就可使气泡溃灭和水流连续性的恢复发生在叶片尾部之后（即$l_c>l$），这样就可避免对叶片的严重破坏。实践证明，叶型设计得比较合理时，可避免或减轻空化和空蚀。

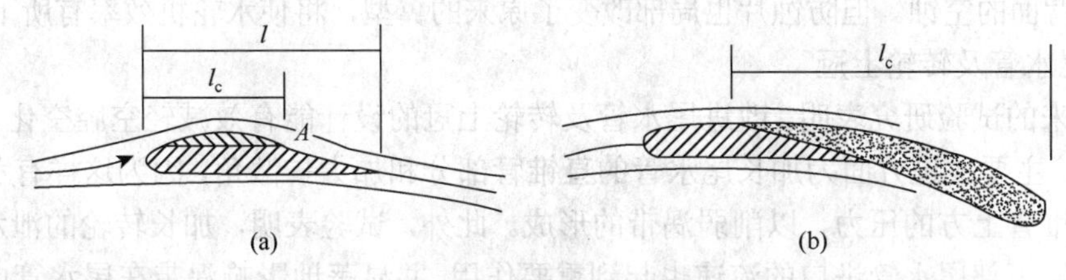

图3.36　翼型空蚀的绕流

另一种是采用带长短X形叶片的转轮。例如，宝兴水电站转轮就是采用带长短X形叶片的转轮，这种转轮共有30片叶片，即15片长叶片和15片短叶片，短叶片夹在两片长叶片之间，短叶片的长度是长叶片长度的2/3，而传统的转轮一般是17片叶片，X形叶片具有较好的抗空蚀性能，同时这种长短叶片的设计也具有很多的优点：①增大了进口区域叶栅稠密度，水流绕流叶片时节距变狭窄，使水流更加均匀，减小了压力脉动；②使叶片受压面积增加，但降低了单位面积所受的压力，如此，叶片正面和背面的压力差便减小，降低了发生空蚀的可能。

2）翼型厚度及最大厚度位置

众所周知，沿绕流翼型表面的压力分布对空化特性有决定性的影响。理论计算表明，空化系数明显地受翼型厚度及最大厚度位置的影响，翼型越厚，空化系数越大，所以在满足强度和刚度要求的条件下，叶片要尽量薄。

3）翼型挠度

在其他条件相同的情况下，翼型挠度的增大会引起翼型上速度的上升，所以翼型最大挠度点移向进口边并减小出口边附近的挠度，可降低由转轮翼栅收缩性引起的最大真空度，导致空化系数下降。

4）叶片进水边的绕流条件

叶片进水边的绕流条件对翼型抗空化性能也有很大影响。进水边修圆，使得在广泛的工作范围内负压尖峰的数值和变化幅度减小，能延迟空化的发生，所以进水边应具有半径为0.2～0.3$\delta_{\max}$（最大厚度）的圆弧，与叶片正背面型线的连接要光滑，以获得良好的绕流条件。

5）翼型稠密度

翼型稠密度的增加可改善其抗空化和空蚀性能，降低空化系数。除此之外，有人研究了一种能较大幅度降低水轮机空化系数的襟翼结构，如图3.37所示。这种翼型结构表面的压力及速度分布和普通翼型有很大区别，其临界冲角增加且具有相当高的升力系数（$C_L=2.0$）。襟翼在航空及水翼船上已得到应用，但在水力机械上尚未推广。

6）间隙优化

为了减小间隙空化的有害影响，尽可能采用小而均匀的间隙。我国采用的间隙标准为千分之一转轮直径。而多瑙河铁门水电站水轮机叶片与转轮室的间隙减小到 5～6mm，即相当于 $0.0005D_1$，取得了良好效果。为了改善轴流式水轮机叶片端部间隙的流动条件，可在叶片端部背面装设防蚀片。如图 3.38 所示，它使缝隙长度增加，减小缝隙区域的压力梯度，这样可减小叶片外围的漏水量，并将缝隙出口漩涡送到远离叶片的下游，从而有利于减轻叶片背面的空蚀。但防蚀片也局部改变了原来的翼型，将使水轮机效率有所下降。

7）尾水管及转轮上冠

近年来的试验研究表明，改进尾水管及转轮上冠的设计能有效减轻空腔空化，提高运行稳定性。主要改进方面为加长尾水管的直锥管部分和加大扩散角，因为这样有利于提高转轮下部锥管上方的压力，以削弱涡带的形成。此外，试验表明，加长转轮的泄水锥，对于控制转轮下部尾水管进口的流速也起到重要作用，并显著地影响涡带在尾水管内的形成以及压力脉动。因此，改进泄水锥能有效地控制尾水管的空腔空化。

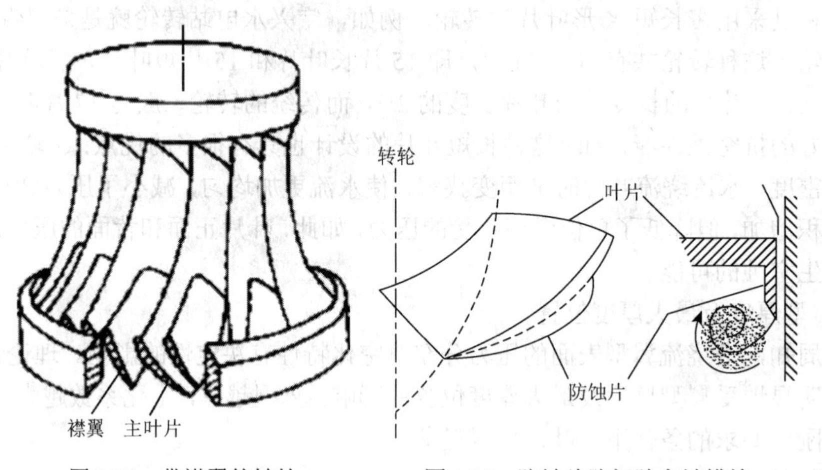

图 3.37　带襟翼的转轮　　　　图 3.38　防蚀片防间隙空蚀措施

8）选型设计

在水轮机选型设计时，要合理确定水轮机的吸出高度 H_S、水轮机的比转速 n_s 和空化系数 σ。比转速越高，空化系数越大，要求转轮埋置越深。选型经验表明，这三个参数应达到最优配合。对于在多泥沙水流中工作的水轮机，选择较低比转速的转轮、较大的水轮机直径和降低吸出高度将有利于减轻空蚀和磨损的联合作用。

3.5.2　补气作用

向空蚀区引入空气是降低空蚀程度的方法之一。空蚀中心的自由空气降低了空泡内的真空值，含有空气的空泡还促使液体饱和。在这种情况下，液体的特性改变，变成密度较小的液体，可压缩性急剧增加。当空蚀空泡破裂时，由于破裂速度降低，以及气水混合物增加了柔软性，发生的冲击就变得不那么严重了。

随着空气的进入，空蚀程度急剧下降，而当含气量约为 2%时空蚀明显不存在。这是前苏联列宁格勒金属工厂在水洞中进行补气研究时就得出的结论，同时发现补气明显地降低了噪声、振动等。

注意，水中含气量不能作为抑制空蚀破坏的评定标准。水的流量与含气量的比例取决于装置的结构、补气的方式以及空蚀的发展程度。此外，空蚀的类型和形态也影响含气量。

目前，由于试验研究资料不多，尚不能拟定出在各种泵及水轮机装置条件下可供使用的补气方法。补气试验可在模型或原型上进行，目的在于找出最优补气量、补气位置和补气点的压力，以确定补气方式。

在原型水轮机上进行的补气试验表明，补气量在流量的 0.05%～0.1%内，不会引起叶片表面压力的显著变化，水轮机的效率不但不会下降，甚至由于边界层充气，效率还可能有所提高。原型水轮机补气量是通过真空破坏阀来实现的，真空破坏阀在真空值为 0.5～0.8mH_2O 时打开，而这一真空值恰好出现在机组负荷为(30%～60%)N_{max} 的情况下。而在最优负荷时不发生补气，通过大量观察，在补气的作用下，水轮机空蚀面积缩小约 30%，空蚀程度减小 50%左右。

从模型试验资料（图 3.39）表明，补气后泵效率下降约达 3%，但图 3.39 是未测补气量的试验结果。一般补气量若小于流量的 1%，对泵的效率影响不大。

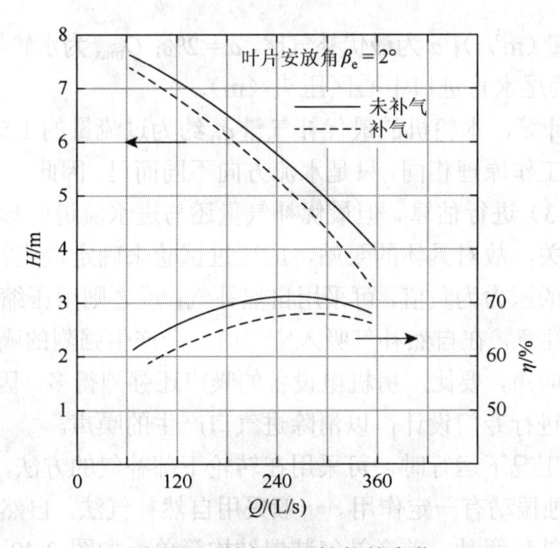

图 3.39　补气后泵性能的变化

补气是一项技术性很强的工作，必须进行精确设计和试验研究，方能取得良好效果。

1. 防叶面空蚀补气

对于叶面空蚀，首先要确定空蚀的部位，然后设计向该区补气的实施方案，并控制补气量，才能取得良好效果。

对于大型泵，由于其叶片较厚，可考虑在叶片上开槽并埋入补气支管，然后使气通过支管补入空蚀区。气体出流的方向应与泵内水流方向一致，以免水流的动能抑制空气的补入。

补气支管可通过泵轴中心孔内设置的补气干管供气。通过对补气管路的损失和空蚀区的压力计算，再确定是自然补气还是用空压机强迫补气。

叶面空蚀的补气量应控制在水泵工作流量的 1%（体积比）以内。若补气量过大，则会使水泵效率下降，泵的流量也会减小。

2. 防涡带空蚀补气

向弯肘形进水流道内补入空气，主要目的是控制涡带。补入的空气聚集到涡带的低压区内，使涡带变大，旋转角速度降低，从而使涡带稳定下来。一旦消除了涡带的不稳定性，压力脉动、噪声和振动便随之而降低。

因此，补气量要控制得好，才会有良好的效果。补气量很小时，涡带仍然不稳定，无效果；补气量过大时，涡带几乎无变化，但水中含气量增大，会使泵的流量减小、效率降低。

使涡带正好稳定的补气量称为最优补气量。根据日本富士公司进行的水轮机模型试验，最优补气量近似公式为

$$q_0 = aQ_{\max}\frac{H_{cs}}{H_a} \tag{3-13}$$

式中，q_0 为最优补气量（m^3/s）；a 为最优补气比，$a = 2\%$；$Q_{\max}$ 为水轮机的最大流量（m^3/s）；H_a 为大气压头；H_{cs} 为尾水管进口中心区压头（m）。

根据式（3-13）计算，水轮机的最优补气量 q_0 约为过流量的 1.5%。

水泵和水轮机的工作原理相同，只是水流方向不同而已，因此，在缺乏资料的情况下，泵补气量可用式（3-13）进行估算。但最优补气量还与进水流道的形状和尺寸、水泵类型及安装高程等因素有关，故对具体的泵站，应通过试验来确定最优补气量。

若进水流道出口的压力为负值，可采用自然补气；反之则用压缩机或射流泵喷射吸入空气进行补气。但应注意，在自然补气吸入空气时，会产生强烈的噪声，如一些水电站进气时产生的强烈的啸叫声，要比厂房机电设备的噪声还强烈得多。因此，自然补气时，进气口的形状和尺寸应进行专门设计，以消除进气口产生的噪声。

水轮机在非设计工况下运行时，可采用在转轮下部补气的方法，这对破坏空腔空化、空蚀，减轻空化、空蚀振动有一定作用。一般采用自然补气法。自然补气装置主要有主轴中心孔补气和尾水管补气两种。前者补气装置结构简单，如图 3.40 所示，当尾水管内真空度达到一定值时，补气阀自动开启，空气从主轴中心孔通过补气阀进入转轮下部，改善该处的真空度，从而减小空腔空化。但由于这种补气方式难以将空气补到翼型和下环的空化部位，故对改善翼型空蚀效果不好，补气量又较小，往往不足以消除尾水管涡带引起的压力脉动，且补气噪声很大。

众所周知，尾水管补气是改善反击式水轮机空腔空化、空蚀的主要措施。反击式水轮机在某些工况下，在尾水管直锥段中心压区水流汽化形成涡带，这种不稳定涡带将引起尾水管的压力脉动，这种压力脉动可通过尾水管补气等措施来加以控制。补气的效果取决于补气量、补气位置及补气装置的结构形状三个要素。

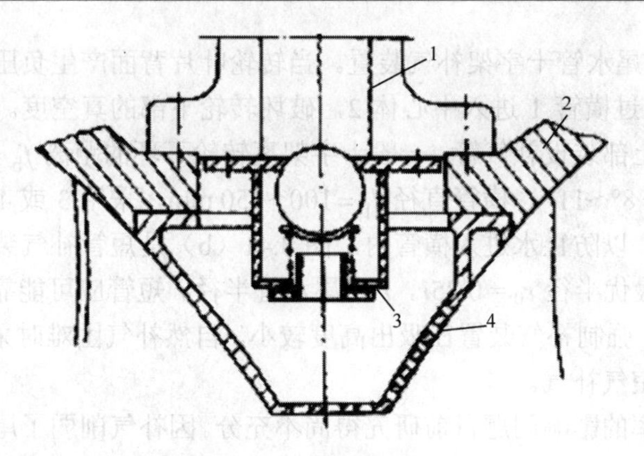

图3.40　主轴中心孔补气

1-主轴；2-转轮；3-补气阀；4-泄水锥补气孔

如前所述，补气量直接影响补气效果。试验表明，当有足够的补气量时，才能有效地减轻尾水管内的压力脉动，但是过多的补气量无益于进一步减轻尾水管的压力脉动，反而使尾水管内压力上升，造成机组效率下降。通常把最能消除尾水管压力脉动的补气量称为最优补气量，该补气量随水轮机工况的变化而变化。许多试验资料表明，最优补气量（自由空气量）约为水轮机设计流量的2%。

尾水管补气常见的两种装置形式有尾水管十字架补气和短管补气，如图3.41所示。

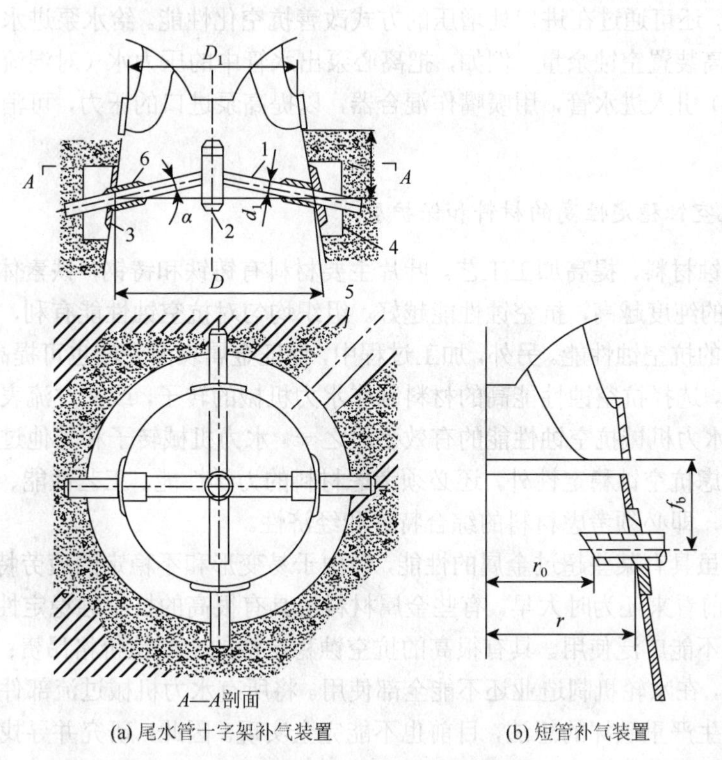

(a) 尾水管十字架补气装置　　(b) 短管补气装置

图3.41　尾水管补气装置

1-横管；2-中心体；3-衬板；4-进气管；5-均气槽；6-不锈钢衬套

图 3.41（a）为尾水管十字架补气装置。当转轮叶片背面产生负压时，空气从进气管 4 进入均气槽 5，通过横管 1 进入中心体 2，破坏转轮下部的真空度。对中小型机组，在制造时就在尾水管上部装设补气管。一般十字架离转轮下环的距离 $f_b=(1/3\sim1/4)D_1$，横管与水平面夹角 $\alpha=8°\sim11°$，横管直径 $d_1=100\sim150\ \text{mm}$，采用 3 或 4 根。横管上的小补气孔应开在背水侧，以防止水进入横管内。图 3.41（b）是短管补气装置。短管切口与开孔应在背水侧，其最优半径 $r_0=0.85r$，r 为尾水管半径。短管应可能靠近转轮下部，可取 $f_b=(1/3\sim1/4)D_1$。强制补气装置在吸出高度较小、自然补气困难时采用，有尾水管射流泵补气和顶盖压缩空气补气。

补气对机组效率的影响问题目前研究得尚不充分。因补气削弱了尾水管涡带的压力脉动且稳定了机组运行，故能提高机组效率，但补气又降低了尾水管的真空度且补气结构增加了水流的阻力，会降低机组效率。其综合的结果是在最优补气量及合理的补气结构下，机组效率有提高的趋势，这为许多水电站的运行经验所证实。

对于水泵，补气口一般应在距水泵进水流道出口稍靠上游位置，使空气能进入低压区，这时补气效果最好。根据水电站补气的实践来看，在进水流道内设置牢固的十字架补气支管，补气均匀，效果良好。把空气从干管补给十字架支管，再由支管上的孔口流入进水流道。支管的孔口应背向水流，孔口总面积应不小于补气支管的断面面积，以便空气顺畅补入。

综上，向空蚀区补气是减少空蚀破坏的有效方法之一，得到绝大多数水电站的广泛使用。

对于水泵，还可通过在进口处增压的方式改善抗空化性能。给水泵进水管路或进水流道增压，以提高装置空蚀余量。例如，把离心泵出水管中的压力水（对混流泵和轴流泵用其他压力水源）引入进水管，用喷嘴作混合器，以提高泵进口的压力，可消除或减轻空蚀危害。

3. 采用抗空蚀稳定性高的材料和保护层

采用抗空蚀材料，提高加工工艺。叶片主要材料有铸铁和铸钢，铁素体越多，抗空蚀性能越差；钢的纯度越高，抗空蚀性能越好。组织均匀对抗空蚀性能有利，低碳的铬镍不锈钢具有优良的抗空蚀性能。另外，加工过程中，保证金属表面光洁也可提高抗空蚀性能。

迄今为止，选择抗空蚀性能高的材料制作水力机械的转子，或在过流表面采取防护措施，仍是改善水力机械抗空蚀性能的有效手段之一。水力机械转子和其他过流部件材料在选择时除应考虑抗空蚀稳定性外，还必须考虑材料的力学性能、工艺性能、抗腐蚀性和成本等多种因素，即必须考虑材料的综合特性和经济性。

有些塑料虽具有某些超过金属的性能，但由于易变形和不稳定的疲劳特性，作为结构材料使用，目前看来还为时太早。有些金属材料虽具有很高的抗空蚀稳定性，但价格昂贵或材料短缺而不能广泛使用。具有很高的抗空蚀稳定性的金属钛价格昂贵；金属镍、铬国内资源有限等，在水轮机制造业还不能全部使用。将所有水力机械过流部件都采用不锈钢制作以避免发生严重破坏的想法，目前也不能完全实现。因此，研究并寻找更为经济有效的抗空蚀代用材料，采取过流表面的防护措施，在当前仍具有一定的实际意义。

国内的研究表明，无 Ni 少 Cr 的新钢种 Cr8CuMo 具有与不锈钢 1C13Ni13、0Cr13Ni6Mo

（简称 13-6 钢）相同的抗空蚀稳定性，且价格低廉。金属陶瓷的抗空蚀性能优于不锈钢，它既有金属的高强度与可焊性，又克服了陶瓷低强度与高脆性的缺点，可望在原型机上使用。

在普通碳钢与低合金钢制作的水轮机转轮叶片上，施加不锈钢的空蚀防护层，是一种经济有效的保护措施。多年运行实践表明，关于叶片背面敷焊由小块不锈钢板拼凑的防护层，不管焊接的方法如何改进，由于防护层与基体间没有熔合而存在间隙，运行中容易剥落并给以后的局部空蚀的发生提供了条件。因此这种早期广泛使用的防护方法确实有很大的缺陷。

在转轮叶片的易空蚀破坏区采用不锈钢焊条铺焊一层或数层不锈钢防护层，是近年来国内广泛采用的空蚀防护方法。这种方法基本是成功的。但是，有些补焊工艺要求转轮预热，给水电站的检修工作带来很大不便；同时，大面积铺焊造成难以校正的叶片变形，焊接后的打磨工作量也较大，因此必须改进不锈钢铺焊的工艺。

目前，在水泵上采用碳化钨、碳化铬、碳化硼等抗空蚀材料的喷镀，收到了良好的效果。但在体积庞大的水轮机上采用电气防蚀的方法还存在一些具体困难。

尽管前苏联在某些水电站上曾采用电气防蚀的方法来改善水轮机的抗空化性能，据称有较好的效果，但后来的试验并未进一步证实这种方法对减弱强空蚀破坏的实际效果。在某些文献中直接指出，电气防蚀的方法对减轻水轮机的空蚀程度并无明显作用，其基本理由是：空蚀破坏的主导因素是微观水击，任何电化学防蚀措施均不能显著改变这种机械作用的特性和规律。

近年来国内外采用弹性好的非金属涂层作为水轮机过流部件（如转轮、转轮室、顶盖、底环、导叶、蝴蝶阀阀体等）过流表面的抗空蚀保护层。这种防护方法的最大优点是可以充分保证过流部件的型线不被破坏。现在正为寻求更好的保护材料而进行着大量的试验研究，公众确认这是一种很有前途的防护措施。

弹性非金属涂层材料包括塑料、橡胶和树脂，其中已有一些材料经试验证实具有较好的抗空蚀性能。氯丁橡胶、聚氨基甲酸乙酯、氯硫聚乙烯、丁二烯-苯乙烯等均具有接近于不锈钢的抗空蚀性能。

弹性涂层能够缓和并减弱空化的冲击压力。当叶片表面具有弹性涂层时，气泡崩解时水流的冲击速度 v 和冲击压力 p' 满足下列关系：

$$v^2 = \frac{p'^2}{\rho}\left(\frac{1}{E_1} + \frac{1}{E_2}\right) \tag{3-14}$$

式中，ρ 为水的密度；E_1 为水的弹性模量，$E_1 = 2.18\times10^4\text{kg/cm}^2$；$E_2$ 为固体的弹性模量，例如，钢的弹性模量为 $2.16\times10^6\text{kg/cm}^2$。当没有弹性涂层时，由于 $E_2 \geqslant E_1$，式（3-14）第二项可以忽略不计，近似为

$$v^2 = \frac{p'^2}{\rho E_1} \tag{3-15}$$

当有弹性涂层时，例如，以橡胶作为涂层，由于其弹性模量约等于 80kg/cm^2，计算表明，在相同的冲击速度下，在钢表面上产生的冲击压力比橡胶涂层上产生的冲击压力高 14 倍。因而，弹性涂层具有较好的抗空蚀性能。涂层的抗空蚀性能与涂层材料有关，同

时与涂层的厚度有关。一般来说涂层的厚度越大，抗空蚀性能越强。

在实际应用复合弹性涂层时，必须严格执行叶片表面的处理工艺、成分调制与涂料涂敷工艺。复合材料的选择与调制也必须考虑水力机械过流部件的部位、受力情况、水质及空蚀程度等因素。

另外，综合已有的研究成果，材料抗空蚀性能的影响因素概括如下。

（1）材料的硬度：材料硬度是抗空蚀的重要因素，一般硬度高的材料抗空蚀性能强。然而，只有相当薄的表层硬度才是至关重要的。因而表面处理工艺使材料表面硬化对抗空蚀是有效的。易受应变硬化影响的材料在空泡溃灭压力冲击下都能增强表面硬度，例如，18-8Cr-Ni（简称 18-8）不锈钢虽然硬度比含 17%Cr 钢的硬度低得多，但其空蚀失重量却少得多，这是由于在空蚀过程中材料在反复冲击力的作用下增加了表面硬度，从而提高了抗空蚀性能，所以采用 18-8 不锈钢抗空蚀特别成功。

（2）极限拉伸强度：材料的拉伸强度、屈服强度及延性越大，其抗空蚀性能越强。

（3）材料的弹性：橡胶和其他高弹性体具有很高的延性，但弹性模量很低，在相当低强度的空化作用下，这些材料根本没有空蚀，而在较高强度的空化场中会产生较突然的彻底破坏。

（4）材料的晶粒性质：材料的晶粒越细密，抗空蚀性能越强。一般来说，合金能改善金属的晶格结构，因而能提高抗空蚀性能。

（5）材料内部的非溶解物：金属材料中含有不纯物质则大大降低其抗空蚀性能。例如，铸铁中含有游离的石墨，所以铸铁的抗空蚀性能很差。

综上所述，抗空蚀材料应具有韧性强、硬度高、抗拉力强、疲劳极限高、应变硬化好、晶格细、可焊性好等综合性能。目前从冶金和金属材料情况看，只有不锈钢和铝铁青铜近似地兼有这些特性。因此，目前倾向于采用以镍铬为基础的各类高强度合金不锈钢，并采用不锈钢整铸或铸焊结构，或以普通碳钢或低合金钢为基体，堆焊或喷焊镍铬不锈钢作表面保护层，后者比较经济。

4. 空蚀破坏的修复

补焊是大型水泵剥蚀和磨损伤痕的主要修复手段之一。合理选择焊条，是保证补焊质量的重要环节。对焊条的要求是，焊条应与基体结合牢固，具有良好的塑性与韧性及良好的抗裂性能等。另外补焊的工艺对补焊效果的影响也很大，必须按照一定的工艺进行。

（1）焊条的选择。

当前工程上通用的焊条主要有两类：一类为填充用的碳钢焊条；另一类为抗剥蚀的堆焊焊条。应根据剥蚀深度选用焊条。当剥蚀深度大于 8～10mm 时，从经济角度考虑，先用碳钢焊条填充，表面再用抗剥蚀焊条铺焊比较合理。目前国产奥 102、奥 107、奥 112、奥 132 焊条与进口 18-8 和 25-20 不锈钢焊条都具有较高的抗剥蚀性能。这类焊条中含有较高的铬和镍，尤其是镍价格较高。近年来我国生产的堆 277、堆 276 两种高铬锰耐剥蚀堆焊条，不但具有 18-8 和 25-20 不锈钢焊条相同的抗剥蚀性能，而且价格低廉。堆 277 是低氢型药皮的堆焊电焊条，采用直流电源，焊条接正极、被焊金属能加工硬化，富有韧性并且具有良好的抗裂性能。堆焊层硬度 HRC≥200，堆焊金属的主要成分如下：含碳量小于0.3%，含锰量为10%～14%，含铬量为12%～15%。堆276可交直流两用，其他性能与堆277相同。

在有泥沙磨损的泵站，要求焊条不但具有良好的抗剥蚀性能，而且应具有一定的抗磨损性能，可采用堆217焊条。这种焊条为铬钼钒型堆焊电焊条，低氢药皮，铬钼合金钢芯，采用直流电源，焊条接正极，应用于泥沙磨损和剥蚀的水力机械上效果较好。堆焊层的硬度HRC≥50。堆焊金属的主要成分如下：含碳量为0.35%；铬含量约9%；钼含量约2.5%；钒含量约6%。

（2）控制室温。

经验证明，在低温下对大尺寸工件进行焊接，焊接应力大，容易产生不均匀变形和裂纹。因此，对叶轮进行补焊处理，应先进行整体预热。但当转轮尺寸过大时，在现场进行预热很困难，而且预热后施焊条件差，这时可采用控制室温的方法。一般可将室温提高到20～30℃，这样一方面工作条件好，另一方面可起到缓冷和保温作用，对防止变形和裂纹都有好处。一般应避免在15℃以下进行堆焊。

（3）补焊工艺。

为了使堆焊金属均匀地焊上去，每次应少量堆焊，每次焊道互相覆盖，最好每焊2～4根焊条改变一次位置。特别是在开始焊接时，室温较低，更应严格控制堆焊量和焊接顺序。

对局部穿孔剥蚀区，应用气割割成近似圆形，圆孔的周围按其厚度割成V形或X形坡口，然后用比穿孔处叶片薄3mm的钢板，根据孔洞的形状和尺寸制成塞板，装于孔洞所在位置并点焊牢固后，再沿塞板周围分次焊接，最后在塞板表面和焊缝上堆焊一层抗剥蚀焊条。如果穿孔面积较大且出现在进水边，则应先测绘出穿孔区的样板，用气割将穿孔区割成有规律的形状，装上塞板，然后按100～150mm进行双面点焊，再行焊接。对开成X形的坡口，应分别交替在两面坡口上施焊。对开成V形的坡口，应在大口方向焊2～3层后，再在焊缝背面铲成一条V形坡口，然后用分段逆向焊接。

在堆焊时，无论堆焊哪一部分，都应在保证焊透的情况下，尽量采用小电流。因为堆焊电流过大，金属熔化深，一方面会扩大热影响区，另一方面可能使基体中的碳渗入焊缝，形成碳化铬，使堆焊层含铬量降低，削弱补焊区的抗剥蚀性能，焊接时还应注意避免产生气孔。

补焊完毕后对补焊部位进行打磨，并用样板进行质量检查。检查时所允许的零件变形和尺寸误差应不超过零件图纸所标定的公差。

5. 涂敷和喷镀修复

水力机械过流部件由于空蚀剥蚀或空蚀与泥沙磨损同时存在而遭受破坏时，可根据具体条件，采用金属或非金属材料涂敷修复，现重点介绍非金属材料的涂敷修复。

非金属涂敷修复材料主要有三大类：第一类是以环氧树脂为基础，加入增韧剂、固化剂和填料等，进行涂敷；第二类是以尼龙粉等为基础的热塑性涂料，将部件加热后，把粉剂用压缩空气喷枪喷镀；第三类是以聚醚型聚氨酯等为基础的柔性涂料。

（1）环氧材料。

这是以环氧树脂为主剂所配成的黏结材料。此类材料的原料价廉，黏结力强，强度高，抗空蚀性能好，操作较为简单，因而是使用较广泛的一类修补材料，随着原材料组分及配比的不同，已取得多种富有成效的配方。

（2）复合尼龙。

尼龙粉末与环氧树脂粉末按一定比例混合后，再加入助剂和填料可配成复合尼龙。将需要修复或需要涂敷的零部件加热到250℃左右，然后用喷粉系统将配制好的材料喷到已加热的零部件上，则粉末聚合物受热熔化后，在被喷零部件上形成涂层。该涂层能起抗剥蚀和抗磨损的作用，既可作为修复材料，又可作为预防材料，用来提高部件的抗剥蚀和抗磨损性能，延长其使用期。

在尼龙粉末中加入环氧树脂粉末，经复合共混改性后，可提高涂层与金属的结合强度，有效地发挥尼龙的抗磨性能。

尼龙粉末主要有三元尼龙及改性尼龙 1010，都是以尼龙 1010 为主体与尼龙 66 及尼龙 6 共聚改性的产品。共聚后其结晶度下降，刚度减小，弹性增加，熔点下降（与环氧树脂粉末的熔融温度一致）。三元尼龙由 $604^{\#}$环氧树脂和双氰胺等助剂及填料配合而成，改性尼龙 1010 由 $604^{\#}$、$601^{\#}$环氧树脂加双氰胺等助剂和填料配成。

复合尼龙涂层经山西省夹马口、大禹渡等灌溉泵站试验使用，证明抗磨损效果较好，水泵叶轮采用涂层保护，不仅延长了叶轮使用寿命，降低检修费用，而且提高了效率，降低了耗电量；但设备及工艺较复杂，在解决原料及设备问题的情况下，可以在多泥沙河流泵站使用。

（3）53-A 涂料。

53-A 涂料为聚醚型聚氨酯类材料。此涂料的涂膜具有弹性和韧性，抗磨损效果显著，且施工简单，易于操作，经多年室内外现场试验，在多泥沙河流的水力机械上应用，取得了较好的保护效果，使水泵叶轮的使用寿命延长 1～2 倍。其主要组分为 Y-18B、Y-15、BKH-0.5 浆液和溶剂等。

下面介绍修补涂敷工艺及注意事项。

（1）修补涂敷工艺。

被修补部件在进行涂敷之前应进行表面处理，做到无锈、无油污、无水迹及灰尘。具体做法是，用丙酮等溶剂洗净去除油污，用喷砂、砂轮或钢丝刷打磨除锈（以喷砂效果最好），也可以用化学法（如酸洗法）除锈。总之必须剥露出新鲜金属（但表面宜保持一定的粗糙程度），再用丙酮拭干，最后刷一层含 1%偶联剂 KH_{550}的乙醇溶液，表面清洁处理即完毕。

表面处理后，应尽快进行涂敷，一般以不超过 2h 为最好，间隔时间越长，黏结效果越差。偶联剂 KH_{550}也可事先拌入涂液中，但须注意混合均匀。

涂抹时首先涂底层，此层胶液稠度较小，可采用刷涂或刮涂，要求涂层刷得薄而均匀，刷子应在被涂物表面反复多刷几次，以利于胶液渗透。但要注意，低凹处不得遗漏刷胶。底层初凝以后即涂层胶液已不粘手，但尚未硬化。此阶段不得弄坏、弄湿表面，即可在底层上进行中层涂抹，因中层涂抹较稠，宜采用铁抹压涂，并尽可能使涂层涂得光洁平整，恢复部件原形。中层基本固化后，再采用刷子刷涂表层，表层要求刷得光滑平顺。

整个施涂过程在室温下（20～25℃）进行，涂抹完毕后，在室温下固化，5～7 天即可使用。若使基体预热至 40～45℃时涂敷，则固化时间可缩短。

（2）环氧材料涂敷注意事项。

①由于现场所使用的同类材料具有品质上的差异，修复材料与相应配方表有所出入。根据涂敷经验，在正式涂敷施工前，应先在现场按比例配制少许涂料试敷，对比配方表中比例检查是否完全适合所购材料的情况。其中固化剂最敏感，若稍加多，拌匀后随即迅速凝固，则无法施涂，造成浪费。反之，施涂后固化缓慢、往下流，难以涂敷平整，恢复不了过流面的原貌。

②环氧树脂材料各组分都具有不同程度的毒性、挥发性和易燃性，施工现场及配料地点应注意通风和防火，加强劳动保护，操作人员应戴口罩、保护眼镜和橡胶手套，禁止在现场吸烟。

③施工工具用完后可先用废纸擦拭，再用丙酮等溶剂清洗，清洗液或残液废渣等不能乱丢乱倒，应倒入指定地点或容器中，不得让废液流入其他水源或人畜用水池。

④各种原材料、化学药品必须贴好标签，避免弄错，按各自的存放要求，分别存放在阴凉、干燥及通风良好的仓库中，并指定专人保管。

⑤工作完毕后应及时用肥皂、清水洗脸洗手，若手上沾有环氧树脂胶液，可先用废纸或去污粉擦拭，再用工业酒精棉球擦净，最后用肥皂、清水洗净，最好不用有机溶剂清洗，以免稀释后的材料渗入皮肤内。

6. 超空化翼型的应用

空化是影响叶片式水力机械提高比转速、提高单机功率、提高应用能力的重要原因。现代机器的重要发展方向之一是实现高功率密度的工作能力，也就是说要尽力提高机器工作部件单位有效工作面积的功率，以提高机器的技术经济水平。水轮机目前之所以尺寸大、转速低，一方面受水能工作参数的限制，另一方面受到空化的影响。另外，在航空和航天工业，为了尽可能减轻泵及其传动装置的质量和体积，要求尽可能提高泵的转速而又要求泵的运行安全可靠。在这种情况下，空化不可避免。

超空化翼型是一种适于在空化条件下工作的翼型。从 20 世纪 50 年代开始，美国和日本大力开展了叶片式水力机械超空化的理论与试验研究工作，首先在高速船艇的螺旋推进器和水翼船上取得很大进展，在航天技术领域，高速强力的超空化泵已获得应用。

根据空蚀破坏的机制，只要控制气泡或空穴的崩解，即水流连续性的恢复不发生在绕流物体的壁面上，即使发生严重的空化，也不会造成物体表面的破坏。这就是超空化水力机械的基本工作原理。如图 3.42 所示，这种叶型具有特殊的形状，翼型截面具有尖而薄的前缘，以诱发固定型空泡，空泡发生在翼型背面，并扩展到翼型弦长的 2 倍以上，空泡在翼型后的液流中溃灭，所以不对叶型材料产生破坏作用。

超空化目前还只用在低扬程的轴流式转轮上，它比普通翼型效率低，但在空化情况下工作的效率要比普通翼型显著地高。不难看出，超空化技术的研究和应用，有可能打破空化对叶片式水力机械朝高速强力方向发展的空化限制，从而使各种叶片式水力机械有更广泛的发展。

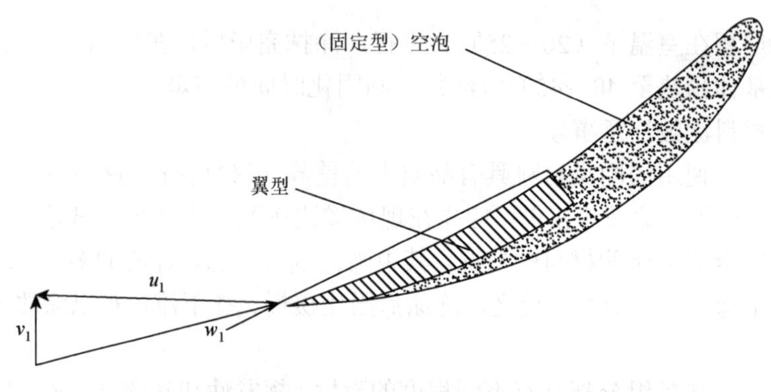

图 3.42 超空化翼型示意图

1)超空化的翼型与翼栅

超空化的叶片式水力机械转子叶片的截面翼型为专门的超空化翼型。这种翼型与普通的空气动力翼型相比,无论在外观上还是在动力特性上均有很大的不同。图 3.43 示出了不同翼型压力分布图。

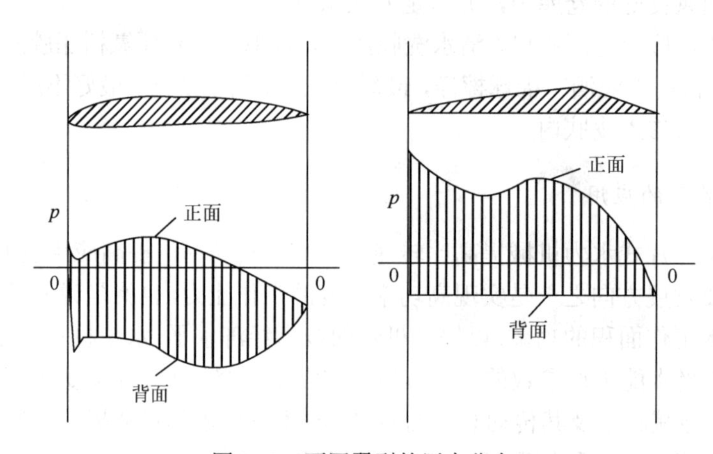

图 3.43 不同翼型的压力分布

普通的空气动力翼型均为前半部较厚、尾部较薄的流线型翼型。这种翼型绕流产生的升力主要是靠翼型背面压力降低来实现的。当绕流速度太大时,翼型工作面的压力将大大降低,因而升力系数 C_L 将随空化系数 σ 的减小而大幅度减小,进入"失速"状态。超空化翼型的最大厚度靠近翼型的尾部,而翼型的前半部较薄。这种翼型绕流升力主要是靠翼型正面压力形成的。当工况变动时,翼型背面的压力变化较小,且由空化系数 σ 限定,而正面始终保持正压,所以不会产生"失速"现象。

图 3.44 为超空化翼型与普通翼型动力特性的比较。可以看出,当无空化时,超空化翼型的升力系数 C_L 比一般翼型的升力系数稍大,但它的升阻比 $\lambda = C_L/C_D$ 则要小得多。在超空化工况,例如,$\sigma = 0.1$,一般翼型的升力系数和升阻比都大大降低,而超空化翼型则能适应这种工况,仍具有较好的动力性能。表 3.7 列出了超空化泵与一般泵的性能比较。可见,虽然在大多数情况下超空化泵的最高效率要比一般泵低,但在空化工况下,超空化

泵的性能大大优于一般泵，换句话说，超空化泵已不再受空化的限制而能保持较高的运行效率。

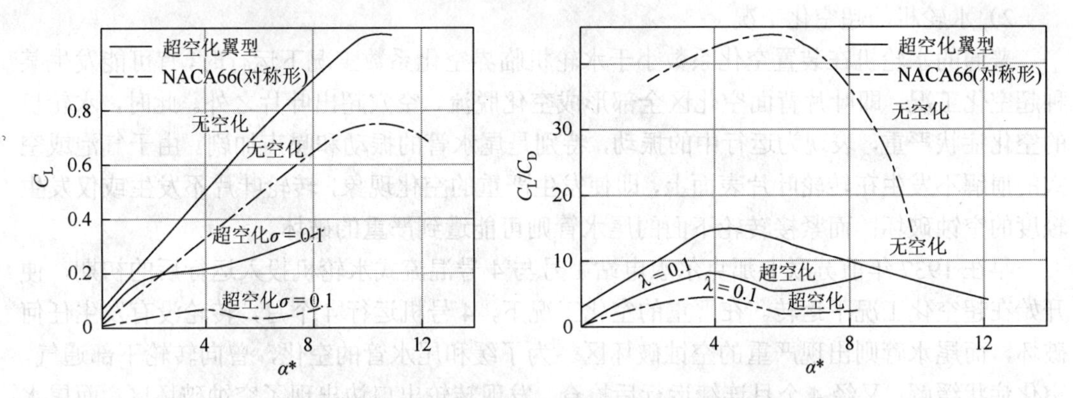

图 3.44　超空化翼型与普通翼型动力特性的比较

α^*为翼型绕流冲角

表 3.7　超空化泵与一般泵的性能比较

项目	一般泵（无空化工况）	一般泵（空化工况）	超空化泵（无空化工况）	超空化泵（空化工况）
升阻比 C_L/C_D	44	2.6	15	10
C_L（当 C_L/C_D 最大时）	0.84	0.09	0.53	0.5
泵的最高效率/%	85	40	75	70

超空化翼型的种类很多，日本、美国、英国、法国、俄罗斯等国均已研制出用于螺旋桨、水泵等水力机械的各种性能良好的超空化翼型。

超空化翼型头部的圆角决定绕流的极限速度。通常，头部含角 $\tau_{\omega}^{0}=0.06v_{\max}$，当绕流速度最大值 $v_{\max}=100\sim1000\text{m/s}$ 时，$\tau_{\omega}^{0}=6°\sim60°$。此外，超空化翼型绕流存在一个最小的冲角 $\alpha_{\min}$，当冲角 $\alpha<\alpha_{\min}$ 时，不能发生稳定的超空化。

超空化翼型在超空化工况下绕流时，至关重要的是空穴的长度 l_c 同翼型长度 l 的比值，超空化翼型的绕流如图 3.45 所示。通常 l_c/l 应大于 3～4，至少为 1.5，否则空穴的不稳定工况将对翼型表面的绕流有干扰。超空化翼型的空穴起点在翼型的前缘，空穴的厚度与翼型的几何形状有关，而最主要的是与空化系数 σ 有关。

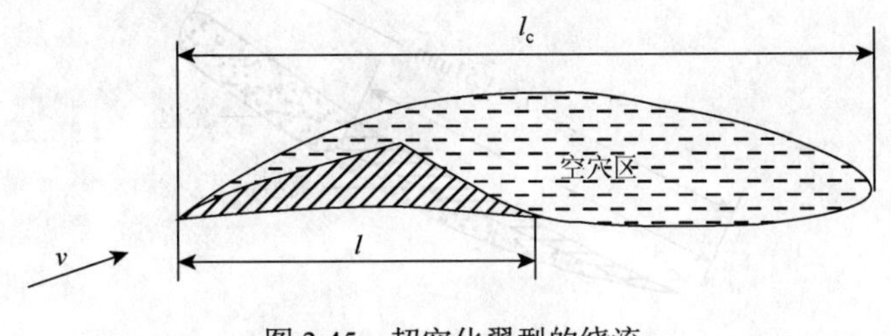

图 3.45　超空化翼型的绕流

由超空化翼型组成的翼栅，其翼栅对游动的影响较大，但目前对超空化翼栅影响的研究还很不充分。因此，在超空化水力机械设计时，往往不得不引用平板翼栅影响的试验结果。

2）水轮机的超空化工况

普通的水轮机在装置空化系数小于水轮机临界空化系数工况下运行时，有可能发生某种超空化工况，即叶片背面空化区全部形成空化脱流，空穴超出叶片之外。此时，水轮机的空化症状严重，表现为运行中的振动，特别是尾水管的振动和噪声加剧。由于气泡或空穴的崩解不发生在转轮叶片表面上，即使发生严重的空化现象，转轮叶片不发生或仅发生轻度的空蚀破坏；而紧接转轮下面的尾水管则可能遭到严重的破坏。

早在 1937 年前苏联卡那克尔水电站 1 号与 4 号混流式水轮机投入运行后的初期，便开始在超空化工况下运转。在严重的空化工况下，4 号机运行 4 个月，转轮没有发生任何破坏，而尾水管则出现严重的空蚀破坏区。为了缓和尾水管的空化，曾向转轮下部通气，空化症状缓解；又经 4 个月连续运行后检查，发现转轮出口边出现了空蚀破坏区，而尾水管则未再遭到破坏。1 号机在运行中补气数年，致使转轮叶片遭到严重空蚀破坏，乃至必须更换转轮。新转轮比原转轮多一个叶片，叶片加长，挠度降低，改善了叶片背面的压力分布，因而不再发生严重的空蚀破坏。此例说明，补气前水轮机处于超空化工况下运转，空穴长度 l_c 减小，空穴或空穴崩解发生在叶片表面，水轮机因空蚀而破坏。

美国大克里科水电站 3 号机曾长期在超空化工况下运转，而转轮叶片未发生明显的破坏。我国某电站单机 6.5 万 kW 的混流式水轮机，由于安装高程比原设计高出数米，水轮机在强烈的空化工况下运转，但转轮区域的空蚀破坏并不严重，而尾水管却遭到了空蚀破坏。

以上说明，一般水轮机在某些特定的条件下有可能在超空化工作状态运行。应当指出，此时的工况不稳定，空化引起的振动和噪声严重，转轮叶片区可能造成不同程度的空蚀损伤。

3）超空蚀泵

超空蚀泵叶轮和普通轴流泵叶轮近似，但叶片短，叶栅稠密度小。同样，超空蚀泵的叶片翼型进口端薄、出口端厚，空泡包围着整个叶片，并在叶片之后溃灭，如图 3.46 所示。因此，超空蚀泵在空泡强烈的条件下工作，不会发生剥蚀，噪声也比普通泵的空蚀噪声小，而且不会产生由固定型空蚀空泡团不稳定而引起的强烈振动。但当装置空蚀余量大于允许空蚀余量后，空泡也可能在叶片上破灭。这时，上述优点就不存在了。

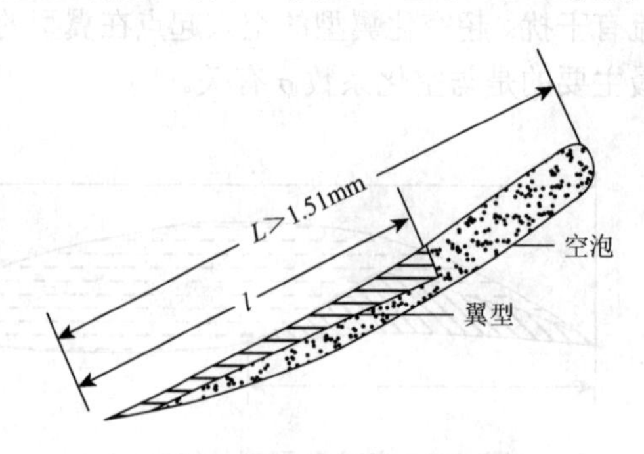

图 3.46　超空化翼型示意图

超空蚀泵既可以作离心泵或轴流泵的前置串联叶轮，又可独立使用。日本日立公司研究的单独使用的超空蚀泵的空化比转速 $C=2000\sim3000$，效率为50%～60%。

超空蚀泵效率低的原因如下：一是空泡占据了一定的过流槽道体积；二是冲角大，水力损失增加。超空蚀泵的最小冲角为6°～7°，冲角大是为了形成一定厚度的空泡层，使叶片有一定的厚度，以满足强度的要求。由于冲角增大，升阻比下降，故效率降低。

超空蚀泵作前置增压级时，因扬程低，占主泵扬程的百分数小，故其本身效率并不重要。

当超空蚀泵装置空蚀余量降低时，性能曲线是逐渐下降的，不会产生突然下降。但其缺点是，随着装置空蚀余量增加，主泵进口切向速度增加，可能造成主泵效率下降。因此，在装置空蚀余量可以控制或不变的情况下，用超空蚀泵作串联增压泵是相当好的。

超空蚀泵目前还处于初始阶段，其发展的主要障碍是缺乏超空蚀流体动力翼型叶栅试验资料。因此不得不求助于理论方法进行设计。英国国立工程实验室在20世纪60～70年代曾研制了一批超空蚀泵，采用超空蚀叶栅线性理论，并辅以经验系数修正，用电子计算机进行设计。这种方法的理论与实际相差在±5%以内。

超空蚀泵今后的理论和应用研究方向是，进一步完善理论，简化设计程序，提高效率，积累超空蚀翼型叶栅试验资料等。超空蚀泵目前在生产上应用尚不多，故不再作进一步介绍。

4）超空化水轮机的展望

普通的水轮机有可能处于超空化工况下运转，与专门研制的超空化水轮机本质上不同。前者是在不考虑空化的情况下计算，选用普通的空气动力翼型或类空气动力翼型进行叶片绘型的。即使普通的水轮机能够发生超空化工作状态，但空穴的不稳定和动力特性的恶化等导致水轮机运转的不稳定及效率的下降。而超空化的叶片式水力机械转轮叶片则套用超空化翼型，并以超空化流体动力学理论为基础进行设计，因而它的正常工作状态便是超空化工况。

超空化技术在高速水泵上应用，一方面可以改善转速 $n=1000\sim3000\text{r/min}$ 的水泵的吸上性能，另一方面有可能使泵的转速提高到5000r/min以上。佩舍对 $n_s\geqslant2700$ 的超空化轴流泵进行了试验研究，此种泵可以保持稳定的超空化工况，效率 $\eta=60\%\sim75\%$；根据诺比瑞给出的试验结果，超空化泵的吸上比转速比一般泵高数倍。

超空化水轮机虽从工作原理看并不复杂，但迄今仍无实际应用的例子。20世纪60年代初，曾做过超空化轴流式水轮机的模型试验，由于效率较低（$n_s=1000$，$\eta=60\%\sim75\%$）而未引起注意。

要使超空化水轮机实用化，必须进一步改善超空化翼型的动力性能，增大其升阻比，以便提高超空化转轮的效率。水轮机的效率指标远比特殊场合应用的高速水泵的效率指标要重要。提高超空化水轮机的效率是使超空化水轮机实用化的关键。超空化水轮机尾水管中的流动是气与水的二相流，尾水管的效率不高。要提高水轮机总体效率，必须对超空化的尾水管进行专门研究。

分析表明，寻找适用于超空化水轮机的性能良好的超空化翼型和尾水管，并不存在不可克服的困难；此外，由于超空化水轮机并不追求高速，而主要为了避免空蚀破坏，因而改善其能量特性的余地很大。普遍认为，在低水头贯流式水轮机、轴流与斜流转桨式水轮机上，特别是中、小型水轮机上，有可能最早实现超空化水轮机的实用化。

7. 其他方面

除上述改善抗空化性能的措施外，从国内外相关文献看，还有一些行之有效的措施。

（1）提高制造加工精度。从流体力学的观点分析，叶片表面的压力下降可分成两部分。一部分是由叶片翼型的流动特性决定的，是必然的。如果叶片设计良好，这一部分压力下降应较为平缓。另一部分则是叶片型线制作不准确，或有局部凸凹引起局部流速急剧增加而造成的局部压力下降。显然，提高加工精度可避免或减轻第二部分的压力下降引起的空化与空蚀。

（2）规定合理的运行范围。水力机械的运行偏离最优工况越远，其空蚀就越严重，所以应根据具体情况规定水力机械的合理运行范围。

（3）合理选择安装高程。水力机械的安装高程 H_{SZ} 确定是否合理也是很重要的。一方面，土建工程单位总是希望安装高程不要太小，以免造成过大的土建施工工程量。但从另一方面看，将安装高程 H_{SZ} 选取得较小一些，对减小空化与空蚀是有利的，由式（2-54）可知，此时有较大的空化安全系数 K_σ（或空化安全余量 K）。因此，在设计中应进行分析论证，最后确定比较合理的安装高程。

第 4 章　水力机械空化流动数值模拟

如前所述，空化与空蚀是以液体为工作介质的叶片式水力机械中可能出现的一种流体力学现象，是一种在液体中发生的现象，在固体或气体中都不会发生。水力机械中的空化现象是一种与液体的压强有关的动态过程，空化的发生和发展都与液体流速与压强分布有着密切关系。空化会引起流体物理特性的变化，空化发生后，空泡对流场产生很大的干扰，改变了压强和流场分布，从而改变水力机械的外特性，因此空化现象非常复杂。空化发生后的流体混合物具有可压缩特性，其流动结构变化即包括质量和动量连续界面变化的两相流动。两相流动中的两相具有不同的物理特性和流场，两者没有明确的边界。与主流特性相比，相变的时间特质很小，而且流体的湍流特性随空化的出现而发生变化。因此，这种流动的两相结构既无条理也不稳定。空化在宏观上会表现为多种形式，其内部结构非常复杂，目前仍然存在很多未知领域。

空化现象的复杂性使其建模非常困难：一方面试验研究需要适应多相环境的专用仪器；另一方面建模策略要基于一些经验假说。为了分析和理解空化现象，从 1917 年瑞利的研究工作开始至今，研究人员在试验和理论领域已进行了大量的工作。基于纳维-斯托克斯方程（Navier-Stokes equation，简称 N-S 方程）的计算至今已有 20 余年，但空化的数值计算和数值分析却只有约 10 年，现在还不能比较全面地模拟各种各样的空化或者对空化流场进行细节描述。

本章先概述关于两相及多相流的定义、分类等基本概念，再简要介绍基于 N-S 方程的水力机械内部空化模拟的几种物理模型，并展示一些计算结果。

4.1　两相及多相流动

4.1.1　两相与多相流的定义与分类

在自然界中和工业生产中，绝大多数的流动都可以认为是多相流动，单相流动很少。通常“相”是指某一系统中具有相同成分和相同物理、化学性质的均匀物质部分，即相是物质的单一状态，如固态、气态和液态。在两相流动的研究中，这三种状态下的物质通常称为固相、气相或液相。一般而言，各相间有明显可分的界面。两相流动问题就是指必须同时考虑物质两相共存且具有明显相界面的混合物流动力学关系的特殊流动问题。

在不同的学科中，根据研究对象的不同特点，对相各有特定的说明。例如，在物理学中物质有固、液、气和等离子四态或四相，若不计电磁特性，也可把等离子相并入气相类。单相物质的流动称为单相流，两种混合均匀的气体或液体的流动也属于单相流。同时存在两种及两种以上相态的物质混合体的流动就是两相流或多相流。在多相流动力学中，相不仅按物质状态，而且按化学组成、尺寸和形状等来区分，即不同化学组成、不同尺寸和不同形状的物质都可能归属不同的相。在两相流研究中，把物质分为连续介质和离散介质。气体和液体属于连续介质，也称连续相或流体相。固体颗粒、液滴和气泡属于离散介质，也称分散相或颗粒相。流体相和颗粒相组成的流动称为两相流动。因为颗粒相可以是不同物质状态、不同化学组成、不同尺寸或不同形状的颗粒，这样定义的两相流不仅包含多相流动力学中所研究的流动，而且把复杂的流动概括为两相流动，使问题得以简化。另外，如果两相流中颗粒相大小很分散，每一组内各颗粒大小相近，动力学性质相似，可以用一组动力学方程来描述；对不同的组用不同的动力学方程描述。因此，有时也称这样的两相流为多相流。这里的相显然是动力学意义上的相，而非物质状态的相。

也有物理上的多相流，如采油过程中的气-水-油、油-水-砂、气-油-砂等三相流，以及气-水-油-砂四相流等。

自然界和工业过程中常见的两相及多相流主要有如下几种，其中以两相流最为普遍。

1. 气液两相流

气体和液体物质混合在一起共同流动称为气液两相流。它又可以分为单组分工质（如水-水蒸气）的气液两相流和双组分工质（如空气-水）的气液两相流两类，前者气液两相都具有相同的化学成分，后者则是两相各具有不同的化学成分。单组分的气液两相流在流动时根据压力和温度的变化会发生相变，即部分液体气化为蒸气或部分蒸气凝结成液体；双组分的气液两相流则一般在流动中不会发生相变。

自然界、日常生活和工业设备中气液两相流的实例比比皆是。例如，下雨时的风雨交加、湖面和海上带雾的上升气流、山区大气中的云遮雾罩、沸腾的水壶中的循环、啤酒及汽水等夹带着气泡从瓶中注入杯子的流动等都属于自然界及日常生活中常见的气液两相流。现代工业设备中广泛应用着气液两相流与传热的原理和技术，如锅炉、核反应堆蒸气发生器等汽化装置，石油、天然气的管道输送，大量传热传质与化学反应工程设备中的各种蒸发器、冷凝器、反应器、蒸馏塔、汽提塔，各式气液混合器、气液分离器和热交换器等，都广泛存在气液两相流与传热现象。

2. 气固两相流

气体和固体颗粒混合在一起共同流动称为气固两相流。

自然界和工业过程中气固两相流的实例也比比皆是。例如，空气中夹带灰粒与尘土、沙漠风沙、飞雪冰雹，在动力、能源、冶金、建材、粮食加工和化工工业中广泛应用的气力输送、气流干燥、煤粉燃烧、石油的催化裂化、矿物的流态化焙烧、气力浮选流态化等过程或技术，都是气固两相流的具体实例。

严格地说，固体颗粒没有流动性，不能作流体处理。但当流体中存在大量固体小粒子流时，如果流体的流动速度足够大，这些固体颗粒的特性与普通流体相类似，即可以认为这些固体颗粒为拟流体，其流动在适当的条件下当作流体流动来处理。在流体力学中，尽管流体分子间有间隙，但人们总是把流体看作充满整个空间、没有间隙的连续介质。由于两相流研究的不是单个颗粒的运动特性，而是大量颗粒的统计平均特性，虽然颗粒的数密度（单位混合物体积中的颗粒数）比单位体积中流体分子数少得多（在标准状态下，每 $1cm^3$ 体积中气体分子数为 2.7×10^{19} 个），但当悬浮颗粒较多时，人们仍可设想离散分布于流体中的颗粒是充满整个空间而没有间隙的流体。这就是常用的拟流体假设。引入拟流体假设后，气固两相流动就如同两种流体混合物的流动，可以用流体力学、热力学的方法来处理，使两相流的研究大为简化。但拟流体并不是真正的流体，颗粒与气体分子之间、两相流与连续介质流之间存在许多差异，因此使用拟流体假设时要特别注意适用条件。处理颗粒相运动时，某些方面把其看作流体，但另一些方面则必须考虑颗粒相本身的特点。

3. *液固两相流*

液体和固体颗粒混合在一起共同流动称为液固两相流。自然界和工业中的典型实例有夹带泥沙奔流的江河海水，动力、化工、采矿、建筑等工业工程中广泛使用的水力输送，矿浆、纸浆、泥浆、胶浆等浆液流动等。其他如火电、锅炉的水力除渣管道中的水渣混合物流动，污水处理与排放中的污水管道流动以及含沙水流条件下运行的水力机械内部流动等也属于液固两相流范畴。

4. *液液两相流*

两种互不相溶的液体混合在一起的流动称为液液两相流。油田开采与地面集输分离、排污中的油水两相流，化工过程中的乳浊液流动、物质提纯和萃取过程中大量的液液混合物流动均是液液两相流的工程实例。

5. *气液液、气液固和液液固多相流*

气体、液体和固体颗粒混合在一起的流动称为气液固三相流；气体与两种不能均匀混合、互不相溶的液体混合在一起的共同流动称为气液液三相流；两种不能均匀混合、互不相溶的液体与固体颗粒混合在一起的共同流动称为液液固三相流。

在油田油井及井口内的原油-水-气-砂粒的三种以上相态物质的混合物流动，油品加氢和精制中的滴流床，淤浆反应器以及化学合成和生化反应器中的悬浮床等均存在气液固、液液固、气液液等各种多相流。

4.1.2　两相与多相流数理模化

两相与多相流动现象在自然界和工业设备中大量存在，其涉及范围非常广泛，如动力、化工、石油、核能、冶金工程等。即使一个微小的改进也可能会产生巨大的经济效益。随着计算机科学技术的迅猛发展，数值模拟成为两相流研究的重要工具。过去几十年中两相流的数值模拟工作已经取得了相当大的进展，但仍然有许多问题需要解决。近年来，随着人们对两相流现象本质的认识不断加深以及 CFD 的飞速发展，人们对复杂的两相流瞬态过程的精确数值模拟计算成为可能。这方面的工作具有相当重要的工业应用价值和很高的学术水平，因而越来越受到人们的关注。

现对两相流数理模型和数值模拟方法进行简要介绍。

1. 两相流基本数理模型

两相流中各相在空间和时间上随机扩散，同时存在动态的相互作用。对于这种复杂的三维两相瞬态问题，目前还无法导出完整的解析解。人们在不懈的探索过程中，先后提出了多种数理模型，从最简单的均相流动模型一直到最复杂的两流体模型。

1）均相流动模型（homogeneous flow model）

均相流动模型把气液两相混合物看作一种均匀介质，相间没有相对速度，流动参数取两相相应参数的平均值。在此基础上，可将两相流视为具有平均流体特性的单相流。在均相流动模型中采用两个基本假设：

（1）两相间处于热力学平衡状态，即两相具有相同的温度并且都处于饱和状态；

（2）气液两相的流速相等，为均匀流。

实际上，气液两相流的流速并不相等，只有在高含气量或很小含气量时两相流速才近似相等，因此这一模型实际上只适用于泡状流和雾状流。

2）分相流动模型（separated flow model）

分相流动模型将气液两相都当作连续流体分别来处理，并考虑两相之间的相互作用。其基本假设是：

（1）两相间保持热力学平衡；

（2）气液两相的速度为常量，但不一定相等。

假定气液两相都以一定的平均速度在流道中流动。分相流动模型在一定程度上考虑了两相间的相互作用，计算结果比均相流动模型理想。当两相平均流动速度相等时，分相流动模型即可转化为均相流动模型。因此可将均相流动模型视为分相流动模型的一个特殊情况。分相流动模型适用于两相间存在微弱耦合的场合，如分层流和环状流。

3）漂移模型（drift-flux model）

漂移模型是在热力学平衡的假设下，建立在两相平均速度场基础上的一种模型。漂移模型提出了漂移速度的概念，当两相流以某一混合速度流动时，气相相对这个混合速度有一个漂移速度，液体则有一个反向的漂移速度以保持流动的连续性。在守恒方程组中将相间相对速度以漂移速度来考虑，通过附加的气相连续方程来描写气液两相流动。漂移模型具有较普遍的适用性。

4）两流体模型（two fluid model）

由于各相的动力学性质不完全相同或浓度分布不均匀，气液两相的运动存在相当大的差异。上述几种模型中，均相流动模型完全没有考虑两相的差异；分相流动模型和漂移模型在一定程度上引入了气液两相的相互作用，但仍过于简单而无法精确描述两相的运动与空间分布。

目前公认最为完善可靠的模型就是两流体模型。它可以用欧拉方法、拉格朗日方法来描述，每种方法都有其固有的优缺点。工程实际中采用的方法一般基于积分法或时均湍流模型，往往不能提供瞬态的流动结构。而这对于离散相的输运恰恰又是非常关键的。只有拉格朗日方法能够考虑离散相和瞬态流动结构之间复杂的相互作用，但其表达式尚存在某种程度的不确定性，需要很多理想化的假设。

两流体模型将每一种流体都看作充满整个流场的连续介质，针对两相分别写出质量、动量和能量守恒方程，通过相界面间的相互作用（质量、动量和能量的交换）将两组方程耦合在一起。这种方法只需假设每相在局部范围内都是连续介质，不必引入其他假设，而且对两相流的种类和流型没有任何限制，适用于可作为连续介质研究的任何二元混合物，所建立的两相流方程是目前最全面完整的，求得的解中包含的信息丰富完全。但两流体模型包含的变量多、方程复杂，因此求解比较困难。

2. 数值模拟方法

目前，对两相流中各相的数值模拟方法通常有两种：一种是欧拉法，即将某相看作连续相，根据连续性理论导出欧拉型基本方程；另一种是拉格朗日方法，即将某相视为离散相，对每个质点进行拉格朗日追踪。具体地，对两相流来说，存在欧拉-欧拉、欧拉-拉格朗日、拉格朗日-拉格朗日等3种方法。

1）欧拉-欧拉方法

欧拉-欧拉方法将连续相和离散相全认为是统计连续的。由于存在两种流体，各相的体积分数不可能在时间和空间上逐点求解，必须对特定的时间和空间进行平均。虽然这种模型目前应用最为广泛，但这种方法也有明显的缺陷，由于将离散相分布在控制容积上，故无法得到真实的离散相流动图像，欧拉-欧拉方法对湍流封闭的假设非常敏感，而两相流的湍流模型又远未成熟，如果应用于湍流剪切流动中，由于此时离散相对局部流动特性非常敏感，这个缺陷将更加严重。为了满足求解精度的要求，需要非常小的网格尺寸，对目前的计算能力有很高的要求。

2）欧拉-拉格朗日方法

欧拉-拉格朗日方法是一种很有前途的方法，它使用基于网格的时间平均方法得到连续相流场，如有限体积法或有限元法。对于离散相，最初的模型假定其速度与连续相流场完全一致，后来的发展是对离散相的拉格朗日型运动方程进行积分以得到它们的运动轨迹。欧拉-拉格朗日方法同样对湍流模型非常敏感，通常忽略离散相对连续相的反作用，因此该方法的缺陷是缺乏对离散相流动结构的定量预测，同时欧拉-拉格朗日方法的时间平均会造成流动瞬态脉动特性的丢失，从而无法得到剪切流动中大尺度涡结构的瞬态特性。即使引入随机过程也无法对丢失的瞬态信息进行有效的补偿。

3）拉格朗日-拉格朗日方法

拉格朗日-拉格朗日方法中流场和离散相的传输均用瞬态模型计算。这种方法的关键在于它对剪切流动中的离散相传输给出了物理描述，使用正确的受力定律来描述颗粒的运动。具体方法是在流场中特定的源点上引入大量的颗粒，针对每个独立的颗粒按照运动方程积分以求得其运动轨迹。离散相的统计信息可以从其轨迹和瞬时速度得到。拉格朗日-拉格朗日方法用来预测离散相传输主要受到以下条件的限制：

（1）流场为二维，由大尺度涡结构控制；

（2）离散相由球形颗粒组成，密度均匀；

（3）离散相的传输仅由大尺度结构而不是小尺度湍流控制；

（4）流动“稀疏”，也就是说颗粒间或颗粒与流体间的相互作用无须考虑。

4.1.3 多相流体动力学概述

多相流是两种或两种以上不同组分的混合流动现象，并往往伴随着传热与传质、化学反应等各种物理化学过程。多相流体动力学是一个新的学科分支，它是依托流体力学、传热传质学、热力学、燃烧学、物理化学等基础学科发展起来的，在国民经济的发展中有着相当重要的作用。

1. 多相流体动力学的数学模型

经过对经典单相流体动力学在理论和处理方法上的开拓与发展而建立多相流体动力学的数学模型具有相当高的科学价值。从 20 世纪 70 年代，人们开始逐渐对多相流进行计算机模拟的计算研究。对多相流的研究做出突出贡献的主要有英国 Spalding 和美国 Hadow 两个学派。目前利用已经建立的描述多相流的基本方程、相应的数值模拟方法和计算机程序，成功地对一系列多相流过程进行了数值计算。Spalding 等利用相间滑移算法（inter-phase-slip algorithm，IPSA）求解模型方程，研制出大型通用程序 Phoenix；Hadow 等引入了两相流相互穿透的概念，提出了双流体模型。在此基础上，随着数值计算和计算机的发展及对三相流特性的进一步理解，描述三相流的动力学模型由一维发展到二维，由拟两相流体动力学模型发展到三相流体动力学模型。

2. 多相流的研究方法概述

对于多相流数值模拟，需从两个方面考察流体的尺度：一方面从宏观尺度考虑，该混合尺度远比网格尺度小，但远比分子尺度大；另一方面从微观尺度（即分子尺度）考虑，这是用定义质量分数的方法来模拟的。目前商用的模拟多相流计算软件主要采用拉格朗日法和欧拉法这两种方法。

在拉格朗日法中，液体相被视为连续相，可直接求解 N-S 方程，而气泡、液体或小颗粒等被视为离散相，通过跟踪计算大量具有代表性的粒子样本穿过连续流的运动来得到。尽管粒子有相应的直径，不侵占连续相的体积，被看作移动的点来处理，但粒子周围的流场细节被忽略，离散相的局部信息则通过计算粒子轨迹的空间平均得到，因此该模型仅适用于离散相体积分数较小的情况。

在欧拉法（即欧拉-欧拉法）中，连续相和离散相都被视为统计连续的相，相间可以相互贯穿，且存在滑移，每一相有自己的流场参数，各相通过相间的质量传输、动量传输、能量传输模型耦合，各相占有同一空间体积，在控制体内假设每一相占有的体积用变量体积分数来表示，体积分数之和等于 1。在计算软件 ANSYS CFX 中，主要有两种模型：均相流模型（homogeneous multiphase model）和非均相流模型（inhomogeneous multiphase model）。计算过程中，前者假设相间没有滑移速度，且所有相共用一个场；而后者除压力共用外，其他各场均独立求解。

3. 多相流研究方法的对比

在实际模拟过程中，根据不同的模拟要求选用拉格朗日法或欧拉法，它们各自的主要特点如表 4.1 所示。

表 4.1　拉格朗日法和欧拉法的计算特点

拉格朗日法	欧拉法
采用相的加权平均法 离散相可穿透到连续相中 对所有相求解偏微分方程，方程中含有相间传输项，包括质量、动量和能量传输	连续相和拉格朗日法相同 离散相用移动的质量点来处理 对粒子运动解常微分方程，相间相互作用项包括质量、动量和能量传输

通过对拉格朗日法和欧拉法各自的特点的对比，可分析出拉格朗日法在数值计算中的优势和劣势，如表 4.2 所示。

表 4.2　拉格朗日法的优点和缺点

优点	缺点
对大范围的粒子尺寸分布，计算代价较小 粒子的行为信息比较完整，包括单个颗粒的停留时间 在粒子尺寸改变时，其阻力、传热和传质的详细模拟则更精确	跟踪较多数目粒子的运动时，计算代价较大 粒子不侵占连续相体积，该模型仅对离散相体积分数较小时适用 不易得到精度的局部信息，如体积分数、速度、壁面上的力等

4. 多相流模型

如前所述，自然和工程中多数流动现象都是多相的混合流动，其以两相流最为常见，多相流总是由两种连续介质（气体或液体），或一种连续介质和若干种不连续介质（如固体颗粒、水泡、液滴等）组成的。连续介质即连续相；不连续介质即离散相（或非连续相、颗粒相等）。根据所依赖的数学方法和物理原理不同，多相流的理论模型分为三大类：①经典的连续介质力学方法；②建立在统计分子动力学基础上的分子动力学模拟方法；③介观层次上的模拟方法，即格子-Boltzmann 方法（lattice Boltzmenn method，LBM）。

现主要对三个常见的多相流模型进行介绍。

1）VOF 模型

流体体积（volume of fluid，VOF）模型是一种在固定的欧拉网格下的表面跟踪方法。通过求解单独的动量方程和处理穿过区域的每一流体的体积分数来模拟两种或三种不能混合的流体。当需要得到一种或多种互不相溶流体间的交界面时，可以采用这种模型。典型的应用例子包括分层流、射流破碎、流体中的大泡运动、自由表面流动等。

但需注意，在 FLUENT 中使用 VOF 模型时具有如下限制：

（1）VOF 模型只能采用压力基求解器；

（2）所有的控制体积必须充满单一流体相或者相的联合，VOF 模型不允许在某一区域没有任何类型的流体；

（3）VOF 模型中只有一相允许定义为可压缩理想气体，但是不限制使用用户自定义函数（user defined function，UDF）定义可压缩液体相；

（4）周期性流动问题不能和 VOF 模型同时计算；

（5）二阶隐式的时间格式不能用于 VOF 模型；

（6）组分混合与反应流动问题不能和 VOF 模型同时计算；

（7）大涡模拟（large eddy simulation，LES）湍流模型不能用于 VOF 模型；

（8）VOF 模型不能用于并行计算中追踪粒子；

（9）无黏流动不能使用 VOF 模型；

（10）壁面壳传导模型不能和 VOF 模型同时计算。

另外，VOF 模型通常用于计算时间依赖解，即瞬态问题。但是对于只关心稳态解的问题，如求解不依赖初始条件并且各相有明显的流入边界的问题，它可以执行稳态计算。例如，水渠中的水流上方有空气，且空气有独立的入口，可以用稳态格式求解；而在一个旋转杯子里，自由液面的形状依赖于杯内水位的初始值，这样的情况就必须采用非定常计算。VOF 模型计算的根本是相之间没有渗透。在模型中每加入一个相，就引进一个变量。在每个阶段，计算域各相的体积分数是统一的。

2）Mixture 模型

混合模型（Mixture 模型）是一种简化的多相流模型，可用于模拟两相或多相具有不同速度的流动（流体或颗粒）。Mixture 模型主要实现求解混合相的连续性方程、动量方程、能量方程、第二相的体积分数及相对速度方程等功能。典型的应用包括低质量载荷的粒子负载流、气泡流、沉降以及旋风分离器等。Mixture 模型也可以用于没有离散相相对速度的均匀多相流。

在 FLUENT 中使用 Mixture 模型具有如下限制：

（1）Mixture 模型只能采用压力基求解器；

（2）只有一相允许定义为可压缩理想气体，但是不限制使用 UDF 定义可压缩液体相；

（3）不能用于求解周期性流动；

（4）不能用于模拟凝固和熔化过程；

（5）无黏流动不能使用 Mixture 模型；

（6）在模拟空穴现象时，若湍流模型为 LES 则不能使用 Mixture 模型；

（7）在多参考系（multi-reference frame，MRF）多旋转坐标系与 Mixture 模型同时使用时，不能使用相对速度公式；

（8）不能和固体壁面的热传导模拟同时使用；

（9）不能用于并行计算和颗粒轨道模型；

（10）组分混合与反应流动问题不能和 Mixture 模型同时计算；

（11）二阶隐式时间步算法不能采用 Mixture 模型。

Mixture 模型和 VOF 模型的相同之处在于它们都是一种单流体模型，即只求解一套动量、能量方程，不同之处在于：

（1）Mixture 模型允许相间穿插，即在同一控制体内各相体积分数可以是 0～1 的任意数，总和为 1；

（2）相间允许有速度滑移。

3）欧拉模型

欧拉模型（Euler 模型）可以模拟多相流及相间的相互作用。相可以是气体、液体、固体的任意组合。每一相都采用欧拉方法描述和处理。采用欧拉模型时，第二相的数量仅仅因为内存和收敛性而受到限制，只要有足够的内存，任意数量的第二相都可以模拟。然而，对于复杂的多相流动，解会受到收敛性的限制。

欧拉模型没有液液、液固的差别。颗粒流是一种简单的流动，至少涉及一相被指定为颗粒相。

在 FLUENT 中使用欧拉模型具有如下限制：

（1）不能对各相使用雷诺应力湍流模型；

（2）不能用于求解周期性流动；

（3）不能用于模拟凝固和熔化过程；

（4）无黏流动不能使用欧拉模型；

（5）不能用于并行计算和颗粒轨道模型；

（6）不允许存在压缩流动；

（7）离散相模型中颗粒轨迹只与基本相有相互作用；

（8）不能考虑热传输；

（9）相间的质量传输仅在空穴问题中可行，而在蒸发和压缩中是不可行的；

（10）二阶隐式时间步算法不能采用欧拉模型。

在 FLUENT 中的欧拉模型中，各相共享单一的压力场，对每一相都求解动量方程和连续性方程，颗粒相才可以根据颗粒动力学理论计算颗粒的温度、粒子相剪切力和体积黏性、摩擦黏性。

5. 多相流模型选择的基本原则

通常，首先决定最能符合实际流动的模式，然后根据以下原则来挑选最佳的模型，包括如何选择含有气泡、液滴和粒子的流动模型。

（1）对于体积分数小于 10%的气泡、液滴和粒子负载流动，采用离散相模型。

（2）对于离散相混合物或者单独的离散相体积分数超出 10%的气泡、液滴和粒子负载流动，采用 Mixture 模型或者欧拉模型。

（3）对于栓塞流、泡状流，采用 VOF 模型。

（4）对于分层/自由面流动，采用 VOF 模型。

（5）对于气动输运，如果是均匀流动，则采用 Mixture 模型；如果是粒子流，则采用欧拉模型。

（6）对于流化床，采用欧拉模型模拟粒子流。

（7）对于泥浆流和水力输运，采用 Mixture 模型或欧拉模型。

（8）对于沉降，采用欧拉模型。

(9) 对于更加一般的，同时包含若干种多相流模式的情况，应根据最感兴趣的流动特征，选择合适的流动模型。此时由于模型只对部分流动特征进行了较好的模拟，其精度必然低于只包含单个模式的流动。

4.2　水力机械两相流动力学

4.2.1　水力机械中的两相湍流

1. 水轮机的两相湍流问题

在水力机械中，水流与泥沙的混合水流以及水流与空泡的混合水流均属于典型的两相流。由于泥沙或者空泡并非流体，它与连续介质水流之间存在许多差异，使得两相流的研究十分复杂。为了便于研究，常常将悬浮于流体中的颗粒等设想为离散分布并充满整个空间没有间隙的拟流体。含沙水流的流动特性与清水有较大的区别，需通过两相流理论对其深入地剖析，为研究泥沙磨损规律以及解决泥沙问题奠定基础。

我国的水力资源居世界第一位，但我国是多泥沙河流的国家，河水中的含沙量特别大。我国华北和西北地区的大多数江河流域包括广阔的黄土高原和丘陵地区，黄土缺乏密实结构，颗粒很细，同时汛期暴雨频繁，所以大量泥沙被地表径流带走，江河中的含沙量极大，世界罕见，而且泥沙中坚硬颗粒较多。尤其近几十年滥砍滥伐现象比较严重，使沿江河流域的植被遭到大面积破坏，水土流失现象特别严重，再加上“5·12 汶川地震”后山体极易造成泥石流等，江河水中的含沙量更大。目前国内许多河流含沙量很大，安装在这些河流上的水力机械因此遭受严重的磨损、破坏。

在含沙水流的运行条件下，水力机械的过流部件会受到或多或少的破坏，即泥沙在通过过流部件时，在其表面形成浅槽或深裂缝，严重时甚至将叶片打断。例如，三门峡水电站 4#水轮机组（其叶片背面和工作面分别铺焊 Cr-Cu 合金和不锈钢），经过 3630h 的运行，叶片重量损失 740kg，平均每小时损失 0.2kg；青铜峡水电站机组运行 2624h 后，需要 1100kg 焊条来修补磨损的转轮。

通常水轮机工作在含沙量很小的水流中，沙粒造成很小的材料损失；而当江河水流中挟带大量的泥沙颗粒时，沙粒会造成水轮机过流部件的严重磨损，如小浪底水电站水轮机和葛洲坝水电站水轮机的磨损问题以及在建水电站水轮机的磨损问题。因泥沙严重磨损而引起水轮机的效率降低、寿命缩短、相当严重的磨损破坏，甚至造成停机事故，使水电站技术经济效益大大降低，如三门峡水电站、大寨水电站等。总之，泥沙对水轮机过流部件的磨损将引起水轮机的性能下降、机组的空蚀和振动等一系列问题。

2. 水泵的两相湍流问题

水泵是三大机械产品（汽车、机床、泵）之一，其用电量占我国总发电量的 25%。渣浆泵和泥浆泵等输送高浓度两相流的水泵，是泵类中的耗能大户，其在工农业各部门应用广泛，如矿山、电力、煤炭、冶金、水利、大洋采矿等工业及工程部门。

（1）矿山和冶金工业，主要用于各类矿石（金、银、铜、铁、锡、铝等）选矿厂抽选精矿和尾矿，由于矿砂密度大、硬度高，对泵过流部件磨损严重。

（2）电力工业，主要用于火力发电厂的渣浆排送。我国的发电厂主要用煤作燃料，燃烧后大量灰渣与水混成渣浆，用渣浆泵输送到远处废弃或再利用（如作水泥料）。

（3）水利工程：清淤用泵和黄河上的灌溉用泵等。

渣浆泵、泥浆泵和水轮机一样，也有颗粒磨损问题。总之，工作在高浓度两相湍流中的水力机械效率低、磨损严重、寿命短等一系列问题亟待解决。

从 20 世纪 60 年代开始，国外就开始对离心泵和其他类型叶片泵在气液两相流动状态下的性能进行研究，如实现石油开采中气液两相混输，尤其当油中含有较多的气体时，在气液两相流的条件下，离心泵的扬程比单相运行时下降得多，甚至发生气堵。在生产上目前主要采用分离气体进行输送。如果气液两相流现象得到很好的了解，则可以设计比较合适的原型泵以较高的效率去抽取混合液，以降低石油开采和运输的成本。气液两相流规律的研究对多相泵设计、提高气液混输的效率以至于减少泵的磨蚀都有重要意义。

4.2.2　两相湍流数值模拟

两相湍流数值模拟的重要问题是离散相颗粒的模拟。在当前的两相流研究中，对连续流体的处理同单相流的研究方法一样，根据连续介质的假定来建立方程组，而对离散在连续流体中的离散相颗粒则有不同的处理方法。目前有以下几种离散相颗粒的总体模拟方法，如图 4.1 所示。

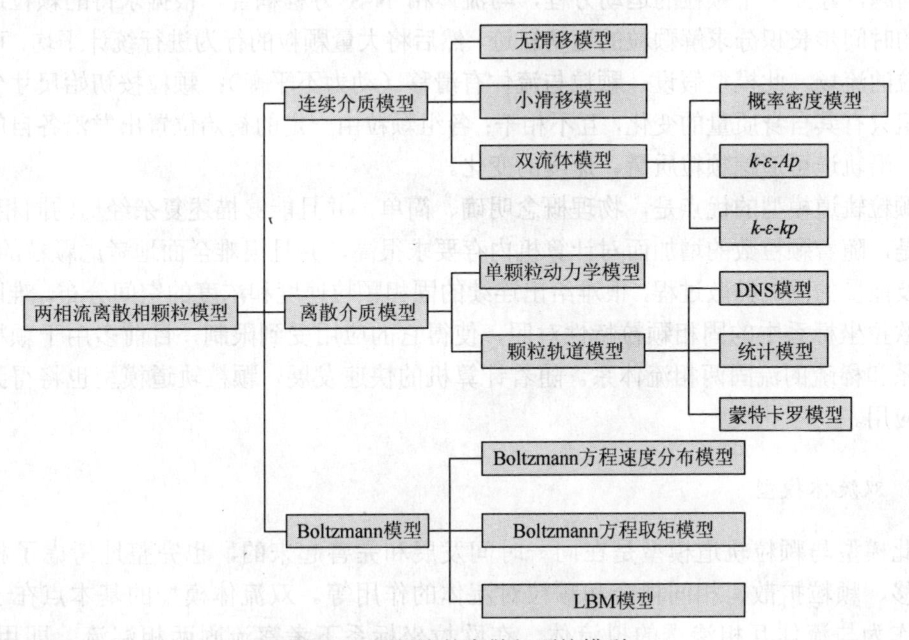

图 4.1　两相流的离散相颗粒模型

DNS 即直接数值模拟（direct numerical simulation）

1. 单颗粒动力学模型

单颗粒动力学模型是一种极端简化的模型。假设颗粒对流场无影响，在已知流场中，在拉格朗日坐标系中考察颗粒轨道及颗粒速度等的变化。早在 20 世纪 50 年代关于气溶胶力学的描述，以及近期国内外某些探讨选矿的两相流理论，基本上都基于这类观点。

2. 无滑移模型

此模型是另一种极端简化的模型，在 20 世纪 60 年代后期～70 年代初期被提出，是假设固相颗粒和流体相达到动力平衡及热平衡的模型。在欧拉坐标系中，认为空间各处颗粒和流体时均速度与温度相等，而颗粒扩散则相当于流体组分的扩散，即流体和颗粒间无滑移，把颗粒和流体作为统一的流体加以研究。

3. 小滑移模型

从 20 世纪 60 年代后期开始，在欧拉坐标系中，Soo 提出了颗粒群的小滑移模型来描述两相流，其中对稀疏悬浮流，忽略颗粒对流体的作用。而对颗粒的描述则由单颗粒概念过渡到颗粒群拟流体概念，只考虑颗粒群集体速度，承认颗粒与流体之间的滑移，这是建立较完善的两相流模型的开端。

4. 颗粒轨道模型

颗粒轨道模型的实质是在拉格朗日坐标系中处理颗粒问题，而在欧拉坐标系中处理流体相问题，建立单个颗粒的运动方程，与流体相 N-S 方程耦合，根据求得的颗粒速度和设定的时间步长积分求解颗粒的运动轨迹，然后将大量颗粒的行为进行统计平均，可以获得颗粒的流场。此模型假设：颗粒与流体有滑移（动力不平衡）；颗粒按初始尺寸分组，且各组只有其自身质量的变化，互不相干；各组颗粒由一定的初始位置出发沿各自的轨道运动，沿轨道可追踪颗粒质量、速度的变化。

颗粒轨道模型的优点是，物理概念明确、简单，并且能够描述复杂经历的固相颗粒；缺点是，随着颗粒数的增加而对计算机内存要求很高，并且很难全面地考虑颗粒的质量、动量及能量的湍流扩散过程，很难给出连续的固相颗粒速度和浓度的空间分布，难以和实测的欧拉坐标系中的固相颗粒特性对照，使得它的应用受到限制，目前多用于颗粒较少的体系和稀疏的流固两相流体系。随着计算机的快速发展，颗粒轨道模型也将得到进一步的应用。

5. 双流体模型

此模型与颗粒轨道模型是在同一时间发展和完善起来的，也完整地考虑了相间速度滑移、颗粒扩散、相间耦合和颗粒对流体的作用等。双流体模型的基本点在于把颗粒群作为与流体互相渗透的拟流体，在欧拉坐标系下考察流固两相湍流，即用欧拉-欧拉模型模拟两相湍流。这种模型适用于颗粒有足够浓度的情况，即在流场中可以选出流体微元尺寸，该尺寸远远小于系统的几何尺寸而又远远大于颗粒尺寸，且流场微元内含有足够的颗粒数。其实质是仿照单相流动，对颗粒湍流进行模拟。双流体模型可以全面地考虑颗粒的湍流输运，并用统一的方法处理流体相和固相，模拟结果易于和实测结果对照以便加以检验。因此近年来在多相流数值模拟中，双流体模型得到了越来越多的应用。

传统的双流体模型主要用于低浓度两相流，颗粒之间的碰撞效果和两相间脉动的能量交换可以忽略不计，此时流体相湍流的描述起主要作用。低浓度的两相流模拟方法可仿照单相流体湍流来模拟，其基本假设如下。

（1）空间各处离散相和流体相共存，相互渗透，各相具有不同的群体（不是单个颗粒）速度、压强和体积分数。

（2）离散相颗粒在空间中有连续的速度、压强和体积分数分布。

（3）离散相颗粒与流体相除了时均运动相互作用，还有湍流的相互作用以及自身的湍流对流、扩散、产生和消亡等，但这是与流体相互作用的结果，而不是颗粒间相互作用的结果。

（4）忽略 Magnus、Saffman、Basset 等作用力。

根据上述假定可以将单相流体的基本守恒方程用于固相内部，并在多相流控制体内取体平均，从而得到低浓度两相流的控制方程。

目前，大多研究主要集中于低浓度两相湍流的研究，而高浓度情况和低浓度情况不同：高浓度两相湍流的固相颗粒具备低浓度两相湍流的固相颗粒运动特性，并且颗粒间的碰撞对两相流不能忽略，如颗粒间碰撞引起的颗粒黏性、扩散。通常描述两相流的连续介质理论能够合理地描述流体和颗粒的宏观运动特性，但不能充分解释颗粒间的相互作用，更不能描述颗粒运动的微观特性。此时，采用传统双流体模型及离散相颗粒压强的描述方法，均缺乏理论工具而无法表述，因此多采用经验表达式，目前有四种方法：①只在液相中存在压强，即低浓度时的简单处理；②压强梯度和体积分数成正比，即分压梯度；③压强同体积分数成正比；④应用分子模型建立压强分配。

但采用基于 Boltzmann 方程的动力学理论能够很好地描述两相流的各相分子间或颗粒间相互作用的微观特性。

6. Boltzmann 方程速度分布模型

首先忽略颗粒间的碰撞项，大大地简化离散相颗粒的 Boltzmann 方程，从而求解出离散相颗粒速度分布函数，然后求得离散相颗粒各运动参数；当考虑高浓度时，不能忽略颗粒间的碰撞项，离散相颗粒碰撞项与高低浓度时的速度分布函数之差为线性关系，从而得到高浓度时离散相颗粒的可积分的 Boltzmann 方程，从而求解出离散相颗粒速度分布函数及其运动参数。

7. Boltzmann 方程取矩模型

基于两相流各相的 Boltzmann 方程，对其取矩求得各相的连续方程和 N-S 方程等控制方程，其中试图推导出高浓度时的颗粒间碰撞积分项，要么因积分复杂，最终只给出简化的低浓度颗粒间碰撞积分项；要么方程中颗粒间的碰撞积分项只是一个积分复杂的表达式而没有求出积分结果，故远远不能用于工程计算。

8. LBM 模型

LBM 模型的应用范围已从最初的单相流推广到求解流固两相流。Rothman 等最早把单相元胞自动机模型应用于多相流问题中。Filippova 等把 LBM 模型应用于过滤器中气固两相流动，流体相基于近似 Boltzmann 方程，固壁采用二阶精度的“反弹”条件来模拟无滑移边界条件，离散相颗粒运动采用拉格朗日方法。He 等应用 LBM 模型模拟不可压缩的多相流，格子-Boltzmann 方程从不可压缩的连续介质的近似 Boltzmann 方程推导出，用分子间作用来建立两相界面动力模型，最终计算出满意的结果。

9. CFD 在水力机械中的应用

水力机械的 CFD 就是研究水力机械流动的 CFD。20 世纪 50～70 年代，水力机械中的流动计算只能更多地采用理想化假设的一元或二元理论，流动计算仅估算出流道中平均流动的速度和压强，用于指导流道设计。在这样的流动计算理论的基础上，所设计水力机械的整体能量性能较差，如效率不高、抗空蚀性能差，根据试验结果进行改型是主要的技术手段，经验起了决定性的作用。

在计算机得到普遍使用以后，在水力机械中的流动计算才开始出现。吴仲华教授所提出的 S1、S2 两类流面的通用理论首先得到了发展，基于该理论开发了理想流体的准三维流动计算方法，满足了水力机械设计工况对流速场的要求。为考虑黏性对性能计算的影响，还发展了边界层与内部理想流动的迭代计算等方法，它们在很大程度上推动了水力机械中流动计算的发展。假定黏性引起的摩擦作用只在很薄的边界层范围内，忽略黏性项，直接求解 N-S 方程组，出现了全三维的欧拉方程，Moore 把主流区看作非黏性流动，再结合边界层的黏性流动计算，可以考察回转通道内二次流对边界层发展的影响，计算结果与试验结果相当一致。Nishi 着重研究叶轮内部边界层和主流区的自律调整作用，在多数情况下都存在尾流-射流结构，并被很多试验证实。显然，对水力机械而言，在最优工况范围运行时比较接近这种流动。计算结果显示，欧拉方程解实际上也很好地反映了在这些工况下的流动情况。但当在部分负荷运行时，出现回流或脱流现象，欧拉方程解就不正确了。进一步提高流动计算的真实性，就必须考虑黏性流动的效应。为此，考虑流体黏性的数值模拟受到人们的重视。Martelli 以 S2 相对流面上的二维雷诺时均 N-S 方程和 k-ε 湍流模型，用有限差分法和时间推进法计算离心泵叶轮内部二维黏性流动，以此来指导设计。Shietal 以二维雷诺时均 N-S 方程和考虑旋转、曲率效应的 k-ε 湍流模型，用压力耦合方程组的半隐式算法（semi-implicit method for pressure linked equations，SIMPLE）计算了圆柱形叶片的离心泵叶轮内部的二维湍流流动。

随着计算机技术和 CFD 的迅速发展，水力机械过流部件的三维真实流动分析取得了巨大的进展，Manish 等对带有叶片扩散流道蜗壳的离心泵叶轮流道中的流动做了定量的粒子图像测速（particle image velocity）可视化试验，研究分析叶轮流动、扩散流道流动和蜗壳流动，观察到了它们的尾流、不稳定分离流和边界层及周期性变化、湍流脉动，并采用雷诺平均和大涡模拟方法来数值模拟其内部流动的规律，从而得到水力机械中引起机组效率下降和不稳定运行的脱流、回流、断面二次流等流动规律，以此指导水力机械的优化设计，使水力机械的能量特性和抗空蚀性能都得到了进一步提高。与此同时，也促进了水力机械反问题的进展。Yang 等利用计算机辅助设计（computer aided design，CAD）和 CFD 联合研究 X 形转轮叶片，结果表明，X 形转轮叶片比传统方法设计出的转轮叶片在非设计工况下更稳定、可靠，此对流量和水头变化大的水轮机尤其重要。

和水力机械内部单相流同步，水力机械内部两相湍流也取得了长足的发展。吴玉林教授针对水力机械的两相湍流及其颗粒磨蚀做了大量的研究，应用多种两相流模型，进行两相流方程的耦合求解，对水力机械进行了颗粒磨蚀的计算，估算了液相和固相各自的运动特征，据此预估了泥沙磨蚀部位和程度。因此，将两相流计算应用在水力机械的设计阶段，对颗粒和空蚀破坏进行预估，从而达到对水力机械的过流部件优化的目的，这也是基于两相湍流 CFD 技术的水力机械优化的一个重要发展方向。

从水力机械流动计算技术的发展看到，湍流模型是当前和未来水力机械中流动计算技术的重要基础。为促进流动计算在水力机械应用中的发展，必须进一步研究和促进水力机械中两相湍流模型的发展。

4.2.3　水力机械空化流动的数值模拟

随着计算机技术和 CFD 的迅速发展，水力机械过流部件的三维真实流动分析取得了巨大的进展，通过数值模拟可以分析其内部流动的规律，进而得到水力机械中引起机组效率下降和不稳定运行的脱流、回流、断面二次流等流动规律，以此指导水力机械的优化设计，使水力机械的能量特性和抗空蚀性能都得到进一步提高。

因其流场状态具有复杂性空化流动的特征，较为有效的方法就是通过数值方法来近似求解。空化流动的模拟主要有两种方法：一种是基于单相流的界面追踪方法；另一种是均质混合流模型。

界面追踪方法在假定空泡区域压力恒定的前提下，仅对液相流场进行计算，气液界面通过界面方法进行追踪，而空泡的形状通过尾流模型进行处理。这类计算通常需要在迭代过程中进行更新，以更好地描述空泡形态。Chen、Heister 和 Deshpande 对二维定常的片空化流进行了计算，得到的空泡位置和形状与试验结果较为吻合。

界面追踪方法主要用于处理片空化或者超空化，而对于有气泡脱落及分离的云空化则不适用。均质混合流模型是目前广泛应用的空泡流模拟方法。其思想是将气液两相作为一种混合的流体进行处理，即多相流体共用一套求解方程，相变过程则通过相变源项进行处理，而不直接处理界面问题；其中假定气相和液相保持各自的密度不变，并引入通过气相体积分数或质量分数计算得到的混合密度概念，在气液两相的混合区域，混合密度是可变的。近年来，均质混合流模型发展迅速，许多研究者基于此模型对空化流动进行了研究。均质混合流模型的关键是混合密度的求解，基于对混合密度的不同求解方法，均质混合流模型又可分为气泡两相流模型、状态方程模型和输运方程模型。Kubota 等最早提出了气泡两相流模型，将空化流动处理为包含空泡群的流动，并将密度与空泡直径与空泡数量密度联系起来。状态方程模型则直接将密度与压力及温度联系起来。输运方程模型是广泛应用的求解空化流动的方法。该模型假定气相体积或质量是输运项，从而建立了气相体积分数或质量分数的输运方程；输运方程具有标准方程的形式，便于数值求解，因此在空化流动的模拟中受到青睐。空化流动的相变过程通过输运方程中的相变源项体现出来，这种相变源项一般称为空化模型。

空化流动数值模拟的关键在于建立适当的空化模型。空化模型提出的目的是建立从微观空化核到宏观空化流动的统计描述，这种统计描述需要结合物理实际和数值计算方法给出。一个较成功的空化模型应在准确捕捉流场宏观物理量的特性的同时，可以使计算有效地控制在一定的复杂程度内，为工程中空化流动的研究提供一种可行的思路。空化模型的种类很多，许多学者先后给出了各种各样的空化模型，但是一直没有得出较为通用的空化模型。基于单个空泡的生成和发展的 Kubota 空化模型重点考虑了空化初生和发展时空泡体积变化的影响，适用于模拟空化的非定常特性。Singhal 等于 2002 年建立的完全空化模型对空化的数值研究起到了决定性的推动作用，该模型不仅考虑了两相流气泡动力学、相变率对空化的影响，而且考虑了湍流脉动、不可压缩气体等对空化的影响。由于该模型考虑的因素比较全面，其适用范围广泛，适合复杂空化流的数值计算，而且数值稳定性和计算收敛性较好。该模型从根本上比其他的模型更具有通用性，适合于解决较为一般化的空化问题。

1. 某离心泵的空化流动数值模拟

以某低比转速的单级小型高速离心泵为例，对其空化流动进行数值分析。

首先采用商业软件 CFturbo 和 Unigraphics NX 进行高速离心泵与诱导轮水力模型的三维模型建立及优化，其主要设计参数如表 4.3 所示。

表 4.3　离心泵主要设计参数

流量 $Q/(m^3/h)$	转速 $n/(r/min)$	扬程 H/m	比转速 n_s	进口直径 d_1/mm	出口宽度 b_2/mm	叶轮外径 D_1/mm	叶片数 Z
26	8000	68	28.7	45	7.6	90	6

为了尽量减小叶轮进口和蜗壳出口由设置条件带来的影响，提高模拟的准确性，在计算模型的建立中，对进口和出口段均作了适当的延伸，整个模型包括叶轮进口延伸段、叶轮、蜗壳和蜗壳出口延伸段四部分。图 4.2 分别是蜗壳、叶轮及高速泵的全流道三维模型。

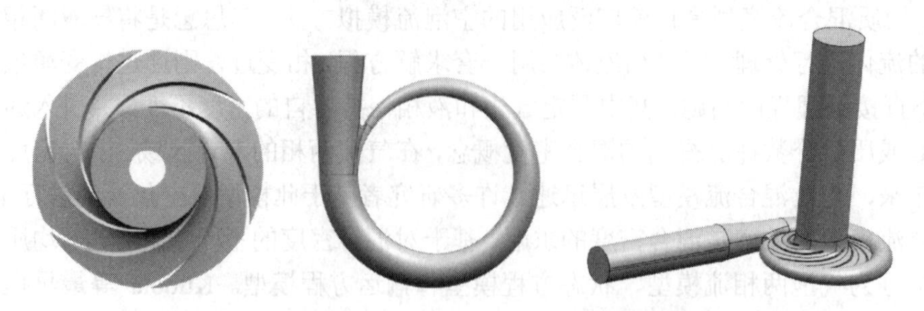

图 4.2　高速离心泵的主要部分及全流道三维模型

使用 ANSYS ICEM CFD 软件对模型进行网格划分，因离心泵结构较小，且几何形状较为复杂，叶轮叶片和蜗壳等区域有较大扭曲，一般采用适应能力强的非结构性四面体网格进行流道网格划分，并在叶轮的叶片表面、流速高的蜗壳与叶轮的交接面和隔舌位置都进行了网格加密，特别是在叶轮叶片前缘与后缘都进行了适当的网格加密，以尽量减小因网格带来的计算误差，如图 4.3 所示。

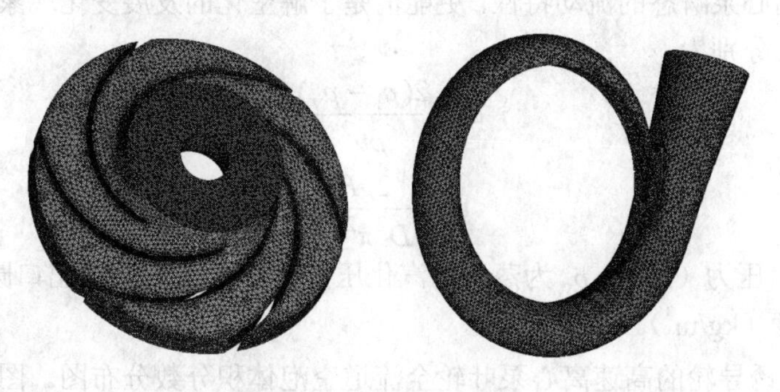

图 4.3　叶轮和蜗壳的网格

采用重整化群（re-normalization group，RNG）k-ε 湍流模型，进口来流设置为总压，出口为质量流量，叶轮设置为旋转区域（逆时针旋转），网格结点的适应方式使用通用网格界面（general graphics interface，GGI）模式，叶轮的叶片和上、下轮毂壁面采用旋转无滑移壁面，其余壁面均为静止无滑移壁面。采用有限体积法对控制方程进行离散，采用高阶求解差分格式，收敛精度为 10^{-5}。将数值计算的结果进行变换得到时域图，同时，通过快速傅里叶变换（fast Fourier transform，FFT）得出相应的频域图，以便于进一步探究压力脉动与高速离心泵空化的相互关系。

计算得到该泵的水力性能，如图 4.4 所示。

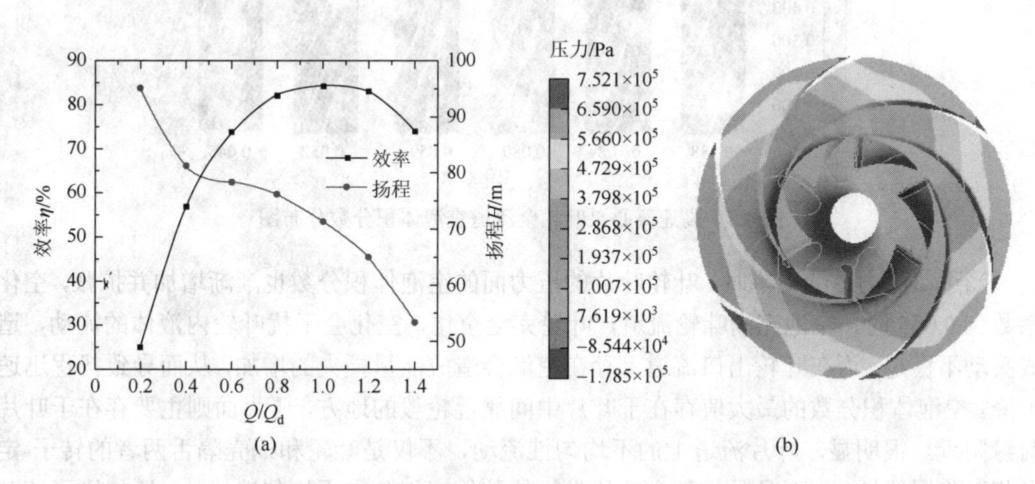

图 4.4　某高速离心泵的数值计算分析及水力性能图

图 4.4（a）是高速离心泵的外特性曲线，随着流量的减小，扬程逐步增大，尤其在

$0.4Q_d$ 工况时，扬程有一个较大的变化。同时，水力效率随流量的增大而逐渐上升，到设计工况 $1.0Q_d$ 时达到最大值，当流量继续增加时，流量又趋于下降。结合图 4.4（b）看出，叶轮的最低静压力为–178456Pa，其对应的最低绝对静压力是–77131Pa，这个数值比 25℃水的汽化压力（3169Pa）小得多，同时，压力的最小值也在叶片前缘处。可见在正常的运行工况下，该离心泵较易发生空化，且会首先发生在叶轮叶片前缘的位置。

分析高速离心泵瞬态的流动特性，更能清楚了解空化的发展变化现象。空化系数和扬程系数计算公式分别为

$$\sigma = \frac{2(p_1 - p_v)}{\rho u^2} \tag{4-1}$$

$$\psi = \frac{2gH}{D^2 \pi^2 n^2} \tag{4-2}$$

式中，p_1 为进口压力（Pa）；p_v 为蒸气的汽化压力（Pa）；u 为泵的出口圆周速度（m/s）；ρ 为清水的密度（kg/m^3）。

图 4.5 为无诱导轮的高速离心泵叶轮全流道空泡体积分数分布图。图中能够观察到，设计工况下，整个叶轮流道除叶片吸力面前缘有少量的空泡体积分数，其他区域并无空泡产生。随着高速离心泵进口压力的不断减小，叶轮叶片的空泡体积分数也开始渐渐增长，并沿叶片推移，在空化系数为 0.059 时，空泡体积分数已经扩散到叶轮每一个流道与叶片的压力面上，各叶片空泡的分布趋势也大致相同。

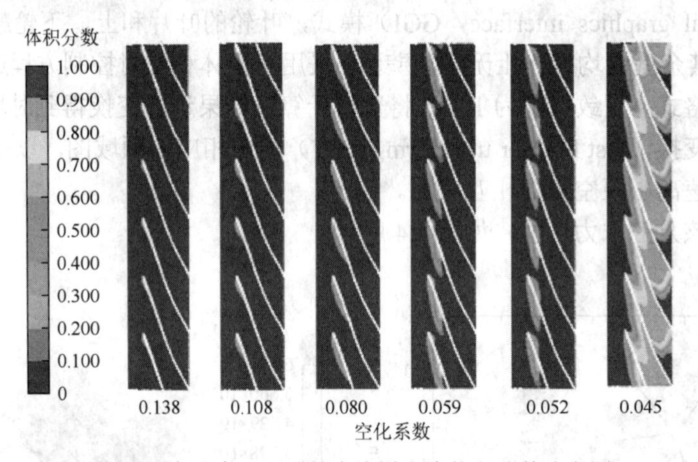

图 4.5　高速离心泵叶轮全流道空泡体积分数分布图

当进口压力继续下降时，叶轮叶片的压力面的空泡体积分数也渐渐增加并扩张，空化系数到 0.045 时，空泡充满叶轮流道，叶轮完全空化，空化会干扰叶轮内液体的流动，造成流动不稳定。而在叶轮出口流道上存在空泡会造成能量损失的增加，从而导致扬程迅速下降。空泡体积分数的最大值存在于叶片中间靠近轮毂的地方，压力面则主要存在于叶片前缘附近。很明显，叶片流道上的不均匀性流动，不仅是叶轮和蜗壳隔舌两者的转子-定子相互作用的结果，而且是由每个叶片之间的腔体容积分布不均匀造成的，这加剧了流动不稳定性和能量损失。

图 4.6 是无诱导轮高速离心泵叶轮在不同空化系数条件下，由气体体积分数为 10%的

气体等值面构成的空化区域图。能够发现，高速离心泵的进口压力为标准大气压时，叶轮的每个叶片前缘均已经出现小范围的空化现象，空泡最早形成于叶片吸力面前缘处，叶片的压力面和流道并没有产生空泡。随着空化系数的减小，空化不断地成长，叶片吸力面的空泡沿叶轮进口到出口方向增加迅速。当空化系数下降到 0.059 时，空泡已经明显蔓延到叶片的压力前缘，同时吸力面的空泡向流道及其下游扩张。当空化系数为 0.052 时，叶轮进口处的叶片吸力面、压力面及流道均被大量空泡占据，会引起水力效率和扬程损失。最终，当空化系数减小到 0.045 时，空泡充分发展，覆盖了几乎整个叶轮流道，严重地阻碍了流体的流动，破坏流体设备的运行。

扬程、效率、轴功率随着时间的变化而产生一定的波动，特别是空化条件下，叶轮的转动对几种参数影响显著。当叶轮周期性旋转时，叶片出口与蜗壳进口交互面发生周期性变化，这种周期性变化不仅影响扬程、效率、轴功率等外特性参数，而且会引起内部压力脉动，从而导致水泵的振动及噪声。

对蜗壳区域设置压力脉动监测点，并对不同空化系数工况进行了相应的压力脉动监测，观察高速离心泵随空化发展对各部分区域压力脉动的影响，现选取 v_1、v_2、v_3 和 v_4 等 4 个监测点对蜗壳进行压力脉动分析，如图 4.7 所示。

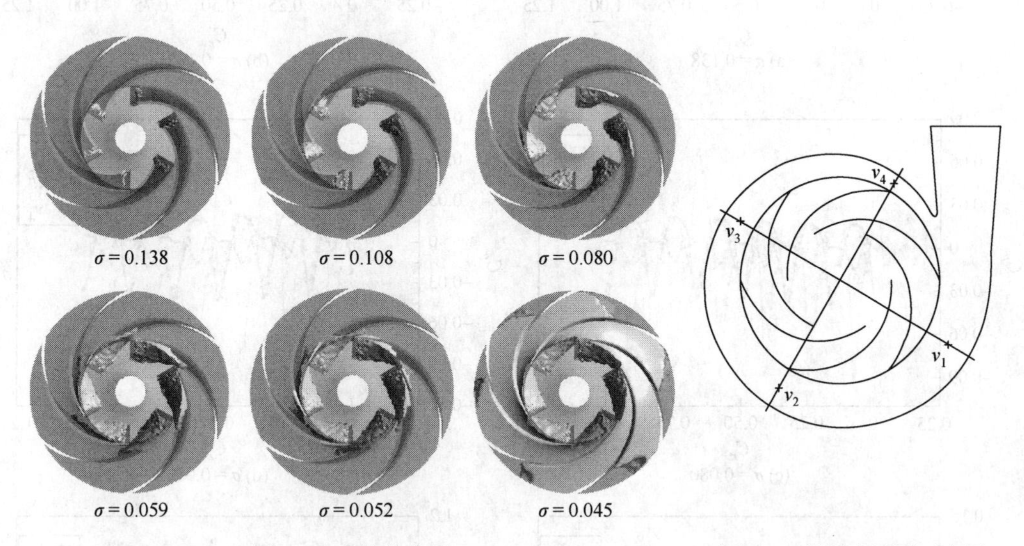

图 4.6　空泡分布图　　　　图 4.7　监测点位置示意图

由于模拟计算结果得到的压力较大，同时为了更清楚地观察监测点的局部较小的压力波动强度，需要对监测点的压力进行无量纲化处理后，再使用压力系数 C_p 来分析压力脉动特性，其定义式为

$$C_p = \frac{p - \overline{p}}{\frac{1}{2}\rho u_2^2} \tag{4-3}$$

式中，p 为监测点某一时刻的压力（Pa）；$\overline{p}$ 为监测点在所要讨论周期内的平均压力（Pa）；u_2 为叶轮出口处圆周速度（m/s）。

同时定义时间系数：$C_r = (t - t_b)/(t_e - t_b)$，其中，$t_b$ 为周期开始时刻的时间，t_e 为周期结束时刻的时间。这样，该周期内压力脉动便用 0～1 的无量纲系数来表示。

图 4.8 是高速离心泵蜗壳内部四个监测点（v_1、v_2、v_3 及 v_4）在不同空化系数下的压力脉动时域图。在时域图中，横坐标代表时间系数，纵坐标代表压力系数，从图中可以看出，在每种空化系数下，各监测点始终呈周期性变化。整体来看，随着空化系数的减小，所有监测点的压力系数的波动幅度均逐渐增加；压力系数波动幅度最大的是监测点 v_4，监测点 v_1 与 v_3 的压力系数在叶轮完全空化前大致相等，仅有微小的差距；而监测点

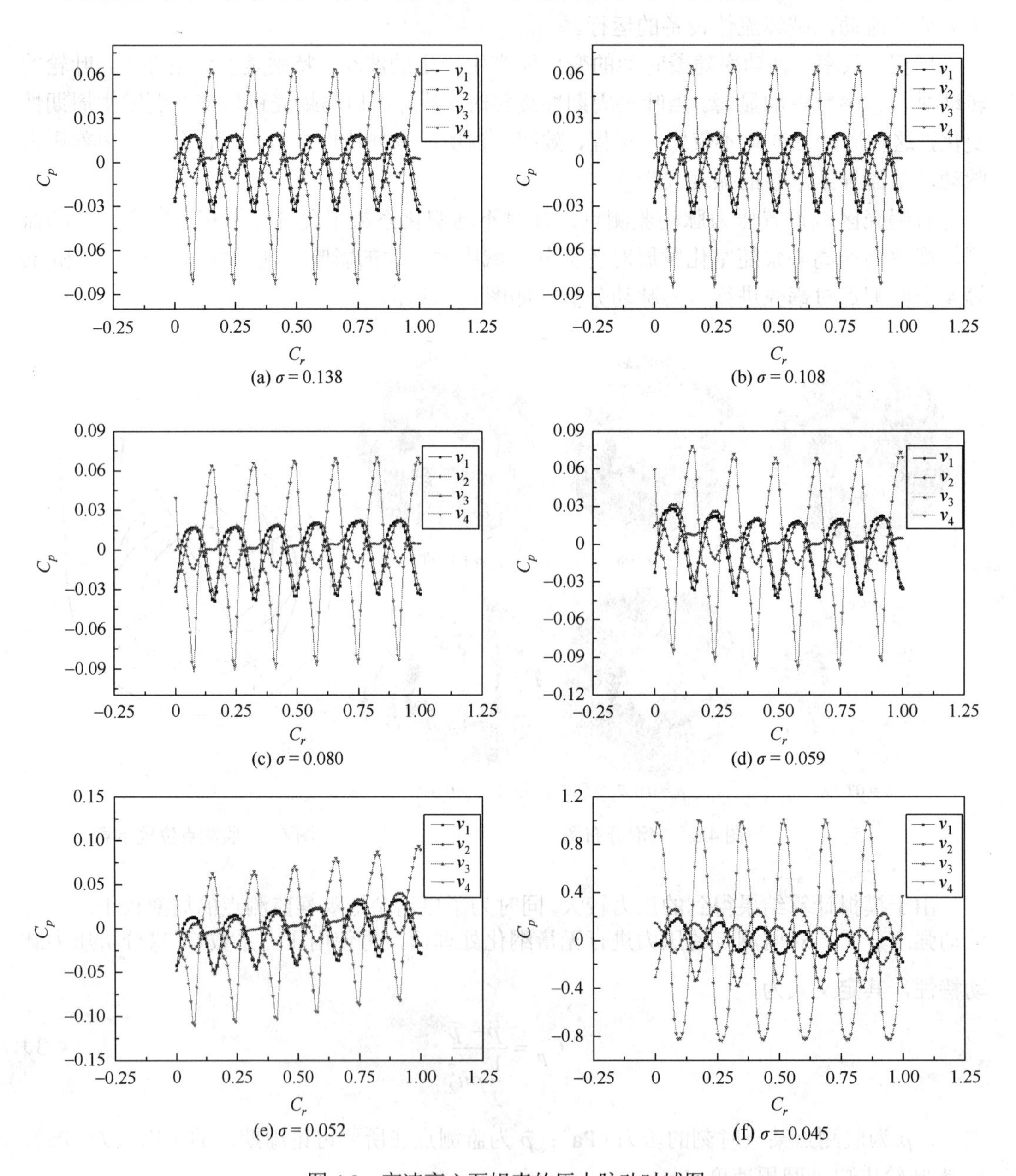

图 4.8 高速离心泵蜗壳的压力脉动时域图

v_2 的压力系数在完全空化前的波动幅度最小，且波动较为平缓，说明监测点 v_2 较其他监测点稳定。当叶轮发生完全空化时，监测点 v_4 所有波峰对应的时间系数的位置均前移；监测点 v_3 的波动幅度开始明显大于监测点 v_1；而监测点 v_1 与 v_2 的压力系数波动幅度又大致相等，且两者的波峰、波谷交替对应；监测点 v_2 的压力系数变化较大，而且有了较规则的波峰、波谷。

时域图中，空化系数从 0.138 开始下降到 0.108 时，压力系数增长不太明显，且周期较为稳定。随着空化系数的继续减小（0.108→0.059），压力系数开始渐渐出现不规则波动，空化系数越小，不规则波动越明显；空化系数为 0.059 时，监测点 v_4 压力系数波动幅度是设计工况的 1.12 倍。当空化系数下降到 0.052 时，压力系数波动剧烈，监测点 v_4 压力系数波动幅度是设计工况的 1.2 倍。到空化系数减小到 0.045，叶轮已经完全空化时，波动又呈现出平稳现象，这是由于空化初生和完全空化时，叶轮内部的静压力较为对称，而空化发展时，叶轮内部静压力呈非对称分布引起的，通过计算得出监测点 v_4 的压力系数波动幅度是设计工况的 12.72 倍。比较几个监测点之间的压力脉动时域图，发现监测点 v_2 最为稳定，原因是压力比其他区域小，空泡的产生对其影响较大，叶轮完全空化时，监测点 v_2 的压力系数波动幅度是设计工况的 14.91 倍。

再来研究该泵蜗壳内部压力脉动随空化发展的频域关系。图 4.9 中，横坐标代表叶频倍数，纵坐标代表压力，竖坐标表示蜗壳内部各监测点。总体看来，在空化发展的任何时期，各监测点压力的主频率都与叶频相等。其次，各空化系数下，监测点 v_4 压力很明显高于其余 3 个监测点，监测点 v_1、v_2 和 v_3 的压力均随着倍频增加而逐渐减小。

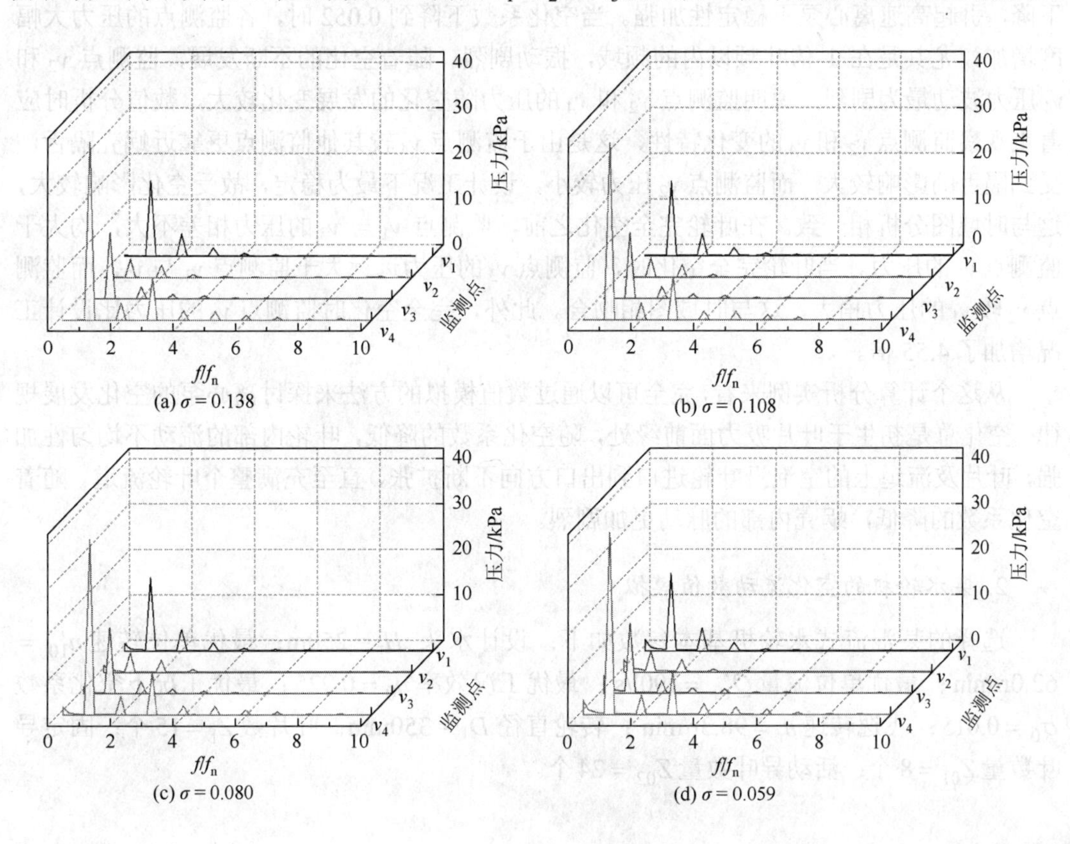

(a) $\sigma = 0.138$　(b) $\sigma = 0.108$　(c) $\sigma = 0.080$　(d) $\sigma = 0.059$

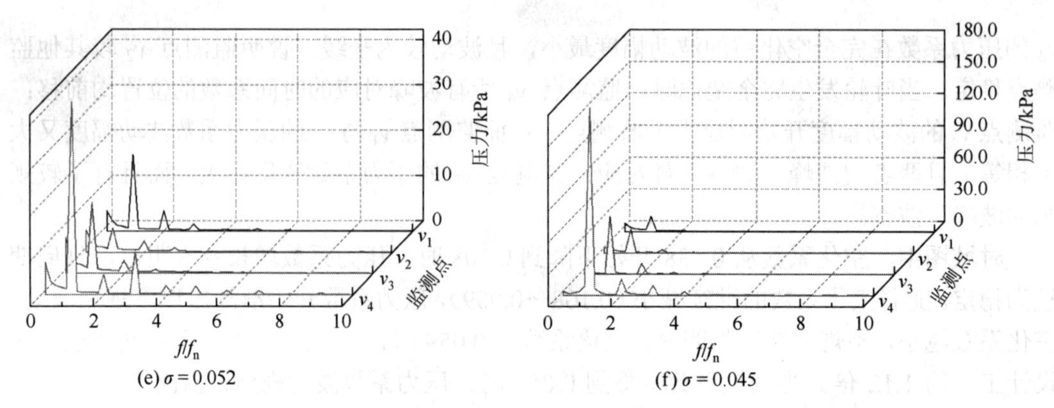

图 4.9　高速离心泵蜗壳的压力脉动频域图

而监测点 v_4 与其他监测点有所不同，在叶轮完全空化以前，在 3 倍叶频处又出现了较高的压力；而到叶轮完全空化后的变化趋势与其他监测点一致，1 倍叶频处的压力高达 176.4kPa，比设计工况扩大了 3.54 倍；3 倍叶频处的压力为 10.0kPa，仅比设计工况扩大 0.09 倍左右。

从图中可以看出，空化系数为 0.138 和 0.108 时，两种工况的频域图大致相同，当空化系数下降到 0.080 时，各监测点倍频处的压力均有较小的上升趋势，说明叶轮内部已经处于空化发展状态。当空化系数为 0.059 时，可以看出各监测点的压力有明显的增加，说明此时叶轮内部空泡体积分数大量增加，引起流体流动不稳定，从而导致高速离心泵扬程下降，引起高速离心泵不稳定性加强。当空化系数下降到 0.052 时，各监测点的压力大幅度增加，尤其是在 1 倍叶频以内的频域，振动剧烈。随着空化的不断发展，监测点 v_2 和 v_4 压力波动最为剧烈，说明监测点 v_2 和 v_4 的压力随空化的发展变化较大，数值分析时应着重观察监测点 v_2 和 v_4 的变化特性，这是由于监测点 v_4 较其他监测点更靠近蜗壳隔舌，受到隔舌的影响较大，而监测点 v_2 压力较小，设计工况下最为稳定，故受空化影响较大，这与时域图分析相一致。在叶轮完全空化之前，监测点 v_1 与 v_3 的压力相差不大，均大于监测点 v_2 的压力。当叶轮完全空化时，监测点 v_3 的压力远远大于监测点 v_1 与 v_2，而监测点 v_2 较 v_1 的压力稍大，这与时域图相吻合。此外，完全空化时监测点 v_2 的压力比设计工况增加了 4.55 倍。

从这个计算分析实例来看，完全可以通过数值模拟的方法来探讨离心泵的空化发展规律。空化总是初生于叶片吸力面前缘处，随空化系数的降低，叶轮内部的流动不均匀性加强，叶片及流道上的空泡沿叶轮进口到出口方向不断扩张，直至充满整个叶轮流道。随着空化系数的降低，蜗壳内部的脉动更加剧烈。

2. 某水轮机的空化流动数值模拟

选择的某混流式水轮机基本参数如下：设计水头 $H_r = 250$m；最优单位转速 $n'_{10} = 62.0$r/min；最优单位流量 $Q'_{10} = 190$l/s；最优工况效率 $\eta_0 = 0.925$；最优工况下空化系数 $\sigma_0 = 0.015$；飞逸转速 $n_r = 98.3$r/min；转轮直径 $D_1 = 350$mm；叶片数 $Z_1 = 15$ 个；固定导叶数量 $Z_{01} = 8$ 个；活动导叶数量 $Z_{02} = 24$ 个。

应用相关 BladeGen、TurboGrid 软件进行水轮机的三维建模和结构化网格划分，其三维建模图如图 4.10 所示。

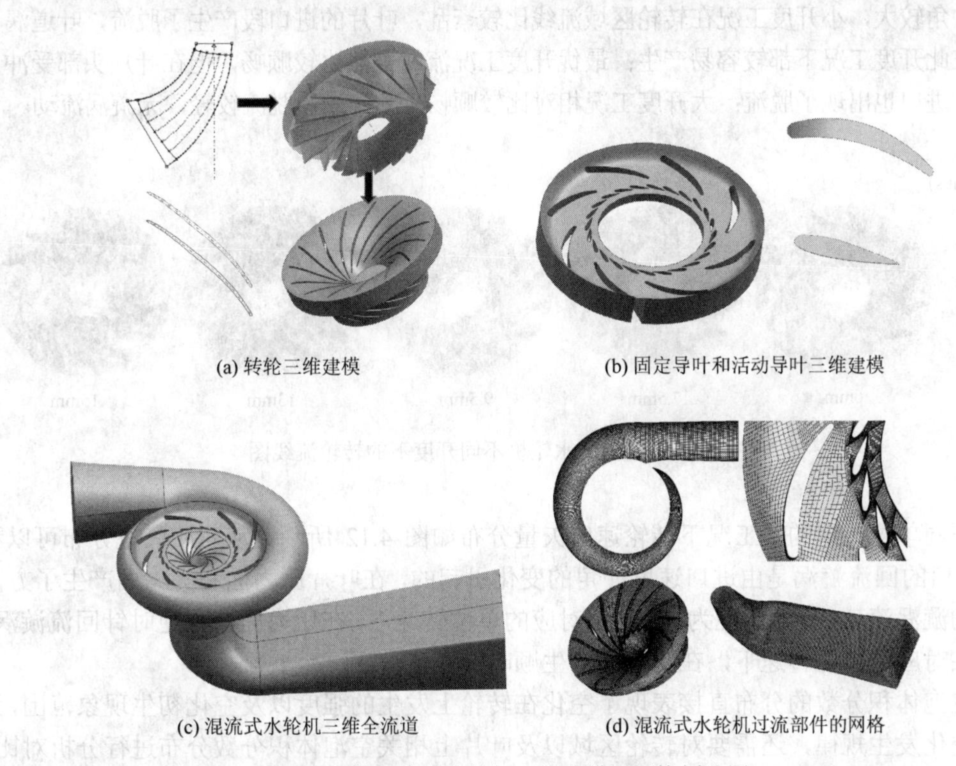

(a) 转轮三维建模　(b) 固定导叶和活动导叶三维建模

(c) 混流式水轮机三维全流道　(d) 混流式水轮机过流部件的网格

图 4.10　某混流式水轮机三维建模及网格划分图

应用旋转机械计算软件作为数值模拟计算工具，通过 High Resolution 选项实现速度、压力场的修正，采用高阶算法对压力项、湍动能和耗散率进行修正，对计算模型进行定常及非定常流动的求解，收敛残差为 0.0001。湍流模型选用 RNG k-ε 模型，空化模型选用基于输运方程模型的 Zwart-Gerber-Blemari 模型。进出口边界条件中进口设置为总压进口，出口设置为压力出口，壁面为无滑移边壁面。非定常流动计算时采用动静交界面数据传递格式 Transient Rotor Statorg 格式。采用式（4-4）计算空化系数：

$$\sigma = \frac{\dfrac{p_{\text{out}}}{\rho g} - H_S - \dfrac{p_{\text{v}}}{\rho g}}{H} \tag{4-4}$$

式中，p_{out} 为尾水管的出口静压值（Pa）；p_{v} 为汽化压力（由于本书选取 25℃的水，汽化压力为 3170Pa）；H_S 为水轮机吸出高度（m）；H 为工作水头（m）。

计算工况选取开度分别为 6mm、7.5mm、9.5mm、13mm、15mm 以及最优单位转速 62r/min、低水头对应的单位转速 74r/min、高水头对应的单位转速 50r/min 所对应的其中 9 个工况点。计算空化系数时，先以所选的 9 个工况进行单相流计算，然后以单相流计算结果为初始条件进行空化定常流动计算，再以定常流动计算结果为初始条件进行非定常流动计算。

首先可得到不同开度下的转轮流线图，如图 4.11 所示，可以看到在偏离最优工况下水轮机转轮流动性能在同一单位转速不同开度的变化情况。结果表示，同一单位转速不同开度工况下，随着导叶开度的增大，流场整体流线从紊乱逐渐顺畅，速度逐渐增大。由于小开度下进口冲角较大，小开度工况在转轮区域流线比较紊乱，叶片的进口段产生了脱流，叶道涡与漩涡在此开度工况下都较容易产生；最优开度工况流线虽然比较顺畅，但在叶片头部受冲角影响，进口也出现了脱流；大开度工况相对比较顺畅，叶片进口脱流较轻，无漩涡流动。

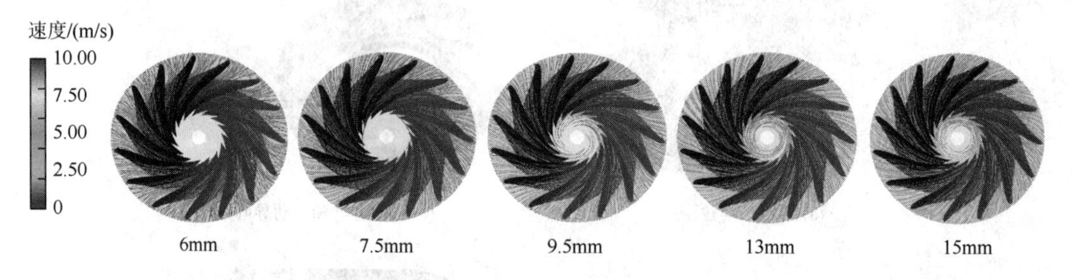

图 4.11　某混流式水轮机不同开度下的转轮流线图

不同单位转速的各工况下转轮速度矢量分布如图 4.12 所示。从速度矢量分布可以看出，进口的回流漩涡是由进口速度冲角的变化引起的，在叶片压力面和吸力面产生了方向不同的漩涡流动，具体表现为：高水头对应的单位转速下，在压力面产生逆时针回流漩涡；低水头对应的单位转速下，在吸力面产生顺时针回流漩涡。

空泡体积分数的分布直接表现了空化在转轮上发生的强度以及空化初生现象范围，为探究空化发生规律，还需要对转轮区域以及叶片上相关空泡体积分数分布进行分析对比。

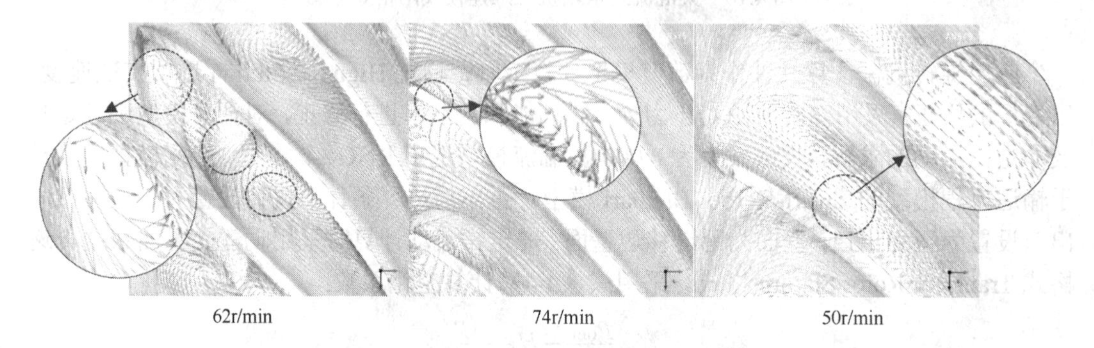

图 4.12　某混流式水轮机不同单位转速的各工况下转轮速度矢量分布图

图 4.13 分别为不同开度下的转轮空泡体积分数分布。小开度工况下，空化发生位置主要集中在转轮出口靠近上盖板泄水锥处，分布比较集中且空化比较严重，空泡体积分数达到 0.96；最优开度工况下，在叶片出水边尾部边缘处开始产生微弱空化；大开度工况下，空化分布逐渐向叶片出口段靠近下盖板发散，在叶片出水边尾部空化发生范围较小开度工况严重。整体规律表现为：随着开度的增大，叶片尾部边缘空化从无到有，逐渐加大，说明大开度下在叶片尾部边缘更容易发生空化，这与转轮在不同开度下的压力场分布图正好相对应，吻合得较好。

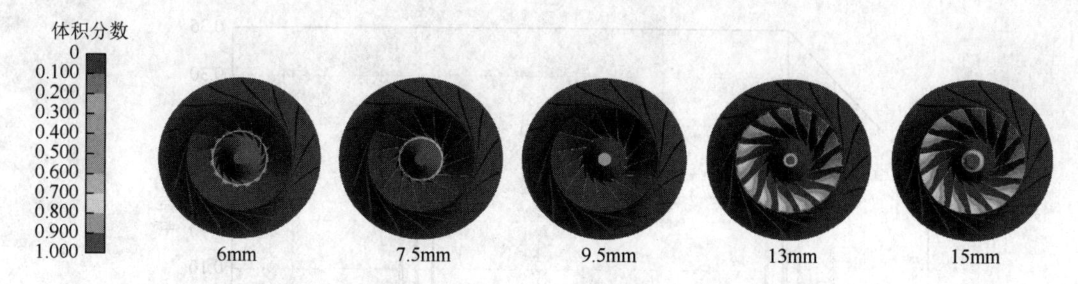

图4.13　某混流式水轮机不同开度下的转轮空泡体积分数分布图

采用基于空泡两相流方法，对水轮机全流道进行非定常空化压力脉动分析，在叶片压力面、吸力面以及靠近进水边和出水边位置上布置适量监测点，分别得到各开度工况下叶片压力面和吸力面各监测点的压力频谱图，如图4.14所示。

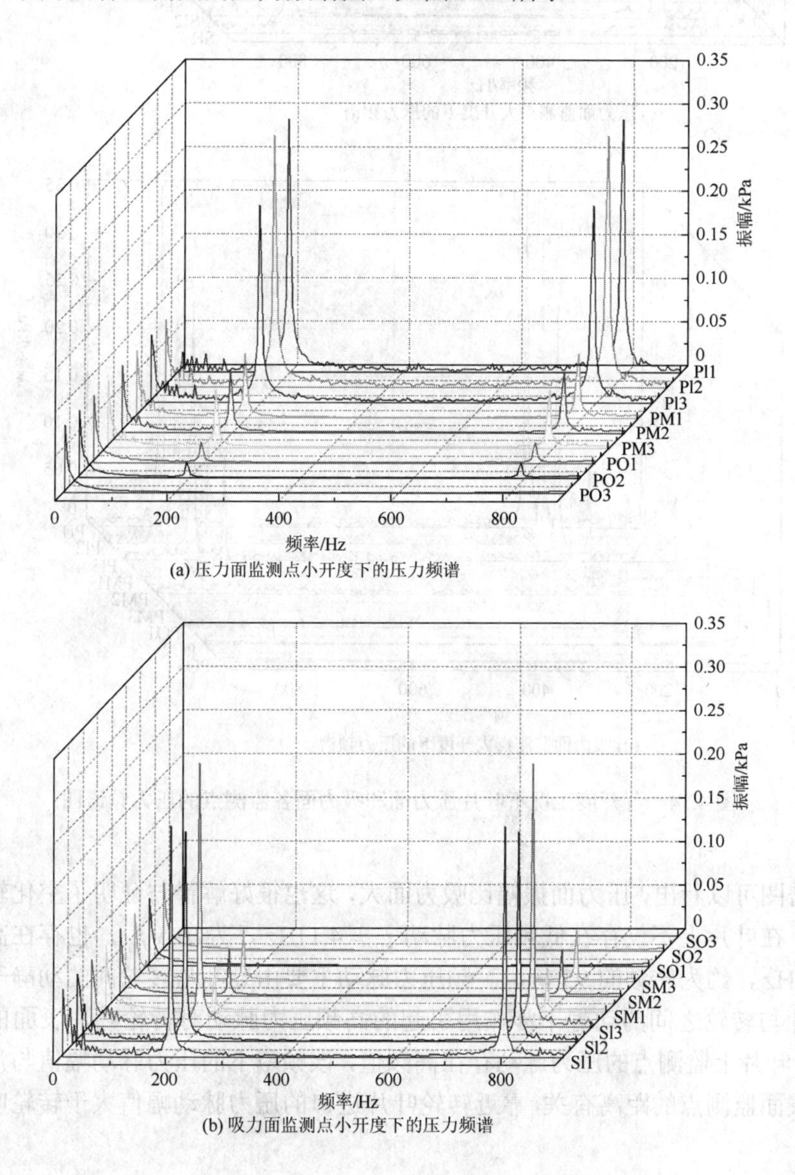

(a) 压力面监测点小开度下的压力频谱

(b) 吸力面监测点小开度下的压力频谱

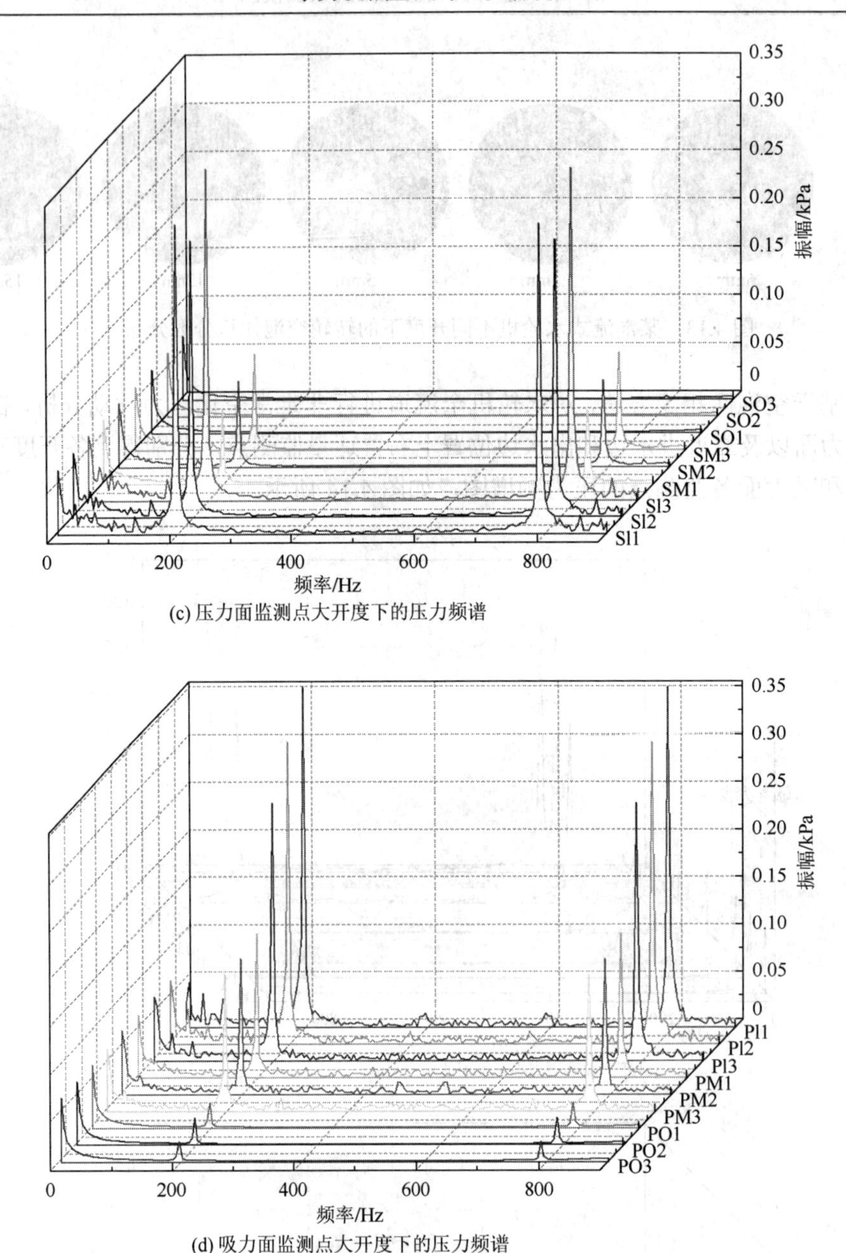

(c) 压力面监测点大开度下的压力频谱

(d) 吸力面监测点大开度下的压力频谱

图 4.14　各开度工况下叶片压力面和吸力面各监测点的压力频谱图

从频谱图可以看出，压力面振幅比吸力面大，这也很好解释与证明了空化较容易在吸力面发生；在叶片上不仅存在低频压力脉动 $f_d = 4.11\text{Hz}$，为 $0.5 f_n$，也存在高频压力脉动 $f_g = 785\text{Hz}$，约为转频的 95 倍，高频压力脉动主要由导叶与转轮间的动静干涉引起。由活动导叶与转轮之间的动静干涉作用引起的高频压力脉动对转轮叶片表面的振动影响很大，转轮叶片上监测点的压力脉动存在高频值，该频率下的压力脉动幅值与活动导叶到转轮叶片表面监测点的距离有关，靠近转轮叶片进口的压力脉动幅值大于转轮叶片出口处的压力脉动振幅。从频谱图可以看出，叶片表面振幅从叶片的进口至出口呈减小趋势，也验证了动静干扰产生的高频脉动，同时这说明了在吸力面的出水边位置，低压区压力容易趋于稳定，并容易产生初生空化。

通过对比以上小开度和大开度两种工况下的频谱图可以看出，大开度工况下的叶片上各监测点的振幅都比小开度工况下各监测点的振幅大。在吸力面靠近出水边的位置，只存在低频压力脉动，小开度为 4.11Hz，大开度为 8.12Hz，没有高频压力脉动，这说明在出水边的压力脉动可能主要由尾水管周期性涡带流动变化产生。

第 5 章　水力机械泥沙磨损

具有一定动能的沙粒随水流通过水力机械过流表面时，沙粒作用于水力机械过流部件表面而使其损坏的过程，称为水力机械的泥沙磨损。

在自然界中，水流经常挟带悬浮的泥沙、固体颗粒及其他杂质，这成为自然界中水流运动最为普遍的现象，所以含固体颗粒的水流运动受到越来越多的关注。我国是多泥沙河流的国家，河水中的含沙量特别大，河流中的排沙量居世界之首，每年的排沙量达 2×10^9t。我国西北和华北地区的大多数江河流域包括广阔的黄土高原和丘陵地区，由于黄土缺乏密实结构、颗粒较细，同时汛期暴雨频繁，在雨水冲刷下，大量的泥沙被地表径流带入河流，江河中含沙量极大，世界罕见，同时，泥沙中的坚硬颗粒含量较大，虽然有些河流的含沙量不大，但泥沙颗粒的形状尖锐，粒径较大，硬度较高。因此，我国很大一部分的水电站或泵站的运行都不同程度地遇到了泥沙磨损问题。流经水力机械过流部件的流态是典型的固液两相湍流，由此引起固体颗粒对水力机械过流部件的磨损，严重时可造成水力机械的性能下降、机组的空蚀、振动等一系列问题，从而造成巨大的经济损失。图 5.1 为典型的泥沙磨损后的水力机械过流表面的形态。

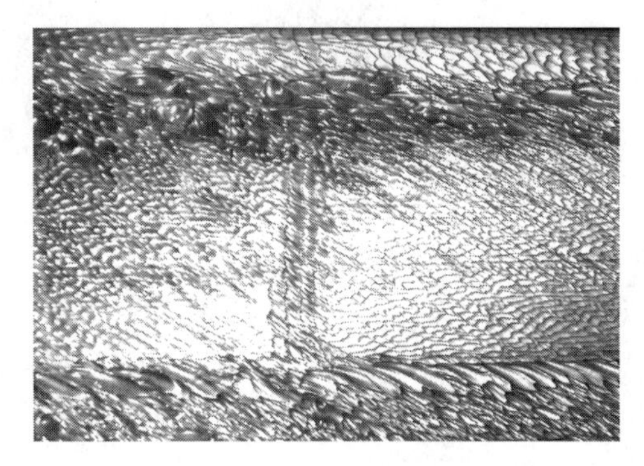
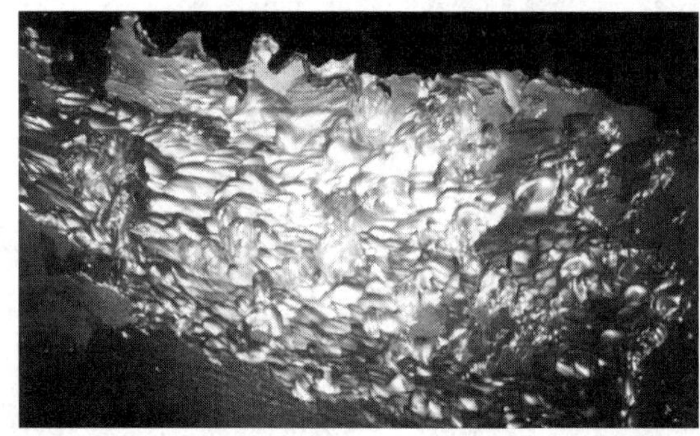

图 5.1　水力机械过流表面磨损形态

长江流域的水电站水轮机遭受泥沙磨蚀的情况较多，如岷江上的映秀湾水电站，渔子溪 1 级、2 级水电站，南桠河 3 级水电站，以及大渡河龚嘴水电站等，有的水电站的水库被泥沙淤积后，泥沙不再沉淀，过机含沙量恢复到径流式水电站状态。大渡河龚嘴水电站于 1972 年 12 月 26 日投产运行，1979 年 1 月最后 1 台即第 7 台机组投产运行，总容量为 700MW，发电初期因水库沉积泥沙，过机水流较清，水轮机过流部件只有较轻的空蚀。1983 年汛期，水库进口三角洲淤积形成，洲头抵达水库库尾后，沉沙库容所剩无几，过机泥沙猛增，泥沙颗粒粒径也明显粗化。实测 1982 年过机泥沙量为 591 万 t，过机泥沙中值粒径为 0.015～0.025mm，而 1985 年过机泥沙量达 1250 万 t，最大粒径达 1.72mm，从此，水轮机过流部件开始进入严重的磨蚀损坏期，尤其以转轮、底环、导叶磨蚀最严重，导致转轮叶片磨穿或局部深坑，造成水轮机效率下降、迷宫间隙增大、导叶漏水增加、停机时转速降不下来等不安全事故，水电站不得不投入大量的人力、物力进行扩修处理，扩修周期也一再缩短，7台机组每年要进行1或2台的表面再制造工程，以保证运行安全和效率。处于长江干流的葛洲坝水电站基本是径流式水电站，在大江17号机组实测，水轮机出水边的磨蚀速度为每1万h达35mm，而出水边总厚度只有20mm。对大江15号机组水轮机叶片头部的磨蚀量测定，运行3.7万h后，头部磨蚀量超过16mm。因此，葛洲坝21台机组每年必须有3或4台要进行非金属涂层的表面再制造工程，才能保证效率的稳定。

国外的水力机械磨损虽不如我国普遍和严重，但仍有一些水电站的水轮机存在较为严重的磨损问题。瑞士、法国等一些国家的水电站大多为径流式，没有水库或仅有很小的水库，有磨损的水轮机以冲击式和高水头的混流式水轮机为主。印度柏拉苏尔水电站的水轮机转轮和导叶均采用不锈钢制造，且在引水道上修建了沉沙池等多种拦沙设施，泥沙颗粒也很细，但机组运行13000 h后，其导水机构遭到了严重磨损。另一个建于恒河支流上的Tiioth水电站，转轮材质为0Cr18Ni3Mn3Cu2不锈钢，运行了2600h就发现有磨损的现象。

那么，水中含有的泥沙（是不可能彻底清除的）是如何对水轮机、水泵的过流部件产生磨损的呢？其机理以及泥沙磨损的特征、规律等将在本章重点介绍。

5.1 水力机械泥沙磨损的外观形态

水力机械部件遭受泥沙磨损的破坏形式大致为：磨损开始时，不成片的沿水流方向的划痕和麻点；磨损发展时，表面呈波纹状或沟槽状痕迹，常连结成一片鱼鳞状凹坑，磨损痕迹常依水流方向，无潜伏期，磨损后表面密实，呈现金属光泽；泥沙磨损强烈发展时，可使零件穿孔，成块崩落，出水边呈锯齿沟槽。

从表面上看，泥沙磨损有别于空蚀和腐蚀破坏。对于化学腐蚀的表面，材料浅层剥落，破坏痕迹呈大面积均匀出现。泥沙磨损与之不同，破坏层较深，表面痕迹不均匀，在局部出现。空蚀破坏使表面材料形成不连续的深细小孔或洞隙，洞隙外边的金属仍然完好。空蚀发展剧烈后，成为蜂窝状蚀洞。而泥沙磨损后的表面总是出现连续的破坏痕迹，有方向性，破坏深度较浅。特别是，泥沙磨损后的表面常呈现的金属光泽是空蚀与腐蚀所没有的。

上述三种破坏的形式虽然不同，但实际上它们常伴随产生。因此难于依表面破坏形态特征来加以严格区分。但常可由外观破坏形态判断部件表面损坏的主要原因。

5.2 水力机械泥沙磨损的危害和机理

水力机械的泥沙磨损属于自由磨粒水动力学磨损，其工作材料为水力机械的各个过流部件，如水轮机的蜗壳、座环、导水机构、转轮、转轮室和尾水管，以及冲击式水轮机的喷嘴、喷针、水斗，水泵的泵壳、叶轮等；介质为通过水力机械的工作水流；产生磨损的磨粒为水流中挟带的固体颗粒，如河沙、矿渣、岩石碎片以及岩土粉末状微粒等。

严格地讲，通过水轮机、水泵的工作水流总是或多或少地含有泥沙颗粒，这些磨粒随水流一起通过水力机械过流表面，在含沙量很小时，人们并未察觉到材料的损失，而当水流中挟有大量悬浮泥沙磨粒（甚至推移质沙粒）时，可以造成水力机械过流部件严重的材料损失。因此，对运行于年平均含沙量大、沙峰集中的河流中的水力机械，一定要注意其泥沙磨损。

也有研究人员指出，即使河流中含沙量不大，甚至是很细、硬度很低的河沙，也有可能造成水力机械局部的严重磨损。

5.2.1　泥沙磨损的危害

水力机械过流部件因沙粒磨损而产生材料的损失是水力机械泥沙磨损的直接后果，从而导致水轮机、水泵的效率下降，机组大修周期缩短，工期延长，检修工作量增加，费用上涨，非计划停机次数短时间内增加，严重影响了水电站、水泵站的安全经济运行，使得水电站、水泵站的技术经济效益大大地降低。

泥沙磨损最直接的作用就是磨损各间隙，使得容积损失增加、容积效率下降，从而使得水轮机的效率下降，这一部分约占效率下降中的50%，常见部位有混流式水轮机的上、下迷宫环内间隙，轴流式及斜流式水轮机叶片与转轮室的间隙等。

同时，泥沙磨损在最初阶段还有可能改善水力机械过流表面，改善原有的粗糙不平以及不良的流道外形，反而使得水力机械的效率有所提高，但是，随着泥沙磨损的深入发展，以及空蚀的联合作用，又将造成过流表面的凹凸不平，进而使得过流部件失去原来设计的形状，水力损失增加，水力效率下降。

据报道，冲击式水轮机的针阀只要有少许的磨损就会使水轮机的效率下降很多。

水力机械效率的下降造成发电量的损失。前苏联巴克桑水电站在一年内就因泥沙磨损引起效率下降12%，损失的发电量达150多万kW·h，约折合5个新的转轮。同时，水轮机效率下降，不能维持机组的设计出力，特别是汛期，梯级开发的水电站均遭泥沙磨损，将严重影响电力系统的供电保证，造成更大的间接经济效益损失。

在含有大量悬浮泥沙水流中运行的水轮机，其泥沙磨损的程度经常是决定水轮机检修周期的检修工作量的最主要因素。一般来讲，泥沙磨损严重的一些水电站，水轮机的检修周期缩短一年，只达到甚至达不到大修期的1/3，更为突出的是意大利维拉乌斯水电站，每隔20天就要向被泥沙磨损的部位堆焊金属材料，年耗堆焊金属达50t；我国黄河上的三门峡水电站就因汛期泥沙磨损，转轮严重损失，频繁停机检修，因而水电站曾采用了汛期不发电的被动措施，以延长水轮机的寿命。

水轮机过流部件遭泥沙磨损之后，凹凸不平的表面将促进水流的局部扰动和空蚀的发展，造成水力和机械的不平衡，使机组运行振动加剧。同时，水轮机导水机构和喷嘴部件的磨损常常使得漏水量加大，无法正常停机，并增加调相运行时的功率损失，水电站的安全经济运行得不到保障。

由此可见，水力机械的泥沙磨损对机组的正常运行是十分不利的。

5.2.2　水力机械泥沙磨损的机理

在水力机械的水力设计中，受水流冲击的各个过流部件一般都是按照水流运动方向来设计的，绕流好并且十分光滑。但是当水轮机进行调整时，水流对导叶的冲角增加（对定桨式和混流式水轮机，其转轮叶片的水流冲角也将增加），这样使得绕流条件变坏，并且当水流中含有泥沙时，具有一定动能的坚硬沙粒将有可能直接冲撞水轮机的过流表面，这些泥沙颗粒的动能将转化为使过流部件表面材料产生变形所需要的功。事实上，由于水流绕流条件变坏，水流紊流度加大，水流中的泥沙颗粒将获得更多的能量，并且以不同的角度不断地冲击过流表面而产生变形，其中包含永久性的变形，将材料从器件基体上脱落，并留下痕迹。

水力机械过流部件因泥沙磨损而产生的宏观体积损失由单个沙粒冲击造成的材料微体积或微观质点剥落所形成。沙粒冲击材料表面造成磨损的过程，与材料的特性、沙粒的特性以及冲击作用条件等有关。

具有一定动能的沙粒冲击材料表面时，材料本身将首先产生弹性变形，继而在冲击压力的作用下开始进入塑性流动状态，并随着沙粒动能的消耗，塑性变形区进一步扩大，直到沙粒的动能全部转化为弹塑性变形功，沙粒停止压入材料的运动。其后，材料表面弹性变形部分将恢复，塑性变形部分将保留，在材料表面上形成冲击凹坑，这样反复作用的结果是使得塑性减小，脆性增大，一部分材料将发生位移而剥落以及产生疲劳破坏。

即使沙粒的冲击能量较小，还不足以使材料直接产生由塑性变形引起的剥落，但大量沙粒的长期反复冲击同样会导致材料的疲劳剥落。关于这一点，应补充说明，钢及合金钢在水中的疲劳强度要比在空气中的低。同时，在沙粒的反复作用下，金属材料表面易形成一层磨损冷作硬化层，具有较高的硬度和脆性，可能产生变形裂纹，裂纹的扩展有利于材料微体积的剥落。

这种表面材料在泥沙垂直冲击时，因弹塑性变形而引起的材料微体积损失的过程，称为变形磨损过程。

无论沙粒的形状是尖角的还是圆形的，它们都属于随水流自由运动磨粒，并不存在外界负荷对它造成的不变的法向压力，因而有别于摩擦磨损。但由于水流脉动，沙粒获得垂直冲击的动能时，泥沙尖角将在垂直冲击下深深地嵌入材料表面，在嵌入的同时，由于沙粒可能存在旋转，也将会对材料产生刮削，使材料微体积剥落。如果沙粒以任意角度冲击材料表面，可以将其分解为垂直冲击和水平冲击两部分（图 5.2），垂直分量将如前述使沙

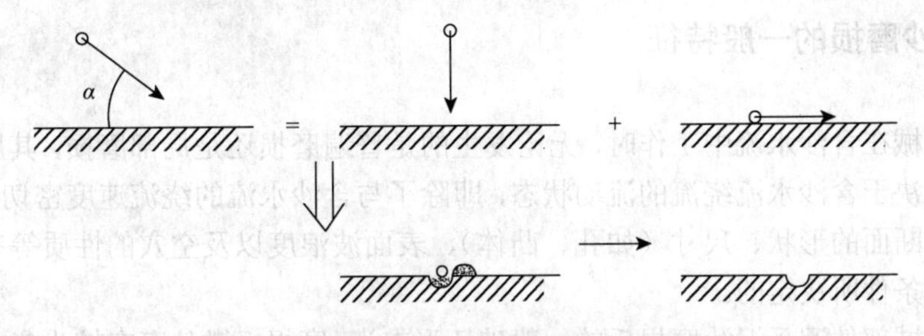

图 5.2　沙粒冲击材料表面造成磨损过程分析

粒压入材料表面，水平分量将使沙粒沿大致平行于材料表面的方向移动，从而在接触点产生横向的塑性流动，切削出一定数量的微体积材料。这种材料的微体积损失过程称为微切削磨损。

水力机械含沙水流中含有不同形状的沙粒，沙粒群体中各个沙粒的运动方向又是任意的，且随各个过流部件的几何形状而变化。因此，水力机械流道中的泥沙磨损过程实际上是变形磨损和微切削磨损过程的复合作用。更深入地理解，可以把这种作用看作流体所携带的磨粒（泥沙）的作用力长期作用在材料表面上的结果。因此，根据不同的沙粒情况，可以对其破坏形态作一定的分析和判断。

当尖锐沙粒以很小的冲角冲击过流部件表面时，沙粒压入表面材料较浅，沙粒动能主要是水平分量，因此作用在运动方向的水平切削距离较长，形成了表面微细的划痕，这种划痕长期作用就形成了随水流方向的沟槽。很显然这种破坏以微切削磨损为主。

当沙粒近于垂直方向冲击过流表面时，表面上将形成无数个微小的塑性变形凹坑（堆起的物体很容易被水平方向的沙粒所带走），凹坑的不断叠加就构成了表面的麻点状破坏痕迹。

沙粒的上述作用，在磨损的最初阶段可能使得过流表面因加工质量而形成的粗糙不平的现象得以改善，致使水力机械的效率稍有提高，但长期不断的沙粒重复作用又将导致表面的不平整，继而诱发局部漩涡，形成漩涡绕流，而使沙粒获得更大的动能。细小的沙粒随漩涡运动，加剧了漩涡区部件表面的磨损，逐渐形成与漩涡尺寸相应的波纹状磨痕。有资料表明，对 2mm 的不平整度、速度 $v = 10\text{m/s}$ 的情况下，每秒将分离出 1000 个漩涡，由此可见在不平整的过流表面附近的流场中将会产生很多个漩涡，这些必将造成更加严重的磨损。

一般情况下，可将水力机械泥沙磨损分为普遍磨损和局部磨损两大类。普遍磨损是指一般的平顺绕流磨损，它对过流表面的磨损可能由微切削作用及沙粒对表面的冲击造成，水轮机叶片的磨损大多属于这种类型。局部磨损则是由不平顺的绕流引起的，如过流表面的焊缝、孔眼及螺孔等处，边界层水流受其扰动，形成漩涡，产生分离，由于漩涡中心压力低，漩涡将吸引沙粒，而漩涡分离时，沙粒溢出水流，冲击相邻的表面并产生磨损。局部磨损也常伴随着局部空蚀的发展。

5.3　水力机械泥沙磨损的主要特征及磨损强度

5.3.1　泥沙磨损的一般特征

水力机械在含沙水流中工作时，无论发生的是普遍磨损还是局部磨损，其磨损部位的基本特征取决于含沙水流绕流的流动状态，即除了与含沙水流的绕流速度密切相关，还与形成绕流间断面的形状、尺寸（如孔、凸体）、表面波浪度以及空穴的性质等有关，这些都是由边界条件所决定的。

水力机械部件遭受泥沙磨损后的一般破坏形态为：磨损轻微处存在较为集中的沿水流

方向的划痕和麻点；磨损严重时，表面呈现波纹状或沟槽状痕迹，并有可能形成较大的鱼鳞坑，可使部件穿孔，成块崩落，且磨损后的材料表面呈现金属灰暗光泽。

泥沙磨损过程是一个连续作用的过程，被沙粒磨损后的表面总是出现连续性的破坏痕迹，具有与水流方向一致的方向性，其破坏表面较浅。从形态上看，它与空蚀破坏和腐蚀破坏是不同的。空蚀破坏的特征是具有潜伏期，有一个发展的过程，而且出现不连续的深细的针孔状，即麻点，其深度一般为 1～2mm，当空蚀严重时，金属表面组织疏松，出现海绵状、蜂窝状的孔洞，在有磨损同时作用时，甚至出现大面积的鱼鳞坑的破坏特征。总的来看，空蚀破坏，除破坏点处的金属光泽变成灰暗色以外，其余金属依然完好；化学腐蚀是由河流中的 pH 呈酸性（在 2.8～4.5）造成的，还有溶解在水中的氧气，使其金属表面氧化破坏，材料浅层剥落，具有普遍性。

但实际上，在水力机械中，这三种破坏形态虽然常常同时存在，很难依赖材料表面的破坏形态特征来严格加以区分，但仍可以根据破坏的主要特征来判断部件表面损坏的主要原因。抓住主要矛盾就可以采取相应的防护措施，加以解决。

5.3.2　水力机械中泥沙磨损的形态和部位

工作在含沙水流中的水力机械，其各部件泥沙磨损的特征及形态与含沙水流绕流该过流部件时的流动状态有关。有可能产生以下几种磨损形态或它们的组合。

1. 直线流道磨损形态

含沙水流在直管道中流动，对管道边壁的磨损即直线流道磨损形态。宏观地看，直线流动的含沙水流都存在湍流脉动。图 5.3 为湍流中某点沿一定方向的脉动瞬时速度的连续记录，湍流脉动瞬时速度仅能在统计实验的基础上进行估算。据估算，这种湍流脉动瞬时速度一般为平均速度的 10%～40%。总之，在直管道中也存在理想的平顺流动，而含沙水流中的沙粒在一定程度上也处于无规则运动状态，同时管道边壁处流速与平均流速之间存在流速差。因而即使无局部阻力区，平滑边壁处也存在一定的漩涡流动，其漩涡强度取决于边壁的粗糙度、流体的黏性和平均流速。根据颗粒大小、密度和漩涡强度，沙粒可以各种冲角冲击边壁。水力机械整个过流部件中均存在这种基本的磨损流动形态，典型的部件是管道、水轮机的尾水管段及水泵的吸水管段等。但是，在无局部阻力和空蚀条件下，

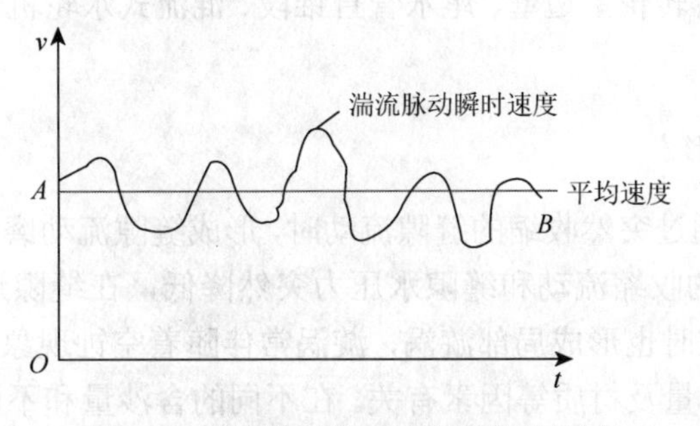

图 5.3　湍流脉动瞬时速度的连续记录

这种边壁漩涡强度较小，而这些部件处的平均速度又较低，在一定的沙粒条件下，一般未达到造成明显磨损的临界速度，所以常不显示出明显有害的磨损破坏。

2. 离心流动磨损形态

因含沙水流的旋转或流道的弯曲而形成离心流动的泥沙磨损形态称为离心流动磨损形态，如图 5.4 所示。

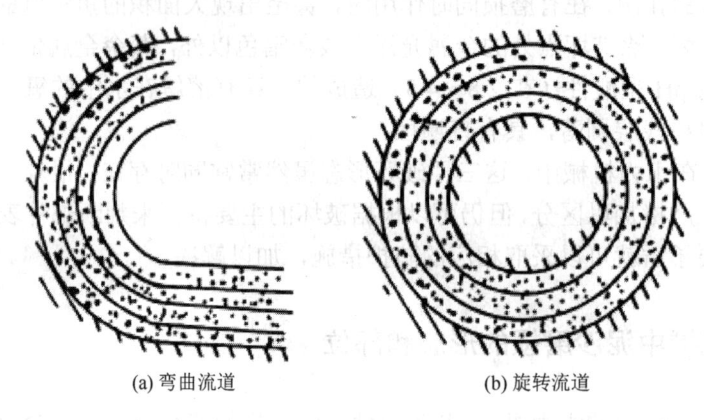

(a) 弯曲流道　(b) 旋转流道

图 5.4　离心流动磨损形态

这种磨损形态的特点如下。

（1）无论是由水力机械转动部分所造成的水流本身的旋转，还是由流道弯曲而形成的旋转流动，均将使有更大密度的沙粒在离心力作用下压向流道边壁。因而边壁的磨损应具有有压颗粒磨损的某些特点。

（2）在离心力作用下，不同粒径的颗粒重新分布，在边壁处将有更大的局部含沙量和较大的粒径。

（3）在流道弯曲的初始段，沙粒有较大的冲角，其值与流道的曲率有关。进入弯曲段后在旋转水流作用下冲角将减小。

发生离心流动磨损形态的水力机械过流部件主要有水轮机蜗壳、尾水管弯肘段、转轮叶片、导叶与座环支柱之间的流道（尤其在偏离设计工况下），混流式水轮机转轮上冠，冲击式水轮机水斗工作面和偏流器的折流板，水泵叶轮叶片及压水室等。图 5.4（b）所示情况的水力机械部件有转轮室边壁、尾水管直锥段、混流式水轮机转轮上冠与顶盖间的泄水流道等。

3. 缝隙流动磨损形态

含沙水流进入和通过突然收缩的缝隙流动时，形成缝隙流动磨损形态，如图 5.5 所示。水流进入收缩缝隙时的收缩流动和缝隙水压力突然降低，在缝隙进口处产生局部漩涡扰动。同样，在流出缝隙时也形成局部漩涡，漩涡常伴随着空蚀现象。因此，缝隙流动磨损与浑水空蚀程度、含沙量及材质等因素有关。在不同的含沙量和不同的空蚀程度下产生不同的破坏能力。

具有缝隙流动磨损形态的水轮机部件有导叶上、下端面，导水机构顶盖和底环与其相对应的部位，混流式水轮机上、下迷宫环，轴流式水轮机叶片端部及转轮室护壁与其相应的部位、轮毂与支持盖的止水缝隙部位，以及冲击式水轮机喷嘴与针阀的环形缝隙等。

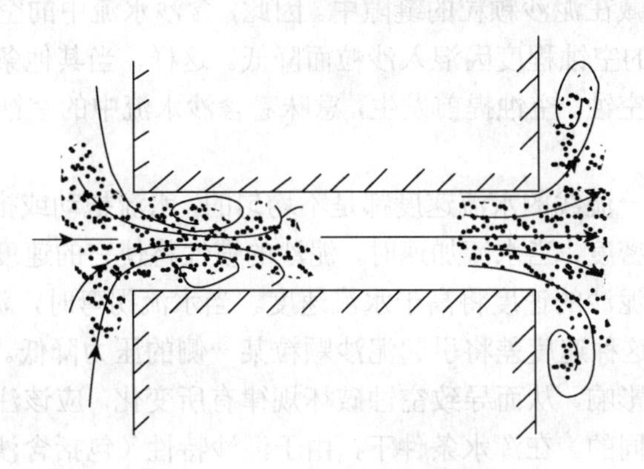

图 5.5　缝隙流动磨损形态

4. 局部阻力绕流磨损形态

由于流道表面形状突然变化而存在局部阻力体（如凸台、凸肩、凹坑等），在其附近区域诱发局部水流漩涡和水流扰动，从而形成局部阻力绕流磨损形态，如图 5.6 所示。在局部阻力体后，含沙水流可以形成封闭的漩涡。此漩涡是不稳定的，漩涡尺寸随时间延长而不断增大，沿流动方向扩大后破灭消失，局部阻力体后的不稳定漩涡的数目很大。

对图 5.6 所示绕流条件，漩涡数目很大，大量漩涡的形成和破灭构成阻力体后面区域的强烈水流扰动。较大沙粒被甩出，以大冲角冲击边缘，细沙粒则可能随漩涡一起运动，冲角近似于 0。总之，沙粒在水流扰动下具有更大的冲击动能，并在各种可能的冲角下冲击磨损漩涡区的流道边壁，致使流道边壁发生重复磨损。

应当指出，局部阻力绕流区域在一定的压力条件下可能产生漩涡空化。而水流中存在沙粒时，在沙粒磨损与空蚀联合作用下，边壁的磨蚀破坏更为严重。发生局部阻力绕流磨损形态的水轮机部件及部位有导叶枢轴轴套、顶盖与底环等部位［图 5.6（c）］，并兼有缝隙流动磨损形态。此外还有结构不良和加工与安装缺陷造成的过流部件表面的阻力体，如未磨平的焊缝、过大的加工粗糙度部位、高于或低于过流表面的安装螺钉头部和叶片吊孔塞子等［图 5.6（a）和（b）］。

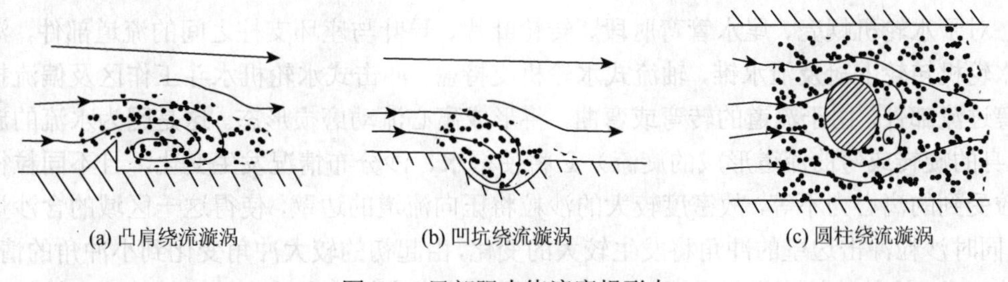

图 5.6　局部阻力绕流磨损形态

5. 空蚀磨损形态

空穴的形成与水流中原有的空化核子的数量和尺寸有关。当水流中含有泥沙颗粒时，空气常以微团的形式藏在泥沙颗粒的缝隙中。因此，含沙水流中的空化核子数量比清水时大为增加。另外，水的空蚀程度因混入沙粒而降低。这样，当其他条件相同时，含沙水流比清水更易提前产生空蚀。空蚀提前发生，意味着含沙水流中的空蚀临界压力高于清水的汽化压力。

沿水力机械中每一流线的水流速度都是不均匀的，水流拖动或推动泥沙前进。但由于泥沙的密度大于水的密度，当水流加速时，泥沙的惯性将使它的速度落后于水流速度。反之，当水流减速时，泥沙的速度将高于水流速度。当水流拐弯时，泥沙将加速流体分离。从流体动力学得知，这种速度差将引起泥沙颗粒某一侧的压力降低。因此，泥沙对流场压力分布将产生一定的影响，从而导致空蚀破坏规律有所变化。应该注意，发生清水空蚀和浑水空蚀的条件是不同的。在浑水条件下，由于泥沙特性（包括含沙量，输沙率，沙粒的形状、成分、硬度、粒径）、流速和材质等因素的不同，将发生不同的结果，有时可能强化空蚀，有时可能强化磨损，不能一概而论。因此同一机型的水力机械，在含沙水和清水条件下运行（如黄河青铜峡水电站和湖南双牌水电站），前者既有海绵状的空蚀破坏特征，又有鱼鳞坑的磨损破坏特征；而后者则仅有空蚀破坏特征，而无鱼鳞坑的磨损破坏特征。当然，也有人认为水力机械中的鱼鳞状表面破坏是含沙水中空蚀破坏的一种特征，而不是泥沙磨损的特征。

泥沙磨损强度与水中沙粒的实际运动速度有关。当流道中发生空蚀时，局部水流是不稳定的。空穴或空泡崩解造成局部强烈振动，使水流中的泥沙颗粒获得很大的附加动能，从而造成部件表面更强烈的泥沙磨损。

在水轮机部件中，空蚀磨损形态较为常见的部位是反击式水轮机转轮叶片背面、冲击式水轮机喷嘴和针阀。

水力机械各部件的泥沙磨损形态均由上述一种或几种基本磨损形态所构成。

很显然，每种磨损形态均与含沙水流的绕流形态有关。直线流道磨损形态产生的主要原因是水流本身得到紊流脉动，使得泥沙粒子的运动也呈脉动状态，泥沙粒子间的相互交换能量机会增大，个别粒子获得较大的冲击动能而对表面产生破坏，同时，流道边壁的边界层被表面的粗糙度所破坏，产生了边壁处的漩涡流动，漩涡的形成、扩大及破坏也将使得沙粒以各种冲角打击边壁，而造成磨损。在水轮机的整个流道中均存在这种磨损形态，特别是压力钢管及尾水管处。

对于水轮机蜗壳、尾水管弯肘段、转轮叶片、导叶与座环支柱之间的流道部件，混流式水轮机转轮上冠及泄水锥，轴流式水轮机支持盖，冲击式水轮机水斗工作区及偏流折流板等过流部件，由于流道的转弯或弯曲，将形成离心流动磨损形态。这是因为水流的旋转（自身的旋转或弯曲流道形成的旋流）必将使得水、沙分布情况发生变化，且不同粒径的沙粒受到的离心力不等，故密度较大的沙粒将压向流道的边壁，使得这一区域的含沙量增大，同时沙粒冲击边壁的冲角将发生较大的变化，由起初的较大冲角变化到小冲角的情况，由此可见，这种沙粒磨损将是比较严重的，属于这类磨损形态的水轮机部件还有转轮迷宫环、转轮室边壁、尾水管直锥段（因 $v_{u2}r_2 \neq 0$ 引起的旋转水流）、转轮上冠漏水流道等，当然，这些部件兼有其他类型的磨损形态。

缝隙流动磨损形态常常发生在导水机构导叶上下端的间隙、转轮上下迷宫环，以及各转动部分的间隙处。水流在进入缝隙及流出缝隙时，由于水流收缩或扩散，流速突然增加或减少，造成缝隙水压力急剧改变，故形成局部的漩涡流动，漩涡中心的压力极低，常伴随空化现象产生，空泡溃灭，所产生的冲击波及微射流使得这一区域中的沙粒获得足够的附加冲击动能，从而对材料表面产生更加严重的空蚀及磨损破坏。

过流表面粗糙不平或存在凸凹不平的局部阻力体时，水流绕流这些过流部件，将在其局部阻力区附近产生漩涡扰动，从而形成局部的绕流磨损，如图 5.6 所示。在这一绕流区域，大量漩涡的产生、运动及破灭必将构成阻力体后的强行扰动水流区，沙粒受漩涡及扰动的影响，使得含沙量及粒径重新分布，较粗的粒径可能会以较大的冲角直接冲击边界，并带有一定的自转，较细的粒径有可能随漩涡一起运动，在接近表面的地方产生近乎 0 的微切削磨损。同时，当漩涡区压力低于汽化压力时，还将伴随空化的发展，产生空蚀破坏。由此可见，在局部阻力体后的漩涡区内，沙粒将会以各种角度冲击磨损表面，同时在空蚀的联合作用下，必将造成更加严重的破坏。

因此，要特别注意，在水轮机中导叶轴径及与顶盖、底环接触的部位，未经加工打磨的焊缝，较大的过流表面粗糙度，存在于过流表面上的各种凸出的螺钉、吊孔塞子，以及被空蚀后的针孔、麻点及鱼鳞坑等处均会产生局部阻力绕流磨损形态，当然还伴随其他形式的磨损。根据上面的分析，只要在设计、制造、加工的过程中力求避免不合理的表面形态，以及消灭空蚀的条件下，这种磨损破坏程度是可以减小的。

在上面的讨论中，已经谈到了空蚀破坏有可能加剧泥沙的磨损。这是因为空化、空蚀的形成与水流中的空蚀核子有关，泥沙就是一种核子，挟带了大量附着在其表面上的空气微团，当水流中沙粒与水流存在相对流速梯度时，在沙粒的后方将形成压力下降区，有利于空化的产生，也就是说，与清水相比，含沙水中的沙粒将使空化提前发生，产生局部的强烈扰动水流，使沙粒获得附加的冲击动能，加速对材料表面的破坏作用，这就是空蚀磨损形态。在水轮机中发生空蚀磨损形态较常见的主要部件是转轮叶片的非工作面以及冲击式水轮机的喷嘴和针阀等。

5.3.3　水力机械各部件泥沙磨损的主要特点

根据上述几种泥沙磨损水力机械部件的形态特征，具体来考察水力机械各部件的磨损情况，这对于各部件的设计、制造、安装、运行及检修维护具有一定的意义。

1. 水轮机导水机构的磨损特点

反击式水轮机的导水机构，特别是高水头混流式水轮机的导水机构，在含沙水流（一般这种水电站的沙粒粒径较大，硬度较高，尤以石英砂为主）的绕流作用下，导叶两侧面之间产生了局部压差，因而形成导叶端部间隙内的高速水流，随之产生沙粒磨损。在很多机组上都发现了清晰的导叶外形磨痕，磨痕区内有凹凸不平的损伤，从磨损的痕迹可以推断为缝隙流动磨损形态。

分析这一压差，即导叶前、后两区域的水压力 H_a 及 H_b 之差，在不计其水力损失的情况下，绕流导水机构的绝对流速为

$$v=\sqrt{H_a-H_b} \tag{5-1}$$

其平均流速为 $\bar{v}=(v_a+v_b)/2$。由于导叶设计与实际水流运动情况有异，不能保证导叶空间内的同一圆周上 $v_u r$ 为常数，所以按实际的压力差计算的绝对流速可能大大超过按其导叶前后速度的平均值所确定的平均流速，同时，v 或 $\bar{v}$ 随比转速降低而增大，对低比转速的混流式水轮机导水机构来讲，其磨损将会是最严重的。

导叶端部间隙，特别是导叶下端部缝隙区域，由于间隙很小，且进出口部分一般是具有矩形尖锐的边缘，水流在进入这种间隙后，被尖锐的边缘挤压，随机产生涡流，产生局部空蚀。同时，局部速度可能会大大增加。当水流被挤压（收缩）时，密度比液体大的那部分颗粒受惯性力的作用，将会与水流分开，并以很大的冲击速度作用在导叶侧壁上。同样，在导叶间隙的出口处也会产生严重的冲击和破坏。在导叶平面缝隙中还存在导叶枢纽轴径，水流的通过相当于圆柱体绕流的情况，在轴径后方诱发卡门涡列。这些原因的共同作用将引起缝隙中的流动十分紊乱，使得沙粒获得更多的冲击动能，对导叶端部造成严重的磨损破坏，磨损痕迹尺寸与相应的漩涡尺寸相对应，在不具备局部绕流流动的导叶其他部位，磨损较轻微。

我国运行的高水头混流式水轮机，其河流中均含有较硬的沙粒，导水机构的磨损往往是决定该机组大修周期的主要因素，突出的表现是由于导叶端面和立面磨损后间隙加大，给开、停机造成困难。例如，渔子溪水电站各机组运行初期，水轮机过流部件磨损破坏异常迅速，一般只能经受一个汛期就需进行大修，最为严重的破坏就是导叶上、下端面，顶盖，底环与导叶相对应的抗磨板以及导叶的内侧面等处。有人通过半整体模型试验装置，针对渔子溪水电站机组情况，进行了导水机构的流态与磨损关系的研究，阐明了导叶内侧面的严重磨损不是水流脱流，而是紧贴边壁的高流速所致；在相应于导叶头部前有一个冲刷较厉害的冲刷区，环内流速方向与主流方向相反，在分离区内流线和主流反向，极限分离流线和极限主流流线在分离线上合成分界流线，流线的交汇必然伴随能量的交换，对壁面产生较大的剪切力，所以含沙水流中的沙粒则沿导叶头部内侧抗磨板上分界流线首先形成槽沟。此外，他们认为间隙内的水流并不是简单地从外侧流向内侧，结合试验观察，给出了导叶端面间隙及其附近的流动状态图，该图说明了进入端面的水流仅有一部分斜向流入内侧，另一部分则在沿导叶外侧面顺延梯度的作用下以漩涡流的形态从端面尾部流出，这对改善磨损情况提供了一些途径。

此外，导叶体的磨损较轻。一般情况下，在绕流导叶头部的含沙水流中，只有少量较大粒径的沙粒近乎垂直地冲击导叶，大量细小的沙粒将随水流平顺绕流，当水流发生偏转时，可能对导叶出口产生较为严重的磨损，特别是，对于低比转速的水轮机，当导叶小开度或处于调相运行情况下，导叶出口可能产生严重的缝隙流动磨损。同时，顶盖或座环上的突出螺钉或限位块的后方也将产生局部的扰动和磨损破坏。

总之，导水机构的磨损情况不容忽视，特别是对低比转速的混流式水轮机，其磨损程度用压力差 $H_a - H_b$ 来估算，也就是说导水机构的磨损取决于导水机构和转轮前空间内的绝对流速。对高比转速的水轮机，H_a 及 $H_a - H_b$ 要比低比转速的小一些，发生转轮磨损的可能性较大些。

2. *混流式水轮机转轮的磨损特点*

混流式水轮机转轮遭到严重磨损的主要部位是混流式水轮机转轮出水边靠工作面。这是因为出水边的弯曲使水流转弯，形成离心流动磨损形态，并有较高的局部含沙量。同时，非工作面的空化扰动也强烈影响到相邻的工作面区域的沙粒运动状态。

非工作面磨损一般较轻微。沙粒有依惯性而脱离非工作面的趋势，因而非工作面的局部含沙量较低。虽然非工作面常存在强烈空蚀，有助于使沙粒获得附加动能，但从混流式水轮机转轮的磨损情况来看，一般非工作面破坏痕迹以空蚀损伤为主，而工作面则为沙粒磨损。

具体地，转轮（叶片、上冠和下环的内表面）的磨损主要取决于绕流转轮的相对速度，即进口相对流速 w_1 和出口相对流速 w_2，其转轮的磨损特点可归结如下。

（1）由于混流式水轮机转轮出口相对流速 w_2 高于进口相对流速 w_1，且随 r_2 的增加，w_2 也是增加的，这一区域的相对流速是整个转轮中最高的，必将在这一区域内造成严重的磨损。

（2）靠近叶片下环处，叶片弯曲最大，也是叶片背面空蚀最为严重的地方，叶片工作面受背面的空化扰动也最为厉害，有可能构成空蚀和泥沙磨损的联合作用。

（3）在轴平面内，转轮下环的内表面与导水机构导叶下部出口之间很难构成平顺的过渡，水流急剧转弯，形成脱流漩涡，如图 5.7 所示，加剧了下环这一区域的水流扰动。

（4）在转轮下迷宫环处，水流偏转，部分水流通过迷宫环间隙漏出，但水流中的沙粒受惯性的作用，将冲入下环的内表面区域，加大了这一区域的含沙量以及沙粒的级配。

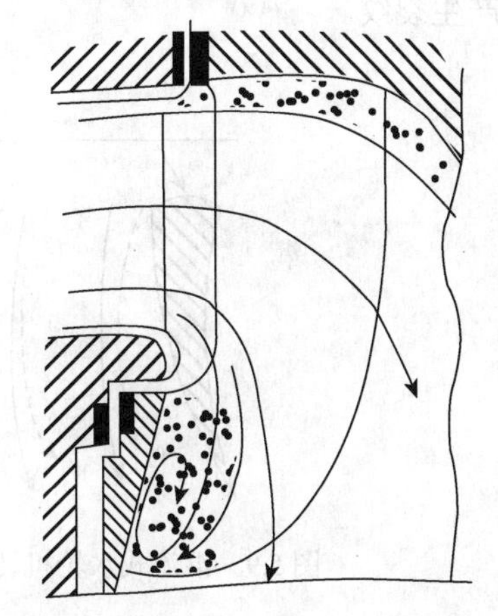

图 5.7　混流式水轮机转轮磨损流态

（5）从导水机构到转轮的流道为辐向向轴向过渡，在轴面内的流动实际为离心流动状态，处于弯道中运动的沙粒总是企图沿切线方向做直线运动，但由于水流的阻力，它的运动轨迹相对水流流线为曲率半径更大的曲线，于是沙粒不断偏离流线而趋向弯道的外侧，使这一区域的含沙量增大，出现泥沙对水流的相对运动。受水流阻力的作用，将产生一个作用在水流上的力，使水流向沙粒运动的方向运动。如果含沙量较大，将使整个水流偏离原设计为清水时的流线，造成与流道的摩擦。

由于在反击式水轮机内，绝对流速 v 越来越小，方向也在不断变化，相对流速 w 则越来越大。从图 5.8 可见，在叶片进口，由于水流在从蜗壳经导叶进入转轮的过程中不断加速，沙粒滞后于水流，即 $v_{1s} < v_1$，这使得 $\beta_{1s} < \beta_1$，沙粒将撞击叶片背面进口角。但在叶片流道中，水流不断减速，沙粒又超前于水流，即 $v_s' > v'$, $v_s'' \geqslant v''$, …，这使得 $\beta_s' > \beta'$, $\beta_s'' > \beta''$，因而沙粒偏离背面而趋向叶片的凹面。沙粒的这些运动趋向将使水流偏离叶片背面，使背面压力降低，负压面扩大，致使空蚀提早发生，空蚀范围加大，不稳定的负压和空穴脉动、溃灭，使得沙粒获得横向的加速度，导致背面的严重磨损。同时，趋向正面的沙粒在离心力的作用下导致叶片正面的磨损。

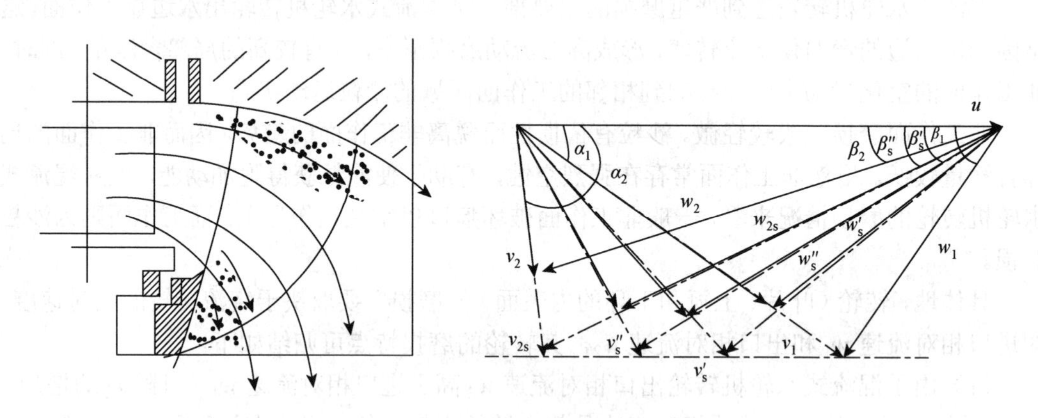

图 5.8　混流式水轮机转轮内流速三角形

水流在转轮出水边附近，由于 $v_{2s} > v_2$，$\beta_{2s} > \beta_2$，由图 5.9 可见，泥沙将趋向叶片正面出水边，这种趋向越到出水边越厉害，这一区域已无叶片对水流的约束。这种偏离的沙粒将对出水边进行撞击，使叶片出水边很快被磨薄、穿孔，甚至形成缺口。同时，叶片背面压力的下降和正面压力的上升将使叶片单位负荷增加，导致叶片根部应力的增加，从而产生裂纹。

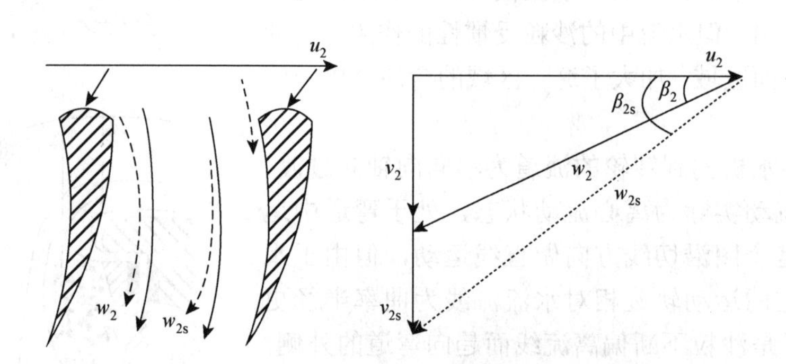

图 5.9　混流式水轮机转轮出口处挟沙水流运动（实线为水流，虚线为沙粒）

磨损转轮的程度与含沙量、沙粒粒径及级配、叶片流道形状（边界条件）、转速、工况等有关。混流式水轮机转轮易磨损的部位如图 5.10 所示。

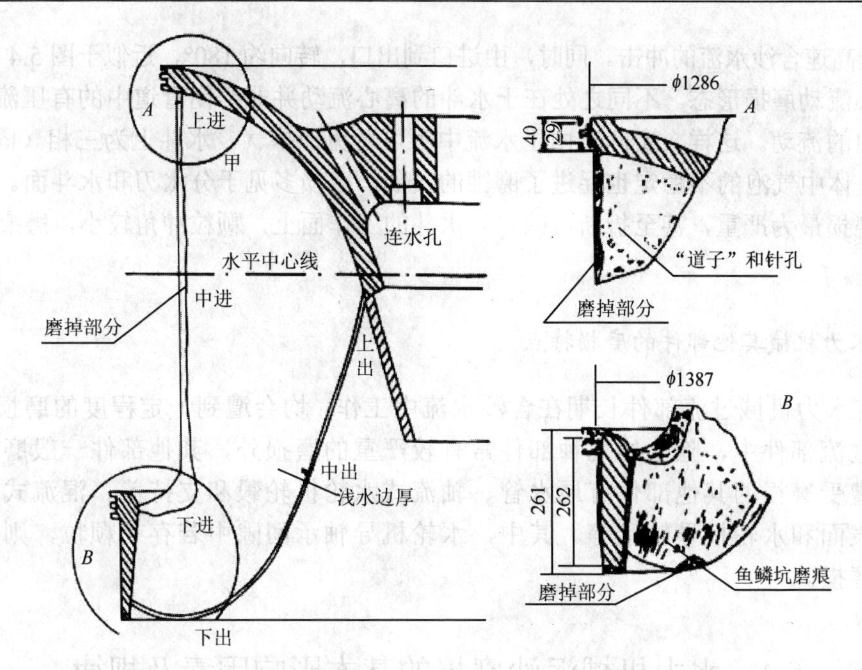

图 5.10　混流式水轮机转轮叶片磨损流态（单位：mm）

3. 轴流式水轮机转轮的磨损特点

轴流式水轮机转轮叶片同样存在 $w_2 > w_1$，且叶片外缘的相对流速更高，还由于出口水流 $v_{u2}r_2 \neq 0$，产生的水流旋转，使得叶片外缘区域有较大的含沙量。这样，叶片出口边外缘的磨损情况就最为严重。同时，叶片外缘与转轮室之间存在缝隙流动，从缝隙出口的绕流漩涡常作用于叶片端部，这一区域又是空蚀强烈区，所以叶片出口外缘部位常遭到最严重的破坏。轴流式水轮机转轮叶片磨损情况如图 5.11 所示，此外，叶片上常安装吊孔，封堵不平时，会在其后产生局部阻力绕流磨损形态。

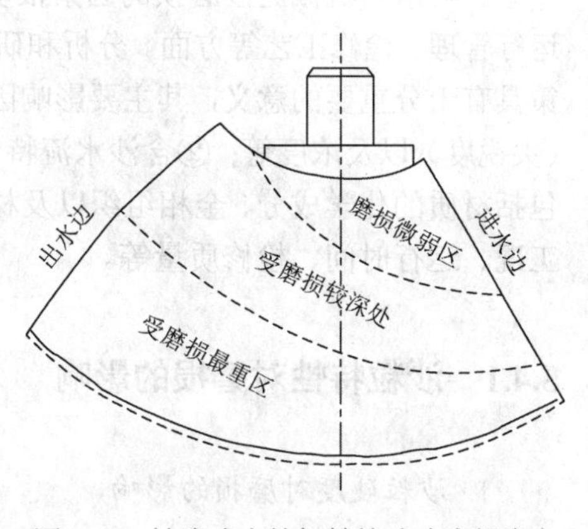

图 5.11　轴流式水轮机转轮叶片磨损流态

4. 冲击式水轮机喷嘴和转轮部件的磨损特点

冲击式水轮机用于高水头，因而流速很高。在喷嘴、针阀部分，因截面收缩，故有更高的流速。此外，喷嘴与针阀之间为环形缝隙流动磨损形态，颗粒在缝隙的附加动能和有效冲击次数增加。这些情况均可预计到严重的磨损。特别是，当针阀和喷嘴表面因初始的空蚀和磨损而损坏、粗糙度增大时，水流脉动加剧，磨损损坏将加速进行。由于在针阀的环形缝隙中沿表面的水平流速很高，而缝隙较窄，颗粒的垂直分速度不能充分形成。因而，在针阀部分，颗粒的冲角较小，有很大的水平微切削能力，一般造成沟槽状依水流方向的磨痕。而喷嘴向大气射流的出口处空化强烈发展，多为明显的空蚀痕迹。冲击式水轮机的水斗承受高速含沙水流的冲击。同时，由进口到出口，转向约180°，近似于图5.4（a）所示的离心流动磨损形态。不同之处在于水斗的离心流动并非密闭管道中的有压流动，而为大气中的流动。这样，实际上由于水流中不可避免地掺气，水斗上为三相（固液气）流体。流体中气泡的不稳定也促进了磨蚀的发展，磨损多见于分水刃和水斗面。而水斗出口处磨损最为严重，甚至折断成缺口。水斗的工作面上，颗粒冲角较小，磨痕常为波纹状。

5. 水力机械其他部件的磨损特点

所有水力机械过流部件长期在含沙水流中工作，均会遭到一定程度的磨损。水力机械各过流部件中，除上述几种部件常有较严重的磨损外，其他部件一般磨损较轻微。可遭受磨损的其他部件有尾水管、轴流式水轮机轮毂和支持盖、混流式水轮机上冠内表面和水轮机导轴承等。其中，水轮机导轴承间隙中若存在颗粒，则形成有压颗粒磨损。

5.4　水力机械泥沙磨损的基本影响因素及规律

影响水力机械泥沙磨损的因素很多，它涉及水土保持、水工设计、机械设计与制造、运行管理、检修工艺等方面。分析和研究影响磨损的各因素，对正确选定防止泥沙磨损对策具有十分重要的意义，其主要影响因素有：①沙粒特性，包括沙粒的硬度、粒径、形状（尖锐度）以及浓度等；②含沙水流特性，包括水流速度、来流冲角等；③结构材料特性，包括材质的化学成分、金相组织以及材料的硬度等；④水力机械运行与检修条件，如运行工况、运行时间、检修质量等。

5.4.1　沙粒特性对磨损的影响

1. 沙粒硬度对磨损的影响

天然河流中的泥沙硬度与其所含矿物成分有关，且多为长石、石英和花岗岩类沙粒，它们的硬度很高，一般均大于各种水力机械金属材料的硬度。因此，当沙粒与材料冲撞后，硬度高的沙粒将压入较软的水力机械材料，使之产生塑性变形。这是微切削磨损过程和形成冲击塑性挤压堆积物的必要条件。

如果沙粒的硬度低于材料表面的硬度，沙粒将不能压入材料的表面，但大量沙粒的反复冲击作用可以导致材料的疲劳磨损，只不过其磨损强度较低。

威林格与施陶费尔的试验都表明，当沙粒的硬度超过金属材料的硬度时，无论是冲击磨损还是微切削磨损，材料的磨损率将急剧增大。但当沙粒硬度继续增大时，其磨损率不再显著增大，有时甚至略有下降，如图5.12所示。

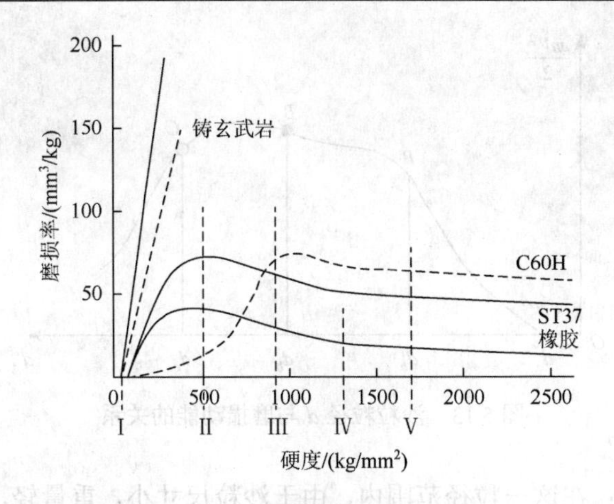

图 5.12　不同材料磨损率变化

I -石灰岩；II -玻璃；III-燧石；IV-花岗石；V -刚玉

2. 沙粒粒径对磨损的影响

考查沙粒粒径对泥沙磨损的影响，对于确定允许通过水轮机的泥沙粒径标准具有现实的指导意义。

在含沙水流中，沙粒以不同的粒径群体形式存在，对于形状不规则的泥沙颗粒，常用等容粒径来定义其尺寸：

$$d = \sqrt[3]{\frac{6V}{\pi}} \tag{5-2}$$

式中，d 为沙粒的等容粒径；V 为沙粒的体积。

对于沙粒群体中的粒径组成情况，常绘制各粒径沙粒的总重量占群体总重量的百分数积累值与各粒径的关系曲线，即粒径级配曲线。

河流中天然沙粒的粒径级配曲线多近似于正态分布关系，因此其累积重量等于总重量的 50%时的相应粒径非常接近几何平均粒径，定义为中数粒径 d_{50}，习惯上用 d_{50} 来表征含沙水流中的粒径状态。

对于一定密度和形状的泥沙颗粒，其粒径表征沙粒的质量。无论对于微切削磨损还是对于变形磨损，沙粒粒径增加，均使磨损量增加。但是应考虑到，在水力机械流道中的固液两相流动条件下，随泥沙粒径增大，水流挟带沙粒运动的速度降低，沙粒本身的运动速度将降低。这一因素将使沙粒的冲击动能下降，使磨损量下降。

含沙水流中沙粒与水流之间的相对运动，以及沙粒与水流之间的拖曳力及其他外力的变化，使得沙粒粒径与磨损强度的关系不同。为了判断沙粒尺寸与水力机械部件材料磨损之间的相互关系，可把沙粒粒径划分为三个范围。沙粒粒径 d 与磨损强度（用磨损动能表示）的关系如图 5.13 所示。

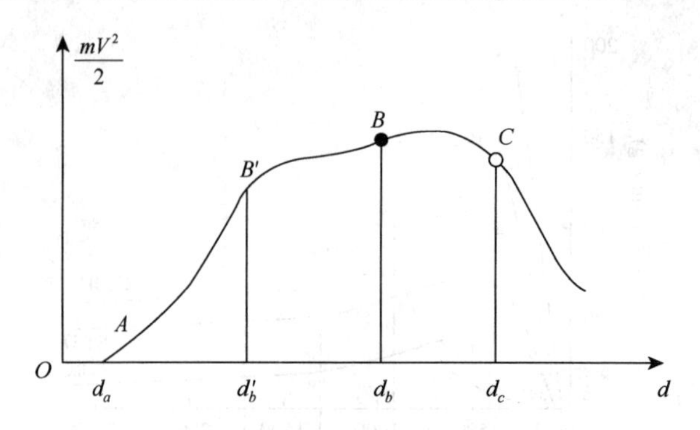

图 5.13　沙粒粒径 d 与磨损动能的关系

（1）小粒径范围：在这一粒径范围内，由于沙粒尺寸小，重量轻，水流对沙粒的拖曳力大于其重力及其他外力，沙粒基本上受水流的拖曳力而运动。随着沙粒粒径的增大，质量增加，磨损动能增加，故磨损强度随之增加，如图 5.13 所示 AB 段。对于一定抗磨性能的材料，当流速、沙粒形状等其他磨损条件一定时，若沙粒粒径和质量过小，将不足以造成材料的重量损失。图 5.13 中 A 点给出在上述条件下可以造成材料重量损失（或所给定的某种磨损失重程度）的最小粒径，称为最小临界粒径，以 d_a 表示。

（2）中粒径范围：随着沙粒粒径的进一步增加，达到并超过 d_b 时，沙粒的重力、外力与水流对沙粒的拖曳力基本相当。沙粒滞后于水流的相对速度，在这一粒径范围内，随着粒径的增大，沙粒相对于水流的速度开始较显著地增加，因而沙粒相对于水力机械部件边壁的速度下降，抵消了一部分因质量增加而增加的冲击动能，使得部件的磨损动能变缓慢，如图 5.13 所示 BC 段。在 B 点，沙粒尺寸增加使磨损动能增加的效果达到了饱和状态，d_b 称为饱和粒径。

（3）大粒径范围：当沙粒粒径继续增大超过 d_c 时，相应于如图 5.13 所示 C 点。此时，沙粒的冲击速度将显著下降，冲击动能和磨损动能也开始下降。也就是粒径增大对磨损动能的影响超过了饱和程度，d_c 称为过饱和粒径。

实际水轮机流道中的沙粒粒径均较小，在这一范围内，粒径与磨损强度的关系可由式（5-3）表示：

$$J = kd^n \tag{5-3}$$

式中，J 为磨损强度；k 为磨损因素；d 为粒径；n 为指数，与材料特性、含沙水流特性等有关，一般 $n = 0.7 \sim 1.0$。

对于脆性材料，Sagt 认为 $n = 2$，Sheldon 认为 $n = 3.5 \sim 4.3$。在水利工程中，应该减少粗大粒径的泥沙通过水轮机，但 $d < 0.05$mm 的细沙也有可能产生严重的泥沙磨损，因此对于“有害粒径”的提法有待于进一步研究，同时对于花费占总投资 3%～6%的资金来修沉沙池，也应根据综合的经济技术指标来论证其可行性。

3. 沙粒形状对磨损的影响

河流中沙粒的形状随其泥沙来源、矿物成分、移动路径及移动时间等的不同而不同。在其定性描述外观形态时，常将其分为圆角形、棱角形（或锥角形、杂角形）和尖角形三种；在做定量描述时，可采用参照量的方法，即与标准圆球相比较，沙粒的几何外形与标准圆球的偏差程度用其表面积与相同体积圆球表面积之比来表示，定义此比值为沙粒的形状系数ψ，即

$$\psi = F' / F \tag{5-4}$$

式中，ψ为所描述的沙粒的形状系数；F'为与该沙粒体积相同的圆球表面积；F为该沙粒表面积。

用形状系数ψ可以定量描述沙粒的几何形状。对于规则几何形状，形状系数也可以计算，如球体$\psi = 1$；正八面体$\psi = 0.906$；正三棱锥体$\psi = 0.67$。

对于不规则几何体的沙粒，难于准确确定其表面积。Zingg建议可用沙粒的三个互相垂直的轴线长度近似确定ψ，即

$$\psi = \sqrt[3]{\left(\frac{b}{a}\right)^2\left(\frac{c}{b}\right)} \quad 或 \quad \psi = a / \sqrt{bc} \tag{5-5}$$

式中，a、b、c分别为沙粒最长轴、中间轴和最短轴的轴线长度。

测定沙粒的三个垂直轴长后，依比值b/a和c/b可由图5.14直接查得形状系数。

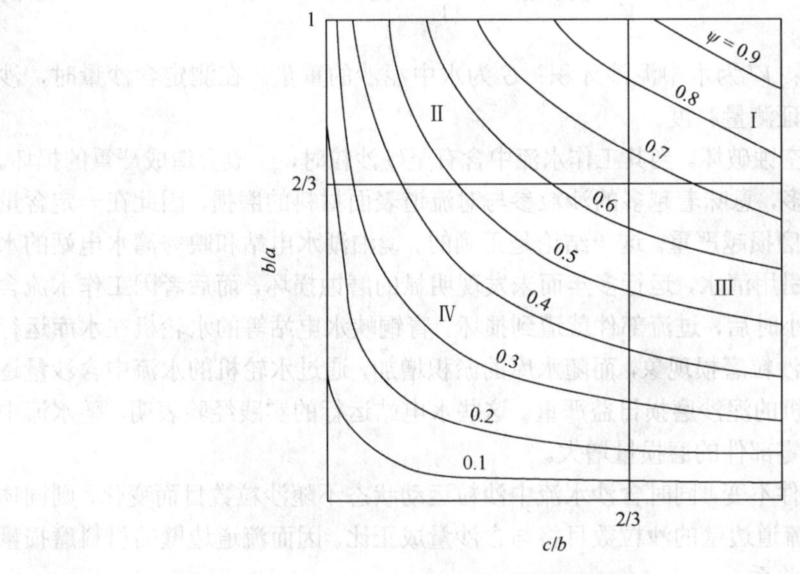

图5.14　形状系数图

沙粒的形状在沙粒的运动过程中受其硬度的影响，有变圆的趋势。同时，大粒径的泥沙多出现在推移质中，细小粒径的泥沙多为悬浮质，而且形状较尖锐。

沙粒形状对磨损强度有影响。如前所述，当沙粒以一定的动能冲击材料表面时，若沙粒形状尖锐，并以这些棱角或锐边与材料表面接触，则因接触面积很小，形成冲击点很高的局部应力。因此，在其他条件相同的情况下，沙粒形状越尖锐，其形状系数越小，其所造成的磨损量越大。

一般来说，虽然尖沙粒比圆沙粒有更高的磨损能力，但不同形状沙粒的磨损能力还取决于其他因素。

沙粒形状对磨损强度的影响与材料特性有关系。对于水力机械常用材料，一般来说，材料硬度越低，其脆性越低，越为柔韧。因此，对低硬度高韧性材料，沙粒形状对磨损强度的影响较小。反之，对高硬度材料，影响则较大。

沙粒形状对磨损强度的影响与速度和冲角也有关系。在不同的沙粒冲角和速度下，沙粒形状对磨损强度的影响程度也将有所不同。在小冲角下，对于脆性材料，沙粒形状对材料磨损强度有很大影响。当圆颗粒在小冲角下冲击材料表面时，因难于压入而滑走，故磨损强度很低；而当尖颗粒时，就有一定磨损强度。在较高速度下，沙粒形状对 25 号钢的磨损强度的影响较大；而在低速下，影响则较小。

4. *含沙浓度及密度对磨损的影响*

单位体积水中含有的泥沙的体积分数称为含沙浓度。由于泥沙颗粒的总体积不便测量，沙粒之间存在空隙，常用单位体积水中泥沙重量来表示，称为含沙量。含沙浓度和含沙量分别表示为

$$C_V = \frac{V'}{V} \times 100\%, \quad S = \frac{G}{V} \times 100\% \tag{5-6}$$

式中，V 为水的体积；V' 为水中泥沙体积；G 为水中泥沙的重量。在测定含沙量时，沙粒要充分烘干，以保证测量精度。

水力机械常遭到空蚀破坏。当其工作水流中含有坚硬沙粒时，一般会造成严重的损坏。同时，水中含沙量越多，意味着越多的沙粒参与对流道表面材料的磨损，因此在一定含量范围内水力机械沙粒磨损越严重。这一结论是正确的。镜泊湖水电站和映秀湾水电站的水轮机型号相同，前者引用清水，运行多年而未发现明显的磨蚀损坏，而后者因工作水流含有泥沙，仅运行数千小时后，过流部件就遭到损坏。青铜峡水电站等的水轮机在水库运行初期并未发生明显的沙粒磨损现象，而随水库的淤积增加，通过水轮机的水流中含沙量逐渐增加，从而使水轮机的泥沙磨损日益严重。这些水电站运行的实践经验表明，随水流中含沙量增加，水轮机零部件的磨损量增大。

如果其他磨损条件不变，同时含沙水流中沙粒运动状态不随沙粒数目而变化，则同体积水流中，参与冲击流道边壁的沙粒数目将与含沙量成正比。因而流道边壁的材料磨损量也将与含沙量呈正比关系。

实际上，上述条件仅在水流中的含沙量很低的情况下才能满足。对于较大的含沙量，沙粒数目增加时，沙粒彼此碰撞的机会增大，因而导致有效冲击材料边壁的沙粒百分数下降，从而抵消了一部分因含沙量增大所造成的冲击沙粒数目增多的效果。在含沙水流中，因含沙量过大所造成的沙粒互相妨碍而减少了冲击边壁的沙粒数目的作用，称为屏壁作用。这样，当含沙量较小而不产生沙粒屏壁作用时，材料的磨损与含沙量（或含沙浓度）呈正比关系。在存在沙粒屏壁作用的含沙量范围内，含沙量增加，使冲击边壁的沙粒数目增大，因沙粒自由运动空间过分减小，屏壁作用严重，磨损反而随含沙量的增大而变得缓慢。

水力机械某一具体零件或部位的沙粒磨损实际上仅与该处的局部含沙量有关，而与流

道中宏观的含沙量无关。局部含沙量与宏观含沙量有一定关系，但也取决于流道的几何形状、含沙水流速度和沙粒粒径等因素。

即使在平直流道中，过流表面上的含沙量分布也是不均匀的。例如，在水平钢管中，由于沙粒的重力和断面流速分布存在不均匀性，常在钢管下部集中更多的沙粒，因而有较高的局部含沙量。含沙水流速度越高，沙粒粒径越细小，这种含沙量分布的不均匀性越小。

在水力机械流道中沙粒粒径较细小，因而其局部含沙量的分布不均匀性较钢管内的低。但是含沙量不均匀性也是明显的。例如，导水机构下环部件的磨损总要比导水机构上环或顶盖的磨损严重。

当水流改变流动方向时，因沙粒较大的运动惯性，也会在一定程度上向原流动方向集中。沙粒粒径越大，局部含沙量变化越大。例如，转轮叶间流道中，叶片工作面将有较高的局部含沙量，而在背面一般其值较低。这也是转轮叶片工作面靠近出口处磨损最严重的原因之一。可见，将含沙量对磨损影响的一般规律用于水力机械部件磨损的具体分析时，必须考虑到该处位置的局部含沙量。

5.4.2　含沙水流特性对磨损的影响

1. 含沙水流速度对磨损的影响

含沙水流的运动实质上是两相流动，随着沙粒粒径的增大，沙粒偏离水流流线的程度增大，很细小的沙粒基本上在含沙水流中随水流运动，也就是说，沙粒运动的速度和方向基本上可以用含沙水流的情况来表征。

沙粒冲击材料表面的动能转换为材料本身的变形能，即材料的磨损量是与含沙水流速度的平方成正比的，同时，随水流速度的增加，沙粒的速度也在增加，这就使得沙粒冲击材料表面的机会增多，因此，其磨损量还应更大些，与速度的关系如下：

$$W = kv^n \tag{5-7}$$

式中，W 为单位时间内沙粒造成的磨损体积损失；v 为含沙水流速度（准确应为沙粒速度）；k 为常数；n 为单位时间内沙粒磨损的速度指数，与试验条件、磨损材料特性等有关，一般 $n = 2 \sim 3$。

在水力机械中，含沙水流对压力钢管、蜗壳、导水机构及尾水管等的磨损是与含沙水流的绝对速度有关的，而在转轮内部的磨损则认为与绕流转轮叶片的相对速度有关。从上面的分析可知，降低转轮内部相对速度，对减轻磨损是有利的。同时，许多研究人员指出，在转轮内部的最大相对流速设计时建议应不大于 35m/s。

假定水流出口为法向，由速度三角形，有

$$v_2 = v_{m2} \tag{5-8}$$

$$w_2 = \sqrt{u_2^2 + v_{m2}^2} \tag{5-9}$$

而

$$u_2 = k_n n_1' \sqrt{H}, \quad k_n = \frac{\pi D_2}{60 D_1} \tag{5-10}$$

$$v_{m2}=\frac{Q}{F_2}=k_Q Q_1'\sqrt{H},\quad k_Q=\frac{4}{\pi}\left(\frac{D_1}{D_2}\right)^2 \tag{5-11}$$

所以，

$$w_2=\sqrt{(k_n n_1')^2+(k_Q Q_1')^2}\sqrt{H} \tag{5-12}$$

式中，n_1'为单位转速；D_2为转轮出口直径；D_1为转轮标称直径；Q_1'为单位流量。

可以在选定的w_2下，根据所选水轮机的参数（如额定水头、额定流量、额定转速、转轮进出口直径）及相应的模型综合特性曲线进行计算和比较，以检验各种转轮设计方案的w_2能否满足要求，比较各种转轮方案可能的磨损强度。

但应注意到，在降低转轮叶片出水边相对流速的同时，叶片进口相对流速及导水机构中的绝对速度都将有可能增大，要严格控制转轮内部的最大相对流速。影响转轮内部最大相对流速的因素有很多，特别是在高水头机组中，$w_{2\max}$很有可能突破35m/s的界线。杜同教授在对几个水电站的改造设计中采用了新的转轮，相对流速达到49.2m/s，但转轮的严重磨损问题却彻底解决了。

在考虑转轮内部的含沙水流对材料的磨损关系时，还应注意到空蚀与泥沙磨损的相互影响，这一部分将在第6章中讨论。

2. 含沙水流的冲角对磨损的影响

沙粒冲击材料表面时，沙粒速度方向与材料表面之间的夹角称为冲角，以α表示。沙粒可能有自转，故常以沙粒重心运动方向与材料表面的夹角表示α。根据沙粒冲击材料的冲角情况，对材料的磨损包括变形磨损及微切削磨损，在材料一定的情况下，其材料磨损与冲角的关系如图5.15所示。

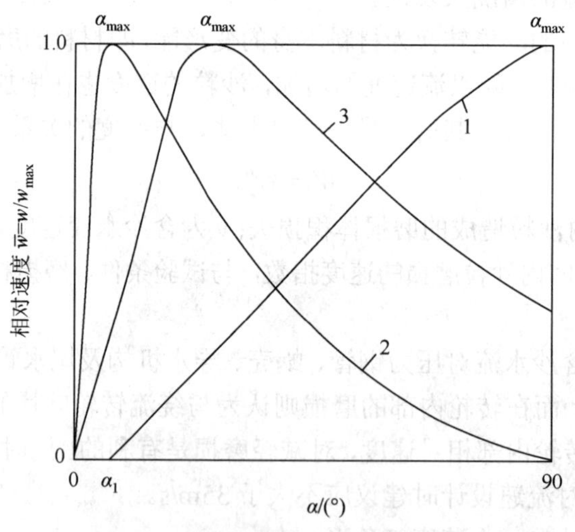

图5.15　沙粒冲角和磨损特性曲线

1-变形磨损；2-微切削磨损；3-复合磨损

对于表面平滑的材料，具有一定冲击动能的沙粒所造成的磨损可分为两种基本情况。

（1）若磨损为纯变形磨损，则沙粒垂直动能的分量决定材料的磨损量。如图5.15所示，在$\alpha=0°\sim\alpha_1$（小冲角范围）内，这种沙粒垂直动能分量还不能引起材料的变形磨损。

此后，随冲角增加，其垂直动能分量增加，磨损量增加，在 $\alpha = 90°$时，这种磨损达到最大值。

（2）若磨损为纯微切削磨损，沙粒的水平动能分量完成微切削运动，垂直分量则决定其压入材料的深度。在 $\alpha = 0°$时，未能压入材料，故切削为 0；在 $\alpha = 90°$时，没有水平运动的动能，这一部分的切削量也为 0。在 0°～90°的某一冲角下材料磨损量达到最大值。

但实际情况下，沙粒以任一冲角冲击材料，包含上述两种磨损过程。实际的磨损情况介于曲线 1 和曲线 2，即复合磨损（实际磨损）曲线，如图 5.15 的曲线 3 所示。它与所用材料的特性有关，对于不同的材料，此曲线中的最大磨损冲角及 90°时的最大磨损量是不同的。对水轮机中常用材料的试验结果表明，钢及合金钢的最大磨损冲角一般为 $\alpha_{max} =$ 35°～40°，变形相对磨损比值为 $\theta = 0.27$～0.67；有色金属焊接合金最大磨损冲角要大些，$\alpha_{max} = 45°$～60°；陶瓷材料的 $\alpha_{max} > 75°$，具体结果见表 5.1。

表 5.1　不同材料的最大磨损冲角和变形相对磨损比值

材料		最大磨损冲角 α_{max}/(°)	变形相对磨损比值 θ
弹性材料	橡胶	＜15	约 0
中间材料	铜	15～20	0.37
	碳钢	20～35	0.5
	硬化碳钢	65～90	1
脆性材料	玻璃	80～90	1

总之，必须首先分析水力机械零件的沙粒冲角条件，然后据此选择合适的材料，使其在该冲角下有很高的抗磨蚀性。否则，若不明确了解材料的冲角磨损特性或零件的磨损冲角条件，可能会选择错误的抗磨材料。

3. 流动条件对磨损的影响

流动条件的变化对磨损的影响也是很大的。因为磨损与平均流速的 3 次方成正比，局部流动条件的变化造成激烈的偏流以及局部流速的过大，必将使得局部损害大大增加；同时，偏流会产生侧向加速度，增加了沙粒与材料表面的局部接触压力，所以流道曲率半径小的地方的磨损一般严重；水流的紊流速度越大，与材料表面接触的沙粒的机会就越多，磨损也就越大。最后，水流的空化现象也会促进和增加磨损破坏的速度。

5.4.3　结构材料特性对磨损的影响

在相同的沙粒特性、含沙水流特性和磨损作用条件下，被磨损材料的各种特性（如金属材料的内部金相组织及微观结构成分、表面粗糙度、表面尺寸、弹性率及硬度等）不同，其抗沙粒磨损的能力也将有所不同。这对于正确选择运行于含沙水流中的水力机械的材料具有普遍的指导意义。

韧性材料在沙粒作用下的磨损主要由微切削磨损造成。因此，随着韧性材料硬度的提高，其磨损量是减少的，也就是说高硬度的材料具有较好的抗磨性能。但是，材料硬度提高，其脆性也增大，虽然可以减轻或阻止一部分的微切削磨损作用，但在冲击作用下的变形磨损将有所加剧，表现为抗磨性较低。因此，有人建议采用材料冲击韧性 a_k 与维氏压痕硬度 HV 的乘积（即 $a_k \times HV$）来衡量材料的抗磨性能。这种乘积反映了材料在复合磨损过程中的磨损特性。当然，材料的抗磨性能还与沙粒冲击磨损能量以及材料表面的冷作硬化现象等有密切关系。

对于水力机械常用金属材料，其微观金相组织和结构型式特点同时决定了这种材料的物理力学特性，它对抗磨性能也有很重要的影响，一般的结论如下。

（1）单相晶体组织可以得到较均匀的磨损，晶体组织本身的抗磨特性决定了这种材料的抗磨性能，其抗磨性能优于多相晶体组织。

（2）多相晶体组织与单相晶体组织相比，其抗磨性能较差，而且组织的不均匀程度越大，随某一组分的硬度和抗磨性能越低，多相晶体组织的金属材料的抗磨性能也就越差。

（3）多相晶体组织的抗磨性能与各组分的含量及其抗磨特性等有关，当组织不均匀性较大时，抗磨性能高的组分常常整个脱落，而不能充分发挥其抗磨性能。

（4）合金材料中各组织的晶粒尺寸对材料的抗磨性能也有很大的影响，特别是渗碳体与铁素体的晶粒尺寸及其游散程度，常影响材料的硬度。

这里还须说明，材料的弹性模量 E、比热容和密度以及使金属变化所需的温度差值等也与材料的抗磨性能有关。一般情况下，材料的抗磨系数与弹性模量的 1～1.3 次方成正比，其磨损量与比热容、密度及温度差值的 1 次方成正比。

对于水力机械常用的复合材料（如橡胶覆层、环氧树脂覆层、粉末塑料覆层和陶瓷覆层等）的抗磨性能，有试验表明，橡胶的类型和磨粒不同，其抗磨性能差别是很大的。聚氨酯橡胶的抗磨性能最好，在高硬度沙粒的作用下比钢要好得多。而丁腈橡胶在冲击磨损条件下的抗磨性能就很差。总的情况是橡胶在直接打击下的抗磨性能比钢和铸铁的好些，当沙粒粒径小于 1mm 时，磨损随橡胶硬度增大而减小，而当沙粒粒径小于 5mm 时，磨损随橡胶的抗拉强度与弹性的增大而减小。

5.5　水力机械泥沙磨损的实验研究方法

由于水力机械泥沙磨损影响因素具有复杂性，完全依赖于理论分析研究还具有一定的困难，现在一般在两相流动分析研究的基础上，分析水力机械各工况液相与固相（沙粒相）的运动规律，再依赖实验研究的方法来确定和选择其抗磨材料以及确定水力机械的运行规律。

各种材料的抗泥沙磨损性能实验通常可以在实验条件下以及在现场原型机组条件下进行。实验方法的设计原则是：含沙水流必须与试件表面做相对运动；实验磨损条件必须与实际水力机械过流部件的磨损条件相似；实验的各参数要方便调整，以获得较全面的实验结果；实验装置应简单可行。

在实验室条件下，最难以保证的就是全面正确地模拟水力机械的实际泥沙磨损条件，而且至今对泥沙磨损模拟的相似准则还是一个复杂的研究课题。目前绝大多数水力机械泥沙磨损的研究成果均是在实验室中得到的，与实际情况还存在一定的距离，它只能是一种近似模拟的研究成果。例如，在实验室实验装置中，水洞装置用以模拟水轮机部件的局部阻力绕流磨损；用凸台绕流体可以近似模拟过流部件上的凸出物区域的磨损情况等。它们均是在实验室中近似模拟某种单独的或少许相关因素作用下的磨损条件。具体研究的实验装置多种多样，常使用的有如下一些实验装置。

（1）射流冲击实验装置：包括固定射流冲击实验、试件回转射流冲击实验、离心射流实验。这类实验装置利用含沙射流冲击平板试件使试件快速破坏来研究材料的磨损，为常用的沙粒磨损实验装置，用于研究沙粒磨损的基本规律和材料抗磨性能。

（2）容器旋转冲击实验装置：密封容器中盛有沙水混合液及固定的试件。它利用容器旋转与泥沙混合液产生相对运动，造成冲击条件，来研究材料表面组织和硬度的变化。

（3）水洞泥沙磨损实验装置：在一定的系统压力下，用含沙水流绕流试验段中的试件或试件附近的阻力体，从而造成局部阻力绕流磨损形态，沙粒在绕流区域获得附加的冲击能量，造成试件的磨损。这类装置可以通过调节系统压力和流速来控制空化现象的出现与发展情况，可以用于泥沙磨损研究以及空蚀-磨损的研究。

（4）转盘磨损实验装置：属于局部阻力绕流磨损类实验研究方法，将试件或阻力件安装于圆盘上，让圆盘在装有含沙水的容器中高速旋转，形成含沙水流相对于阻力体的局部绕流状态，造成对试件的磨损。这种装置简单，试件磨损快速可得，只不过所得实验结果为沙粒磨损和空蚀联合破坏的结果，控制容器中的压力可以实现纯泥沙磨损以及联合破坏。

（5）振动冲击实验装置：振动台与实验容器一同振荡，在实验容器中装有试件，沙水混合液（含有不同尺寸的磨粒）由系统中的泵输送。这类实验装置常用以研究材料表面的磨损冷作硬化现象和不同磨粒的混合磨损作用。

（6）单个磨粒冲击实验装置：利用抛射器抛射单个磨粒，射击到试件表面上，进行材料表面微观磨损形态及特性的研究。

（7）试件回转实验装置：让试件在含沙水中高速旋转，试件安装在圆盘上，便于拆装，还可同时进行不同试件的对比实验，常用于抗磨材料实验和沙粒磨损基本规律的研究。

（8）沙水旋流实验装置：试件固定，利用旋转搅拌装置造成沙水混合液的旋流，冲击试件造成磨损。

（9）高频振荡绕流实验装置：利用高频超声波振荡器造成试件附近区域强烈的局部扰动和空化，从而对试件造成磨损，可以用于空蚀研究，也可以进行空蚀条件下的沙粒磨损研究，最常见的就是磁致伸缩仪。

（10）模型水力机械泥沙磨损实验装置：包括水泵和水轮机沙粒磨损实验装置，可以通过改变各磨损参数，快速获得实验结果，为设计等提供可靠的实验数据。水泵沙粒磨损实验装置利用水泵抽送含沙水流而造成泵过流部件或过流部件上试片的沙粒磨损，该装置更为接近地模拟实际水力机械的磨损条件；水轮机沙粒磨损实验装置利用其工作水流中的沙粒造成其过流部件或部件上的试件的磨损。但是，它们与现场的水力磨损规律还具有一定的差距，所得实验结果只能是一种近似或一种模拟。

在现场条件下进行泥沙磨损等研究应特别注意的是试件位置的选择，一般选取易于更换，并有较多数目的部件作为试件，或在其上安装试件，如水泵叶轮、水轮机导水机构部件、叶片或转轮室等。在现场实验中，不能任意改变实验条件，不能像实验室试件那样，研究孤立因素对泥沙磨损特性的影响。同时，实验时间很长，一般仅在针对特定的河流和机组情况下研究水力机械抗磨材料和结构时，以及最终检验实验室初步结论时，才进行现场机组的实验。

5.6　水力机械泥沙磨损过程的解析

目前，虽然对水力机械沙粒磨损问题的研究仍然以实验研究手段为主，但解决这一问题的根本途径却在于对泥沙颗粒冲击磨损材料表面的过程进行深入的理论分析。从实验研究深入理论解析，从宏观判断进入微观分析，乃是一直以来包括水力机械沙粒磨损在内的流体挟运颗粒磨损问题研究的主要内容。

在水力机械中，泥沙磨损表面材料的机理可分为微切削磨损过程、变形磨损过程，以及这两种的复合磨损过程。1956 年，Finnie 首先给出了尖角而坚硬的固体颗粒冲击韧性材料表面时的微切削磨损过程的计算公式。对于沙粒垂直冲击下材料的变形磨损，Sheldon 对脆性材料在固体颗粒冲击下的破碎磨损进行了解析。Bitter 的工作进一步考虑了冲击颗粒和表面材料的弹性，对材料在弹性-塑性变形范围内的微切削与变形磨损及它们的复合作用进行了较为详细的分析，给出了一组解析计算公式。而 Nelson 与 Gilchrist 对微切削磨损与变形磨损的复合作用进行了简单而较为清晰的理论描述与讨论，是对 Bitter 工作的合理简化。

5.6.1　沙粒的受力分析

在水力机械流场中，沙粒主要受黏性阻力、压强梯度力、虚拟质量力、Basset 力、Magnus 升力、Saffman 升力、重力等。由这些力所建立的 Lagrangian 颗粒运动方程可通过一些数学处理以及简化得到其通解。

1. 黏性阻力

1710 年，Newton 对在黏性流体中做定常运动的球体所受阻力进行了研究。若定义颗粒相对于流体的速度 w_{pi} 为

$$w_{pi} = v_{pi} - v_{fi} \tag{5-13}$$

在颗粒相对速度 w_p 较高的情况下，他的试验给出流体作用于颗粒上的阻力为

$$F_{Di} = 0.22\pi r_p^2 \rho_f |\vec{v}_f - \vec{v}_p| (v_{fi} - v_{pi}) = -0.22\pi r_p^2 \rho_f |\vec{w}_p| w_{pi} \tag{5-14}$$

式中，v 为速度；ρ 为材质密度；r_p 为颗粒半径；下角 f 和 p 分别表示流体和颗粒；i 表示张量坐标。

式（5-14）适用于 $700 < Re_p < 2\times10^5$ 的情况，其中 Re_p 是以颗粒相对于流体的速度为基础的雷诺数，称颗粒雷诺数，表达式为

$$Re_{\mathrm{p}}=\frac{1}{\upsilon_{\mathrm{f}}}2r_{\mathrm{p}}\,|\vec{v}_{\mathrm{p}}-\vec{v}_{\mathrm{f}}|=\frac{1}{\upsilon_{\mathrm{f}}}2r_{\mathrm{p}}\,|\vec{w}_{\mathrm{p}}| \tag{5-15}$$

式中，υ 为黏性系数。

1850 年，Stokes 认为在相对速度较低时，惯性作用可在流体绕流颗粒的运动方程中略去，颗粒周围为对称流场，则其综合阻力为

$$F_{\mathrm{D}i}=6\pi r_{\mathrm{p}}\upsilon_{\mathrm{f}}\rho_{\mathrm{f}}(v_{\mathrm{f}i}-v_{\mathrm{p}i})=-6\pi r_{\mathrm{p}}\upsilon_{\mathrm{f}}\rho_{\mathrm{f}}w_{\mathrm{p}i} \tag{5-16}$$

$F_{\mathrm{D}i}$ 由 2/3 的摩擦阻力和 1/3 的压差阻力（或称形体阻力）组成，它适用于 $Re_{\mathrm{p}}<1$ 的情况。

在实际的两相流中颗粒的阻力受到许多因素的影响，它不但和颗粒雷诺数 Re_{p} 有关，而且和流体的湍流运动、流体的可压缩性、流体温度和颗粒温度的差、颗粒的形状、是否存在壁面和颗粒群的浓度等因素有关，因此，颗粒的阻力很难用统一的形式表达，为方便研究，现引入阻力系数 C_{D} 的概念，它定义为

$$C_{\mathrm{D}}=\frac{-F_{\mathrm{D}}}{A_{\mathrm{a}}\left(\frac{1}{2}\rho_{\mathrm{f}}\,|\vec{w}_{\mathrm{p}}|\,w_{\mathrm{p}i}\right)} \tag{5-17}$$

式中，A_{a} 为颗粒受阻面积，对于球体，$A_{\mathrm{a}}=\pi r_{\mathrm{p}}^2$，这样，颗粒的阻力就可表示成

$$F_{\mathrm{D}}=-C_{\mathrm{D}}A_{\mathrm{a}}\left(\frac{1}{2}\rho_{\mathrm{f}}\,|\vec{w}_{\mathrm{p}}|\,w_{\mathrm{p}i}\right)=C_{\mathrm{D}}A_{\mathrm{a}}\left[\frac{1}{2}\rho_{\mathrm{f}}\,|\vec{v}_{\mathrm{f}}-\vec{v}_{\mathrm{p}}|\,(v_{\mathrm{f}i}-v_{\mathrm{p}i})\right] \tag{5-18}$$

黏性阻力是颗粒运动过程中所受到的最主要的力，因此已研究出了各种实际流动情况下的阻力系数 C_{D}。

2. *压强梯度力*

颗粒在有压强梯度的流场中运动时，由于存在压强梯度而受到流体的作用称为压强梯度力。图 5.16 是一个半径为 r_{p} 的球形。假定颗粒所在范围内的 $\partial p/\partial x$ 为常数，且在坐标原点 O 处的压强为 p_0，则颗粒表面由于压强梯度而引起的压强分布为

$$\hat{p}=p_0+r_{\mathrm{p}}(1-\cos\theta)\frac{\partial p}{\partial x} \tag{5-19}$$

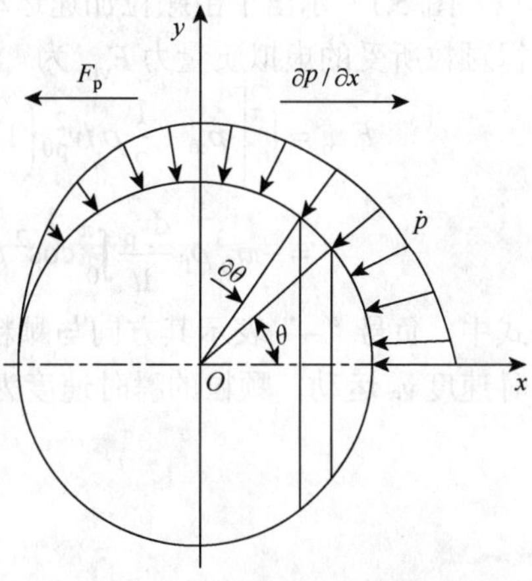

图 5.16 球形颗粒的运动

在颗粒上取一个微元球台，其微侧面积为

$$\mathrm{d}A=2\pi r_{\mathrm{p}}^2\sin\theta\,\mathrm{d}\theta \tag{5-20}$$

则作用在该微元球台微侧面积上的力在 x 方向的分力为

$$\mathrm{d}F_{\mathrm{p}}=\hat{p}2\pi r_{\mathrm{p}}^2\sin\theta\cos\theta\,\mathrm{d}\theta=\left[p_0+r_{\mathrm{p}}(1-\cos\theta)\frac{\partial p}{\partial x}\right]2\pi r_{\mathrm{p}}^2\sin\theta\cos\theta\,\mathrm{d}\theta \tag{5-21}$$

对式（5-21）的 θ 从 0 到 π 积分，就可得到作用在颗粒上的压强梯度力 F_{p} 为

$$F_{\mathrm{p}}=\int_0^{\pi}\left[p_0+r_{\mathrm{p}}(1-\cos\theta)\frac{\partial p}{\partial x}\right]2\pi r_{\mathrm{p}}^2\sin\theta\cos\theta\,\mathrm{d}\theta=-\frac{4}{3}\pi r_{\mathrm{p}}^2\frac{\partial p}{\partial x}=-m_{\mathrm{f}}\frac{1}{\rho_{\mathrm{f}}}\frac{\partial p}{\partial x} \tag{5-22}$$

式中，m_f 为等效颗粒体积的流体质量；负号“−”则表示压强梯度力的方向与流场中压强梯度的方向相反，静止流体中的颗粒压强梯度力即颗粒所受的浮力。

式（5-22）的三维形式可表示成

$$F_{pi}=-\frac{4}{3}\pi r_p^2\frac{\partial p}{\partial x_i}=-m_f\frac{1}{\rho_f}\frac{\partial p}{\partial x_i} \tag{5-23}$$

3. 虚拟质量力

虚拟质量力是由颗粒加速运动引起颗粒表面上压强分布不对称而形成的。

当球形颗粒在静止、不可压缩、无限大、无黏性流体中做匀速运动时，颗粒所受的阻力为零，但当颗粒在无黏性流体中做加速运动时，它要引起流体做加速运动（这不是由于流体黏性作用的带动，而是由于颗粒推动流体运动），由于流体有惯性，表现为对颗粒有一个反作用力。

颗粒在静止、不可压缩、无限大、无黏性流体中做加速运动时，颗粒表面上的压强分布为

$$p=p_\infty+\frac{1}{2}\rho_f{v_{p0}}^2\left(1-\frac{9}{4}\sin^2\theta\right)-\frac{1}{2}\rho_f r_p\cos\theta\frac{dv_p}{dt} \tag{5-24}$$

式中，右边的最后一项即球形颗粒做变速运动比做匀速运动时所增加的一项。

图 5.17 示出了由颗粒加速运动引起的附加力。对球体所受的压强沿球表面积分，可得颗粒所受的虚拟质量力 F_{vm} 为

$$\begin{aligned}F_{vm}&=\int_0^\pi\left[p_\infty+\frac{1}{2}\rho f v_{p0}^2\left(1-\frac{9}{4}\sin^2\theta\right)-\frac{1}{2}\rho_f r_p\cos\theta\frac{dv_p}{dt}\right]2\pi r_p^2\sin\theta\cos\theta d\theta\\&=-\pi r_p^3\rho_f\frac{dv_p}{dt}\int_0^\pi\cos^2\theta\sin\theta d\theta=-\frac{2}{3}\pi r_p^3\rho_f\frac{dv_p}{dt}=-\frac{1}{2}m_f a_p\end{aligned} \tag{5-25}$$

式中，负号“−”表示其方向与颗粒加速度的方向相反；a_p 为颗粒加速度。如果流体以瞬时速度 v_{fi} 运动，颗粒的瞬时速度为 v_{pi}，那么颗粒相对于流体的加速度为

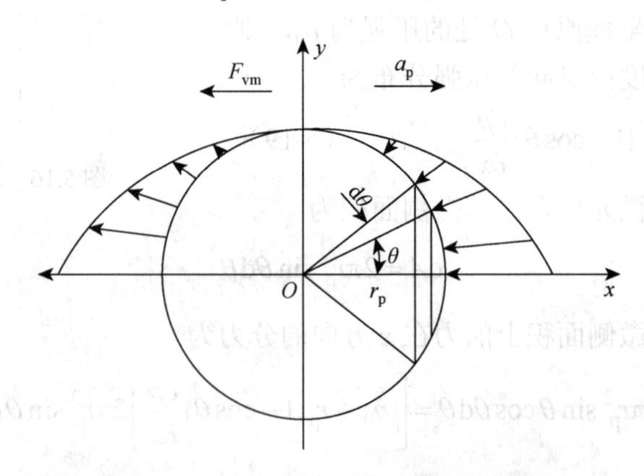

图 5.17　颗粒加速运动压强的不对称性

$$a_{pi}=\frac{dw_{pi}}{dt}=\frac{d}{dt}(v_{pi}-v_{fi})=\frac{dv_{pi}}{dt}-\frac{dv_{fi}}{dt} \tag{5-26}$$

其虚拟质量力的三维形式为

$$F_{\mathrm{vm}i}=\frac{1}{2}m_{\mathrm{f}}\left(\frac{\mathrm{d}v_{\mathrm{f}i}}{\mathrm{d}t}-\frac{\mathrm{d}v_{\mathrm{p}i}}{\mathrm{d}t}\right) \tag{5-27}$$

从式（5-27）可见，理论上的虚拟质量力在数值上等于等效颗粒体积的流体质量附在颗粒上做加速运动时的惯性力的 1/2。实验表明，实际的虚拟质量力比其他理论值大，因此引入一个经验系数 K_{m}，则虚拟质量力的一般表达式为

$$F_{\mathrm{vm}i}=K_{\mathrm{m}}m_{\mathrm{f}}\left(\frac{\mathrm{d}v_{\mathrm{f}i}}{\mathrm{d}t}-\frac{\mathrm{d}v_{\mathrm{p}i}}{\mathrm{d}t}\right) \tag{5-28}$$

所做的进一步实验指出，经验系数依赖于加速度模数 A_{C}，并有经验公式

$$K_{\mathrm{m}}=0.5-\frac{0.06}{A_{\mathrm{C}}^2+0.12} \tag{5-29}$$

式中，A_{C} 定义为

$$A_{\mathrm{C}}=\frac{1}{2r_{\mathrm{p}}}\frac{|\vec{v}_{\mathrm{f}}-\vec{v}_{\mathrm{p}}|^2}{\left|\frac{\mathrm{d}\vec{v}_{\mathrm{f}}}{\mathrm{d}t}-\frac{\mathrm{d}\vec{v}_{\mathrm{p}}}{\mathrm{d}t}\right|} \tag{5-30}$$

4. Basset 力

当颗粒在黏性流体中做变速运动时，颗粒附面层将带着一部分流体运动。由于流体有惯性，当颗粒加速时，它不能立即加速；当颗粒减速时，它不能立即减速。这样，颗粒附面层不稳定，使颗粒受一个随时间变化的流体作用力，而且与颗粒加速历程有关，Basset 于 1988 年提出了此力。

当颗粒以较小的相对速度 w 在场中运动（即颗粒雷诺数很小）时，求流体作用于颗粒的受力问题，便归结为解以下非定常的流体动力学方程组（忽略惯性力项）。

N-S 方程：

$$\frac{\partial w_{\mathrm{p}i}}{\partial t}=-\frac{1}{\rho_{\mathrm{f}}}\frac{\partial p}{\partial x_i}+v_{\mathrm{f}}\nabla^2 w_{\mathrm{p}i} \tag{5-31}$$

连续方程：

$$\frac{\partial w_{\mathrm{p}i}}{\partial x_i}=0 \tag{5-32}$$

边界条件：

$$\begin{cases}R\to\infty, & w_{\mathrm{p}i}=0\\ R=r_i, & w_{\mathrm{p}i}=v_{\mathrm{p}i}-v_{\mathrm{f}i}\end{cases} \tag{5-33}$$

将颗粒运动速度进行 Fourier 谱展开（现考虑一维情况），即

$$\begin{aligned}w_{\mathrm{p}}(t)&=\frac{1}{\pi}\int_{-\infty}^{+\infty}w_{\mathrm{p}}(\omega)\exp(-\mathrm{i}\omega t)\mathrm{d}\omega\\ w_{\mathrm{p}}(\omega)&=\frac{1}{\pi}\int_{-\infty}^{+\infty}w_{\mathrm{p}}(\tau)\exp(\mathrm{i}\omega\tau)\mathrm{d}\tau\end{aligned} \tag{5-34}$$

式中，ω 为脉动角频率；$\mathrm{i}=\sqrt{-1}$。

对于任一 Fourier 谱密度速度分量 $w_{\mathrm{p}}(\omega)\exp(-\mathrm{i}\omega t)$，颗粒的运动就完全类似于流场中做直线振动的小球运动。经过求解方程（5-31）～方程（5-34），可得到以 Fourier 分量 $w_{\mathrm{p}}(\omega)\exp(-\mathrm{i}\omega t)$ 振动时流体速度场为

$$\begin{cases} v_R = 3w_{\mathrm{p}}(\omega)\exp(-\mathrm{i}\omega t)\dfrac{r_{\mathrm{p}}}{R}\left\{\left(\dfrac{1}{\mathrm{i}KR}+\dfrac{1}{K^2R^2}\right)\exp[\mathrm{i}K(R-r_{\mathrm{p}})]+\dfrac{r_{\mathrm{p}}^2}{R^2}\left(\dfrac{1}{3}-\dfrac{1}{\mathrm{i}Kr_{\mathrm{p}}}-\dfrac{1}{K^2r_{\mathrm{p}}^2}\right)\right\}\cos\theta \\ v_\theta = -\dfrac{3}{2}w_{\mathrm{p}}(\omega)\exp(-\mathrm{i}\omega t)\dfrac{r_{\mathrm{p}}}{R}\left\{\left(1-\dfrac{1}{\mathrm{i}KR}-\dfrac{1}{K^2R^2}\right)\exp[\mathrm{i}K(R-r_{\mathrm{p}})]-\dfrac{r_{\mathrm{p}}^2}{R^2}\left(\dfrac{1}{3}-\dfrac{1}{\mathrm{i}Kr_{\mathrm{p}}}-\dfrac{1}{K^2r_{\mathrm{p}}^2}\right)\right\}\sin\theta \\ v_\varphi = 0 \end{cases} \tag{5-35}$$

式中，(R,θ,φ) 为球坐标；$K^2=\mathrm{i}\dfrac{\omega}{v_{\mathrm{f}}}$。

压力场为

$$p = p_\infty - \frac{3}{2}\mathrm{i}\omega\rho_{\mathrm{f}}w_{\mathrm{p}}(\omega)\exp(-\mathrm{i}\omega t)\frac{r_{\mathrm{p}}^2}{R^2}\left(\frac{1}{3}-\frac{1}{\mathrm{i}Kr_{\mathrm{p}}}-\frac{1}{K^2r_{\mathrm{p}}^2}\right)\cos\theta \tag{5-36}$$

由式（5-36）计算可得应力场为

$$\begin{cases} \tau_{RR} = 18v_{\mathrm{f}}\rho_{\mathrm{f}}w_{\mathrm{p}}(\omega)\exp(-\mathrm{i}\omega t)\dfrac{r_{\mathrm{p}}}{R^2}\left\{\left(\dfrac{1}{3}-\dfrac{1}{\mathrm{i}Kr_{\mathrm{p}}}-\dfrac{1}{K^2r_{\mathrm{p}}^2}\right)\exp[\mathrm{i}K(R-r_{\mathrm{p}})]-\dfrac{r_{\mathrm{p}}^2}{R^2}\left(\dfrac{1}{3}-\dfrac{1}{\mathrm{i}Kr_{\mathrm{p}}}-\dfrac{1}{K^2r_{\mathrm{p}}^2}\right)\right\}\cos\theta \\ \tau_{R\theta} = -3v_{\mathrm{f}}\rho_{\mathrm{f}}w_{\mathrm{p}}(\omega)\exp(-\mathrm{i}\omega t)\dfrac{r_{\mathrm{p}}}{R^2}\left\{\dfrac{1}{2}\left(\mathrm{i}KR-3+\dfrac{6}{\mathrm{i}KR}+\dfrac{6}{K^2R^2}\right)\exp[\mathrm{i}K(R-r_{\mathrm{p}})]+\dfrac{r_{\mathrm{p}}^2}{R^2}\left(1-\dfrac{3}{\mathrm{i}Kr_{\mathrm{p}}}-\dfrac{3}{K^2r_{\mathrm{p}}^2}\right)\right\}\sin\theta \end{cases} \tag{5-37}$$

由式（5-37）沿球形颗粒表面积分，可得到颗粒以 Fourier 分量振动时所受的作用力 $F(\omega)$ 为

$$\begin{aligned} F(\omega) &= \int_0^\pi [(p+\tau_{RR})\cos\theta+\tau_{R\theta}\sin\theta]|_{r=r_{\mathrm{p}}}\cdot 2\pi r_{\mathrm{p}}^2\sin\theta\mathrm{d}\theta \\ &= \pi r_{\mathrm{p}}^3 w_{\mathrm{p}}(\omega)\exp(-\mathrm{i}\omega t)\left[\frac{6v_{\mathrm{f}}}{r_{\mathrm{p}}^2}-\frac{2\mathrm{i}\omega}{3}+\frac{3\sqrt{2v_{\mathrm{f}}}}{r_{\mathrm{p}}}(1-\mathrm{i})\sqrt{\omega}\right] \end{aligned} \tag{5-38}$$

其颗粒所受的总作用力可由式（5-38）对 ω 从 $-\infty$ 到 $+\infty$ 积分得到

$$F = 6\pi v_{\mathrm{f}}\rho_{\mathrm{f}}r_{\mathrm{p}}(v_{\mathrm{f}}-v_{\mathrm{p}})+\frac{2}{3}\pi r_{\mathrm{p}}^3\rho_{\mathrm{f}}\left(\frac{\mathrm{d}v_{\mathrm{f}}}{\mathrm{d}t}-\frac{\mathrm{d}v_{\mathrm{p}}}{\mathrm{d}t}\right)+6\pi r_{\mathrm{p}}^2\rho_{\mathrm{f}}\sqrt{\frac{v_{\mathrm{f}}}{\pi}}\int_{-\infty}^t\frac{\dfrac{\mathrm{d}v_{\mathrm{f}}}{\mathrm{d}\tau}-\dfrac{\mathrm{d}v_{\mathrm{f}}}{\mathrm{d}\tau}}{\sqrt{t-\tau}}\mathrm{d}\tau \tag{5-39}$$

式中，第一、二项分别为前面所讨论过的 Stokes 黏性阻力和虚拟质量力，第三项为 Basset 力，其三维形式为

$$F_{\mathrm{B}i} = 6\pi r_{\mathrm{p}}^2\rho_{\mathrm{f}}\sqrt{\frac{v_{\mathrm{f}}}{\pi}}\int_{-\infty}^t\frac{\dfrac{\mathrm{d}v_{\mathrm{f}i}}{\mathrm{d}\tau}-\dfrac{\mathrm{d}v_{\mathrm{p}i}}{\mathrm{d}\tau}}{\sqrt{t-\tau}}\mathrm{d}\tau \tag{5-40}$$

从上面的推导可知，Basset 力只发生在黏性流体中，并与流动的不稳定性有关。

Oder 进行的实验研究指出，Basset 力同样依赖于加速度模数 A_C，可将式（5-40）写成

$$F_{Bi}=K_B\pi r_p^2\rho_f\sqrt{\frac{v_f}{\pi}}\int_{-\infty}^{t}\frac{\frac{dv_{fi}}{d\tau}-\frac{dv_{pi}}{d\tau}}{\sqrt{t-\tau}}d\tau \tag{5-41}$$

式中，K_B 有经验关系式，$K_B=2.88+\dfrac{3.12}{(A_C+1)^3}$。

颗粒运动过程中的 Basset 力项是奇异积分，其表达式的复杂性给颗粒运动求解带来了很大的困难，因此，大多数研究者常忽略此力对颗粒运动的影响。实际上颗粒在非定常流道中运动时，Basset 力具有相当重要的地位。因此目前对 Basset 力的研究受到重视。

Basset 力随时间的变化为

$$F_B\leqslant 12\pi r_p^2\rho_f\sqrt{\frac{v_f}{\pi}}w_{p\max}\frac{1}{\sqrt{t}} \tag{5-42}$$

$w_{p\max}$ 定义为 $\mathrm{Max}|w_p(\tau)-w_p(0)|$，$\tau=-\infty\sim t$，可知随时间延长，Basset 力减小，并与 $\sqrt{t}$ 成反比。

忽略 Basset 力的流动条件如下。

（1）求解非定常气流中的固体颗粒运动时，可以不计 Basset 力的影响。

（2）求解固体颗粒在非定常水流中运动时，一般颗粒直径 d_p 为 0.05～0.1mm 时，可不计 Basset 力的影响。

（3）求解空泡在非定常水流中运动时，一般不得忽略 Basset 力的影响。

5. Magnus 升力

当颗粒在有横向速度的管道中运动时，实验发现，颗粒趋于集中在离管轴约 0.6×管径的区域内。这表明作用在颗粒上有横向力。经研究得知，作用在颗粒上有两种横向力，即 Magnus 升力和 Saffman 升力。

颗粒在有速度梯度的流场中运动时，由于冲刷颗粒表面的速度不均匀，颗粒将受到一个剪切转矩的作用而发生旋转，非球形颗粒在碰壁之后也会发生旋转，Rubinow 和 Keller 给出了流场中边运动边旋转颗粒所受的 Magnus 升力计算公式：

$$F_{mi}=\pi r_p^3\Omega_f\Omega_i\times(v_{fi}-v_{pi})=\frac{3}{4}m_f\Omega_i\times(v_{fi}-v_{pi}) \tag{5-43}$$

式中，$\Omega_i=\omega_{pi}-0.5\nabla\times v_{fi}$；$\omega_{pi}$ 为颗粒自身旋转角速度。

由于影响颗粒旋转的因素很复杂，在理论上要得到一个适用的 Magnus 升力计算公式很困难，在此引入经验系数 C_M，从而可得

$$\begin{aligned}F_{mi}&=\frac{3}{4}C_M m_f\Omega_i\times(v_{fi}-v_{pi})\\&=\frac{3}{8}C_M m_f\left[(v_{fj}-v_{pj})\left(\frac{\partial v_{fj}}{\partial x_i}-\frac{\partial v_{fi}}{\partial x_j}-2\omega_k\right)+(v_{fk}-v_{pk})\left(\frac{\partial v_{fk}}{\partial x_i}-\frac{\partial v_{fi}}{\partial x_k}-2\omega_j\right)\right]\end{aligned} \tag{5-44}$$

最近激光全息研究结果表明，在流场中大部分地区的颗粒受流体黏性的制约并不旋转，因而除近壁区外，Magnus 升力是不重要的。

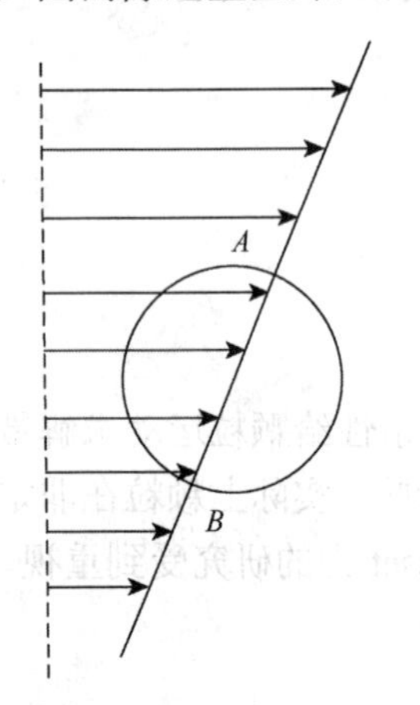

图 5.18　速度梯度流场颗粒运动

6. Saffman 升力

Saffman 研究指出，颗粒在横向速度梯度流场中的运动如图 5.18 所示。

由于 A 处的速度比 B 处高，即使不旋转也将会产生一个垂直于颗粒与流体相对速度方向的横向升力。当颗粒以低速度 v_{p} 沿流线通过简单剪切无限流场时，所受横向升力为

$$F_{si} = K_{\mathrm{s}} 4 r_{\mathrm{p}}^2 \rho_{\mathrm{f}} \left| v_{\mathrm{f}} \frac{\partial v_{\mathrm{f}j}}{\partial x_i} \right|^{\frac{1}{2}} (v_{\mathrm{f}j} - v_{\mathrm{p}j}) \mathrm{sgn}\left(\frac{\partial v_{\mathrm{f}j}}{\partial x_i} \right) \tag{5-45}$$

式中，sgn 为符号函数，即 $\mathrm{sgn}(x) = 1$，$x \geqslant 0$；$\mathrm{sgn}(x) = -1$，$x < 0$。

F_{si} 是滑移（即相对运动）和剪切联合作用的结果，故又称滑移为剪切升力。很奇怪的是，当 $v_{\mathrm{p}x} < v_{\mathrm{f}x}$ 时，此力的方向为 y 的正向；当 $v_{\mathrm{p}x} > v_{\mathrm{f}x}$ 时，方向为 y 的负向。当颗粒雷诺数很小（$Re_{\mathrm{p}} < 1$）时，K_{s} 从数值积分得到（= 1.615）；高雷诺数下，K_{s} 将进行修正。可看出 Saffman 升力是与流场的速度梯度有关的一项力，一般在速度梯度较小的主流区，此升力可忽略；但在边界层流动中，此升力的作用表现得非常突出。

7. 重力

颗粒所受的重力为

$$F_{gi} = \frac{4}{3} \pi r_{\mathrm{p}}^3 \rho_{\mathrm{p}} g_i = m_{\mathrm{p}} g_i \tag{5-46}$$

式中，g_i 为重力加速度。

由此可得到颗粒的运动基本方程，如下：

$$m \frac{dv_{pi}}{dt} = F_{Di} + F_{\rho i} + F_{Vmi} + F_{Bi} + F_{mi} + F_{Si} + F_{gi}$$

悬浮于水流中的沙粒密度 $\rho_{\mathrm{p}} \ll 1$，粒径 $d_{\mathrm{s}} < 0.1\mathrm{mm}$ 时，沙粒与水流的相互作用产生双向耦合作用。基本方程是通过各相的微观运动方程在控制体内取平均而得到的。

1）相内微观守恒方程

两相流中的颗粒相与流体相在宏观上占据相同空间，而在微观上又各自占据不同体积且相互渗透。在流动的混合体内取一个流体微元体作为控制体，其体积为 $\mathrm{d}V$，表面积为 $\mathrm{d}A$，控制体内各相占据的体积分别为 $\mathrm{d}V_{\mathrm{f}}$ 和 $\mathrm{d}V_{\mathrm{p}}$，其表面积分别为 $\mathrm{d}A_{\mathrm{f}}$ 和 $\mathrm{d}A_{\mathrm{p}}$，则有

$$\mathrm{d}V = \sum_k \mathrm{d}V_k (k = \mathrm{p}, \mathrm{f}), \quad C_k = \mathrm{d}V_k / \mathrm{d}V$$

式中，C_k 为 k 相（$k = \mathrm{p}, \mathrm{f}$）的体积分数当地值。

将单相连续介质流体力学的基本守恒关系用于 k 相微观体积 $\mathrm{d}V_k$ 内部，则有以下的守恒方程组。

连续方程：
$$\frac{\partial\tilde{\rho}_k}{\partial t}+\frac{\partial}{\partial x_j}(\tilde{\rho}_k\tilde{V}_{kj})=0 \tag{5-47}$$

动量方程：
$$\frac{\partial}{\partial t}(\tilde{\rho}_k\tilde{V}_{ki})+\frac{\partial}{\partial x_j}(\tilde{\rho}_k\tilde{V}_{kj}\tilde{V}_{ki})=-\frac{\partial\tilde{p}_k}{\partial x_i}+\frac{\partial}{\partial x_j}\tilde{\tau}_{kji}+\tilde{\rho}_k g_i \tag{5-48}$$

式中，“~”表示“微观”相内的“真实值”。

2）平均守恒方程

根据控制体内部微观状态，可以认为各相占据不同的体积。普通单相流体的守恒方程适应于各相内部，但从控制体的宏观状态，则认为各相占据空间同一体积而相互渗透，空间上各处具有不同的速度以及浓度等。因此，引入“体平均”概念来描述宏观状态的方程。

体平均的定义如下：

$$F_k=\langle\tilde{f}_k\rangle=\frac{1}{\mathrm{d}V}\int\mathrm{d}V_k\tilde{f}_k\mathrm{d}V \tag{5-49}$$

式中，f_k 为 k 相中的某一变量，可以是矢量，也可以是标量；“<>”表示平均算子。

对式（5-49）中各项取体平均后，再作一些处理后得到颗粒相和流体相的连续性方程：

$$\frac{\partial\rho_{\mathrm{p}}}{\partial t}+\frac{\partial}{\partial x_j}(\rho_{\mathrm{p}}\cdot V_{\mathrm{p}j})=0 \tag{5-50}$$

$$\frac{\partial\rho_{\mathrm{f}}}{\partial t}+\frac{\partial}{\partial x_j}(\rho_{\mathrm{f}}\cdot V_{\mathrm{f}j})=0 \tag{5-51}$$

同理，对式（5-50）和式（5-51）作同样的处理后有流体相和固体颗粒相的平均动量方程：

$$\frac{\partial}{\partial t}(\rho_{\mathrm{f}}V_{\mathrm{f}i})+\frac{\partial}{\partial x_j}(\rho_{\mathrm{f}}V_{\mathrm{f}j}V_{\mathrm{f}i})=-\frac{\partial p}{\partial x_i}+\frac{\partial}{\partial x_j}\tilde{\tau}_{\mathrm{f}ji}+p_{\mathrm{f}}g_i+\frac{\rho_{\mathrm{p}}}{\tau_{\mathrm{rs}}}(V_{\mathrm{p}i}-V_{\mathrm{f}i}) \tag{5-52}$$

$$\frac{\partial}{\partial t}(\rho_{\mathrm{p}}V_{\mathrm{p}i})+\frac{\partial}{\partial x_j}(\rho_{\mathrm{p}}V_{\mathrm{p}j}V_{\mathrm{p}i})=p_{\mathrm{p}}g_i+\frac{\rho_{\mathrm{p}}}{\tau_{\mathrm{rs}}}(V_{\mathrm{f}i}-V_{\mathrm{p}i}) \tag{5-53}$$

式中，τ_{rs} 为平均运动弛豫时间，$\tau_{\mathrm{rs}}=\dfrac{d_{\mathrm{p}}^2\tilde{\rho}_{\mathrm{p}}}{18\nu}(1+Re_{\mathrm{s}}^{2/3}/6)^{-1}$；$Re_{\mathrm{s}}$ 为相对运动的雷诺数，$Re_{\mathrm{s}}=|\vec{v}_{\mathrm{p}}-v_{\mathrm{f}}|\cdot d_{\mathrm{p}}/\nu$。

上述基本守恒方程应用在水力机械中时，水轮机转轮中的过流面积较大，黏性影响可忽略不计。研究水流运动时，在转轮上一般采用圆柱坐标系比较方便，当机组处于某一工况稳定运行时，转轮中相对运动可看作定常的，且对于稀疏的悬浮流，流体的表观密度有 $\rho_{\mathrm{f}}=C_{\mathrm{f}}\overline{p}_{\mathrm{f}}=(1-C_{\mathrm{p}})\cdot\overline{p}_{\mathrm{f}}\approx\overline{p}_{\mathrm{f}}$，可看作常数，则式（5-52）和式（5-53）可变换如下。

流体相：

$$\begin{cases}\dfrac{\partial w_{fr}}{\partial r}+\dfrac{1}{r}\dfrac{\partial w_{fu}}{\partial\theta}+\dfrac{\partial w_{fz}}{\partial z}+\dfrac{1}{r}w_{fr}=0\\ w_{fr}\dfrac{\partial w_{fr}}{\partial r}+\dfrac{w_{fu}}{r}\cdot\dfrac{\partial w_{fr}}{\partial\theta}+w_{fz}\dfrac{\partial w_{fr}}{\partial z}-\dfrac{w_{fu}^2}{r}-\omega^2 r-2w_{fu\cdot\omega}=\dfrac{\rho_p}{\bar{\rho}_f\tau_{rs}}(w_{pr}-w_{fr})-\dfrac{1}{\bar{\rho}_f}\cdot\dfrac{\partial p}{\partial r}\\ w_{fr}\dfrac{\partial w_{fu}}{\partial r}+\dfrac{w_{fu}}{r}\cdot\dfrac{\partial w_{fu}}{\partial\theta}+w_{fz}\dfrac{\partial w_{fu}}{\partial z}+\dfrac{w_{fr}w_{fu}}{r}+2w_{fr\cdot\omega}=\dfrac{\rho_p}{\bar{\rho}_f\tau_{rs}}(w_{pu}-w_{fu})-\dfrac{1}{\bar{\rho}_f}\cdot\dfrac{\partial p}{r\partial\theta}\\ w_{fr}\dfrac{\partial w_{fz}}{\partial r}+\dfrac{w_{fu}}{r}\cdot\dfrac{\partial w_{fz}}{\partial\theta}+w_{fz}\dfrac{\partial w_{fz}}{\partial z}=\dfrac{\rho_p}{\bar{\rho}_f\tau_{rs}}(w_{pz}-w_{fz})-g-\dfrac{1}{\bar{\rho}_f}\cdot\dfrac{\partial p}{\partial z}\end{cases}\tag{5-54}$$

颗粒相：

$$\begin{cases}\dfrac{\partial\rho_p w_{pr}}{\partial r}+\dfrac{1}{r}\dfrac{\partial\rho_p w_{pu}}{\partial\theta}+\dfrac{\partial\rho_p w_{pz}}{\partial z}+\dfrac{1}{r}\rho_p w_{pr}=0\\ w_{pr}\dfrac{\partial w_{pr}}{\partial r}+\dfrac{w_{pu}}{r}\cdot\dfrac{\partial w_{pr}}{\partial\theta}+w_{pz}\dfrac{\partial w_{pr}}{\partial z}-\dfrac{w_{pu}^2}{r}-\omega^2 r-2w_{pu\cdot\omega}=\dfrac{1}{\tau_{rs}}(w_{fr}-w_{pr})\\ w_{pr}\dfrac{\partial w_{pu}}{\partial r}+\dfrac{w_{pu}}{r}\cdot\dfrac{\partial w_{fu}}{\partial\theta}+w_{pz}\dfrac{\partial w_{pu}}{\partial z}+\dfrac{w_{pr}w_{pu}}{r}+2w_{pr\cdot\omega}=\dfrac{1}{\tau_{rs}}(w_{fu}-w_{pu})\\ w_{pr}\dfrac{\partial w_{pz}}{\partial r}+\dfrac{w_{pu}}{r}\cdot\dfrac{\partial w_{pz}}{\partial\theta}+w_{pz}\dfrac{\partial w_{pz}}{\partial z}=\dfrac{1}{\tau_{rs}}(w_{fz}-w_{pz})-g\end{cases}\tag{5-55}$$

在轴流式水轮机转轮中，常采用圆柱层无关性假设，同样可以用于含沙水流的两相中，因此，在圆柱面内满足的方程如下。

流体相：

$$\begin{cases}\dfrac{\partial w_{fu}}{\partial u}+\dfrac{\partial w_{fz}}{\partial z}=0\\ w_{fu}\cdot\dfrac{\partial w_{fu}}{\partial u}+w_{fz}\cdot\dfrac{\partial w_{fu}}{\partial z}=-\dfrac{1}{\bar{\rho}_p}\cdot\dfrac{\partial p}{\partial u}+\dfrac{\rho_p}{\bar{\rho}_f\cdot\tau_{rs}}(w_{pu}-w_{fu})\\ w_{fu}\cdot\dfrac{\partial w_{fz}}{\partial u}+w_{fz}\cdot\dfrac{\partial w_{fz}}{\partial z}=-\dfrac{1}{\bar{\rho}_f}\cdot\dfrac{\partial p}{\partial z}+\dfrac{\rho_p}{\bar{\rho}_p\cdot\tau_{rs}}(w_{pz}-w_{fz})-g\end{cases}\tag{5-56}$$

颗粒相：

$$\begin{cases}\dfrac{\partial\rho_p w_{pu}}{\partial u}+\dfrac{\partial\rho_p w_{pz}}{\partial z}=0\\ w_{pu}\cdot\dfrac{\partial w_{pu}}{\partial u}+w_{pz}\cdot\dfrac{\partial w_{pu}}{\partial u}=\dfrac{1}{\tau_{rs}}(w_{fu}-w_{pu})\\ w_{pu}\cdot\dfrac{\partial w_{pz}}{\partial u}+w_{pz}\cdot\dfrac{\partial w_{pz}}{\partial u}=\dfrac{1}{\tau_{rs}}(w_{fu}-w_{pu})-g\end{cases}\tag{5-57}$$

通过适当的方法，求解上述流体方程，得到流场中任一点的流体速度，并由理想流体运动的伯努利方程，求解区域中任一点的压力，同时，可求解颗粒相在流场中的颗粒运动速度及其相应的浓度分布。这对于了解流场中流体与颗粒的运动及对过流表面的冲击等具有十分重要的意义。

5.6.2　微切削磨损过程的解析

设尖角坚硬的沙粒以冲击速度 v_p 及冲角 α 冲击金属材料表面。由图 5.19 所示，沙粒的运动有三个分量：垂直于材料表面的压入运动、平行于材料表面的切削运动以及沙粒自转所造成的接触点的弧线运动。

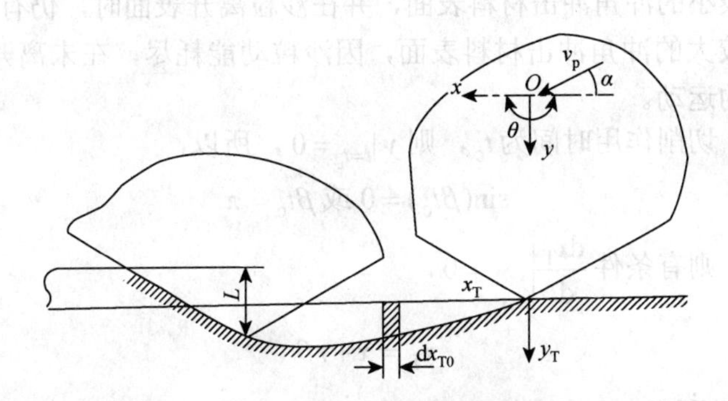

图 5.19　冲击颗粒微切削运动过程

设沙粒重心为 O 点，其坐标为（x，y，θ），与材料表面接触的沙粒尖端的位置由 x_T 及 y_T 所确定。沙粒切削运动的方程为

$$\begin{cases} m\dfrac{\mathrm{d}^2y}{\mathrm{d}t^2}+\phi bpkY=0 \\ m\dfrac{\mathrm{d}^2x}{\mathrm{d}t^2}+\phi bpY=0 \\ I\dfrac{\mathrm{d}^2\theta}{\mathrm{d}t^2}+\phi bpYr=0 \end{cases} \tag{5-58}$$

式中，m 为所研究沙粒的质量；I 为沙粒相对于其重心的惯性矩；r 为沙粒重心到切削表面的距离；b 为切削的宽度；p 为材料的塑性流动应力；ϕ 为切削高度与切削深度之比，在此方程中，假设其值在切削过程中不变；k 为沙粒切削过程中垂直方向与水平方向的接触阻力之比，假设也为常数。

求解上述方程的初始条件如下。

$t=0$ 时，

$$\begin{aligned} y=0,&\quad \mathrm{d}v/\mathrm{d}t=v\cdot\sin\alpha \\ x=0,&\quad \mathrm{d}v/\mathrm{d}t=v\cdot\cos\alpha \\ \theta=0,&\quad \mathrm{d}\theta/\mathrm{d}t=\theta_0 \end{aligned}$$

式中，θ_0 为沙粒的初始旋转角速度。

沙粒切削过程的方程如下。

$$\begin{cases} x = \dfrac{v\sin\alpha}{\beta k}\sin(\beta t) + (v\cos\alpha)t - \dfrac{v\sin\alpha}{k}t \\ y = \dfrac{v}{\beta}\sin\alpha\sin(\beta t) \\ \theta = \dfrac{mr}{\beta kI}v\sin\alpha[\cos(\beta t) - \beta t] + \dot{\theta}_0 t \end{cases} \tag{5-59}$$

式中，$\beta = \sqrt{k\phi bp/m}$；$t$为作用时间。

分析讨论上述切削过程，可能存在以下两种过程。

（1）沙粒以较小的冲角冲击材料表面，并在沙粒离开表面时，仍有水平速度。

（2）沙粒以较大的冲角冲击材料表面，因沙粒动能耗尽，在未离开材料表面时就停止了其水平方向的运动。

对情况（1），切削作用时间为t_c，则$y|_{t=t_c} = 0$，所以，

$$\sin(\beta t_c) = 0 \text{ 或 } \beta t_c = \pi$$

对情况（2），则有条件$\left.\dfrac{dx_T}{dt}\right|_{t=t_c} = 0$，

而

$$x_T = x + r\theta$$

$$\frac{dx_T}{dt} = \frac{v\sin\alpha}{k}\cos(\beta t) + (v\cos\alpha) - \frac{v\sin\alpha}{k} + \frac{mr^2}{kI}v\sin\alpha[\cos(\beta t) - 1] + \dot{\theta}_0 \tag{5-60}$$

不计沙粒的初始转动，并近似$I = \dfrac{1}{2}mr^2$，则

$$\cos(\beta t_c) = 1 - \frac{k}{3}\cot\alpha \tag{5-61}$$

当$\alpha = \alpha_0 = \arctan\dfrac{k}{b}$时，$\cos(\beta t_c) = -1$，即$\beta t_c = \pi$，又成为情况（1）。由此可见，若冲角$\alpha = \alpha_0$，沙粒离开材料表面时，其切削的动能恰好消失。

因此，当$\alpha < \alpha_0$时，属情况（1），切削时间为$t_c = \pi/\beta$；

当$\alpha > \alpha_0$时，属情况（2），切削时间由$t_c = \dfrac{1}{\beta}\arccos\left(1 - \dfrac{k}{3}\cot\alpha\right)$确定。

α_0称为临界冲角。

在切削过程中，一个沙粒所切削掉的金属体积为

$$W_s = b\int_0^{t_c} y_T dx_T = b\left[\int_0^{t_c} y_T \frac{d(x+r)}{dt}\right]dt \tag{5-62}$$

对于沙粒群体，如果其总质量为M，则总的切削体积为

$$W = \frac{M}{m}cW_s \tag{5-63}$$

式中，c为做理想切削运动的沙粒体积分数，$c = 0.1 \sim 0.5$。

对于上述两种情况，可分别得到微切削磨损的解析公式为

$$W_I = c\frac{Mv^2}{\phi kp}\left[\sin(2\alpha) - \frac{b}{k}\sin^2\alpha\right], \quad 0° \leqslant \alpha \leqslant \alpha_0 \tag{5-64}$$

$$W_{\mathrm{II}} = c\frac{Mv^2}{b\phi p}\cos^2\alpha,\quad \alpha_0 < \alpha \leqslant 90° \tag{5-65}$$

为了利用式（5-64）和式（5-65）计算微切削的磨损量，必须首先确定常数 k 及 ϕ。要准确计算出它们的值，目前还有很大的困难，根据实际情况，可以分别引用与它类似的划痕硬度实验以及切削加工实验的数值，有 $k\approx 2$，$\phi\approx 2$。

因此，临界冲角为

$$\alpha_0 = \arctan\frac{k}{b} = \arctan\frac{1}{3} = 18.5° \tag{5-66}$$

当冲角在 $0°\leqslant\alpha\leqslant 18.5°$时，

$$W_{\mathrm{I}} = c\frac{Mv^2}{2}\frac{1}{2p}[\sin(2\alpha) - 3\sin^2\alpha] \tag{5-67}$$

当冲角在 $18.5° < \alpha \leqslant 90°$时，

$$W_{\mathrm{II}} = c\left(\frac{Mv^2}{2}\right)\left(\frac{1}{6p}\right)\cos^2\alpha \tag{5-68}$$

通过式（5-67）和式（5-68）计算的磨损量与实际磨损情况仍有很大的差距。这是由于被冲击材料表面在磨损过程中逐渐失去原有光滑的表面，使得后续的沙粒冲角条件发生变化；当冲角 $\alpha = 90°$时，材料的磨损量还可能由变形磨损产生；沙粒微切削过程中，由于切屑的形成，材料与沙粒的接触面积增加，切削的作用力有可能并不在沙粒的尖角，特别是在切削较深的情况下，产生的实际磨损量与按式（5-67）和式（5-68）计算的磨损量相差很大；在应用上述公式时，还曾假设沙粒冲击材料表面，立即使材料进入塑性流动状态，不存在弹性变形区域，实际上这一过程应该包括弹性—塑性—弹性变形过程，也会产生计算的误差。

5.6.3　变形磨损过程的解析

沙粒垂直冲击材料表面，因塑性变形引起变形磨损，这一过程就是变形磨损过程。其冲击模型如图 5.20 所示，沙粒在负荷 P 的作用下向材料表面冲击，则有

$$\frac{P}{\frac{\pi}{4}d_{\mathrm{p}}^2} = \alpha_{\mathrm{H}}\mathrm{HB} \tag{5-69}$$

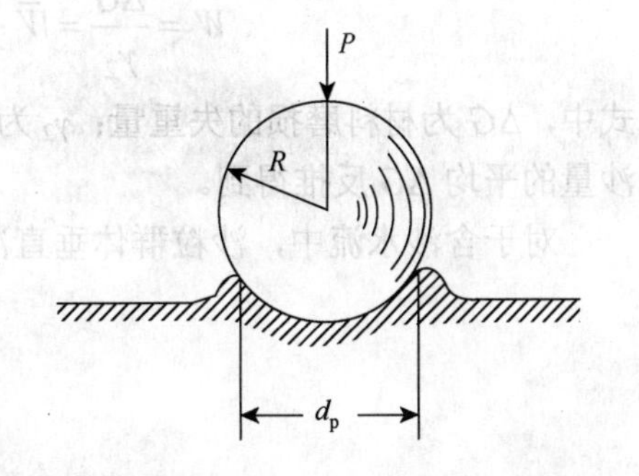

图 5.20　球形颗粒冲击压入材料表面的模型

式中，d_{p} 为塑性痕压缩的直径；P 为沙粒的垂直方向动态负荷；HB 为材料表面的布氏硬度；α_{H} 为硬度换算系数，对普通碳钢，$\alpha_{\mathrm{H}} = 1.6\sim 1.73$。

由于沙粒冲击造成的压痕尺寸相对于沙粒直径是很小的，可近似于计算沙粒产生的压痕深度：

$$y = \frac{1}{4D} d_p^2 \tag{5-70}$$

式中，D 为沙粒直径。

沙粒在压入的过程中，其阻力为

$$-\pi D \alpha_H y \mathrm{HB} = P \tag{5-71}$$

所以，沙粒冲击造成材料塑性变形所消耗的功为

$$\begin{aligned} A &= \int_0^{y_{\max}} P \mathrm{d}y = \int_0^{y_{\max}} \pi D \alpha_H \mathrm{HB} y \mathrm{d}y = \pi D \alpha_H \mathrm{HB} \frac{1}{2} y_{\max}^2 \\ &= \pi D \alpha_H \mathrm{HB} \frac{1}{2} \left(\frac{1}{4D} d_{p\max}^2 \right) = \frac{\pi d_{p\max}^4}{32D} \alpha_H \mathrm{HB} \end{aligned} \tag{5-72}$$

式中，$y_{\max}$ 为最大压痕深度；$d_{p\max}$ 为相对于 $y_{\max}$ 时的压痕直径。

设沙粒冲击材料后以速度 v 反弹，则沙粒的动能变化为

$$A = \frac{1}{2} m (v_p^2 - v^2) = \frac{1}{2} m v_p^2 (1 - k^2) \tag{5-73}$$

式中，v_p 为冲击速度；k 为反弹率，$k = v / v_p$，其值与材料特性有关，$k = 0 \sim 1$；m 为沙粒的质量，$m = \pi D^3 \gamma_1 / (6g)$，$\gamma_1$ 为沙粒的比重。

因此，

$$\frac{\pi d_{p\max}^4}{32D} \alpha_H \mathrm{HB} = \frac{1}{2} m v_p^2 (1 - k^2) = \frac{1}{2} \frac{\pi D^3}{6g} \gamma_1 v_p^2 (1 - k^2) \tag{5-74}$$

所以，

$$d_{p\max} = \sqrt[4]{\frac{32 D^4 \gamma_1 v_p^2 (1 - k^2)}{12 g \alpha_H \mathrm{HB}}} \tag{5-75}$$

则压痕体积为

$$\Delta W = \frac{\pi}{2} \left(\frac{d_p}{2} \right)^2 y = \frac{\pi d_p^4}{32D} = \frac{\pi D^3 v_p^2 \gamma_1}{12 g \alpha_H \mathrm{HB}} (1 - k^2) \tag{5-76}$$

通过实验验证，在一定的磨痕体积下，材料的磨损量是一定的。因此，在单个沙粒冲击情况下，材料的磨损体积为

$$W = \frac{\Delta G}{\gamma_2} = \bar{W} \cdot \Delta W = \bar{W} \cdot \frac{\pi D^3 v_p^2 \gamma_1}{12 g \alpha_H \mathrm{HB}} (1 - k^2) \tag{5-77}$$

式中，ΔG 为材料磨损的失重量；γ_2 为材料的比重；$\bar{W}$ 为常数，由实验确定，即由一定含沙量的平均 ΔG 反推得到。

对于含沙水流中，沙粒群体垂直冲击材料造成的变形磨损可由式（5-78）确定：

$$W = WcS \tag{5-78}$$

$$S = \frac{6 \rho_s V_s}{\pi D^3} \tag{5-79}$$

式中，S 为沙粒垂直冲击磨损的数目；V_s 为所计算的含沙水力体积；ρ_s 为沙粒密度。

故材料的总体积损失为

$$W = c \bar{W} \frac{V_s \rho_s \gamma_1}{2 g \alpha_H \mathrm{HB}} v_p^2 (1 - k^2) \tag{5-80}$$

5.6.4　复合磨损过程的解析

在水力机械中，悬浮于水流中的沙粒可能以各种冲击方式对材料表面产生冲击或微切削，材料表面的泥沙磨损实际上是微切削磨损和变形磨损的复合作用，其总的磨损量可以由此两种磨损过程的磨损量叠加而成。

Hertz 根据弹性体碰撞理论，认为沙粒冲击速度存在一个临界值 v_{pye}，当 $v_p \leqslant v_{pye}$ 时，材料仅有弹性变形；当 $v_p > v_{pye}$ 时，材料才有可能进入塑性流动状态。Bitter 根据冲击过程中的能量平衡分析，得出了冲击沙粒磨损中变形磨损部分的体积损失为

$$W_D = \frac{1}{2\varepsilon} M (v_p \sin\alpha - v_{pye}) \tag{5-81}$$

式中，M 为沙粒总质量；v_p 为冲击速度；α 为冲角；v_{pye} 为临界冲击速度；ε 为变形磨损因数。

关于临界冲击速度，Hertz 得到式（5-82）：

$$v_{pye} = \frac{\pi^2}{2\sqrt{10}} \sigma_y^{2.5} \rho^{-0.5} \left(\frac{1-\nu_1^2}{E_1} + \frac{1-\nu_2^2}{E_2} \right)^2 \tag{5-82}$$

式中，σ_y 为冲击接触面积中心处所产生的最大表面应力；ρ 为沙粒密度；ν_1、E_1 为沙粒的泊松比和弹性模量；ν_2、E_2 为材料的泊松比和弹性模量。

对于其中的微切削磨损过程，根据前面的讨论，有

（1）当 $\alpha \leqslant \alpha_0$ 时，即切削运动停止时沙粒仍有水平方向的运动。

$$W_{C\,\mathrm{I}} = 2M \frac{c(v_p \sin\alpha - v_{pye})^2}{\sqrt{v_p \sin\alpha}} \left[v_p \cos\alpha - \frac{c\varphi (v_p \sin\alpha - v_{pye})^2}{\sqrt{v_p \sin\alpha}} \right] \tag{5-83}$$

式中，φ 为切削磨损因数。

（2）当 $\alpha > \alpha_0$ 时，即作用于材料表面，水平切削运动停止或沙粒回弹而水平切削运动终止。

$$W_{C\,\mathrm{II}} = \frac{M}{2\varphi} [v^2 \cos^2\alpha - K_1 (v \sin\alpha - v_{pye})^{1.5}] \tag{5-84}$$

式中，φ 为切削磨损因数，

$$K_1 = 0.82 \sigma_y^2 \sqrt[4]{\frac{\sigma_y}{\rho}} \left(\frac{1-\nu_1^2}{E_1} + \frac{1-\nu_2^2}{E_2} \right)^2$$

$$c = \frac{0.288}{\sigma_y} \sqrt[4]{\frac{\rho}{\sigma_y}}$$

在复合磨损作用下，材料的总体积损失为

$$W = W_D + W_{C\,\mathrm{I}}, \quad \alpha \leqslant \alpha_0 \tag{5-85}$$

$$W = W_D + W_{C\,\mathrm{II}}, \quad \alpha > \alpha_0 \tag{5-86}$$

对于临界冲角 α_0，仍由 $\alpha_0 = \arctan\frac{k}{b}$ 求得。可由 $W_D(\alpha)$ 与 $W_{C\,\mathrm{I}}(\alpha)$ 或 $W_{C\,\mathrm{II}}(\alpha)$ 曲线叠加，得到 $W(\alpha)$ 曲线，如图 5.21 所示。

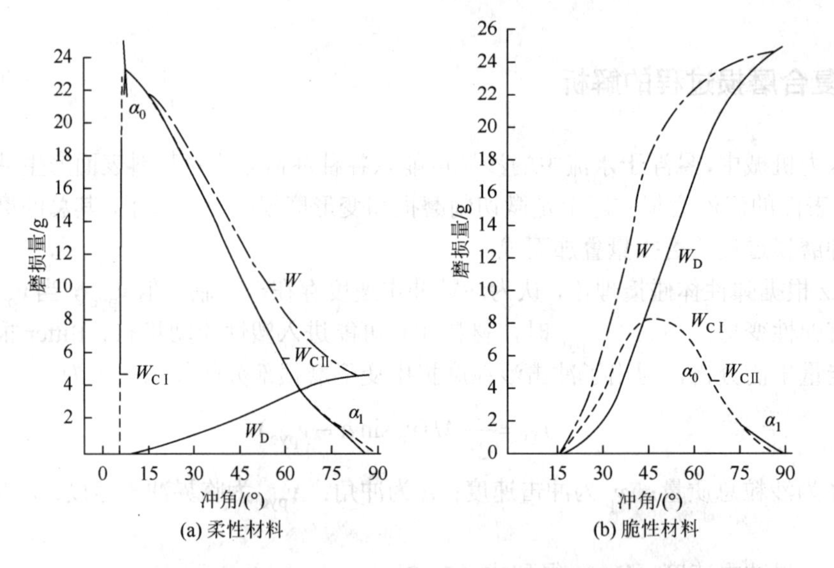

图 5.21　柔性材料与脆性材料颗粒磨损的计算结果

5.7　水力机械泥沙磨损量的估算方法

由于上述解析计算存在多种假设条件，与实际泥沙磨损量之间存在较大的差别，且影响磨损量的因素很多，为了便于在水力机械泥沙磨损量的计算中得以应用，下面汇总常用的磨损量的估算公式。

1. 瑞士伊尔盖斯公式

$$W = kC_V^{0.7} v^{2.7\sim3.0} T / (\sqrt{R}\sin\alpha) \tag{5-87}$$

式中，k 为常数；C_V 为含沙浓度；v 为对磨损试件的相对速度；R 为金属材料的硬度；α 为来流冲角（30°～90°）；T 为作用时间。

2. 磨损率公式

$$W / t = kv^m S^n \tag{5-88}$$

式中，W / t 为磨损率（kg/h，cm/h）；k 为取决于沙粒材料的常数，如沙粒的成分、硬度、形状等以及过流表面型线的角度、粗糙度等；v 为过流表面的流速（m/s）；S 为沙粒粒径 d＞0.05mm 的含沙量（kg/m^3）；m 为随材料转化而变的指数，对一般材料为 $m = 2.7$～3.2；n 为反映沙粒流动状况的指数，金属为 0.6～0.8，非金属为 0.4～0.56。

3. 前苏联佩拉边夫公式

$$J = ASwT / \varepsilon \tag{5-89}$$

式中，J 为深度表示的磨损程度；A 为系数，由实验确定；S 为某一沙径的硬物成分颗粒的含沙量；w 为相对速度；T 为运行时间；ε 为材料相对抗磨系数。

同时，佩拉边夫提出对运行条件大体相同的新设计水电站水轮机的磨损程度，可与已运行的水轮机相比较，预估其磨损程度：

$$J = A_1 \cdot S_1^m w_1^n D_2 \varepsilon_2 / (A_2 \cdot S_2^m w_2^n D_1 \varepsilon_1) \tag{5-90}$$

式中，下角 1、2 分别为新设计水轮机和已运行水轮机；D 为转轮名义直径；m 为含沙量指数；n 为流速指数。

4. *磨损平均深度*

$$\delta = [\beta S / (\varepsilon k)] w^m T^n \tag{5-91}$$

式中，δ 为泥沙磨损平均深度（mm）；ε 为材料表面光洁度的抗磨系数；k 为材料表面光洁度的影响系数；β 为泥沙磨损能力系数；S 为过机平均含沙量（kg/m^3）；w 为水流相对速度（m/s）；m 为磨损速度系数，$m = 2.0$～3.0，平顺流动磨损时 $m = 2.0$～2.3，冲击流动磨损时 $m = 2.3$～3.0；T 为运行时间（h）；n 为运行时间指数，$n \geqslant 1$，严重磨损之前 $n = 1$。

5. Bovest *教授提出的悬浮颗粒的磨损强度公式*

$$P_e = \mu V_s \frac{\rho_s - \rho_w}{R} v^3 \tag{5-92}$$

式中，P_e 为磨损强度；μ 为叶片表面与沙粒之间的摩擦系数；V_s 为颗粒的体积；ρ_s 为颗粒的密度；ρ_w 为水的密度；R 为转轮半径；v 为颗粒运动速度。

6. *贝格隆在假设磨损为滑动的情况下得出的磨损预判公式*

$$w = k\phi d_p^3 (\rho_p - \rho_f) \frac{v^3}{D} \tag{5-93}$$

式中，k 为经验系数，随沙粒特性而变；ϕ 为单位面积上的沙粒数目；d_p 为沙粒直径；ρ_p、ρ_f 分别为沙粒与水流的密度；v 为水流的特征流速；D 为特征尺寸。

7. *目前工程上常用的进行磨损强度计算的公式*

$$J = \frac{\Delta G}{sT\gamma} \tag{5-94}$$

式中，J 为沙粒磨损强度；ΔG 为材料的重量损失；s 为部件的过流表面积；T 为运行时间；γ 为部件（材料）的比重。

5.8 水力机械泥沙磨损的基本模型

5.8.1 颗粒-固壁碰撞模型

预测水力机械中颗粒流磨蚀问题是极端复杂的，其复杂性主要取决于这样一个事实，即在整个流场经过多次碰撞后，仍须对粒子的轨迹进行跟踪。例如，入口处的粒子，以经

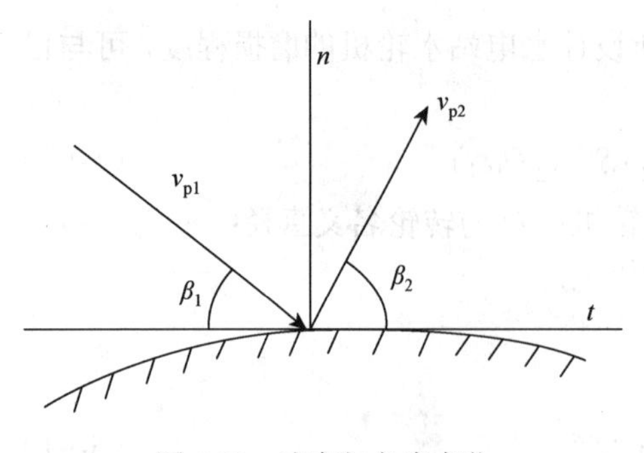

图 5.22　速度与角度变化

过多次碰撞后形成的反射速度作为粒子的初始条件。因此反弹问题（即颗粒-固壁碰撞问题是十分重要的问题，而固体的反弹特性又依赖于入射角 β_1、入射速度、粒子特性及其几何形状、材料表面的特性及其几何状况。速度和角度的变化如图 5.22 所示。颗粒相碰撞前后的速度和角度比定义为恢复系数 e，由于该问题具有复杂性，目前这方面的研究文献相对较少，尤其是液流中的颗粒-固壁碰撞问题，而关于气流中的颗粒-固壁碰撞问题恢复系数的研究，读者可参考相关文献，以供液流中的颗粒-固壁碰撞问题研究的参考，本书不再详述。

5.8.2　Finnie 磨损模型

Finnie 在假设固体颗粒的切削作用类似于切削工具的作用后，给出了韧性金属材料磨损模型。此磨损模型中，切削深度主要取决于材料表面的物理特性。该磨损模型的表达式比较简单，因此应用也较方便，其表达式为

$$E = c\frac{m_{\mathrm{p}}}{\mathrm{VHN}} v_{\mathrm{p}}^2 f(\alpha) \tag{5-95}$$

式中，E 为单位面积单位时间内磨损件表面的体积磨损率（即单位时间磨损件表面的磨损深度）；c 为颗粒切削材料的理论系数，一般取 $c = 0.5$；VHN 为磨损件表面的维氏硬度；m_{p} 为在单位时间内撞击单位面积材料表面的颗粒质量；v_{p} 为颗粒撞击材料表面的速度；α 为颗粒冲角；$f(\alpha)$为颗粒冲角函数。

$$f(\alpha) = \begin{cases} \sin(2\alpha) - 4\sin^2\alpha, & \alpha \leqslant 14^\circ \\ \dfrac{1}{4}\cos^2\alpha, & \alpha > 14^\circ \end{cases} \tag{5-96}$$

5.8.3　Grant 和 Tabakoff 磨损模型

Grant 和 Tabakoff 给出了单位质量颗粒碰撞韧性金属材料固壁时所产生的质量磨损率 E 的磨损模型，其经验表达式为

$$E = k_1(v_{\mathrm{p}}\cos\alpha)^{m_1}(1 - R_{\mathrm{T}}^2) f(\alpha) + k_2(v_{\mathrm{p}}\sin\alpha)^{m_2} \tag{5-97}$$

$$\begin{cases} R_{\mathrm{T}} = 1 - k_3 v_{\mathrm{p}} \sin\alpha \\ f(\alpha) = \begin{cases} 1 + k_4 \sin\left(\dfrac{\alpha}{\alpha_0} 90^\circ\right), & \alpha \leqslant 2\alpha_0 \\ 1, & \alpha > 2\alpha_0 \end{cases} \end{cases} \tag{5-98}$$

式中，v_p、α 分别为颗粒撞击固壁的速度和入射角；α_0 为最大磨损的颗粒入射角（一般为 20°～30°）；m_1、m_2 为速度指数；k_1、k_2、k_3、k_4 分别为经验系数。

一般情况下，$m_1 \approx 2$，$m_2 \approx 4$，$\alpha_0 \approx 25°$，$k_3 = 0.0016 \text{s/m}$，k_1、k_2、k_4 均取决于颗粒和磨损材料的材质特性。一般河沙颗粒，对不同材料，其经验系数如下：对铝合金，可取 $k_1 = 1.57 \times 10^{-6}$（s/m）^{2}，$k_2 = 2.0 \times 10^{-12}$（s/m）^{4}，$k_4 = 0.3193$；对钛合金，可取 $k_1 = 1.565 \times 10^{-6}$（s/m）^{2}，$k_2 = 3.0 \times 10^{-12}$（s/m）^{4}，$k_4 = 0.1736$；对不锈钢，可取 $k_1 = 1.505 \times 10^{-6}$（s/m）^{2}，$k_2 = 5.0 \times 10^{-12}$（s/m）^{4}，$k_4 = 0.2961$。石英砂颗粒，对不同材料，其经验系数如下：对铝合金，可取 $k_1 = 3.67 \times 10^{-6}$（s/m）^{2}，$k_2 = 6.0 \times 10^{-12}$（s/m）^{4}，$k_4 = 0.585$；对不锈钢，可取 $k_1 = 5.225 \times 10^{-6}$（s/m）^{2}，$k_2 = 0.549 \times 10^{-12}$（s/m）^{4}，$k_4 = 0.2668$。

5.8.4　Elkholy 磨损模型

Elkholy 通过对大量脆性磨损材料实验数据的综合，给出了一般脆性磨损材料的经验磨损表达式（可用于杂质泵过流部件的磨损计算）：

$$E = kC_V^{0.628} d^{0.616} v_p^{2.39} \left(\frac{H_1}{H_2}\right)^n \left[1 + \sin\left(\frac{\alpha - \alpha_1}{90° - \alpha_1}\right) \times 180° - 90°\right] \tag{5-99}$$

$$n = \begin{cases} 3.817, & H_1 / H_2 \leqslant 1.9 \\ 0.268, & H_1 / H_2 > 1.9 \end{cases} \tag{5-100}$$

式中，α_1 为最小磨损角，一般可取为零；k 为磨损系数，对铸铁可取 $1.342 \times 10^{-5} \text{g} \cdot \text{s}^{1.39}/\text{m}^{3.006}$；$n$ 为颗粒与磨损材料的硬度比 H_1/H_2 的函数。

从式（5-100）可以看出，其磨损率 E 考虑了颗粒体积浓度 C_V、颗粒直径 d、颗粒冲击速度 v_p、颗粒冲角 α 以及颗粒与磨损材料的硬度比 H_1/H_2。

5.8.5　高浓度颗粒流磨损模型

前面的磨损模型及其他很多磨损模型几乎都忽略了固液两相流动中的颗粒-颗粒作用，即属于单颗粒磨损模型。而含沙河流及其他固液两相流动中，尤其是高浓度混合流体中，其颗粒-颗粒作用与颗粒-流体作用至少有相同的数量级，如果颗粒朝固壁运动，或者颗粒在壁面附近的湍流剪切层中有脉动颗粒速度，或者颗粒沿壁面有 Coulombic 接触，则颗粒都有可能与壁面发生作用。因此，对于高浓度混合流中磨损的基本过程，主要需考虑下列三种磨损形式，如图 5.23 所示。

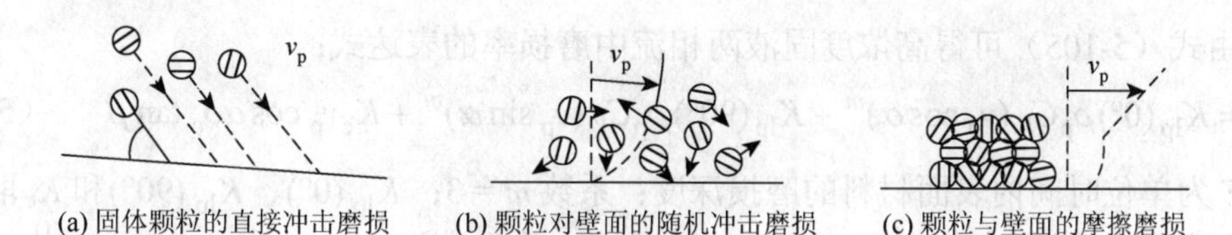

图 5.23　高浓度混合流中的主要磨损形式

（1）固体颗粒的直接冲击磨损；

（2）颗粒对壁面的随机冲击磨损；

（3）颗粒与壁面的摩擦磨损。

这些磨损分量都与作用在含沙水流中的应力有关，可以由流体力学分析获得，其应力主要如下：

（1）颗粒的动压或压强应力；

（2）颗粒碰撞应力；

（3）Coulombic 接触摩擦应力。

颗粒-壁面作用所耗散的能量或磨损件的磨损率可根据上面的三种应力来计算。由于能量法能把边壁附近的流动指数和壁面磨损联系起来，本模型采用能量法。在能量法中，假设由颗粒-壁面作用所耗散的能量与壁面材料失去量成正比，比例系数取决于磨损机理（直接冲击、随机冲击、摩擦）和其他作用过程的影响，如腐蚀、空蚀等。

高浓度混合流体中的磨损的能量法将实验系数和数值计算相结合。首先由实验室的实验结果获得数值模型中的实验系数，然后可用该磨损模型预测磨损件的磨损率。过流部件任何位置的磨损率 E 可表示成由直接冲击引起的磨损率 E_l、随机冲击引起的磨损率 E_p 和摩擦引起的磨损率 E_c 之和，即

$$E = E_l + E_p + E_c \tag{5-101}$$

式中，后两项在高浓度混合流体中尤为重要。前两项之和可用式（5-102）来表示：

$$E_l + E_p = K_{lp}(\alpha)\rho_p C_V v_p^m \tag{5-102}$$

式中，$K_{lp}(\alpha)$ 为冲角 α 下，颗粒冲击壁面（包括直接冲击和随机冲击）所耗单位能量引起的磨损率；v_p 为颗粒冲击壁面的速度。

式（5-101）最后一项可表示成

$$E_c = K_c \tau_c v_p \cos\alpha, \quad \tau_c = \delta_c \tan\beta \tag{5-103}$$

式中，K_c 为因 Coulombic 摩擦所引起的磨损率系数；τ_c 为由颗粒与壁面 Coulombic 接触所引起的剪切应力；δ_c 为 Coulombic 接触所引起的法向应力，$\tan\beta$ 为 Coulombic 接触系数，取 0.30～0.35；β 为内摩擦角。

这样由式（5-102）和式（5-103）可写出总磨损率公式：

$$E = K_{lp}(\alpha)\rho_p C_V v_p^m + K_c v_p \cos\alpha \delta_c \tan\beta \tag{5-104}$$

实际上，K_{lp} 可进一步表示成

$$K_{lp} = K_{lp}(0°)\cos^m\alpha + K_{lp}(90°)\sin^m\alpha \tag{5-105}$$

这样，由式（5-105）可得高浓度固液两相流中磨损率的表达式：

$$E = K_{lp}(0°)\rho_p C_V (v_p\cos\alpha)^m + K_{lp}(90°)\rho_p C_V (v_p\sin\alpha)^m + K_c v_p \cos\alpha \delta_c \tan\beta \tag{5-106}$$

式中，E 为单位时间内表面材料的磨损深度；系数 $m=3$；$K_{lp}(0°)$、$K_{lp}(90°)$和 K_c 取决于表面材料特性，可由实验确定。对于一般河沙，其系数为：$K_{lp}(0°) = 2.0\times10^{-11}$～$4.0\times10^{-11}\text{mm}\cdot\text{s}^2/\text{kg}$，$K_{lp}(90°) = 2.0\times10^{-8}$～$5.0\times10^{-8}\text{mm}\cdot\text{s}^2/\text{kg}$，$K_c = 5.0\times10^{-6}$～$1.0\times10^{-5}\text{mm}\cdot\text{s}^2/\text{kg}$。

5.9　水力机械泥沙磨损数值模拟方法及实例

世界各地的河流中普遍含有泥沙，水力机械在运行过程中必然会受到泥沙磨损问题的困扰，这一问题对国内外在水力机械研究方面提出了新的挑战和研究方向。随着计算机技术的发展和数值模拟技术的成熟，数值模拟作为一种新的方法在水轮机及设计方面得到了广泛应用。FLUENT、CFX、STAR-CD、NUMECA、ANSYS 等商业软件得到了大力推广与应用，流体运动数值模拟技术在各个领域得到了广泛应用，为工程应用提供了基本可靠的理论指导。对于含沙水为工作介质的水轮机，当被水流挟运的沙粒通过其流道时，坚硬的沙粒撞击和磨削过流表面，造成流道边壁泥沙磨损。

【例 5.1】以某一具体混流式水轮机作为数值模拟对象，基本设计参数和泥沙参数分别如表 5.2 和表 5.3 所示。

表 5.2　水轮机的基本设计参数

名称	单位	参数
水轮机型式	混流式	
转轮进口直径（D_1）	mm	2750
固定导叶的数量（Z_2）	个	12
活动导叶的数量（Z_1）	个	24
转轮叶片数	个	15（长）+15（短）
最大净水头	m	281
额定水头	m	250
最小净水头	m	250
额定出力	MW	63.52
额定流量	m^3/s	27.58
额定转速	r/min	375
最大飞逸转速	r/min	649.2
吸出高度	m	−4.8
装机高程	m	1912.5

表 5.3　泥沙参数

含沙量/(kg/m^3)	泥沙中值粒径/mm	沙粒体积分数/%	沙粒密度/(kg/m^3)
9.52	0.1	0.3592	2650

利用 Unigraphics NX 软件对各过流部件进行造型，建立三维几何模型，并进行网格划分，如图 5.24 所示。

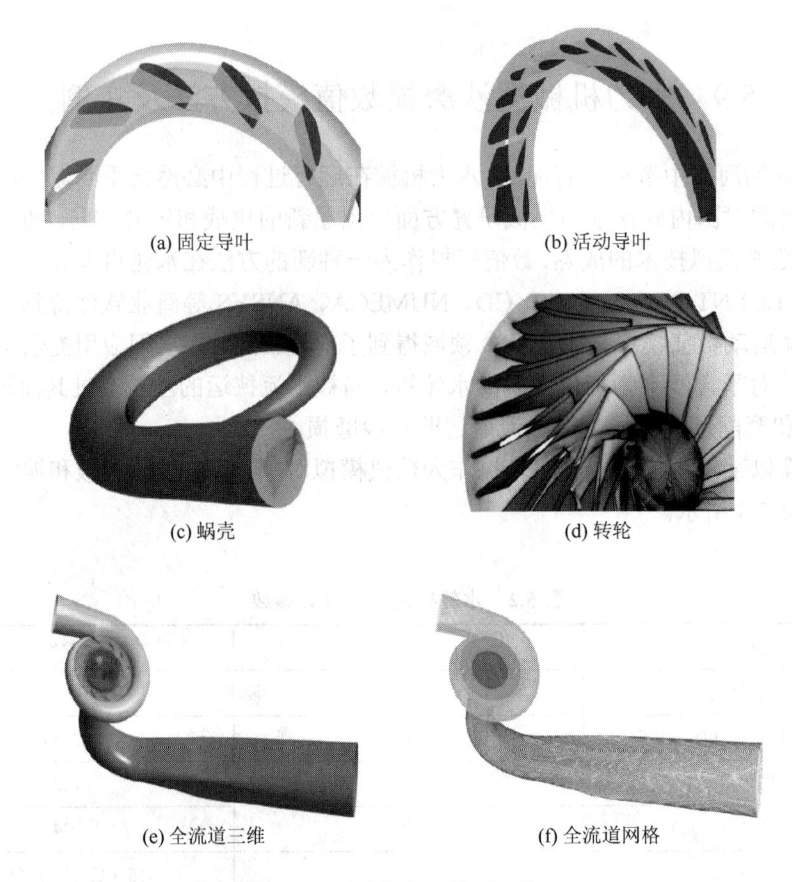

图 5.24　过流部件三维及网格图

（1）边界条件设置。

参考压力为 1atm，进口边界条件采用速度进口，假定进口为均匀来流且垂直于进口边界，根据流量及蜗壳进口端面面积确定进口流速。出口边界条件根据吸出高度确定为压力出口，方向垂直于出口面，出口压力为尾水管出口处的静压。固壁上速度满足无滑移壁面条件，在近壁区域采用标准壁面函数。在进出口确定速度和压力的同时，还要给定泥沙相体积分数和颗粒尺寸。

（2）数值计算结果及分析。

过流部件泥沙浓度分布见图 5.25～图 5.27。从图中可知泥沙浓度最高区域出现在转轮处，在固定导叶出口处存在泥沙浓度低的区域。活动导叶上最高泥沙浓度在 10%弦长位置，活动导叶出口处泥沙浓度也较高。

转轮叶片上最高泥沙浓度出现在叶片出口位置，因此判断转轮磨损最严重的区域在转轮的出口位置，靠近下环的区域由于泥沙速度更高而更易磨损。

小流量工况（导叶开度为 48.5mm，流量为 17.69m^3/s）的主要过流部件的不同叶高的泥沙浓度和泥沙速度分布如图 5.28～图 5.32 所示。从泥沙浓度分布图可以看出，活动导叶上最高泥沙浓度在 10%弦长位置，最大泥沙速度出现在 20%弦长附近，活动导叶出口处泥沙

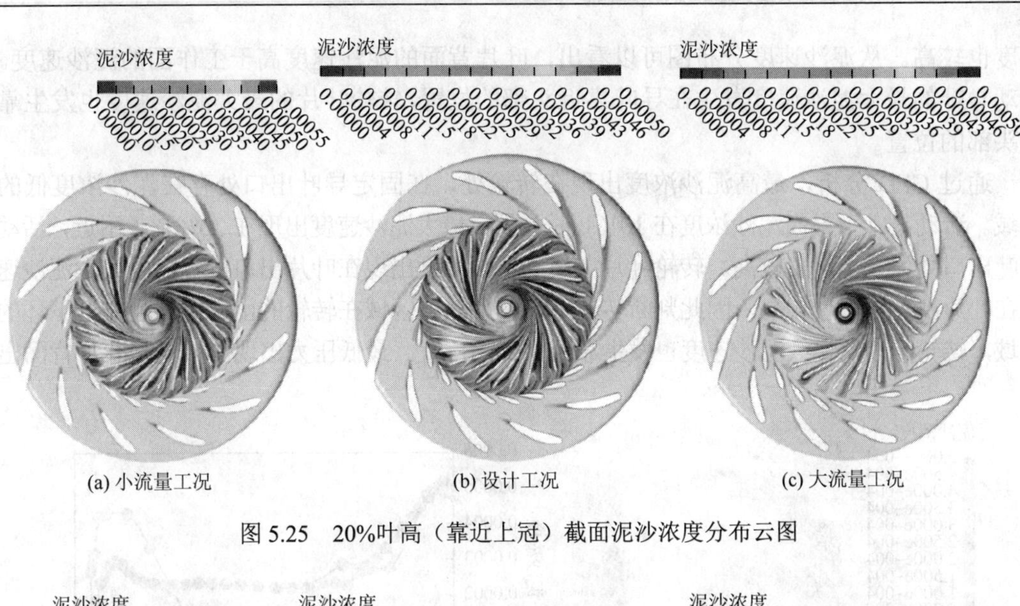

(a) 小流量工况　　(b) 设计工况　　(c) 大流量工况

图 5.25　20%叶高（靠近上冠）截面泥沙浓度分布云图

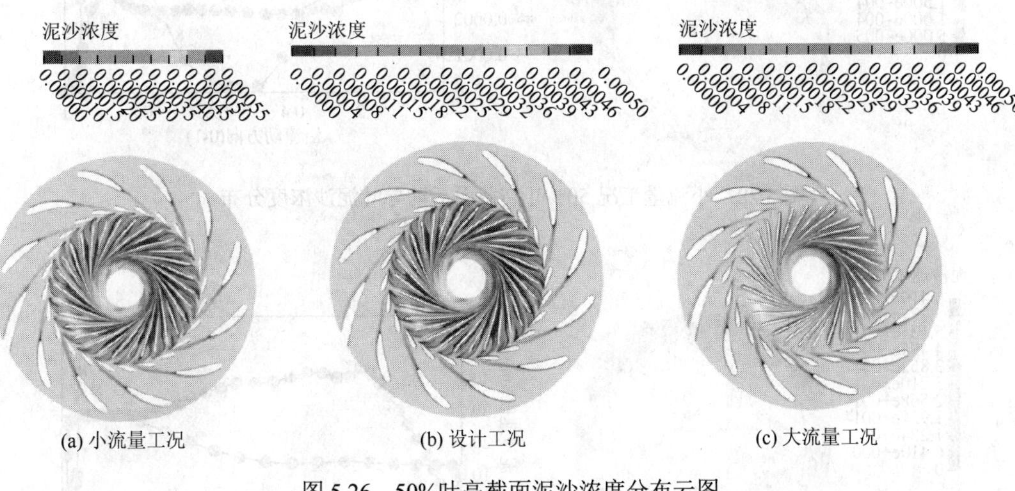

(a) 小流量工况　　(b) 设计工况　　(c) 大流量工况

图 5.26　50%叶高截面泥沙浓度分布云图

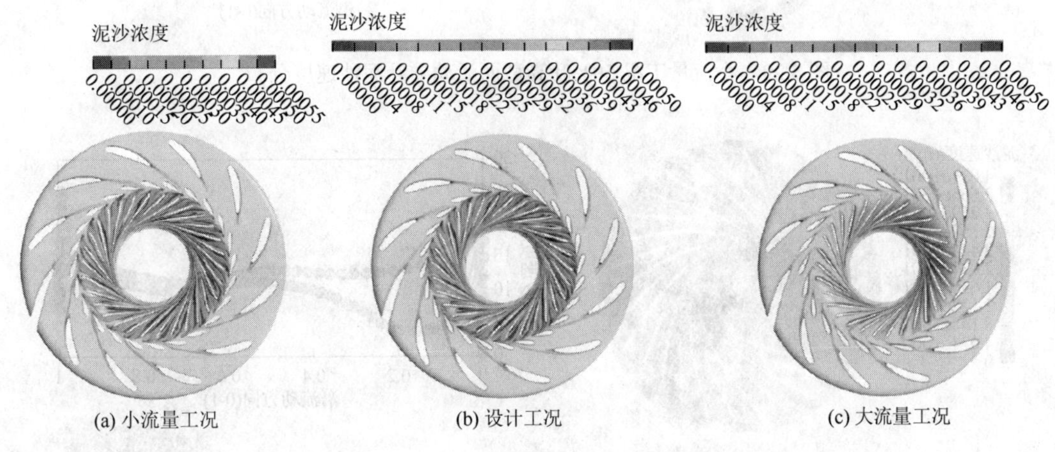

(a) 小流量工况　　(b) 设计工况　　(c) 大流量工况

图 5.27　80%叶高（靠近下环）截面泥沙浓度分布云图

浓度也较高。从泥沙速度分布图可以看出，叶片背面的泥沙速度高于工作面的泥沙速度。活动导叶的最大泥沙速度发生在导叶靠近头部的位置，转轮叶片的最大泥沙速度也发生靠近头部的位置。

通过 CFD 分析，最高泥沙浓度出现在转轮处，在固定导叶出口处存在泥沙浓度低的区域。活动导叶上最高泥沙浓度在10%弦长位置，最大泥沙速度出现在20%弦长附近，活动导叶出口处泥沙浓度也较高。转轮叶片上最高泥沙浓度出现在叶片出口位置，且最大泥沙速度在叶片出口位置也较高，因此判断转轮磨损最严重的区域在转轮的出口位置且靠近下环的区域，转轮叶片的最大泥沙速度也发生靠近头部的位置。最低压力出现在转轮长叶片背面出

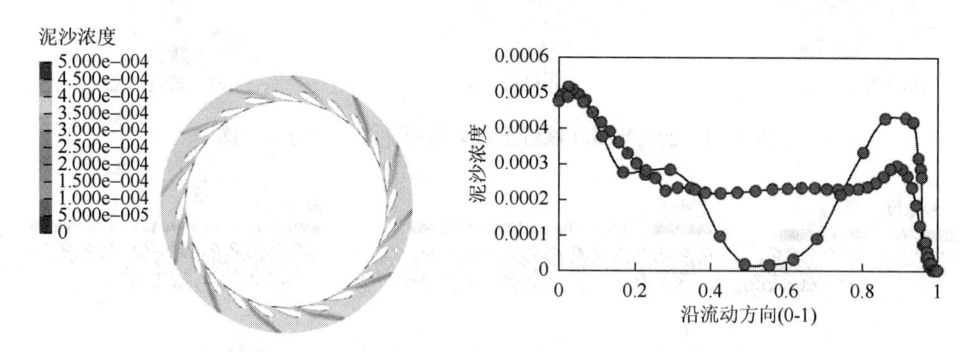

图 5.28　小流量工况 50%叶高截面活动导叶泥沙浓度分布

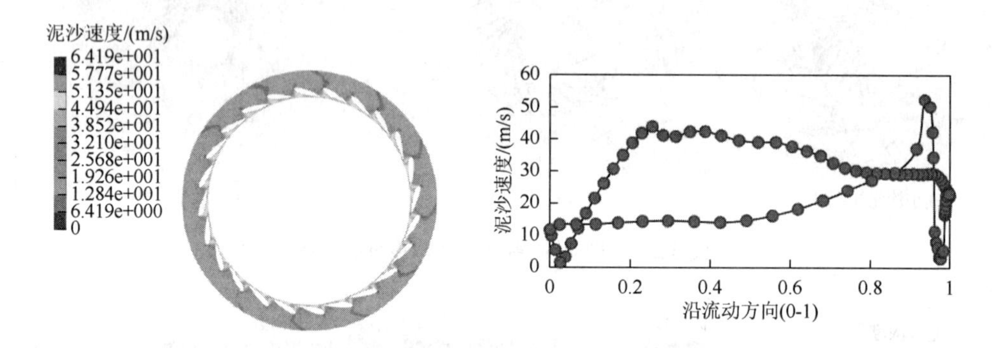

图 5.29　小流量工况 50%叶高截面活动导叶泥沙速度分布

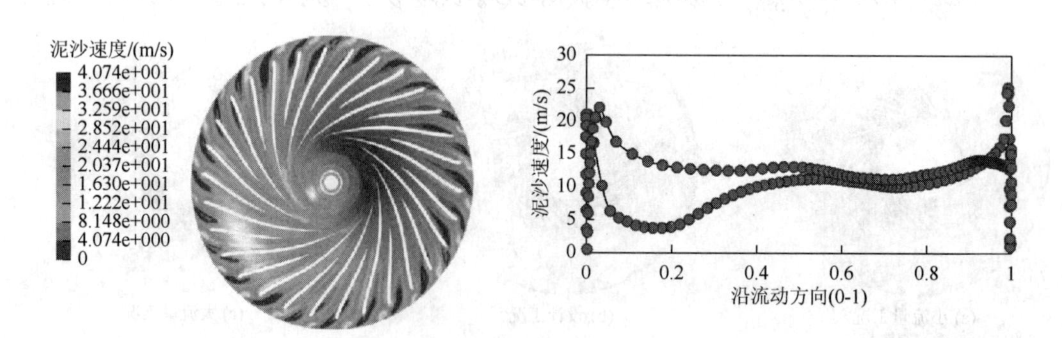

图 5.30　小流量工况 20%叶高截面转轮泥沙速度分布

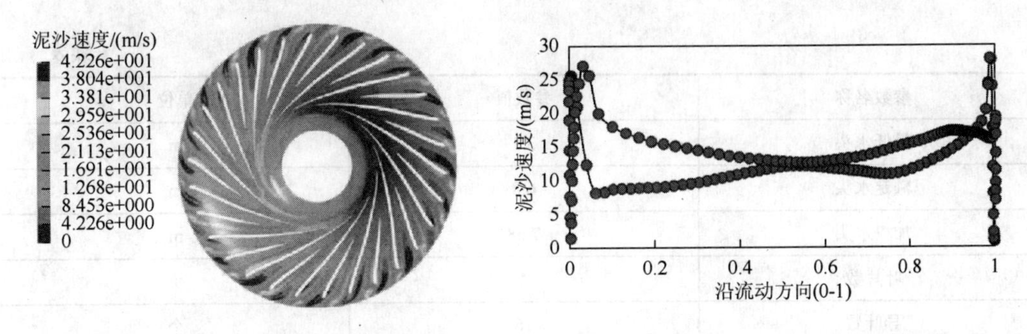

图 5.31　小流量工况 50%叶高截面转轮泥沙速度分布

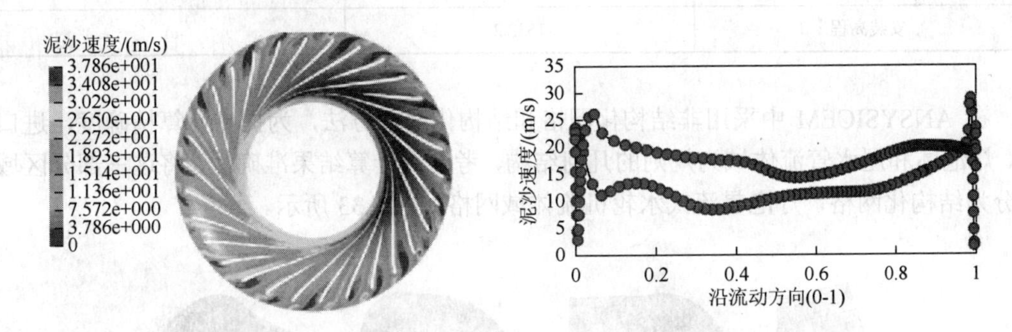

图 5.32　小流量工况 80%叶高截面转轮泥沙速度分布

口靠近下环处，各个叶高截面最低压力均大于汽化压力（3200Pa），在各个工况下转轮不会发生空化。得到泥沙在水轮机内部过流通道不同区域的分布及泥沙浓度，表明转轮叶片出水边近上冠区域和转轮上冠泥沙分布区域面积较大，泥沙浓度大，从而可以定性预测机组在各工况下运行时泥沙对各过流部件表面的破坏情况。为后续的泥沙磨损实验方案的制定和试验段的设计提供参考。

数值模拟结果表明，根据过流部件泥沙浓度分布图，水轮机转轮叶片上最高泥沙浓度出现在叶片出口位置，且泥沙速度在叶片出口位置也较高，由此判断转轮磨损最严重的区域在转轮的出口位置，靠近下环的区域由于泥沙速度更大而更易磨损。

【例 5.2】以某一灯泡贯流式水轮机进行不同颗粒直径的数值模拟分析。

该灯泡贯流式水轮机的主要参数如表 5.4 所示。

表 5.4　贯流式水轮机主要参数

参数名称	参数值	单位
水轮机	灯泡贯流式	
转轮直径	7.2	m
同步转速	68.18	r/min
单机额定出力	24.6	MW
额定流量	399.2	m^3/s
最高水头	10	m

续表

参数名称	参数值	单位
最低水头	3.1	m
额定水头	6.8	m
加权水头	7.68	m
叶片数	4	个
导叶数	16	个
允许吸出高度	−8.8	m
安装高程	1532.2	m

在 ANSYSICEM 中采用非结构化网格和结构化网格方法，为提高计算精确度，进口段、灯泡体和尾水管流体域为规则的几何结构，考虑到计算结果准确性，将这三部分区域划分为结构化网格，灯泡贯流式水轮机流体域网格如图 5.33 所示。

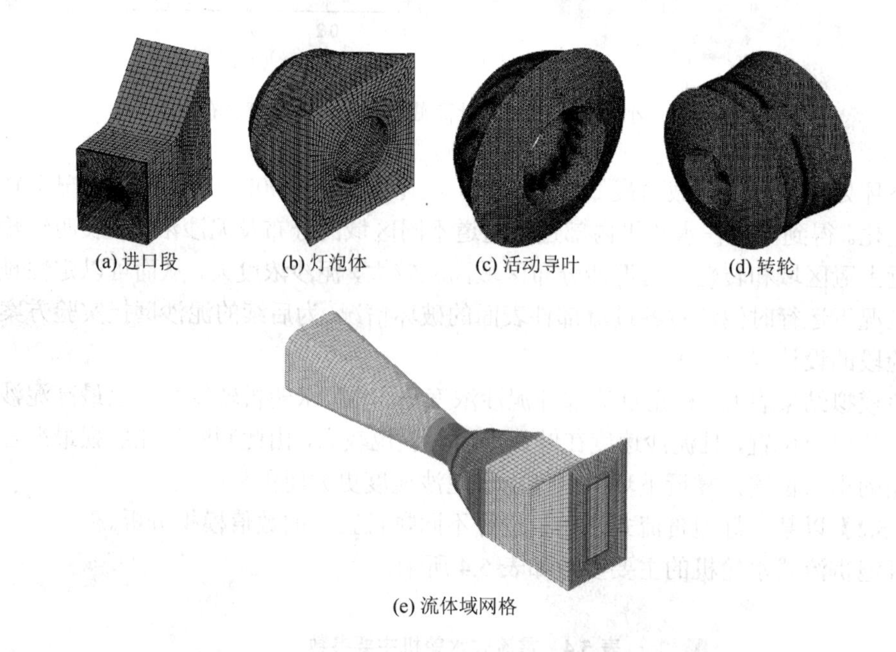

图 5.33　灯泡贯流式水轮机流体域网格

探究过流部件表面磨损程度与泥沙颗粒直径的关系，在保持 8m 水头和泥沙颗粒入口浓度 C_V 为 3.5%的情况下，本节仅分析泥沙颗粒直径 $d = 0.15\text{mm}$、0.45mm、0.75mm 三种工况下的全流道流动特征和过流部件表面压力、速度及泥沙浓度分布等情况。

颗粒直径 0.15mm、0.45mm、0.75mm 三种工况下灯泡体壁面及内部流道泥沙浓度分布云图如图 5.34 所示。

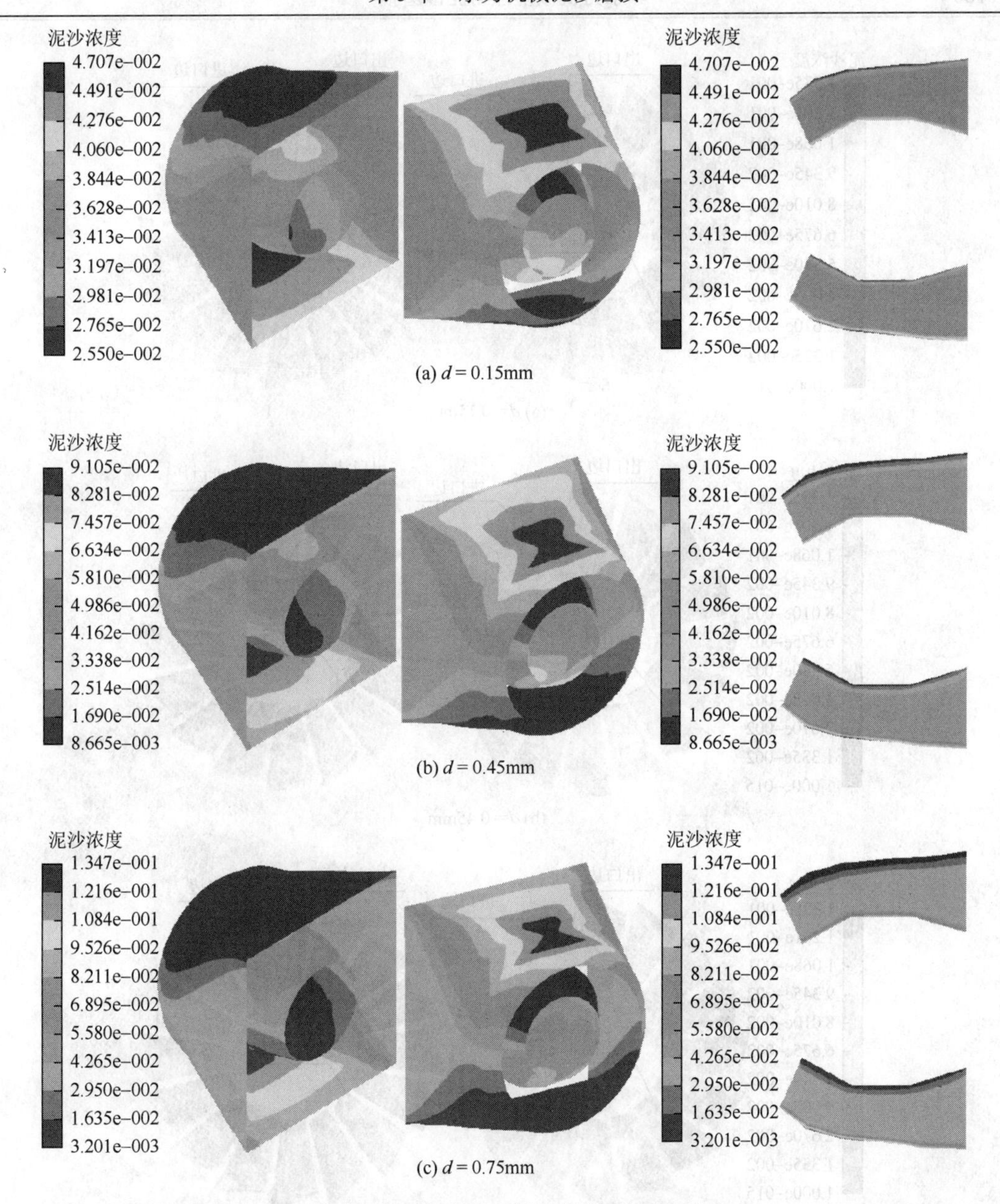

(a) $d = 0.15$mm

(b) $d = 0.45$mm

(c) $d = 0.75$mm

图5.34　灯泡体壁面及内部流道泥沙浓度分布

从泥沙浓度分布云图可以看出，在泥沙浓度为3.5%的情况下，随着泥沙颗粒直径的增大，灯泡体壁面和内部流道泥沙浓度增大，泥沙分布最多处是底部区域，换句话说，灯泡体底部腐蚀磨损程度最大。

不同直径下活动导叶表面泥沙浓度分布云图如图5.35所示。

活动导叶压力面的泥沙浓度随着颗粒直径的增大而增加，即磨损程度逐步增强，主要体现在右半边的导叶；而吸力面的磨损程度随着泥沙颗粒直径的增加有减弱的现象。压力面和吸力面导叶磨损程度分布有差异。

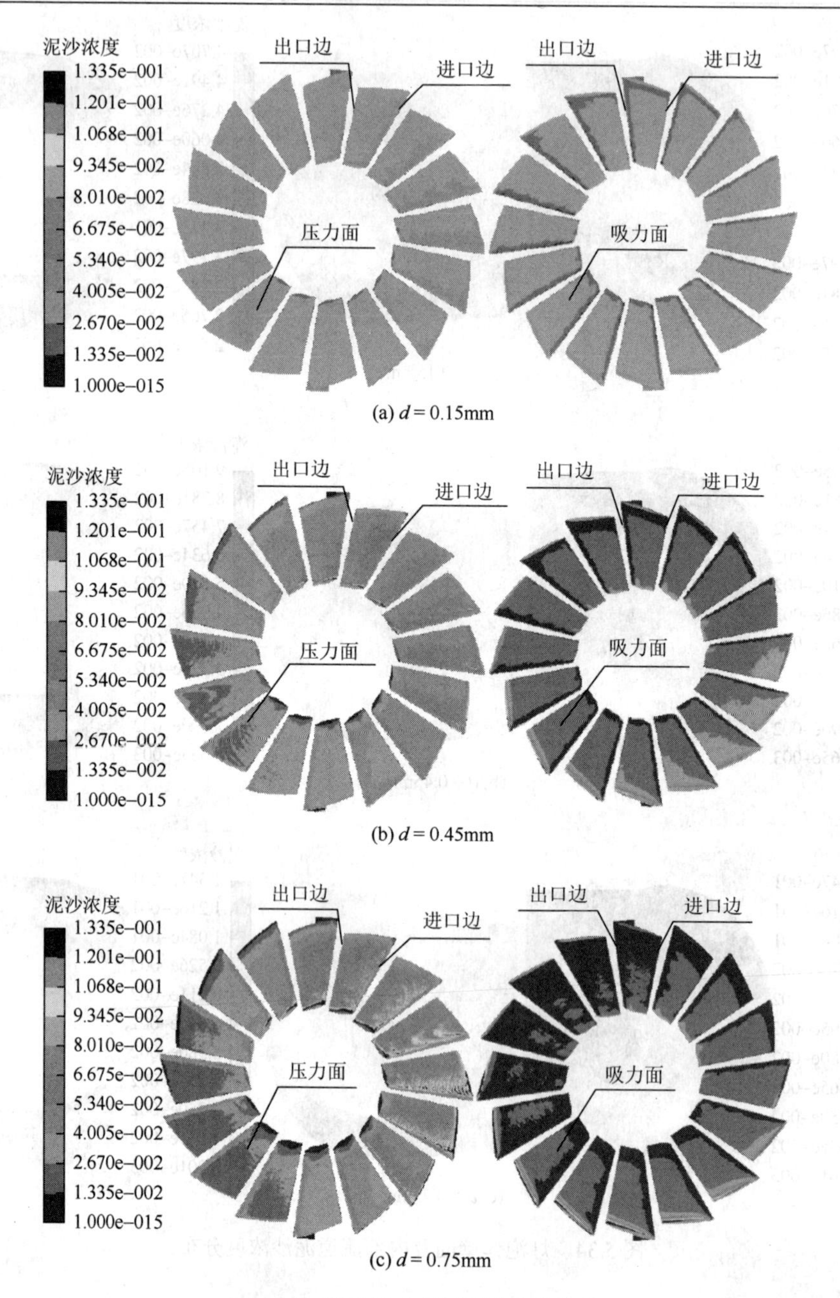

(a) $d = 0.15$mm

(b) $d = 0.45$mm

(c) $d = 0.75$mm

图 5.35　活动导叶表面泥沙浓度分布

转轮是贯流式水轮机的核心部件，当水流中泥沙浓度过高时，对桨叶的磨损程度是很大的。桨叶一旦破坏，势必会引起水轮机运行不稳定、效率降低及空蚀等问题，故对桨叶表面泥沙磨损进行分析是必要的。转轮在泥沙颗粒直径 $d = 0.15$mm、0.45mm、0.75mm 三种工况下的叶片压力分布云图、转轮内部流动情况分布云图如图 5.36～图 5.38 所示。

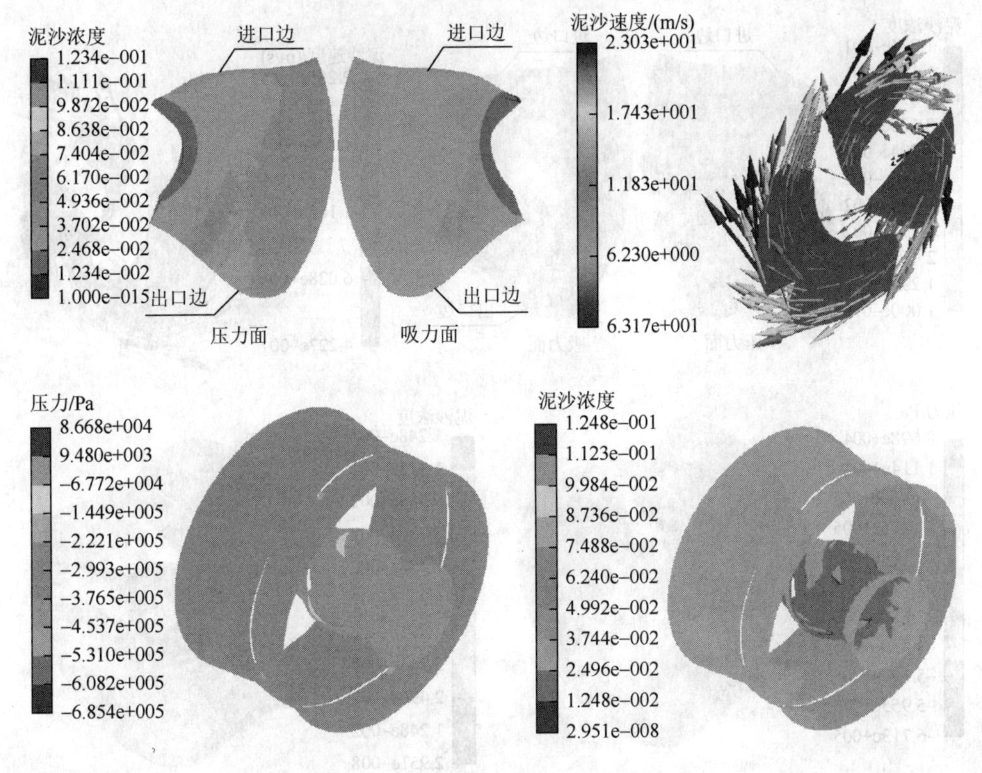

图 5.36　$d = 0.15$mm 工况转轮流动分析

从桨叶表面泥沙浓度分布情况来看，压力面外缘区域比吸力面大，其余区域分布大致相同，说明压力面靠近外缘区域更易受磨损。从泥沙速度矢量分布图来看，压力面、吸力面外缘泥沙速度最大，尖锐的泥沙颗粒划伤桨叶，出现具有破坏作用的划痕，增大发生空蚀的可能性。水轮机在此工况下长时间运行，桨叶磨损程度将会进一步增加，而且泥沙颗粒以 45°冲击进口边，在相同速度的情况下，该角度能造成更大的破坏效果。同时，桨叶进口边区域泥沙也存在淤积现象，根据水轮机泥沙磨损经验公式，磨损程度与泥沙浓度呈正相关关系，因此，进口边磨蚀程度高。转轮壁面压力分布图中压力呈对称性分布，靠近桨叶外缘盒轮毂的区域有一小部分高压区，可以发现在小粒径下，水轮机效率受到的影响较小。再看转轮壁面泥沙浓度分布情况，转轮外环壁面泥沙浓度高于内环壁面，内环壁面还存在部分低浓度区。

在泥沙颗粒直径为 0.45mm 工况下，泥沙颗粒直径的增大对桨叶表面泥沙浓度分布、泥沙速度分布及转轮壁面压力和泥沙浓度分布都很大影响。在桨叶表面泥沙浓度分布图中可以看出，压力面和吸力面较泥沙颗粒直径为 0.15mm 时泥沙浓度更高，尤其是桨叶外缘，从根部至外缘浓度逐步增大，而吸力面出现一个小区域低浓度区，进口边泥沙堆积更大，进口边磨蚀加重，压力面高浓度区域增大，桨叶根部泥沙浓度更低。从泥沙速度矢量图中可以看出，泥沙速度有所下降，泥沙速度分布变化不大，桨叶表面流动较好。转轮壁面压力分布图和泥沙浓度分布图中，虽然最大压力增加，但高压区域减小，转轮外环和内环出现低浓度区，由于受重力增加的影响，外环底部浓度比顶部高。

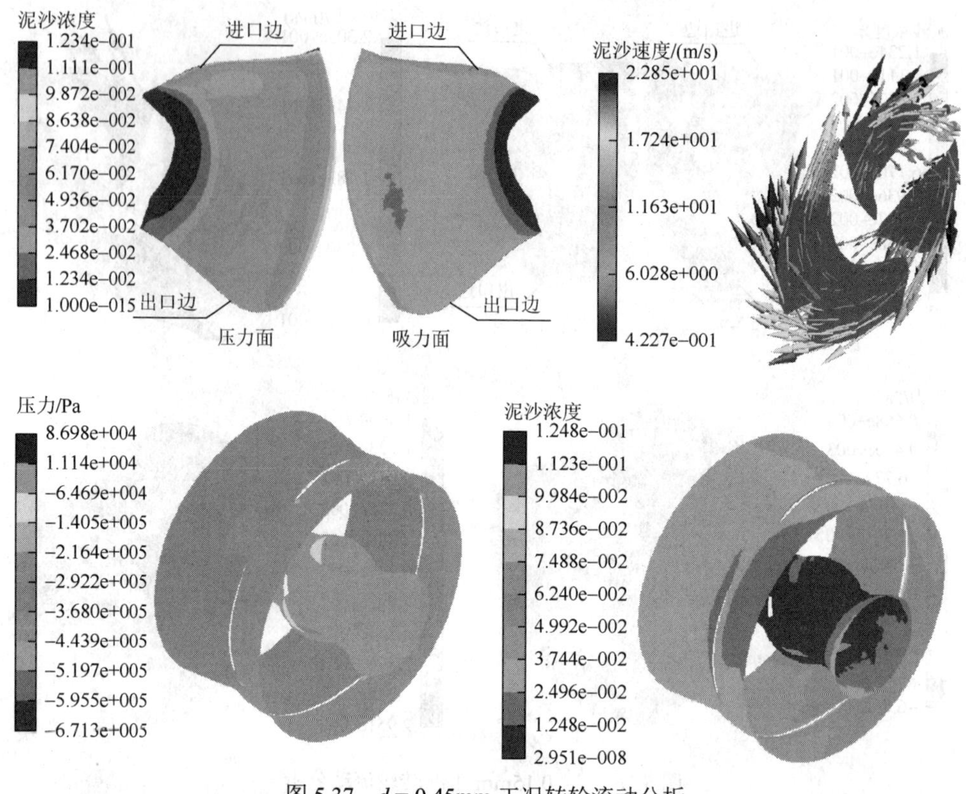

图 5.37　$d = 0.45\text{mm}$ 工况转轮流动分析

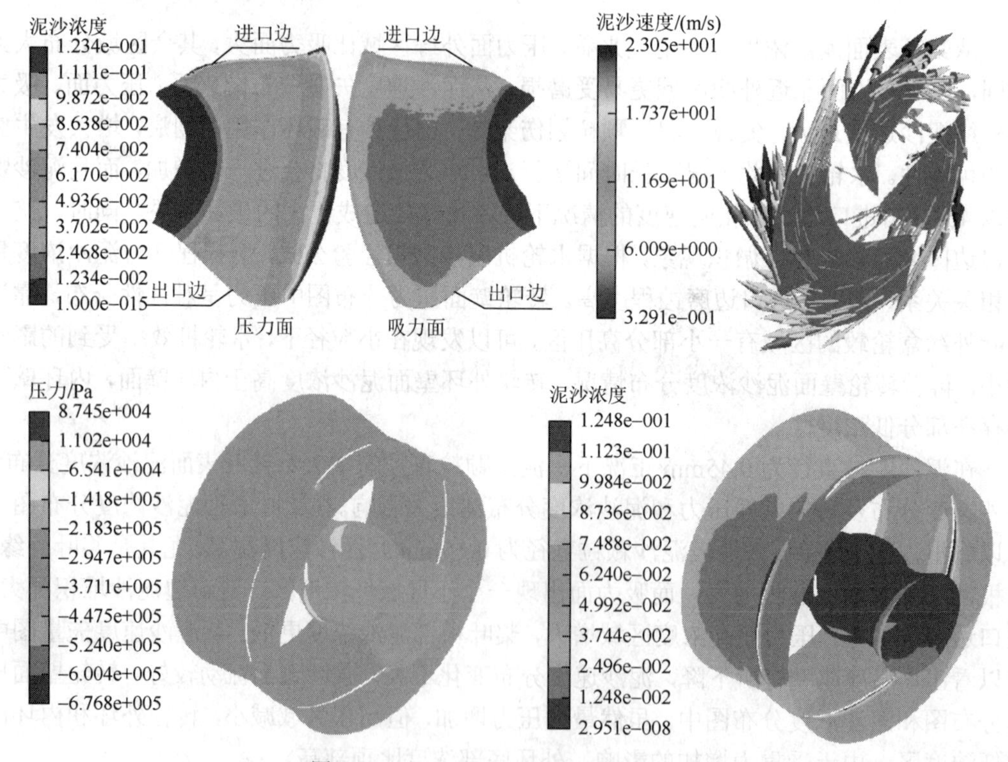

图 5.38　$d = 0.75\text{mm}$ 工况转轮流动分析

当泥沙颗粒直径增加到 0.75mm 时，从桨叶表面泥沙浓度分布图中可以明显地看出，压力面外缘泥沙浓度较 0.15mm、0.45mm 时更高，说明磨蚀程度最严重，桨叶根部低浓度区域增大，而吸力面中低浓度区域也增大，其他分布情况与前两种工况相差不大。泥沙速度矢量分布图中，外缘附近速度依然最大，也是更易受尖锐颗粒划伤的区域。转轮壁面压力分布图中，压力分布比较均匀，与泥沙颗粒直径 0.15mm、0.45mm 时相差无几。壁面泥沙浓度分布图中，外环面顶部低浓度区较 0.45mm 时更大，外环面靠近桨叶外缘区域泥沙浓度更高，这是由重力增加导致的，该区域比前两种工况磨蚀程度更严重。

泥沙入口浓度不变，颗粒直径 d 分别为 0.15mm、0.45mm、0.75mm 三种工况下，由于水中含有泥沙，灯泡体底部的泥沙浓度随着泥沙颗粒直径的增加而增大，各过流部件磨损程度随着泥沙颗粒直径的增加而增强。总之，泥沙颗粒降低了水轮机的整机性能。

第6章　含沙水中空蚀和磨蚀理论

6.1　概　述

前面所述的研究内容均是单独考虑泥沙随水流运动，借助水流运动的动能，沙粒对触及机件的磨削和撞击作用的结果。单纯的泥沙磨损应该是全面的、均匀的，且是缓慢的。也就是说在正确选择抗磨金属材料时，水力机械的纯泥沙磨损是构不成严重威胁的。

但实际上，水流在流过水轮机过流部件时，局部区域的水压较低，当低于当时温度的水的汽化压力时，便要形成空泡，当此空泡随水流移至水压高于汽化压力的区域时，又迅速破灭，此时空泡外水流将以极大的速度冲击填补这个空间，造成极高的单位压力的撞击作用，使触及的材料产生疲劳和破坏，并伴随着电的、化学的以及热的破坏作用。这就是水流运动的特殊水力现象。

当含沙水流中产生空化现象时，空化作用与泥沙磨损作用相互影响，对过流部件表面共同产生破坏作用。水力机械在含沙水流中运行所遭受的破坏，比相同设备在清水中运行的破坏要严重得多，且从各个多泥沙河流上运行的水力机械破坏程度看，含沙量大的比含沙量小的磨损破坏要大。对待这一类问题，有人认为应该进行综合治理，即既防止泥沙进入机组，又防止产生空蚀，从抗磨抗蚀方向彻底解决这一问题，这就是新兴的磨蚀学说。那么，含沙水条件下，水力机械运行所遭遇的严重破坏问题的主要矛盾是什么呢？本章将来研究和分析含沙水条件下的空蚀与磨损的关系。

6.1.1　水中泥沙对空化现象的影响

在空蚀的有关章节中谈到了空化现象中的空化核子理论，即认为清水中掺入的杂质，如泥沙、空气等，都属于空化核子。在这些核子的表面附着了大量的空气微团，同时，溶解于水中的气体也常常附着在空化核子的不平整表面上，这样一来使得含沙水流中的空化核子数目比清水中要大得多，从空化核子理论可知，空化核子的增加使得水的容积强度大大降低，当水中的泥沙与水流产生相对运动时，很容易在沙粒颗粒的后方形成压力降，诱发空化空穴。因此，在其他相同条件下，含沙水流比清水更容易产生空化空穴，促进空化的发展，诱发更为强烈的空蚀破坏。

在含沙水流空化流场中，由于存在泥沙，单位体积内泥沙颗粒较多，严重破坏了空化流场中的空泡，使之尺度减小，且空泡溃灭引起了泥沙颗粒间的相互碰撞，必然使得泥沙的动能减弱，磨损量相应降低，同时水流的密度增加，使得边界的压力增高，从而抑制了含沙水流的空化，使空化强度降低，材料的质量减轻。有人在用高速摄影的方法获取泥沙颗粒在流体中的运动轨迹后认为：泥沙在平顺流体中，一方面顺水流方向向前运动，另一方面在垂直于流向方向上又有加速运动，当边界突然扩散，形成漩涡时，泥沙被流体裹挟进入漩涡，之后又被抛出。但是在空化流场中，泥沙的运动轨迹却十分紊乱，泥沙颗粒与空穴之间相互有脱离、回弹、撞击现象，这样使得空泡的分裂变小，从而使空泡溃灭时产生的能量有所削弱。在含沙空化流场以外，因泥沙运动轨迹与流线基本重合，形成平顺流动，故其对材料不产生破坏。

空蚀使得材料表面开始被破坏成微小的针孔或缝隙，称为凹凸不平的过流表面。不平整的表面又进一步促使了这一区域的局部漩涡的生成以及空蚀的发展，使得金属材料加速破坏。当水中含有一定数量的泥沙时，泥沙颗粒对材料表面的磨损将使这一不平整表面趋于平整，从而抑制了空蚀的加速过程。在这种情况下，水中的泥沙起到"抛光"空蚀破坏表面的作用，是有一定的现实意义的。过流部件表面的粗糙不平度，如加工留下的刀痕等，往往是不可避免的，在投入运行的初期，它们便形成局部的空蚀源，而泥沙的上述作用正好克服了这一缺点。还有人认为，水中的泥沙在随空泡流运动时，由于各自惯性力不同，泥沙有可能切破空泡，使得空泡细化，因而空蚀程度有所降低。

总之，在一定的条件下，即含沙量较低，不构成强烈的沙粒磨损破坏形态，空化又处于由初生空化向破坏性空化过渡的阶段，空蚀程度不十分剧烈的条件，泥沙颗粒对空蚀程度的影响存在有利的方面，超出这些条件，将属于空蚀和泥沙磨损共同作用的情况。

6.1.2 空化对泥沙磨损现象的影响

泥沙磨损强度取决于水中泥沙颗粒的实际运动速度，根据 Sheldon 磨损公式，其磨损量与沙粒速度的三次方成正比。当流道中存在空化现象时，局部的水流状态是极不稳定的，空化空穴发育、不稳定脉动和形态突变，或者空化空穴溃灭，均造成局部强烈扰动，使水流中的泥沙颗粒获得极大的附加速度，因而对材料表面造成更快和更强烈的泥沙磨损，也就是说，空化过程加速了泥沙磨损过程。

有人在水洞中利用局部空蚀源研究了在含沙水和不含沙水的情况下空化对泥沙磨损的影响，指出在存在空蚀时，泥沙磨损强度增加了 2～4 倍。这是因为边界层水流受障碍物的扰动，形成漩涡，在漩涡运动中，漩涡中心部分的压力被降低，漩涡吸引沙粒，而又在离心力作用下从漩涡逸出并冲击过流部件表面，同时由于漩涡中的低压而产生空穴，流到正压区产生溃灭，与泥沙颗粒一道作用在过流表面上。当流道中压力增加，空蚀现象消除时，存在单纯的泥沙磨损。

6.2 含沙水中水力机械快速破坏的原因分析

含沙水流中，泥沙磨损与空蚀对水力机械的破坏过程十分复杂，迄今破坏机理方面的研究还不十分完善，各种理论有待于进一步研究证实，但目前的成果仍可帮助我们初步了解泥沙磨损与空蚀对水力机械破坏的作用。含沙水流既不是理想的单一流体，也不是不可压缩的黏滞性流体。含沙水流是水与沙粒（即液相与固相）的两相流动。因此按欧拉运动微分方程或 N-S 方程与连续性方程构成封闭方程组为基本方程设计的水力机械就不能适应液固两相工质的工作条件。作用于流体中的泥沙颗粒的力有自重、浮力、液流绕流颗粒时的升力、颗粒互撞或与流道壁碰撞后所具有的惯性力、颗粒与流体相对运动的阻力等。沙粒在流体中做均匀相对运动时所受到的流体阻力(形状阻力)相当于流体对它的拖曳力，其表达式为

$$F = C_{\mathrm{D}} \rho_0 \frac{A \Delta u^2}{2} \tag{6-1}$$

式中，F 为流体阻力；C_{D} 为阻力系数；A 为假定沙粒为球形时的投影面积；ρ_0 为水的密度；Δu 为沙粒与水流的相对运动速度。

阻力系数表示沙粒在水流中运动时的阻力状态，可由与雷诺数的试验关系曲线近似确定。

流体阻力和沙粒所受质量力比值为

$$f = \frac{F}{F'} = \frac{3\rho_0 C_{\mathrm{D}} \Delta u^2}{4\rho_{\mathrm{s}} d_{\mathrm{n}} a} \tag{6-2}$$

式中，F' 为作用于沙粒的重力、浮力、惯性力等合力；ρ_{s} 为沙粒的密度；d_{n} 为沙粒的当量粒径；a 为沙粒在质量力作用下所产生的加速度。

当 f=1 时，对某一定值 a，就可求出不同当量粒径的不同最大相对运动速度。

研究泥沙颗粒的实际运动速度有重大意义，沙粒对过流部件的磨损取决于沙粒的实际运动速度。对于在含沙水流中工作的水力机械，转轮中的流速场和压力场将因固相颗粒而发生变化。当存在沙粒的相对运动速度时，固体颗粒改变了水力机械过流断面的面积，因而按清水条件设计的水力机械转轮，在含沙水流中运转时，由于流速场和压力场的变化，泥沙颗粒相对于流体的相对运动速度增大，加剧了对过流部件的磨蚀，对于较大粒径的沙粒和水流局部扰动区域，沙粒与水流流态将有较大偏离。国内在研究两相流杂质泵时，为修正设计方法，曾采用泥沙对过流断面的“相对阻塞”“相对抽吸”的概念，求出转轮流道有效断面面积，改变挟沙水流中水力机械叶片上的流速三角形，使之更适合于某一工况下的含沙水流。现场实物试验表明，采用上述修正方法设计的杂质泵在恒定含沙量时运行效果较好。因此，在特定条件（不变的扬程、流量、含沙量、沙粒特性等）下工作的水力机械，按两相流原理设计可以最大限度地减少沙粒对过流表面的冲撞，改善抗空蚀性能，减轻磨蚀至最低限度，并提高水力效率。对于变工况（变水头或扬程、变出力、变过机含沙量以及变沙粒级配、成分、形状等）运行的水力机械，例如，水轮机出力与水头发生较大变化，一年四季河流含沙量骤变，冬季清水，汛期浑水，甚至出现沙峰。这样任何一个因素不确定，就将导致两相流计算结果的族解，适应族解的水力机械结构是难以实现的。此时，如果按某一参数设计两相流水力机械，当偏离设计工况时，流道的速度场与压力场仍将发生畸变，由于绕流阻力和惯性力引起沙粒的附加速度，$\partial u / \partial y \neq 0$，水流回流发生漩涡，沙粒在漩涡中急剧地以冲击动量 mug 冲击金属表面，同时空蚀破坏加剧，这与清水设计的水力机械在两相流中运行所发生的现象没有本质的区别。对于上述运行在多泥沙河流上的水电站和泵站，运行工况和含沙量是随机的，因此研究泥沙与空蚀对水力机械的磨蚀，寻求各种抗磨蚀保护措施，乃是面临现实的难题。

沙粒对过流部件表面的磨损过程是复合磨损，即微切削磨损与变形磨损同时存在。由于平行于表面的切削运动和垂直于表面的压入运动以及沙粒形状不规则，瞬间合力不通过沙粒重心，使沙粒运动对接触点产生弧线切削运动分量。沙粒变形磨损与材料硬度试验过程相似，即金属表面在沙粒垂直冲击下因塑性变形而引起的变形磨损。因此金属材料总磨损量由微切削磨损与变形磨损叠加而成。

由此可见，沙粒质量越大，速度越大，被磨损材料塑性应力越小，则总磨损量就越大。因而从理论分析中就指出了减少沙粒磨损的主要途径：

（1）减少粗颗粒泥沙进入流道；

（2）降低沙粒流速；

（3）尽可能减小流道内水流的速度畸变；

（4）增加材料的显微硬度或增强软材料的弹性等。

实际上，沙粒磨损是一个复杂的物理过程，有可能会发生极小的高速沙粒挤入金属晶格而导致晶粒的脱落，此时，材料的密实性显得十分重要。单个沙粒的磨损量分析可以微观地说明破坏程度，但当含沙水流中的沙粒群体在流道中运动时，沙粒群体对过流表面的破坏则又有差异和不同，当含沙量较大时，在靠近流道表面的一层液体内，沙粒彼此无规则的撞击增加了，对流道表面打击的能量减少了，好像沙粒群体本身对过流部件表面起着屏障作用，含沙量越大则屏障作用越大。据试验结果，在很小含沙量条件下，磨损量与含沙量的 1 次方成正比，在 3～200kg/m^3 含沙量内，含沙量指数，对于金属为 0.6～0.8，对于非金属（复合尼龙和环氧金刚砂涂层）为 0.40～0.56。在水力机械流道中，局部含沙量可能比平均含沙量要大，如钢管道下部因泥沙自重沉淀作用，局部含沙量增加，流道内因离心力使沙粒局部集中；缝隙流动和局部阻力扰流时沙粒分布不均匀而造成局部大含沙量等，因此，在水力机械流道内，局部含沙量对流道破坏起主要作用。而现场观测也表明局部磨损往往位于水力机械最薄弱也最要害的部位，如叶片出水边、密封间隙，需要特别关注。还应说明，我国的多沙河流年实际输沙量的差别很大，汛期内又集中在几次沙峰时段，如黄河年输沙量最多达 39.1 亿 t（1933 年），最少只有 4.88 亿 t（1928 年），年内沙量集中的几次暴雨洪水 5～6 天的输沙量占年输沙量的 50%以上，形成高含沙量水流，在沙峰期内，水力机械破坏也最为严重，过机泥沙日平均含沙量差别很大，泥沙粒径级配和各种粒径的矿物含量也因产沙地之异而逐日不同，所以多年平均含沙量仅能比较不同河流的含沙量，还不能完全表示可能对水力机械破坏的程度，在实际水电站、泵站应用中，用哪一个含沙量来估算磨损量，需要对具体情况深入调查后具体分析。

含沙水流是两相湍流运动。湍流是一种高度复杂的三维非稳态、带旋转的不规则流动。在湍流中的流体的各种物理参数（如速度、压力、温度等）都随时间与空间发生随机的变化。从物理结构上说，可以把湍流看作由各种尺度的涡旋叠合而成的流动，这些漩涡的大小及旋转轴的方向是随机分布的，除黏滞力外，还要考虑二阶对称张量的湍流附加应力。液体失去层状流动性质而产生垂直于运动方向的分速度，在液体的每一点，都发生速度矢量对它的平均值的无规则偏离。在直管道中，紊流脉动瞬时速度可能偏离平均速度的 1%～40%，因而相对于平均流速，含沙水流中的沙粒在一定程度上处于无规则运动中。流道表面的流速与平均流速存在差异，即使无局部阻力，平滑表面上也发生漩涡流动，其强度取决于表面的粗糙度、流体的黏滞性和平均流速。漩涡长轴平行于流向，漩涡处于不断由小变大而后消失的过程。水流漩涡形成、扩大和消失，水流中的沙粒也随着漩涡以各种方向冲击流道表面。这就说明了流道表面的光洁度对减轻泥沙磨损具有重大意义，流道表面的减阻显得重要。在含沙水流中工作的水力机械，从水力学要求，不但应当避免产生局部阻力，即表面形状要符合流线，而且应当尽可能把表面打磨光滑，提高表面光洁度。因此，沙粒群体对过流部件的磨损量在大量试验资料的基础上可归纳为下述经验公式：

$$W = ABCDS^{\alpha}v^{\beta}T \tag{6-3}$$

式中，A为不同材质的磨损系数；B为与沙粒成分、级配、硬度、形状等因素有关的系数；C为与过流表面型线准确度、加工光洁度有关的系数；D为与时间有关的系数；v为液体流速；S为含沙量；α与β为不同条件下的指数，含沙量较大时，对于金属$\alpha = 0.6 \sim 0.8$，非金属$\alpha = 0.4 \sim 0.56$，$\beta = 2.7 \sim 3.2$。

在含沙水流中运转的水力机械过流部件不仅受到泥沙的磨损，而且受到空蚀的破坏，在空蚀破坏区域，含沙水流对过流部件造成更严重的破坏，使空蚀范围扩大，破坏程度加剧。因此，必须研究泥沙磨损与空蚀破坏的联合作用。

在天然水中总是含有微量未溶的气体，气体的微小气核遍布于整个液流之中，使液体的抗拉强度降得很低，以致当流体局部压力降至汽化压力以下时，在流体内部产生气体空泡，导致流体的连续性破坏。气体空泡（空蚀核子）的数量和大小决定了水的容积强度。气泡在高压区溃灭时，可产生几千个大气压，当气泡在金属表面上溃灭时，就产生对金属的冲击，这是金属空蚀破坏的主要原因。在水中含有固体颗粒的情况下，由于实际上没有一种液体能够完全湿润任何固体，沙粒不平整的表面的微观和亚微观的缝隙中将藏有不溶于水的气体，因而含沙水流中的空蚀核子比不含沙的水流大为增加。当沙粒产生相对于水流的加速度时，在沙粒加速度的相反方向一侧产生涡流，局部形成压力降，从而使空泡提前发生。空泡随着沙粒与水流继续运动到流体的高压区则发生溃灭，空泡溃灭时，位于空泡附近的沙粒将受到空泡溃灭压力，从而获得附加的速度，使沙粒的冲击动量增大。

在空蚀区，空蚀破坏与泥沙磨损的联合作用过程更为复杂，至今其机理尚不十分清楚，目前研究者也都通过试验和数值模拟的方法进行大量的相关研究。

6.3　含沙水中水力机械泥沙磨损和空蚀破坏的特征

6.3.1　空蚀破坏的特征

1. 影响空蚀的因素

如前所述，液体的温度、气体的含量和悬浮固体微粒（当然包括泥沙）都将改变液体的汽化压力。水力机械的质量（包括翼型准确度、表面光洁度）、安装位置的大气压强和吸出高度以及固体微粒的状态，都将改变流场的静压力。水力机械在不同的工况下运转，抗空蚀性能也将改变。

2. 空蚀破坏特征

公认的空蚀外特性有噪声、振动、水力效率下降、水机出力下降和不稳定。公认的空蚀破坏金属材料的表面特征是针孔状、海绵状、蜂窝状。空蚀破坏是疲劳破坏，所以有潜伏期。随空蚀程度及材料不同，潜伏期可以短至几分钟，也可以长达若干年。

按空蚀试验观察到的空蚀破坏，其特征如下。

（1）鼓包和麻点：空蚀破坏在最初阶段为极小的鼓包或极小的麻点。用放大镜观察，麻点具有微小的凹坑，与腐蚀痕迹差不多。麻点似由鼓包脱落而形成，或是材料固有的缺陷。

（2）鱼鳞坑：单个麻点扩大成为大的凹坑，国内一般称为鱼鳞坑。坑内表面光滑，呈金黄色、银白色或无光泽的灰色。凹坑与四周不损坏区的界线十分鲜明。

（3）鱼鳞状：麻点群发展成为小片鱼鳞状，再合并成大片的鱼鳞状破坏。其表面状态与鱼鳞坑相同，有的内部可见针孔。

（4）沟槽：长形鱼鳞坑发展后将相互连通成为顺水流方向的沟槽。

（5）裂纹等：空蚀引起机械的振动，常常是叶片或其他机件产生裂纹、折断、紧固件松动、机器大幅度摆动等现象的根源。

（6）局部性：因为气泡溃灭以外的区域不能产生空蚀破坏，所以空蚀破坏有别于泥沙磨损的另一个重要表面特征为破坏的局部性。

6.3.2　泥沙磨损的特征

（1）泥沙磨损属于机械磨削原理，没有潜伏期，从一开始就可以观察到磨损现象。

（2）无论泥沙粗细，冲刷表面总是越冲磨越光滑。

（3）在整个过流表面上磨损应是全面的。其磨损深度应随流速和冲角渐变，其相对磨损深度可参考伊尔盖斯得出的规律。

（4）磨损表面（碳钢）有时呈深咖啡色，这是泥沙的磨损速度小于金属表面氧化速度的结果，即深咖啡色是金属表面氧化的现象。当出现这种现象时，说明泥沙磨损能力极低，有永不损坏的趋势。

（5）磨损表面（碳钢）呈白亮的金属光泽，这是泥沙磨损速度大于金属氧化速度的结果，其磨损仍然是较为缓慢的。

6.3.3　泥沙磨损与空蚀联合破坏的特征

如果金属表面已被空蚀破坏呈蜂窝状，则泥沙颗粒极易切削或冲击海绵状的粗糙表面，扩大损伤；如果金属表面被沙粒刮伤，破坏了表面的平滑，则凸凹不平的表面又极易产生空穴，空穴的溃灭又加剧了刮伤处的破坏。如此恶性循环，形成了沙粒磨损与空蚀的联合破坏作用。在强空蚀区域，轻微的泥沙磨损不足以改变空蚀所形成的凸凹蜂窝，人们常观测到以空蚀为主的蜂窝状表面破坏状态；在强泥沙磨损区域，空蚀轻微的破坏被沙粒刮平或在漩涡中被沙粒磨光，人们看到的是以泥沙磨损为主的表面鱼鳞坑破坏而不见蜂窝状表面痕迹；在泥沙磨损与空蚀破坏两者作用相当的区域，便能看到既有鱼鳞坑又有蜂窝状的表面破坏特征。但鱼鳞坑与蜂窝状已不是纯磨损或纯空蚀的典型特征构造，而是互相包容的互动过程。鱼鳞坑内的麻点、蜂窝状是空蚀和泥沙切削磨损的联合作用结果。因此，过流部件表面抗空蚀性能对减轻泥沙磨损有重要作用；反之，过流部件表面的抗强磨损性能及平滑光洁度可延缓和减少空穴的发生。材料有密实的金相显微组织结构，化学稳定性好，材料的抗空蚀性能强，也就在一定程度上削弱了泥沙磨损与空蚀联合破坏作用的发展速度。加工精度好的不锈钢过流部件能比普通碳钢在含沙水流中更耐久，其原因就在于不锈钢在水中形成的氧化膜与金属基体牢固地附着在一起，抗空蚀性能强，阻止和延缓了空蚀的发展，保持了表面光洁度，从而减轻了泥沙磨损，避免了沙粒对蜂窝状组织剧烈的切削破坏的机理。普通碳素钢氧化膜厚而脆，在空泡溃灭时极易被剥离，给空蚀的发展和泥沙进一步磨损创建了更多的机会，破坏必然更严重。

6.4　流行磨蚀学说

首先针对水力机械过流表面破坏机理的研究问题，介绍不同学者所提出的四种观点：泥沙磨损学说、空蚀破坏学说、空蚀与泥沙磨损联合作用——新兴的磨蚀学说、含沙水流混乱破坏学说。

1）泥沙磨损学说

该学说认为水力机械过流部件快速破坏的主要原因是泥沙磨损，空蚀是很平常的。只有当泥沙磨损使得过流部件表面破坏达到一定程度，即形成凹凸不平的表面时，才形成局部漩涡，扰乱流场，出现空蚀，而空蚀的出现又加速了对过流表面的严重破坏。

2）空蚀破坏学说

该学说认为水力机械过流部件快速破坏的主要原因是空蚀破坏作用，泥沙是次要的，但泥沙诱发空蚀，使得空蚀提前发生，空蚀的强大破坏造成了过流表面的剥落，泥沙只是起磨光抛光的作用。

3）空蚀与泥沙磨损联合作用，即磨蚀学说

该学说认为泥沙磨损与空蚀破坏均可造成水力机械过流表面的损坏，并且互为因果，形成恶性循环。

4）含沙水流混乱破坏学说

该学说认为水力机械过流部件表面损坏的主要原因是含沙水流的混乱。水流的混乱使得水流质点与泥沙颗粒间相互碰撞，交换能量，并形成大量的脱流漩涡。这种混乱的水流加速了过流表面的磨损和冲蚀破坏。

由于存在不同的观点，在对待这一问题的处理方法上也是不相同的。泥沙磨损学说的主要对策是采用水工措施，以减轻过机泥沙，同时采用抗磨材料以加强过流表面的防护；空蚀破坏学说则主张减轻或消灭空蚀，选择抗空蚀性能良好的水力模型及抗蚀材料，认为消灭了空蚀，泥沙的破坏是微不足道的，相反还有一定好处，用不着花费大量的人力、物力、财力去修建沉沙池、拦沙池等；新兴的磨蚀学说则采用综合的办法，主张既抗磨又抗蚀的综合治理措施；含沙水流混乱破坏学说主张改善流动状态，正确地设计水力及结构，使得水流平顺绕流。

很显然，彻底解决这一问题，还必须从机理上去研究含沙水流的特性，揭示其本质，为选择正确的措施提供可靠的保障。

探讨挟沙水流中的磨损与空蚀破坏问题，还得首先来研究空化空泡与泥沙颗粒的相互作用。清水条件下的空蚀机理已被人们采用各种手段（如高速摄影技术）证实是压力冲击波以及微泡微射流的普遍规律；单纯的泥沙磨损规律普遍认为即微切削磨损及变形磨损规律。而以瑞士伊尔盖斯的系统而完整的实验最具代表性，并得出磨损量与各种影响因素之间的关系，见式（5-87）。

含沙水流中空化空泡与泥沙颗粒之间的作用，以及对材料的破坏作用，从实际情况看，并非为上述两种作用的简单相加，而是相互影响，对材料产生快速损伤。

陆力在采用高速摄影技术研究挟沙水流中的空泡溃灭，并讨论空泡溃灭与泥沙的关系时指出，要从三个方面来揭示挟沙水流的空化、空蚀机理，即含沙空化核子数量的影响、对空泡生长及溃灭过程的影响及造成的过流表面的变化等。在静止液体中，当空泡在刚性平面边壁附近溃灭时，空泡将产生冲向壁面的高速射流，液体挟沙后，将使空泡的溃灭过程变缓，使射流的速度减小，溃灭的时间加长。含沙量越大，对空泡溃灭的影响也就越大；在同一含沙量，泥沙的颗粒尺寸越小或其黏性越大，对空泡溃灭的影响也就越大。实际上，空泡射流在空泡溃灭的中期就已形成，如果空泡附着于某一边壁上溃灭，在其空泡收缩到最小体积之前，空泡射流就已冲击到了边壁，此时，泥沙颗粒很有可能随空泡射流高速冲击边壁。在流动的液流中，空泡溃灭时同样会产生朝向固体边壁的高速射流，但其表面很不稳定，常常在溃灭的最后阶段失稳，并在回弹过程中分裂出许多微小空泡附着于表面。空泡靠近边壁或液体黏性增加，都将有助于空泡保持其表面的稳定。水流挟沙以及含沙量很大，对减缓空泡溃灭过程的影响大。

由以上分析可知，水流含沙后，水中的空化核子数量增多，这将有助于空化的提前发生、发展，但同时它起到使空泡溃灭减缓或抑制的作用，所以本书认为泥沙具有双重作用，一方面在含沙量未达到饱和状态时，对空泡的抑制作用还不是很强，故对材料表面产生较严重的破坏；另一方面在含沙量达到饱和状态时，单位体积内的泥沙颗粒较多，严重破坏了空化流场中的空泡，使得空泡尺寸减小，且空泡的溃灭必然会引起泥沙颗粒间的相互碰撞，削弱其能量，同时，由于流体密度增加，边界的压力增高，也有抑制含沙流体空化的可能，对减轻破坏有一定好处。

6.5　空蚀和磨损新学说

单纯的清水空蚀破坏是和过流速度的 6～14 次方成正比的，而单纯的泥沙磨损则是与过流速度的 2～3 次方成正比的。然而实际的水力机械内部流动既存在含沙水流，又存在空化现象，实际的破坏程度又远远大于单纯的每一项的破坏程度，但也不是两者简单的相加。这两种共同作用的磨损空蚀（简称磨蚀）的机制目前还正处于研究之中，特别是对于水力机械不同部位以及不同类型的磨蚀研究。

一般认为，清水的空蚀破坏随时间的发展关系是极其复杂的，而泥沙的磨损随时间的变化则是直线关系；空蚀的破坏过程有一段潜伏期，泥沙磨损则没有。空蚀的破坏主要是空穴溃灭时产生的高压机械作用，对材料产生疲劳等破坏，泥沙磨损破坏则主要是冲击及微切削的过程。因此，可以认为，在空蚀与泥沙磨损联合作用的情况下，当其联合作用时间小于材料的空蚀潜伏期时，材料的破坏表现为以泥沙磨损为主的破坏，在此期间内，水流中虽已形成空泡，但不构成材料的损失破坏，此时的材料损失量仅与水流速度、含沙量、沙粒形状及硬度等因素有关。当联合作用时间明显超过材料的空蚀潜伏期时，空蚀作用明显增大，若材料的空蚀潜伏期极短，且空蚀程度又远远超过泥沙磨损强度，则材料的损坏主要表现为空蚀破坏特征；若泥沙磨损强度较大，则主要表现为泥沙磨损的特征。更多的实际情况是，空蚀程度与泥沙磨损强度接近，所以材料的破坏表现为两者的共同作用。

用冲击试验方法，得出在各种条件下空蚀与泥沙磨损的规律，如图 6.1 所示。a_1a_2 曲线表示空化现象很弱或初生空化阶段的磨蚀情况。这一阶段以泥沙磨损为主，单纯的空化并不造成材料的损耗，而且材料表面的破坏形态完全表现为泥沙磨损的特征。

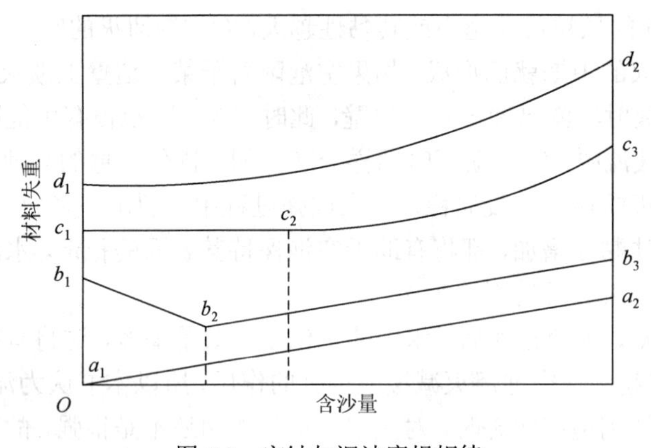

图 6.1　空蚀与泥沙磨损规律

随着空化的发展，材料的失重相应于 b_1 点。此时水流中适量的泥沙会使得空蚀了的表面光滑平整，减弱了材料的损耗。故在一定含沙量下，变化趋势如 b_1b_2 曲线，此时的含沙量可以称为有利的含沙量。当水流中含沙量进一步增加时，泥沙对材料表面的磨损能力超过了空蚀作用，所以失重又会随 b_2b_3 曲线呈上升趋势变化。

当空蚀已经发展成为破坏性空蚀时，空蚀程度很大，此时相应于 c_1 点，水中一定含沙量下的泥沙颗粒不足以改变其空蚀破坏的形态，材料损耗如 c_1c_2 曲线所示。当含沙量超过 c_2 点含沙量时，泥沙的磨损作用加强，所以材料的损耗会急剧上升，c_2 点所对应的含沙量可以称为危险含沙量，当然这也与空蚀程度有关，应根据具体情况来分析，不能统一规定某个值。

当材料的空蚀潜伏期很短，空蚀已经发展成为强烈空蚀时，材料的损耗相应于 d_1 点，水中的泥沙也很容易剥落掉被空蚀松散了的组织，使得材料失重急剧增加，如 d_1d_2 曲线所示，表现为空蚀与泥沙磨蚀共同作用的结果。

由此可见，水力机械过流部件材料表面的损坏是与空蚀条件及磨损条件有关的。在某些场合下，以泥沙磨损破坏为主，在另外一些场合下，又以空蚀破坏为主，两者互为影响、互为作用，造成了较为复杂的破坏机制。应具体问题具体分析，抓住其主要矛盾，提出措施加以解决。

含沙水流以其特有的运动规律影响着工程的运行。工程结构与设备的严重磨损及空化与空蚀现象已有较长时间的系统研究，尽管至今尚有许多重要的理论技术问题未有圆满的结论，但毕竟具有比较系统的实验方法、减蚀技术措施及运行管理经验。浑水工程中的空化与空蚀现象则由于泥沙的影响而改变了流体的空化条件及空蚀程度，具有与一般清水工程不同的空化规律及空蚀机理。多年来针对黄河及其他多泥沙河流水电工程中的空蚀与磨损问题，人们进行了大量调查及研究工作，并取得了一定的效果。

随水流运动的泥沙颗粒与固体边界接触时，必将产生摩擦、撞击作用，结果使双方均发生不同程度的破坏，即磨损。边界材料的磨损是工程上所关心的问题，而泥沙颗粒的破坏则是含沙水流实验中所要考虑的，即沙样细化及钝化。双方的破坏程度与各自的强度（如硬度）有关。对于工程运行来说，泥沙的来量是无限的，也是无法完全消灭的。因此磨损总是不可避免的，问题在于如何使工程重要部位的磨损量控制在经济和安全范围之内。

黄河工程中常见的早期磨损形态多呈鱼鳞状，但这不是唯一的破坏形态。通过大量的现场调查及实验观测，一般质地细密的材料，如金属、铸石、工程塑料、橡胶、搪瓷、质地细密的岩石以及加粉末填料的高分子聚合物混凝土等，在含沙水流作用下呈鱼鳞状磨损面；而质地粗糙的材料，如普通水工混凝土、风化岩石及加粗颗粒填料的聚合物沙浆等，则无上述磨损形态特征。

鱼鳞状破坏之所以不是含沙水流磨损形态的唯一特征，是因为含沙水流的脉动及边界材料表面存在原始的不规则（有时是规则的加工痕迹）微小突起的随机干扰等，使泥沙的磨损作用在较大面积上呈不均匀分布，即不等概率磨损。若侵蚀形变发展到一定程度，则造成二次水流的局部集中，从而加剧了冲刷的不均匀性。这种相互影响、相互促进的结果是在质地细密材料的表面上出现顺水流方向相对稳定的鳞槽。这种破坏的特点是在含沙量一定时，前期的磨损率较小，当鳞槽充分发育后，材料磨损率迅速增加。质地粗糙的材料本身具有不均匀性，含沙水流的冲刷首先使力学性能薄弱的部位（如胶结面上）发生破坏，造成复合材料中的大颗粒骨料整体剥落或块状剥落，从而破坏了二次水流分布上的相对稳定性。因此相对稳定的鳞状破坏形态被相对均匀的层状剥落所代替。工程中常用的抗磨保护层措施是防止本体材料磨损，一旦局部保护层被磨穿，本体材料将受到集中性的局部破坏，其破坏深度远远超过无保护层时基体的侵蚀深度。

材料表面的磨损率不仅与材料本身有关，当材料一定时，还与含沙量、泥沙颗粒粒径和矿物组成以及水流状态有关。因此，黄河工程中的磨损现象的形态或原因都不是单一的，当磨损与空蚀两种性质的破坏交织时，其机理就更为复杂。

浑水与清水中空蚀破坏外部形态有所不同。当含沙量较小时，两者的形态接近，即通常所见的海绵状破碎面。一般质地细密材料的空蚀处尽管凹凸不平，但其外表面呈光滑状，对于金属尚可见其金属光泽。若不考虑悬浮泥沙对空化状态的影响，即空化强度一定，泥沙颗粒的快速磨损作用（这种作用类似于抛光工艺）贯穿于破坏全部过程中，从而在某种程度上“掩盖”了一般空蚀所具有的破坏特征，破坏程度将取决于磨损与空蚀各自的破坏能力。对于粗糙材料（如水工混凝土），浑水空蚀造成材料的大颗粒整体剥落，致使泥沙磨损抛光的痕迹难以保存，材料破坏的最终形态仍呈海绵状。因此仅从破坏形态上很难准确地断定破坏原因或是否发生空蚀。

将鱼鳞状破坏现象归结为泥沙磨损或浑水空蚀的结果都是不全面的。室内模拟实验表明，当平均流速为 15～20m/s 时，仅有个别深度在 5mm 以上的鳞槽内观察到空化现象。这说明在流速一定时由于泥沙磨损形成的鱼鳞状破坏达到某一定程度而具备了空化条件，从而在无主流空化的情况下，鳞槽内形成次生空化，次生空化与泥沙磨蚀联合作用，使槽深迅速增加，现场调查也发现部分沟槽内有类似于清水空蚀的特征。

高速含沙水流空蚀现象往往被简单地归结为泥沙磨损与水流空蚀联合作用的结果。事实上这种联合是一种复杂的反馈过程。泥沙改变了流体介质的物化特性及运动特性，从而在某种程度上改变了介质的空化条件，这种改变可以是促进空化发育也可以是抑制空化发育。同时泥沙固有的磨损作用又可以造成流体边界条件的改变，即原有的设计型线被破坏，从而创造空化条件，而空化作用又使流体紊流度加大，泥沙颗粒的冲击动能随空化强度的变化而变化。

刘一心教授和杜同教授均对此进行了大量的实验研究。刘一心教授采用黄河花园口天然级配泥沙进行空化实验，结果表明当含沙量在 10kg/m^3 以下时，浑水较清水水流更容易发生空化，或者说泥沙有促进空化发育的作用；当含沙量在 20kg/m^3 以上时，含沙水较清水难于发生空化，即呈抑制空化作用；含沙量在 40kg/m^3 以上时，这种抑制作用相对稳定。初生空化数（K_i）与含沙量的关系如图 6.2 所示。

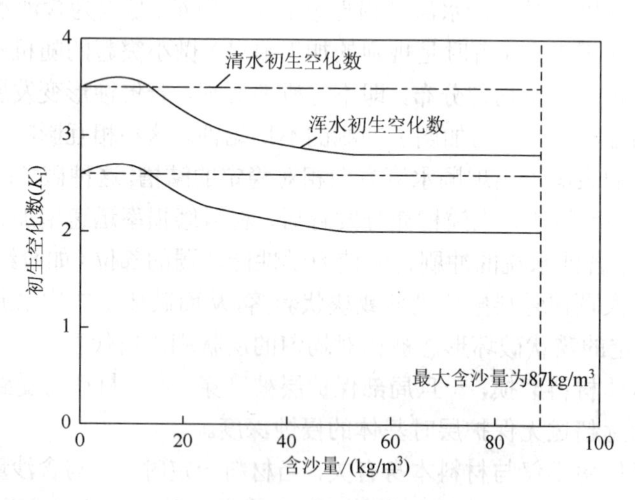

图 6.2　含沙量对空化初生数的影响

同时他指出，悬浮泥沙对空化发育的促进或抑制作用并不意味着空蚀破坏相应地被促进或抑制。空化的破坏能力在空化发育的初期随发育程度的增加而增加，在某一空化状态达到最大值，随空化的继续发展，抗空蚀性能反而降低。图6.3为含沙量对空化状态影响示意图。假定某设备起初在清水中处于初生空化状态下运行，若水流中含沙量逐渐增加，根据实验结果推论，在低含沙量时空化状态发展，空化区加大；在高含沙量时，由于“抑制”作用，空化区消失，即无空化现象发生。因此，在其他条件不变时，泥沙对空蚀的影响取决于泥沙对空化状态的影响，而不能笼统地认为浑水中的空蚀率必定大于（或小于）清水中的空蚀率。

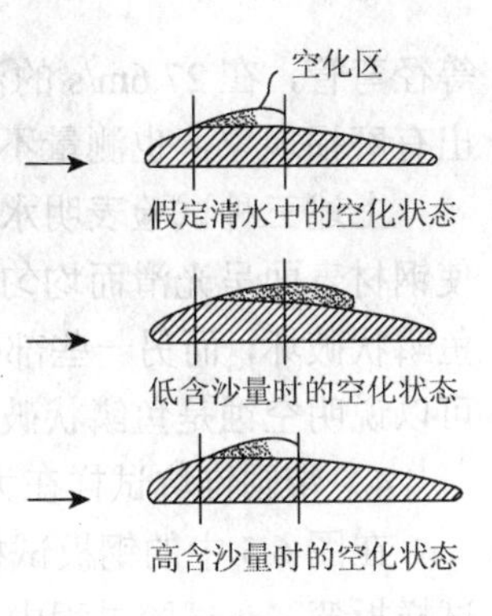

图6.3　含沙量对空化状态的影响示意图

而杜同教授及其研究团队则从以下几个方面进行了实验研究，并总结出了空蚀与泥沙磨损的新的理论。

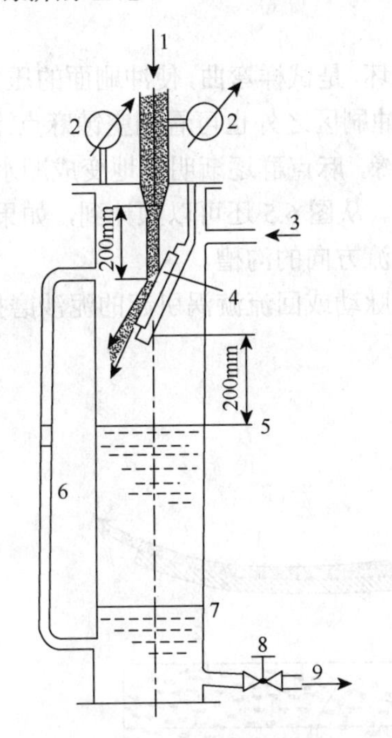

图6.4　压缩空气中冲刷试验装置示意图

1-含沙高压水（7.6～9.5kgf/cm^2；1kgf/cm^2 = 9.80665×10^{4}Pa）；2-压力表；3-压缩空气（2～5kgf/cm^2）；4-试样；5-最高水位；6-水位表；7-最低水位；8-调节阀；9-出水口

1）泥沙磨损和空蚀破坏的对比试验

采用含沙射流在大气中对试样进行冲刷，用以测定材料的抗磨性能和磨损特征；把同样的装置放在压缩空气容器中冲刷（图6.4），以消除空蚀而得到单纯的泥沙磨损，进行对比试验。

试验结果表明，在压缩空气中，30号铸钢试样在平均速度为31m/s的高速射流下经165h冲刷后，除冲刷表面略变光滑、色泽变成深咖啡色外，看不出有任何磨损现象，无法测出磨损深度，试件失重也极微小。而同时间在大气中的试样在平均速度为24m/s的射流下仅4～5h后试样表面即出现明显的鱼鳞状破坏，损坏深度和失重都很大。

2）带空蚀发生器的直管试验

在一根直径相等的钢管中部安装一个节流小孔作为空蚀发生器，然后通入含泥沙的高压水流，在大气中或淹没在水中进行长时间的放水试验（图6.5）。

从试验结果可见，在节流小孔前面一段观察不到任何损坏，甚至预涂的油漆也未发现有磨损现象。然而在节流小孔后方的钢管中，管壁出现了局部的但很严重的鱼鳞状破坏，有的呈银白色，有的呈金黄色。

3）等直径弯管试验

用内径为6.5mm等直径无缝钢管，按水轮机叶片损坏最严重断面的弧度弯制，然后在大气中进行放水试验。结果凡是短管都发生了局部鱼鳞状破坏，而一根500mm长的等径弯管，在 27.6m/s 的流速下冲刷了 1075h 后，除内表面变为光滑的深咖啡色外，看不出有磨损现象，也测量不出管壁的减薄。

上述三种试验表明水中泥沙对普通钢材无破坏性快速磨损能力；单纯的泥沙磨损只能使钢材表面呈光滑而均匀的深咖啡色。试验中及经长期运转的水轮机中某些部位产生严重鱼鳞状破坏，而另一些部位尚存在大面积红丹漆、原始加工刀纹和原始砂轮磨痕。这似乎可以说明空蚀是鱼鳞状破坏的主要原因。

4）带圆锥坑试样在大气中的冲刷试验

在图 6.5 中的钢板试样的半边上，人工地冲刷了许多小圆锥坑，然后仿水轮机叶片将试样扳弯。在试验过程中，肉眼可以清楚地看到，在每个小圆锥坑的后边，有一个不透明的形似彗星的尾巴。这是小坑引起射流的汽化，出现大量气泡所形成的。小坑的破坏沿着水流方向逐渐扩大，最后成为米粒大小的十分光滑的鱼鳞坑。其余经冲刷的表面仅形成磨损深度不大的光亮表面。由此可知产生鱼鳞状破坏的决定因素是密集的气泡空蚀，泥沙则仅对破坏后的坑面起着抛光作用。这里预制小坑引起的破坏相当于水轮机、水泵中表面粗糙度引起的破坏。

除预制小坑外的其余冲刷面没有出现鱼鳞状破坏，是试样弯曲，使冲刷面的压力增高，从而避免了空蚀的结果。由于冲刷水流的飞溅，在冲刷区之外也可看到空蚀麻点。用放大镜观察可发现这些麻点即腐蚀状小坑。在冲刷区边缘，麻点群逐渐明显地变成顺水流的细小的鱼鳞状，且明显有相互合并成大鱼鳞状的趋势。从图 6.5 还可以预计到，如果延长试验时间，小坑引起的破坏将扩大并相互连接成顺水流方向的沟槽。

从观察到的结果也证明鱼鳞状破坏不是由水流脉动或回流漩涡引起的泥沙磨损。

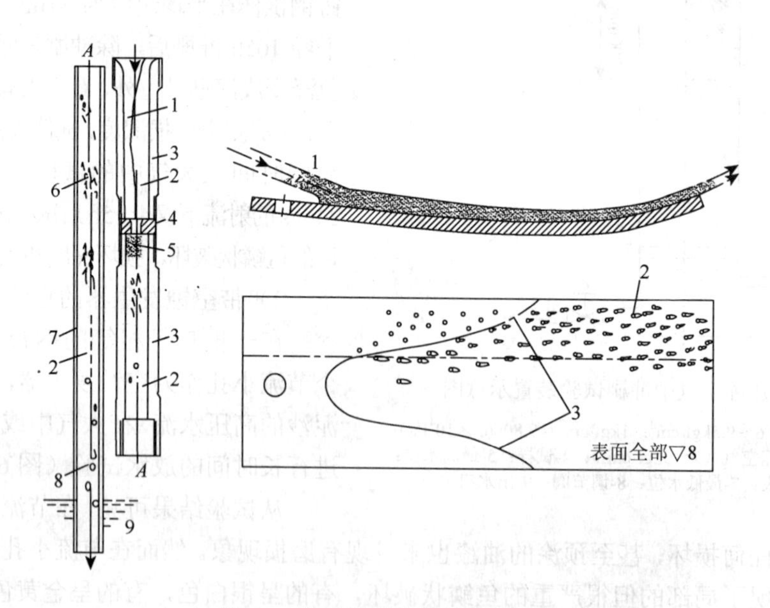

图 6.5　带空蚀发生器的直管试验

1-油漆区完全完好；2-完全完好区；3-铸铁锻；4-ϕ8mm 节流孔；5-海绵状坑；6-鱼鳞状破坏；7-钢管；8-孤立鱼鳞坑；9-水池

试验条件为 $v = 35\text{m/s}$，$q = 3\text{kg/m}^3$，$T = 41\text{h}$

5）串联水泵试验

串联水泵试验装置及损坏部位如图 6.6 所示。第一泵是外购 4B-18 型，泵轮外径为 135mm，过流面为铸态，未经打磨。第二泵与第一泵为同一型号，为了消除空蚀，在进水段镶入经机加工的内径 50mm 的铸铁管；为了得到光洁度高的（▽7）过流表面（时间 $T = 480$h），换用了自制的、外径 149mm 的装配式泵轮。因此第二泵实际是直径 2in（1in = 2.54cm）水泵，其通过的水流速度为第一泵的 4～5 倍。按磨损规律，磨损深度应与冲刷速度的 2.5～3 次方成正比。因此，第二泵的磨损深度应是第一泵的 30～120 倍。但实际试验 258h 后，显然鱼鳞状破坏都出现在低压低流速的第一泵中，而高压高流速的第二泵过流表面仅变为光滑表面。按磨损规律及一般空蚀常识可知，第二泵只出现了单纯的泥沙磨损；第一泵则是因空蚀而引起了鱼鳞状破坏。该试验不仅证明了鱼鳞状是空蚀的产物，单纯的泥沙磨损只能出现光滑表面，也证明了只要采取必要措施消灭空蚀，即使铸铁也是十分抗磨的。对于鱼鳞状大都出现在流速低于 2m/s 区域的现象，更是泥沙磨损学说无法解释的；也使磨蚀学说主张的降低流速进行综合治理的方针无立足之地。

特别值得一提的是布置在同一水平面上的 3、9、10 和竖放的 15 四段引水管是从同一根无缝钢管上锯下的，可以认为内径、材质、表面光洁度是一致的，由于水质同一、流量相同，其磨损结果应该是一致的。但从图 6.6 可见，只有压力最低的区域（接近水泵进水口）5 才出现光亮的鱼鳞状破坏，其余的只有变光滑现象。

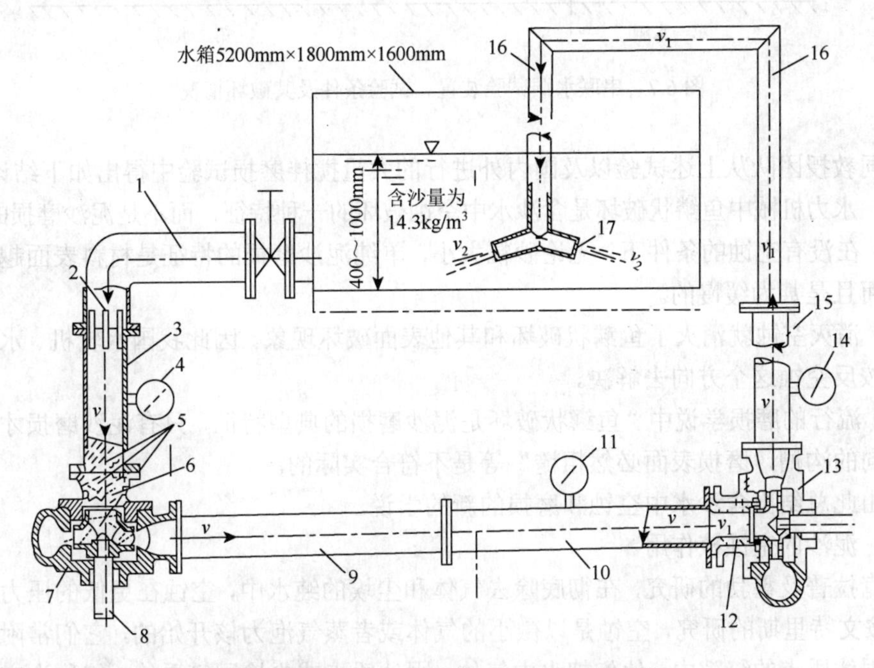

图 6.6　串联水泵试验装置及损坏部位示意

1-ϕ100mm×800mm 胶管；2-整栅；3-ϕ80mm×500mm 钢管；4-第一压力表（$p = 0$～4mH_2O）；5-鱼鳞状损坏区；6-ϕ100mm 铸铁进水段；7-第一泵；8-泵轴（$r = 2920$r/min）；9、10-ϕ80mm×1500mm 钢管（毫无损坏）；11-第二压力表（$p = 20$～16mH_2O）；12-ϕ50mm 铸铁进水段（毫无损坏）；13-第二泵（$r = 2920$r/min）；14-第三压力表（$p = 46$～38mH_2O）；15-ϕ80mm×40mm 钢管；16-ϕ50mm×4000mm 钢管（毫无损坏）；17-两个ϕ17mm 孔口

$v = 1.7$m/s；$v_1 = 4.35$m/s；$v_2 = 30$m/s；$T = 258$h

6）串联水洞试验

串联水洞试验装置、试验条件及结果见图 6.7。第一水洞中圆柱体引起了两侧及其后方的轻度汽蚀；第二水洞中圆柱体引起了两侧及其后方的严重空蚀。这说明：

（1）在整个串联水洞中有 98%以上的表面积，其冲刷速度都在 20.4～30m/s，但没有产生任何破坏，只有变得更光滑并呈深咖啡色的现象，这只能解释为在含沙水中，在没有空蚀条件下，仅具有单纯泥沙磨损的特征；

（2）鱼鳞损坏与空蚀程度密切相关，第一水洞因空蚀轻，鱼鳞片及其深度就小，破坏总面积也小，第二水洞因空蚀严重，鱼鳞片及其深度就大，破坏总面积也大；

（3）在第一、第二水洞中，鱼鳞状破坏区域的左端的冲刷速度都低，而更多的毫不破坏的区域的冲刷速度都在 20.4～30m/s，这就更证明了鱼鳞状的出现与流速无关，只与压力有关。因此有力地证明了鱼鳞状是空蚀破坏的特征。

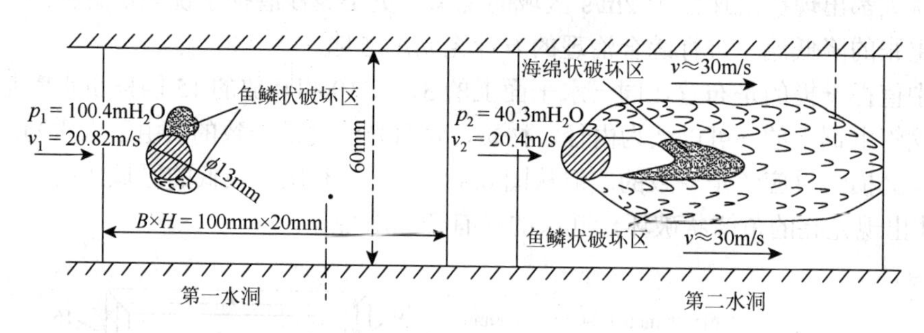

图 6.7　串联水洞试验装置、试验条件及其破坏情况

杜同教授团队从上述试验以及国内外进行的大量搅拌磨损试验中得出如下结论。

（1）水力机械中鱼鳞状破坏是含沙水中空蚀破坏的一种特征，而不是泥沙磨损的特征。

（2）在没有空蚀的条件下，无论砂粒大小，单纯泥沙磨损的特征是材料表面越冲磨越光滑，而且是甚为缓慢的。

（3）消灭空蚀就消灭了鱼鳞状破坏和其他表面破坏现象。因此我国水轮机、水泵快速破坏应按反空蚀这个方向去解决。

（4）流行的磨损学说中“鱼鳞状破坏是泥沙磨损的典型特征，只有泥沙磨损才出现顺水流方向的沟槽，磨损表面必然粗糙”等是不符合实际的。

并由此总结出含沙水中空蚀和磨损的新的学说。

（1）泥沙的空蚀核作用。

按克拉普及霍勃的研究，在彻底除去气体和尘埃的纯水中，空蚀在更低的压力下才能产生。按文特里斯的研究，空蚀是以微小的气体或者蒸气泡为核开始的，它们常附着于液体中的固体质点的缝隙中。他们把水中气体、固体质点或尘埃同等看待，统称为空蚀初生核。当水中存在气核时，空泡将提前发生，形成空蚀。尘埃即我们所说的泥沙。空泡提前发生，就是含沙水的汽化压力高于清水的汽化压力，如图 6.8 所示。

（2）泥沙对流场压力分布的影响。

在水力机械中，每一流线的水流都是在不断加速或减速状态下流动的。它们拖动或推着泥沙前进。但由于泥沙的密度大于水的密度，当水流加速时，泥沙的惯性将使它的速度落后于水流的速度。反之，当水流减速时，泥沙的速度将高于水流的速度。当水流拐弯时，泥沙将和流线分离。从流体力学得知，这种速度差将引起泥沙粒子某一方面的压力降低。此外，泥沙之所以能悬浮于水中，是因为水流的湍动或者自身的旋转。这也将造成泥沙粒子某一方面的压力下降。

含泥沙的水流将使流场该处的尚未达到汽化点的压力再降低或低于汽化压力，引起空泡的产生，形成空蚀。从图6.8中可看到含沙水中空蚀区域明显扩大。原清水空蚀区域的压力再度降低，也将加大空蚀程强度。

（3）泥沙加剧空蚀破坏的作用。

在清水中发生空蚀后，破坏表面将产生一层空蚀保护膜，起着减缓空蚀破坏的作用。然而在含沙水中，由于泥沙的冲刷，此保护膜将难以形成，甚至因空蚀而疏松的表层材料也将不断地被泥沙冲刷掉，致使基体材料不断暴露在空蚀的直接作用下。这是含沙水中空蚀破坏较清水中空蚀破坏或单纯泥沙磨损远为快速的原因；也是破坏表面不容易存在海绵状，而容易出现底部光亮的鱼鳞状、沟槽等现象的原因。

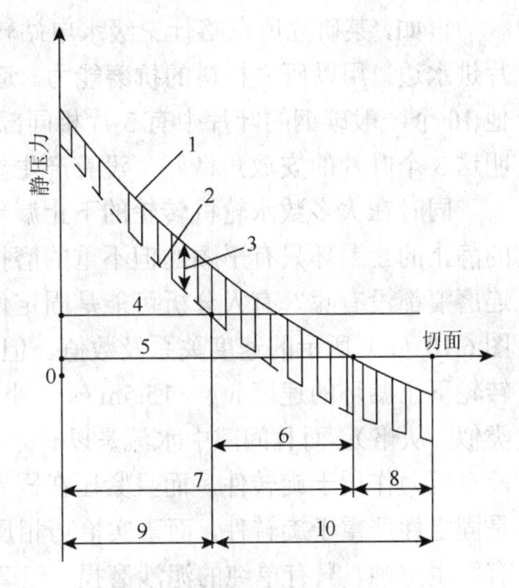

图6.8　泥沙加剧空蚀示意图

1-清水中压力分布；2-含沙水中压力分布；3-泥沙运动引起的压力降；4-含沙水的汽化压力；5-清水的汽化压力；6-破坏扩大区；7-清水不空蚀区；8-清水空蚀区；9-含沙水不空蚀区，即单纯泥沙磨损区；10-含沙水空蚀区

上述泥沙的物理作用既取决于水力机械流场的变化，也就是随水轮机、水泵的型号而变化，也随泥沙含量、粒度以及气体含量而变化，也就是随着水电站、水泵站水质不同而变化，所有这些使得泥沙对空蚀的影响远比清水中气体含量造成的影响更为复杂。

显然，常用的计算水轮机（水泵）在清水中运行的安全吸出高度的公式［式（6-4）］已不再适用于含泥沙的水中：

$$H_S \leqslant 10-\frac{\nabla}{900}-K\sigma H \tag{6-4}$$

式中，H_S为安全吸出高度；∇为安装高程；σ为托马空蚀系数；K为安全系数；H为工作水头。

根据前述模式图，杜同教授团队建议对式（6-4）进行如下修正：

$$H_S \leqslant \left(10-\frac{\nabla}{900}-A\right)-K(\sigma+B)(H+C) \tag{6-5}$$

式中，A为水中泥沙、气体对汽化压力的影响；B为水中泥沙运动对“动力真空”的影响；C为水中泥沙对工作水头的影响。

自然，A、B、C只能通过特殊的试验方法来求得。

应用上述新的学说成功地解释了一些问题，例如，在新疆喀什三级水电站拍下了某研究所为了抗磨在整个转轮下环外表面堆焊硬质合金运行一个汛期后的照片，其示意图如图 6.9 所示。每个鱼鳞坑的进水点都有一个明显的小黑点，是极其微小的坑，此坑显然是堆焊气孔。它就是一个空蚀发生源。鱼鳞坑是一个空蚀坑，在许多水电站都可以见到这一现象。葛洲坝水电站转轮叶片起吊孔是用不锈钢圆板焊补后打磨光洁的，运行后这个圆圈焊缝上就出现了同样的鱼鳞坑，而邻近区域都光滑完好。

再如，某研究所在喀什三级水电站转轮上用五种高钨、高铬的抗磨焊条堆焊了 5 个叶片进水边，用以研究材料的抗磨能力。运转一个汛期后，这 5 个部位也比较抗磨。然而其他 10 个一般碳钢的叶片中有 3 片相同部位表现得比堆焊的 5 片更为光滑良好。这只能说明这 3 个叶片的安放角良好，没有产生空蚀，仅受到泥沙冲磨而变得更为光滑。

同时在大多数水轮机转轮的下止漏环处出现了严重的鱼鳞状破坏，而对应的在底环上的静止的止漏环只有平顺的但不重的磨损。为何旋转件产生鱼鳞坑破坏，而对应的固定件连磨痕都没有呢？有人分析可能是固定件表面相对流速较小，还根据鱼鳞坑方向计算得如图 6.10（a）所示的速度关系及数值。但是正常的速度关系及数值应如图 6.10（b）所示，转轮下止漏环的速度 $w_{下}=15.5\mathrm{m/s}$，小于底环止漏环的速度 $v_{下}=19.5\mathrm{m/s}$（上止漏环也类似，从略），而且间隙中水流是以 $v_{u下}=16.6\mathrm{m/s}$ 强烈旋转的。由于离心力的作用，泥沙没有压力作用于旋转件，而且紧压在固定件上以 $v_{下}$ 的速度磨损固定件。若遭磨损，应该是固定件严重于旋转件，而事实恰巧相反。这是因为水流旋转紧压固定件上，压力高，没有发生空蚀，只有单纯的泥沙磨损，但磨损能力不大，所以没有明显磨痕；同时由于水及泥沙的离心力向外，转轮止漏环表面为低压，容易形成真空，出现空蚀破坏。

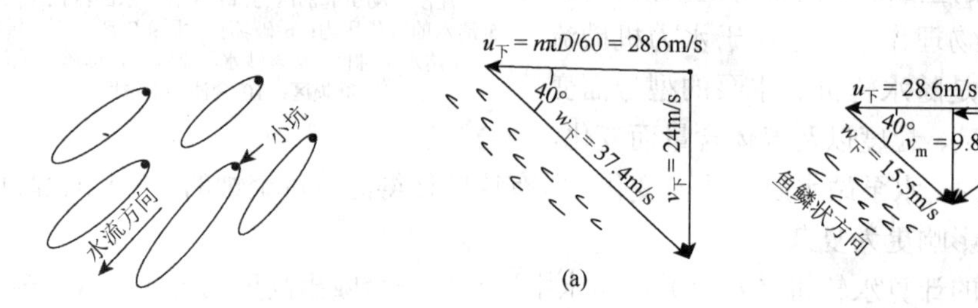

图 6.9　鱼鳞坑的照片示意图

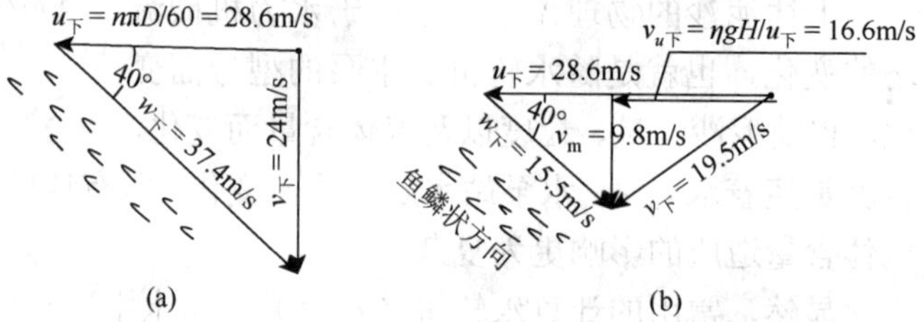

图 6.10　速度三角形示意图

总而言之，清水工程的运行经验和清水空化模型实验对浑水工程来说只可参考而不可套用。目前，对于多沙河流水电工程及设备磨蚀破坏的原型观测多限于停机后的检查，而运行期间的空化及破坏过程监测资料十分缺乏。因此，以破坏的最终形态来判别破坏的起因，往往会造成抗蚀措施及材料选择失误。沿用清水空化模型的实验预报方法，对于浑水工程来说，除了存在尺度效应，还存在泥沙效应。因此，空化预报的可靠性是值得考虑的。同样，在抗浑水空蚀材料的选择实验中，尽管有时使用原型泥沙及原型材料，但实验空化强度是任意的，仍存在可靠性问题。随着大型水电工程的发展，对空化、空蚀及磨损的预报精度要求越来越高，抗蚀材料的研究和发展也不可能是孤立进行的，需要多种学科的协作，而含沙水流空化、空蚀及磨损基本规律的研究则为其他有关学科的发展提供依据。

6.6　含沙水中水力机械磨蚀问题的措施及其效果

空蚀、泥沙磨损以及磨蚀在损坏的机理和外观痕迹上是有区别的，但在空蚀和泥沙磨损的联合作用下，它们的确有着密切的关系。在泥沙磨损和空蚀的联合作用下，水力机械遭受破坏的速度和程度都要比单纯的空蚀和单纯的泥沙磨损要快得多，也严重得多。

（1）含沙水流改变了清水的物理化学特性以及流动特性。水中含沙量越大，水中的空蚀核子也就越大，水的破坏强度就降低越多，因此水的汽化压力降低，诱使空蚀提前发生。

（2）坚硬、锐角的沙粒硬度均超过制造水轮机的碳钢硬度，这些沙粒以不同的角度撞击和切削金属材料表面，而使材料产生疲劳和微切削破坏。

（3）对于含沙水流的两相流动，由于沙、水质量不同，在惯性力的作用下，泥沙颗粒可能会超前或滞后于水流，甚至还会与流线分开，这样的速度差产生漩涡气泡，加剧了对金属材料的破坏作用。

（4）在没有空蚀的条件下，水中的泥沙对材料表面的破坏以泥沙磨损为主，一开始还会将凹凸不平的表面磨损光滑，使得水力效率有所提高。但水流与泥沙两相流动的特点造成速度压力分布的不均，又会使材料表面磨损或凹凸不平，使水流产生漩涡，形成了附加空蚀核子，同时局部水流的剧烈紊动又使得泥沙获得更多的能量，加速了材料的破坏。

（5）在本已严重的空蚀条件下，金属材料表面抗疲劳晶体组织疏松，泥沙加剧了这些疏松表面的脱落。

以上观点均认为水中的泥沙是加速材料破坏的主导因素，因此主张减少过机泥沙，采取综合治理的办法来解决水力机械磨蚀问题。

（1）深入开展水力机械泥沙磨损、空蚀、磨蚀作用的机理研究。

我国的泥沙问题属世界之最，更多的水电站将要建设在多泥沙河流上，但这方面的研究还远远不能满足生产的需求。因此，应在科学研究上加大投入，而且要理论联系实际，既要能解决生产的技术问题，又要在理论上有新的突破。同时积极制定水轮机泥沙磨损评定标准，加强水轮机磨损程度的预估，采取有效的抗磨损措施，保证安全经济运行。

（2）密切结合水电站机型、参数、运行情况等实际情况，认真观察不同过流部件及不同部位的破坏形态，深入分析破坏原因，正确设计过流通道的几何形状，这将在第 8 章进行详细阐述，这里仅仅列出一些措施，来分析其处理的效果。

①从水流特性上，通过解析内部两相流动的流场规律，切断某些具有旋转离心力的水流，减轻或消除负压，从而解决或缓解局部的磨损破坏。水轮机的主要磨蚀部件是转轮和导水机构部分，混流式水轮机转轮磨蚀最严重的部分又是叶轮出水边附近靠近下环处，以及叶轮靠近上冠的进水边、叶片正面、叶片背面空蚀区、叶片下环内侧面和止漏环等部位；导叶磨蚀的主要部位是朝向转轮的一侧，底环和顶盖则主要在导叶端的对应区，尤以抗磨板较为严重。对于这些过流部件的设计必须遵循两相流动规律，在参数的选择中，可以采用如下措施。

a. 提高导叶高度 B_0 及加大导叶分布圆直径 D_0。

这主要是降低导叶、转轮区域内的流速，从而降低磨蚀破坏。

在强度、运输及厂房布置允许的条件下，应选取尽可能高的导叶并适当增大导叶分布圆直径 D_0。我国通常选取 $D_0 = (1.18\sim1.2)D_1$，对高比转速水轮机，$D_0 = 1.16D_1$，对中比转速水轮机，$D_0 = (1.18\sim1.2)D_1$。在含沙水流条件下应经计算论证确定 D_0，建议 $D_0 >$ $1.2D_1$。特别是对低比转速水轮机运行在含沙水流条件下，其导叶部位的磨损严重于转轮区域的磨损，所以这种水轮机应选择薄型、小曲率导叶形状，其导叶分布圆直径应适当加大。

b. 采用较大的下环过渡圆弧半径。

采用较大的下环过渡圆弧半径，可以改善轴面水流由径向转为轴向的绕流条件，降低下环内表面的轴面流速，从而避免产生局部漩涡和脱流，减轻这一区域的磨蚀破坏。

c. 下环转弯处由多圆弧过渡改为单圆弧过渡。

采用双圆弧或多圆弧过渡的下环形状，会导致轴面流速分布不平滑，有可能在下环内表面附近出现轴面流速的双峰值分布，易产生漩涡及脱流，加重磨蚀破坏。

d. 减小 D_2 / D_1 值。

D_2 / D_1 值的减小既可以使得轴面流场尽可能平顺，又能有效降低叶片下环转弯处的轴面流速，从而减小磨蚀破坏程度。同时为了保证转轮有足够的过流能力，满足出力要求，应适当提高上冠，且上冠和顶盖之间的过渡必须光滑。

e. 流道面积变化规律。

在进行轴面流道的设计中，应考虑到上述几种情况，使得水流平顺，不产生脱流和局部漩涡，相对整个过流断面面积的变化应符合单调减小的规律，不应有扩散及急剧变化的情况。

②转轮叶片的水力设计。

为了减轻磨蚀破坏，清水条件下设计的转轮叶片不适用于含沙水流的运行条件，在含沙水流电站中，水轮机的设计必须与含沙水流两相流动规律相吻合，具体要注意以下几点。

a. 水轮机比转速 n_s 的选择。

在含沙水流电站中的水轮机比转速应比清水电站中适当降低，同时应参考水头相近、水质相当的已有水轮机的运行、检修等各方面的经验。降低比转速 n_s 应以减小最优比转速 n_s'，即降低圆周速度 u 为主，并适当限制其轴面速度 v_m。

在清水条件下，

$$n_{10}' = 30\sqrt{\frac{\eta g}{1-k}\cdot[1+\tan\alpha_i\tan(90°-\beta_i)]\cdot\pi\frac{D_i}{D_1}} \tag{6-6}$$

式中，η 为水力效率；k 为转轮出口速度环量与进口速度环量的比值；α_i 为转轮进口水流角；β_i 为叶片进口安放角；D_i 为转轮进水边平均直径；D_1 为转轮直径。

降低 n_{10}' 的主要措施是，增大叶片进口安放角 β_i，减小转轮进口水流角 α_i，以及增大转轮进水边平均半径 R_i，但是 β_i 的过分加大（如 $\beta_i > 90°$）又会导致叶片流道过分弯曲，使叶片背面压力降加大，抗空化性能恶化，局部磨蚀加重，因此建议：n_{10}' 对低比转速水轮机不宜小于 60r/min，对中比转速水轮机不宜小于 65r/min。

b. 降低叶片出口相对流速 ω_2。

假定水流自转轮出口时的绝对速度为法向，则根据

$$v_2 = v_{m2} \tag{6-7}$$

$$\omega_2 = \sqrt{u_2^2 + v_{m2}^2} \tag{6-8}$$

以及

$$u_2 = \frac{n\pi}{30} \cdot \frac{D_2}{2} = \frac{\pi D_2}{60 D_1} \cdot n_1' \sqrt{H} = k_n \cdot n' \sqrt{H} \tag{6-9}$$

可得

$$v_{m2} = \frac{Q}{F_2} = \frac{4 Q_1' \sqrt{H}}{\pi \left(\frac{D_2}{D_1} \right)^2} = \frac{4}{\pi} \left(\frac{D_2}{D_1} \right)^2 \cdot Q' \sqrt{H} = k_Q Q_1' \sqrt{H} \tag{6-10}$$

所以

$$\omega_2 = \sqrt{(k_n \cdot n_1')^2 + (k_Q \cdot Q_1')^2} \cdot \sqrt{H} \tag{6-11}$$

根据水轮机的参数（如额定水头、额定流量、额定转速、转轮进出口直径）及相应的模型转轮综合特性曲线进行计算，可以得到转轮叶片出口相对流速 ω_2，以判断其水轮机的磨蚀情况，但 ω_2 最理想的数据应是多少呢？一般情况下认为 $\omega_2 \leqslant 50\text{m/s}$ 为最好，要根据汛期平均过机含沙量，转轮叶片设计、制造、运行区域是否合理，以及流动状态的改变等进行选择。

混流式机组翼型比轴流式更为弯曲，加工和修补条件都较轴流式困难和复杂，因此 ω_2 一般比同一含沙量情况下的轴流式略低，但是 ω_2 降低太多，又会造成最高效率及平均效率的下降，并给水力设计带来困难。

c. 叶轮的设计与制造。

在多泥沙河流条件下，叶片的线型如何适应泥沙引起的流场改变至关重要。因此，首先要对含沙水流场进行解析计算，分析得到含沙水流场与清水流场的区别，再根据这些差别，将清水条件下设计的转轮叶片加以修正，使之完全适用于含沙水流场。

总体的思想是，叶片应尽可能平直光滑，提高其工作面的压力，降低背面的真空度，并使速度分布均匀；适当增大叶片包角，增加叶片的长度和面积，降低单位面积的负荷，采用少而厚或多而薄、长短叶片相间的叶轮，短叶片的长度均为长叶片的 2/3，叶片进口边均布，出水边略靠近前一个长叶片的背面，追使叶片正面的流速增加，进而使得叶片正、背面的流速趋于相等，以减少效率损失；或采用图 6.11 所示的技术方案，这些方案的共同特点是，具有强力的整流作用；能大幅降低空蚀系数；基本不降低水轮机的效率。

d. 减小初生空化系数，按初生空化系数 σ_i 选择 H_S。

前面已经提到，清水的容积强度很高，难以产生空化、空蚀现象，但浑水中含有泥沙颗粒等核子，水的容积强度大大降低，而且由于空穴的增多，空泡产生的概率增大，空化产

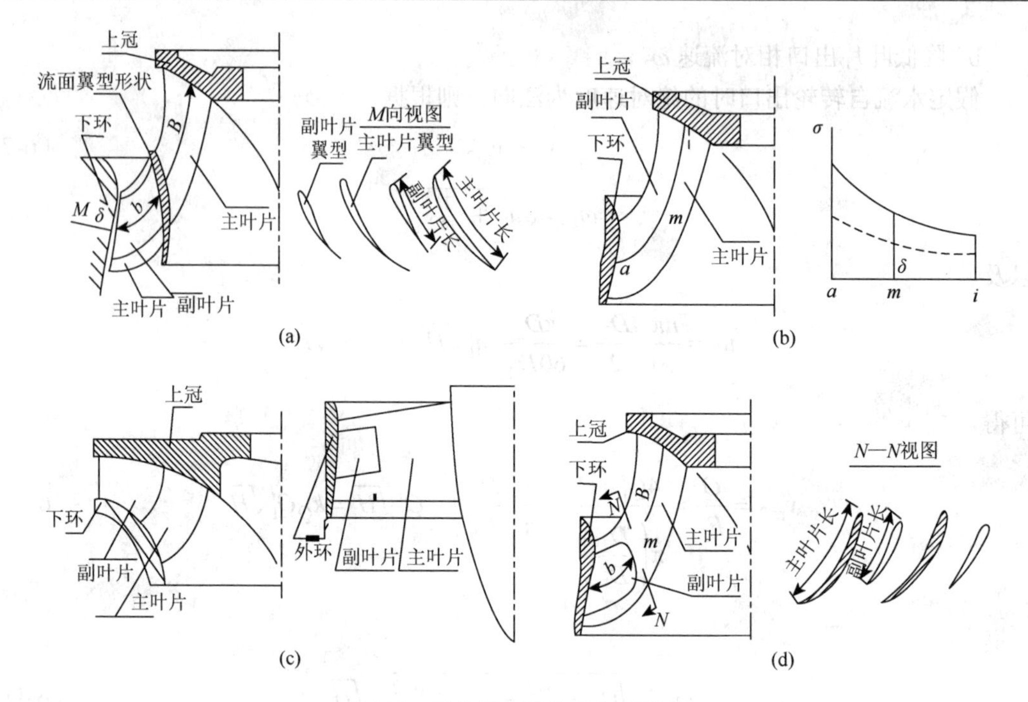

图 6.11　转轮长短叶片组合示意图

生的概率增大，容易产生空蚀现象。加上泥沙的撞击和微切削作用，以及水流的紊流，都将促使破坏的加重。在选择水轮机参数和确定其安装高程时，应特别注意含沙水流中的水轮机与清水中运行的区别。此时应最好以模型试验中获得的初生空化系数确定水轮机的安装高程，尽可能使水轮机处于无空蚀或最小空蚀现象的工况中运行。

对含沙水流中运行的水轮机空化系数可采用下列经验公式。

轴流定桨式水轮机：

$$\sigma_c = 3.04\times10^{-6} n_s^{1.74} \tag{6-12}$$

混流式水轮机：

$$\sigma_c = 3.46\times10^{-6} n_s^{2} \tag{6-13}$$

σ_c 是由能量法测量中效率下降 1%得到的临界空化系数。

（3）水电站的设计应综合考虑水轮机的磨蚀。

天然河流中由于沿河两岸的水土流失，含有大量的泥沙，包括推移质泥沙和悬移质泥沙，这一问题在我国尤为突出。在这些河流上修建水电站，泥沙会造成水轮机过流部件的破坏，造成水轮机效率下降，出力降低，发电量减少，检修周期缩短，检修工作量加大，耗费大量的人力、物力及财力。对于有水库调节作用的水电站，在运行初期，水库具有沉沙作用，通过水轮机的泥沙大大减少。但是运行一段时间以后，水库有大量淤沙，沉沙作用减弱，通过水轮机的泥沙逐渐增多。径流式水电站在汛期也会造成大量泥沙通过水轮机。因此，为了减轻泥沙的过机，在水电站设计中应该注意以下一些问题。

①综合治理河流两岸的水土流失，加强水土保持工作。

②经过技术经济论证，在业主同意下，在水工建筑物上合理地设置沉沙排沙设施，如设置拦沙池、沉沙池，确定合理的取水口等。

③适当增加机组台数，同时对机组易造成破坏的部件，增加其备用部件。

④合理确定水电站的运行方式。根据机组运行情况的实测来合理制订机组的运行计划。特别是汛期，沙峰与洪峰有可能同时出现，所有水电站应在汛期前降低水库水位。在汛期中利用洪峰时的大流量冲刷库底，实行底孔排沙，如三门峡水电站。当然避开洪峰、沙峰发电的方式是一种消极的办法。建议水轮机在汛期应尽可能地接近最优工况运行，如果要停机，应采取关闭主阀的办法，以避免导叶关闭时出现间隙泄漏，产生严重冲刷磨损破坏。

⑤多泥沙水电站要求运行在“无空化”条件下，这样可以减轻空蚀对泥沙磨损的加剧作用，但水电站装机高程已定，要达到“无空化”条件，运行时应考虑补气措施。

（4）结构、工艺及材料的研究。

运行于含沙水流中的水轮机由于受到泥沙的作用，其结构和材质破坏加速。在设计和选择上应特别注意这一点，特别是高水头的机组。导水机构部件最易破坏，宜采用大圆盘的偏心式导叶结构。例如，云南鲁布革水电站就采用新型板式导叶结构，如图 6.12 所示。

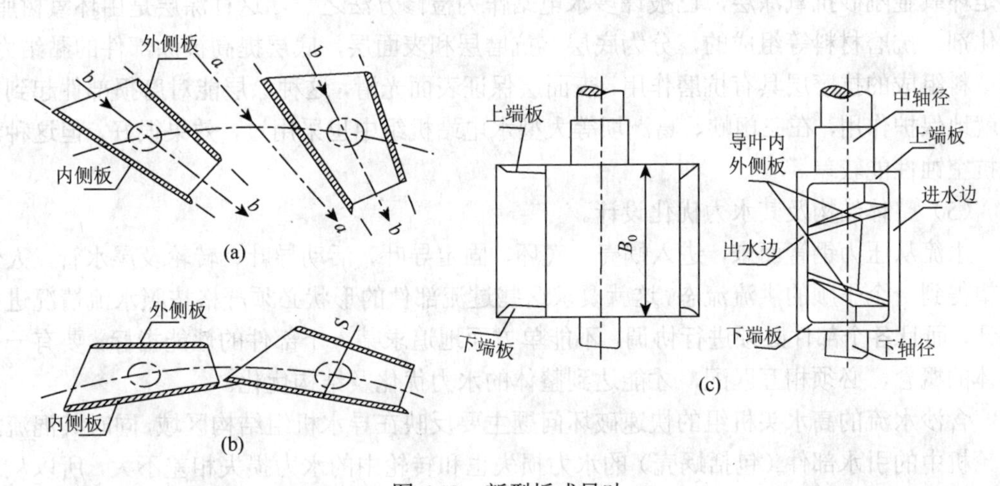

图 6.12　新型板式导叶

高水头机组导叶结构快速破坏的原因如下：

①蜗壳基固定导叶形成的环量与转轮进口要求的环量相差太大，引起脱流，造成转轮叶片的翼型空蚀；

②导叶上下端与顶盖、底环的间距太小，引起间隙空蚀，造成破坏；

③导叶的轴颈大于导叶体断面厚度，使轴颈绕流后形成脱流空蚀。

由新型板式导叶结构可知，每一个导叶上有两个导流板，导流板在此起到了整流的作用，也使得蜗壳基固定导叶而来的水流在通过导叶后不至于产生脱硫，同时导叶的上下端板大于新型导叶体的厚度。在相同底端引流的条件下，水流通过端面间隙的阻力增大，流速减小，有效地抑制了间隙空蚀的发展，而且上下端板的宽度远大于导叶轴颈，因此保护了轴颈不遭受空蚀。

这种导叶结构还具有一个重要的特征：在最优工况下，其内外侧板就是两条理想的流线，能够保证轴轮进口是一个完全对称的流场，这也是该型导叶设计的依据。

对于多泥沙河流中的水轮机，必须保证各个过流断面具有良好的几何型线、更好的材质和更高的加工精度，同时要考虑到机组检修拆卸方便。可采用如下的结构方案：主轴与转轮之间最好采用摩擦传递力矩的结构方式连接，以方便转轮的更换；混流式水轮机的尾水管（锥段）应可拆；底环、转轮、导叶采用下拆方案，即从尾水管中运出检修，也可考虑从发电机定子中间吊出、从水轮机机层拆出等。

对于多沙河流中的高水头机组，转轮上冠处的密封结构最好选用梳齿形密封结构，下环采用阶梯形密封结构。中低水头水轮机的上冠也可以采用梳齿形密封结构，上迷宫采用直缝式密封结构，中迷宫采用直缝式或压盖式密封结构，下迷宫采用直缝式密封结构，有条件的情况下，还可在顶盖和下环空腔内注入清洁水或者压缩空气，从而减轻这一部分的空蚀破坏。

对于抗腐蚀材料，应选择耐腐蚀的焊条堆焊，并研制和应用抗磨蚀的金属材料、合金粉末喷焊、金属陶瓷和非金属保护涂层（如环氧金刚砂、复合尼龙和聚氨酯橡胶等）。特别是环氧金刚砂抗氧涂层，已被许多水电站作为检修方法之一，这种涂层是由环氧树脂、固化剂、抗磨材料等组成的，分为底层、抗磨层和表面层，底层提高被涂部件的黏结力，由填料组成的抗磨层具有抗磨作用，表面层保证表面光滑，这种涂层能对磨损部件起到很大就地保护作用，在三门峡、葛洲坝等大型水电站机组中也采用过，效果很好，但这种涂层抗空蚀性能较差。

（5）整体结构及其水力优化设计。

水流从压力钢管而来，进入蜗壳、底环、固定导叶、活动导叶、转轮及尾水管，人们希望得到一个平顺的洪流流态，这就要求这些过流部件的形状必须严格按照水流情况进行设计，而且各个部件必须进行协调，不能单方面地追求某一个部件的性能指标，要有一个整体的概念，必须相互匹配，才能达到整体的水力优化及结构优化。

含沙水流的高水头机组的快速破坏问题主要反映在导水机组结构区域，同时其混流式水轮机中的引水部件（包括蜗壳）的水力损失也和转轮中的水力损失相差不大，所以从整体的角度考虑，合理地匹配设计蜗壳、座环、固定导叶、活动导叶以及转轮叶片型线，对于提高机组效率具有重要的意义，同时对改善导水结构和减少其泥沙磨损等破坏具有很现实的意义。

从底环与导水机构的最优匹配出发，研究固定导叶安放角及固定导叶与活动导叶的相对位置对座环和导水机构区域流动的影响，在稳定流情况下，忽略流体黏性，通过固定导叶和活动导叶的双列叶栅流动，其流值 φ 必满足 Laplace 方程：

$$\Delta\varphi = 0 \tag{6-14}$$

再根据加权余量法，便得到通用积分方程：

$$C_i\psi_i + \int \psi \frac{\partial w}{\partial n} \mathrm{d}r = \int w \frac{\partial \varphi}{\partial n} \mathrm{d}r \tag{6-15}$$

离散边界成 N 个单元（类似于有限元法），代入边界条件，经过边界变换，转换线性方程组：

$$Ax = B \tag{6-16}$$

求解该线性方程组，即可得到边界区域内的流函数及流速，并将流场计算结果作为分析流态、估计泥沙磨损破坏方式及设计新型导叶的依据。

第7章　水力机械抗磨蚀材料及表面强化技术

7.1　水力机械抗磨蚀材料

冲蚀磨损主要是指沙粒在水力的作用下，对水力机械的表面进行摩擦、冲划，导致水力机械遭到磨损破坏。水力机械的空蚀（主要是空化区域内空泡的溃灭）导致高频率的脉冲压力，从而引起水力机械的外表面疲劳磨损。磨蚀与空蚀具有不同的特点，但均对材料、零件造成破坏，还会使得力学性能降低。水力机械冲蚀磨损的程度主要与水流强度、含沙量、泥沙颗粒等有关。根据磨蚀的形成机理，可以通过改变含沙量、过流部件水流特性等方法，提高水力机械的抗磨蚀性能。

水力机械抗磨蚀技术主要通过保护水力机械的过流表面从而降低水流速度、沙石的磨蚀，可以从制造工艺、表面防护等方面入手。例如，在过流部件的表面进行金属焊条堆焊，是比较常用的抗磨蚀技术之一。金属焊条堆焊具有一定的优势：堆焊层比较坚固，抗磨蚀的能力较强，操作比较简单，施工成本较低。这种处理方法主要将焊层与基体进行熔合，从而提升材料的强度。但是金属焊条堆焊具有一定的局限性：堆焊过程厚度不均匀，要求材料的可焊性较高。

7.1.1　概述

抗磨蚀材料从总体上讲应具备韧性强、硬度高、质量均一、结晶颗粒细、结构致密、拉力强、疲劳极限高的综合性能，并具有可加工性和可焊性。初期是首选高硬度的Cr5Cu和抗空蚀疲劳的18-8不锈钢。实践证明，Cr5Cu的抗磨性能不如环氧金刚砂涂层，奥氏体不锈钢0Cr18Ni9Ti在浑水条件下抗空蚀效果不好，在葛洲坝水电站改用马氏体不锈钢0Cr13Ni4Mo（简称13-4钢）、13-6钢，在刘家峡水电站4号机又采用0Cr13Ni5Mo铸造新转轮。国际上这一类高强度不锈钢作为水轮机转轮结构材料在20世纪70年代已经广泛应用，其抗磨蚀性能有一定进展，后又推出含碳量更低、焊接性能更好的ZG06Cr16Ni5Mo（简称16-5钢），它由抗磨蚀性能优良的马氏体沉淀不锈钢（17-4PH）演变而来，鲁布革水电站高水头水轮机转轮便采用16-5钢，经过6个汛期的长期运行，空蚀磨损轻微。三门峡水电站浑水发电试验表明，16-5钢的抗磨蚀性能优于13-6钢。另外，天津市水利勘测设计院与德国KSB公司合作试验的高铬铸钢具有优异的抗磨蚀性能，但需要特殊加工设备，由于投标万家寨引黄水泵项目没有成功，未能在中国工程项目上应用，目前已用于国外挖泥船的水泵部件。

磨蚀发生在水力机械过流部件表面，因此强化过流部件表面的抗磨蚀性或采用抗磨蚀材料通过涂覆、喷涂等手段植附在过流部件表面上加强其抗磨蚀性能，这对表面工程是一个创举。它把局部保护和整体安全运行联系起来。由探索解析磨蚀现象和规律转向控制和防护，保证水力机械正常运行。目前国内外在水力机械过流部件上采用抗磨蚀保护措施的主要有超声速碳化钨（WC）喷涂。超声速喷涂采用速度高达 2300m/s 的 WC 粒子冲击水力机械表面并镶嵌到基体中，底层与基体结合强度超过 60MPa。实际观察发现硬质点嵌入过流部件本体表面的强度比较高，但随后喷涂的粒子是在同类硬质点之间的碰撞结合，附着力受到影响。每次喷涂厚度约 0.08mm，在 0.03mm 内结合力是很强的。应用证明 WC 喷涂表面整体性和型线很好，其抗磨蚀性能超过 18-8 不锈钢的 4.6 倍。但由于 WC 涂层硬度太高，抗变形和抗空蚀冲击性能不够理想，表现在小浪底水电站水轮机上叶片喷涂的 WC 涂层在运行 1000h 后发生局部和分层剥蚀过程；万家寨水电站 5-6 号机 WC 涂层亦发生局部锈斑和空蚀区局部剥落；三门峡水电站 1 号机运行 3600h 停机检查发现，中环的拼缝下部处的 WC 涂层发生环带状局部剥落；西藏羊卓雍湖水电站喷涂层也有类似问题。国内超声速 WC 喷涂首先引进瑞士苏尔寿公司的技术，之后威姆西科压缩机（上海）有限公司、上海司太立焊材集团有限公司均参与水轮机涂层开发工作，由于价格昂贵，目前仅限于在大机组（包括万家寨引黄水泵）及磨蚀涂层试验机组进行，再经过 1～2 个汛期运行考验，便可全面评价 WC 涂层的效果。

喷涂合金粉末的工艺是合金粉末熔融在基体表层内，属于冶金结合，抗磨蚀明显，但因为在喷涂过程中高温易造成叶片变形，所以很少用于新机组的防护。老机组在喷涂合金粉末时也要严格控制变形，否则会对流态和机组效率产生不利影响。喷涂合金粉末是一种物理结合，与本体附着力差，防护效果不理想。

国内非金属涂层因相对价廉、施工工艺适合现场条件和抗磨蚀性能基本满足防护要求而受到用户关注。目前已开发出常温环氧金刚砂涂层、高温复合尼龙以及以此为基础的多层次表面聚氨酯弹性体。国内外正在开发常温固化聚氨酯弹性体，由于关键的结合强度在 20MPa 左右，无论是 20 世纪 80～90 年代美国 POLMEL 公司和加拿大世界贸易公司的超蚀金属强化 DPDL、美国的 S-80 聚氨酯涂料及瑞士的麦卡太克黏结剂涂料和英国 E. WOOD 公司的 EG 和 FG 抗磨蚀涂料，还是最近在黄河万家寨水电站 1-3 号机涂覆的法国“耐而久”聚氨酯涂层以及黄河三门峡水电站 1 号机涂覆的德国伏依特公司的聚氨酯涂层均未超过国内已有的环氧金刚砂涂层的使用效果，初期脱落比较严重。而环氧金刚砂涂层虽然具有较高的结合强度，但抗空蚀性能差，所以限制了它在中等以上空蚀区的保护作用。例如，万家寨水电站 4 号机涂覆的常温环氧金刚砂涂层，在前 2000h 破坏不足 1%，主要集中在上冠脱流区，但运行到 6500h 左右涂层破坏已达 10%～12%，主要集中在叶片背面及下环内侧空蚀严重部位。说明结合强度与抗空蚀性能是硬指标，缺一不可。国内复合尼龙涂层及发展的多层次聚氨酯弹性体由于保护的工件要在 200～1200℃的高温下操作，故应用于容易加热的比较小的水轮机或水泵。由于底层结合强度达 80MPa，表面弹性体又是抗空蚀性能最好的材料，在小型水轮机（河北省易县水利局水电公司）、泵站（宁夏固海扬水管理处、陕西省东雷抽黄管理局）均取得非常好的经济效益而推广应用。国内目前最关心的是针对供电中起重要作用的大中型机组抗磨蚀涂层，它既要有优良的结合强度和抗磨蚀性能又要在现场常温施工。总结国外聚氨酯涂层失败的主要原因是结合强度未达到准入结合强度，准入结合强度因部件部位而异，但是在严重空蚀区必须有其底线，底线出自多年来积累涂层破坏的过程分析。环氧类涂层初期情况较好，在空蚀区是一个逐渐剥落过程，它的现场结合强度可达 40MPa 左右，一般均在 30MPa 以上。英国 E.WOOD 公司的 EG 和 FG 抗磨蚀涂料是改性环氧类涂料，室内结合强度在 35MPa 左右，现场一般会降低一些，用于大渡河龚嘴水电站 6 号机叶片背面下部强空蚀区部位，运行 1 年后检查，基本保持涂层面积，但表面已粗化，空蚀区有小沟槽，随后涂层不断损坏。丁羟聚氨酯弹性体的结合强度为 18～22MPa，用于万家寨水电站 4 号机叶片背面试验，72h 有局部脱落撕裂。法国“耐而久”聚氨酯涂层和德国伏依特公司的聚氨酯涂层用于叶片和导叶也都在运行初期开始破坏。它们的结合强度也达不到 20MPa，如“耐而久”聚氨酯涂层结合强度为 15MPa 左右，鉴于上述资料，可初步判断空蚀区的准入结合强度为 35MPa。同时在转盘试验中也观察到在 48m/s 相对流速下，带有凸体空蚀源后的环氧类涂层经受不住 20h 以上的磨蚀而逐步剥落。EG 和 FG 抗磨蚀涂料经受不住 5h 以上的磨蚀。结合强度低于 20MPa 的弹性体涂层试验中脱落较多，而结合强度大于 30MPa 的涂层在 30h 试验中即使有金属硬物冲击涂层局部破坏，仍保持着整体涂层的完整性。这些现场实践和试验结果给我们的启示是要完善和创新涂层技术，适应强空蚀条件下的保护涂层的关键突破点是在常温条件下施工让弹性体涂层具备 35MPa 以上的结合强度，或者使环氧类涂层改性附加更多的弹性，或者让它们优势互补界面网络互穿，涂层的整体抗磨蚀性能会有质的进步。

我国是一个多泥沙河流的国家，在这个领域的研究我们已走过了漫长的既有成功创新又屡遭失败的艰辛的路，引进的国外技术又没有完全解决关键问题。多沙河流问题是在中国是回避不了的。目前在水利水电设计中已将泥沙磨蚀的防护措施作为标书要素之一，但还缺乏统一标准，有一定的随意性，但已说明重视程度的提高，要求企业和企业家、设计师、科学家联手付出更多的努力去解决这个难题。

喷涂合金粉末是通过一定的方法将合金粉末熔融在基体表层内的一种工艺，抗磨蚀效果明显，而且价格较低、方法简单、结合力强、适合现场加工、便于推广，具有极大的经济效益和社会效益。同时该工艺也存在不足之处，如在喷涂过程中会产生高温，而高温则很容易造成叶片变形。因此，在该工艺过程中一定要严格控制变形，否则会严重影响流态和机组效率。与此同时，喷涂合金粉末是一种物理结合，缺点是与本体附着力差，防护效果较差。喷涂较适用于小型水力机械抗磨蚀的防护，当应用于大中尺寸薄工件时，会造成工件变形和厚大工件的喷涂层龟裂、脱落和喷涂工艺等问题。

超声速喷涂是将高速 WC 粒子冲击水力机械表面并镶嵌到基体中，从而得到底层与基体超高的结合强度，硬质点嵌入过流部件本体表面的强度较高，表面整体性和型线较好。高声速火焰喷涂（high-velocity oxygen-fuel，HVOF）技术是超声速喷涂的一种，很适合对水泵叶轮进行抗磨蚀处理。但该技术在抗空蚀性能方面仍有不足：当涂层破坏时，基体则很快被磨蚀，出现较深的孔洞。HVOF-WC 技术复杂，70%的 WC 含量有利于提升水泵抗磨蚀性能，但是成本却很高。目前仅限于在大机组及磨蚀涂层试验机组进行。

金属焊条堆焊设备简单、技术成熟，目前仍是最普遍的抗磨损修复方法，常用于国内一些中小型水电站中。我国用于水力机械磨蚀堆焊的焊条主要有高铬铸铁型、Cr-Ni 奥氏体不锈钢型和低碳马氏体不锈钢型等。但是对于水力机械过流部件浆体，金属焊条堆焊并不完全适用，如焊条堆焊冲淡率大、焊层厚且不均匀、基体的可焊性要求高等。

在非金属材料方面，先后使用环氧金刚砂浆、聚氨酯橡胶（德国）、热喷涂尼龙、超高分子量聚乙烯等材料，多用于水轮机活动导叶、转轮室、叶片正面、头部等区域。目前，国内材料主要有环氧聚合物、复合尼龙和聚氨酯系列；国外主要是环氧聚合物和聚氨酯系列。环氧聚合物开始阶段有比较严重的脱落现象，抗空蚀性能也较差，对中等空蚀的保护仍存在不足。改性环氧树脂黏结力强、操作简单、抗磨蚀性能好、价格便宜，但不适用于水泵泵轴与轴套、叶轮与口环之间的摩擦面的涂护。

对于提高持续工作能力而言，合理的选材非常重要。与此同时，为了达到更好的效果，可以结合其他的抗磨蚀技术。例如，将钢板焊接叶轮与焊补修复及表面涂护非金属抗磨蚀材料技术相结合。钢板焊接叶轮技术采用Q235钢板热压焊接成型的叶轮，提高了水泵的抗磨蚀性能。针对叶片等过流表面，利用改性聚氨酯复合树脂涂护技术对其表面进行涂护，叶轮与口环相摩擦的表面同样可以进行涂护，可有效提升叶轮抗磨蚀性能，延长叶轮磨蚀时间，增加水泵抗磨蚀修复的时间间隔，降低水泵修复、维修成本，使水泵的持续工作能力大大增强。

目前水轮机过流部件大多用20SiMn低合金钢和0Cr14Ni5Mo不锈钢制造，前者多用于小型水轮机，后者多用于大中型水轮机。0Cr14Ni5Mo价格远高于20SiMn，但抗空蚀性能比20SiMn高10倍以上，而抗磨损性能两者相当。最理想的材料应是表层采用抗空蚀磨损的材料，内层采用低成本的具有要求强度、韧性、焊接性，并且容易加工制造的材料。

20世纪60年代，刘家峡水电站水轮机叶片制造时曾采用堆焊防护，由于制造工艺复杂，目前已不采用，一般采用表里如一的材料制造。

由于20SiMn及0Cr14Ni5Mo的抗磨性能都不理想，过机含沙量大的水轮机过流部件空蚀磨损破坏非常严重，往往需要每年一小修、三五年一大修。三门峡水电站水轮机1973年开始运行，因泥沙磨损严重，1980年起不得不采用汛期不发电的运行方式，每年损失3亿～5亿kW·h的电力，损伤程度更严重的新疆红山嘴水电站0Cr14Ni5Mo水轮机转轮运行一年就报废。

大修时要恢复过流部件的形状、尺寸并保证表面光洁度要求。从提高抗空蚀磨损性方面考虑，用同质材料（如用0Cr14Ni5Mo堆焊0Cr14Ni5Mo部件）进行修复显然是不合理的。应采用抗空蚀磨损性能更好的材料、工艺，并保证良好的修复工艺性和再修复可能性。

7.1.2　水力机械抗磨蚀材料的选择准则

水力机械工况复杂，而材料也是多种多样的，用一种材料无法满足各种工况的需要，制定选材的准则也是很困难的，下述规律可供参考。

（1）在水力机械工况条件下，泥沙颗粒运动轨迹与过流部件表面的夹角（即攻角）一般较小，此时工件表层硬度越高越抗磨，因此选用超硬材料可大幅度提高抗磨性能。例如，HVOF-WC涂层与0Cr14Ni5Mo相比，抗磨性能可提高26～70倍，GB1焊条主要靠硼化物提高抗磨性能和抗空蚀性能，烧结超硬材料（如硬质合金）抗磨性能极好、抗空蚀性能也很好。但许多高硬材料抗空蚀性能较差，例如，抗磨一号合金比 18-8 不锈钢稍差，HVOF-WC 涂层的空蚀失重率为 0Cr14Ni5Mo 的 5～12 倍，即抗空蚀性能很差，仅为后者的 1/12～1/5。

（2）能产生加工硬化的材料可以提高抗磨性能和抗空蚀性能。亚稳奥氏体钢在空蚀磨损过程中会发生马氏体相变，相变时不仅会吸收能量还能大幅度提高硬度，从而具有较高的抗磨性能和优良的抗空蚀性能，这是 18-8 不锈钢抗空蚀磨损性能优于稳定奥氏体钢 Cr21Ni12Mo2 的原因，GB1 抗空蚀磨损性能好的另一个重要原因是加工硬化能力强。

（3）超弹性材料可以吸收沙粒的动能和空泡溃灭时冲击到工件表面的能量，故可提高抗磨性能和抗空蚀性能。聚氨酯橡胶、超高分子量聚乙烯等属于这一类材料，金属材料中近等原子比的钛镍合金也具有超弹性，抗空蚀磨损性能良好，关键是解决上述材料覆层工艺问题。

水轮机过流部件表面覆层材料可分为金属材料和非金属材料两大类。非金属材料中应用比较成功的有环氧金刚砂和超高分子量聚乙烯，前者用于轴流式水轮机叶片正面解决磨损问题，后者用于细沙条件下的抗磨板和水泵密封环。金属材料中应用比较成功的有 GB1 焊条堆焊解决空蚀及空蚀和磨损联合作用问题、火焰喷焊解决小型水轮机磨损问题及 HVOF-WC 涂层解决大中型水轮机磨损问题。

7.1.3　堆焊材料

水轮机的堆焊材料需满足以下要求。

（1）根据不同的破坏性质，堆焊层需具有良好的抗磨性能或抗空蚀性能，最好是既抗磨又抗空蚀。

（2）焊条的工艺性能良好、易脱渣、电弧稳定、易操作、有害烟雾少、堆焊层打磨容易。

（3）现场容易修复。很多水轮机常常需要在机坑中进行检修，机坑的通风条件通常较差，湿度较大，往往无法满足良好的预热与保温条件等。

（4）价格低廉，容易取得。钴铬钨抗空蚀磨损性能优良，但因价格昂贵，一般不用。在水轮机堆焊焊条的研制中，抗空蚀焊条的研制起步较早，目前也较为成熟。使用较多的是 18-8 不锈钢焊条。由于世界各国水轮机的泥沙问题较少，抗磨焊条研究少得多，也缺乏成熟的经验可供借鉴参考。

表 7.1 为 20 世纪 80 年代中国水电厂使用的堆焊材料的抗磨性能，以 20SiMn 作为比较的标准，试验条件如下：含沙量为 $33kg/m^3$，相对速度为 41.6m/s。表 7.1 中“金属组织类型”一栏是作者补充的。利用表 7.1 中数据作出抗磨性能与金属组织、硬度关系图，见图 7.1。从图 7.1 中可看出奥氏体 + 碳化物的抗磨性能（曲线 *A*）优于马氏体（曲线 *B*），这主要是由高硬度的碳化物硬质相所致。奥氏体的抗磨性能（曲线 *C*）也优于马氏体，这主要是由奥氏体的加工硬化能力比马氏体高所致。表 7.1 中 Y1 与 F5 相比，两者硬度相近，但 F5 抗磨性能是 Y1 的 1.54 倍，说明硼化物的抗磨性能大大优于碳化物。F5 与 KJ5-4 相比，也说明硼化物可明显提高抗磨性能。可以推论，奥氏体 + 硼化物组织将具有优良的抗磨性能。GB1 堆焊焊条就是在这种认识指导下研制出来的。

表 7.1　不同堆焊材料的抗磨性能

序号	材料	主要化学成分（质量分数）/%			金属组织类型	堆焊层硬度	相对抗磨性能	提供单位
		C	Cr	其他				
1	Y1	3.89	34		奥氏体＋碳化物	55～59HRC	2.60	中国科学院金属研究所
2	抗磨一号	2.78	25.30		奥氏体＋碳化物	49～51HRC	2.51	中国科学院金属研究所
3	F5	0.82	26	B1.6	马氏体＋碳化物	56HRC	4.00	中国科学院金属研究所
4	KJ5-4	1.0	14	Mo1.3	马氏体	59～61HRC	2.23	中国科学院金属研究所
5	150CrB	1.5	12～18	B0.2	马氏体	45～50HRC	2.24	哈尔滨焊接研究院有限公司
6	堆 217	0.35	9	Mo2.5 V0.6	马氏体	≥50HRC	1.55	哈尔滨焊接研究院有限公司
7	堆 277	0.35	12～15	Mn10～14 Mo0.23	奥氏体	≥20HRC	1.50	哈尔滨焊接研究院有限公司
8	瑞士 5006	3～4	30～36	Nb<0.44 V1.05～0.29	奥氏体＋碳化物	56～62HRC	3.02	瑞士 Castonline 公司出品，由甘肃电力试验研究所提供
9	瑞士 5003	≤0.06	12～15	Ni4～6 Mo0.8～2.0	马氏体	300～350HB	1.71	瑞士 Castonline 公司出品，由甘肃电力试验研究所提供
10	A102	0.08	18～21	Ni8～11	奥氏体	15HRC	1.40	市售

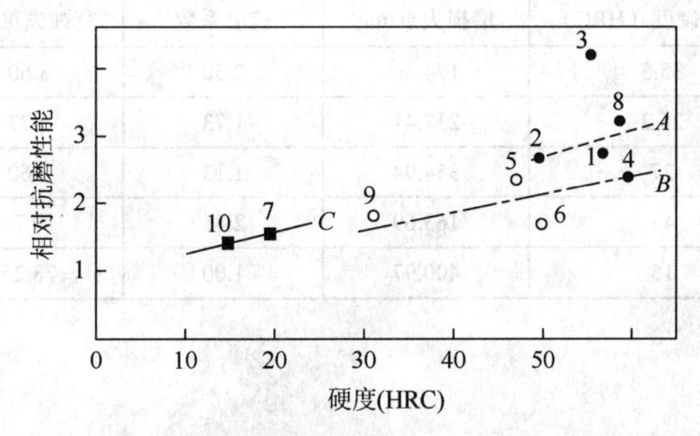

图 7.1　堆焊金属组织、硬度对抗磨性能的影响

图中 1～10 对应表 7.1 中序号

A102、抗磨一号和堆 277 是 20 世纪 90 年代前国内检修水轮机时使用较多的堆焊材料。

水电厂在检修中使用最多的是 A102、A132 等 18-8 不锈钢焊条，这类焊条是市售焊条，不是专为水轮机抗磨蚀防护研制的。这类焊条焊接性好，不需要预热、缓冷，抗空蚀性能远优于 20SiMn 等低合金钢，抗磨性能也优于一般的碳钢。虽然含镍铬较高，但因为大规模生产，所以价格并不高，受到广泛欢迎。

抗磨一号是斯重遥、金恒昀等于 20 世纪 50 年代末研制出来的，属于高铬铸铁型焊条，硬度高达 50HRC 左右，抗磨性能良好。首先在丰满电厂试验成功后，又在几十个电厂使用。例如，在盐锅峡水电站水轮机检修、喀什三级水电站水轮机下止漏环、绿水河水电站冲击式水轮机喷针和喷嘴上使用，均获得良好效果。1983 年在三门峡水电站 1 号机叶片背面堆焊多种焊条和金属陶瓷等材料，运行 48484h 后检查，抗磨一号、CoCrW 和金属陶瓷破坏最轻，比 A132 有明显的优越性。

堆 277 的名义成分为 C0.35%，Cr13%，Mn13%。这种焊条是从前苏联引进技术而开发出来的。它的抗空蚀性能较好，抗磨性能也优于 A102，但因大量锰从药皮出来，烟雾毒性大，故目前已很少应用。

焊条的种类和牌号十分复杂。一般的规律是硬度越高越抗磨，故研究者大多着眼于极力提高焊条的硬度，如 F1、F5、抗磨一号和瑞士 5006 等。但造成水轮机磨损的泥沙的主要成分为石英，其硬度约为 1000HV。要使堆焊金属达到或接近如此高的硬度是十分困难的，况且硬度增加，韧性必然下降，脆性增大；容易产生裂纹，也更难打磨。产生裂纹和难以打磨是高硬度焊条推广应用的主要障碍。针对高硬度焊条存在的问题，20 世纪 80 年代末研究者又研制出了中等硬度的奥氏体 + 硼化物共晶组织的 GB1 焊条。该焊条具有良好的抗磨性能和优异的抗空蚀性能，见表 7.2。

GB1 焊条抗磨蚀性能良好，施工工艺性好，无须预热，极少产生裂纹，易于打磨，药皮中不含锰，不会像堆 277 那样引起施工人员锰中毒，价格仅为 CoCrW 的 1/7，故已被多数电厂采用。

表 7.2　几种焊条堆焊金属抗磨性能和抗空蚀性能

堆焊材料	堆焊层硬度（HRC）	磨损失重/mg	抗磨系数	空蚀失重/mg	抗空蚀系数
GB1	35.5	174.36	2.30	3.60	21.74
GB2	26.2	232.41	1.73	5.77	13.56
831	27	354.94	1.13	7.60	10.30
CoCrW	45	163.69	2.45	10.70	7.31
A102	15	400.97	1.00	78.25	1.00

7.1.4　粉末喷涂

将合金粉末喷涂于工件表面的办法主要有电弧喷涂、火焰喷涂、等离子喷涂、爆炸喷涂、激光喷涂、超涂等，见表 7.3。

各种喷涂方法抗磨蚀的效果既取决于粉末的成分与组成，又取决于喷涂的工艺与实施方法。其中涂层与基体的结合强度是一个关键问题。很多涂层在单纯磨损的场合有良好的抗磨性能，但在叶片背面的空化区则常发生脱落和掉块。

不同涂敷方法中涂层与基体的结合强度差别很大。喷涂中涂层与基体的结合强度远低于喷焊。20 世纪 70 年代末，在日本关西电力公司所属的一系列水电站的水轮机上，根据不同的破坏性质分别采取了不同的措施：在需要耐腐蚀的场合采用电镀保护，在有泥沙磨损的场合则采用等离子喷涂与喷焊，对空化区则采用喷焊，取得了较好的防护效果。

中国电弧喷涂开展较早，20 世纪 60 年代在石龙坝水电站水轮机叶片背面曾试用过这种方法修复水轮机，发现叶片背面的涂层很快脱落，这种方法以后未得到继续使用。

表 7.3　不同覆层性能比较

涂覆方法	结合强度/MPa	涂层气孔率	基体热影响	材料
电弧喷涂	30～70	中	小（<100℃）	18-8、Cr15、Cr13、Ni-Al 青铜
等离子喷涂	70～140	小（2%～5%）	小（<100℃）	自熔性合金
喷焊	300～500	极小	极大	Ni-B-Si 系、Ni-Cr 系、Co-Cr-W 系、Cu-P 合金

等离子喷涂是利用等离子弧作为热源，用等离子体喷枪将合金粉末喷涂到工件表面。由于等离子弧弧柱的温度高，对高熔点的碳化物、氧化物和合金粉末等均可进行喷涂。喷涂涂层较薄，一般为 0.1～0.2mm，以机械结合为主。20 世纪 80 年代初，甘肃电力试验研究所对榆林绥德水电站 ZD661-LH-120 轴流定桨式水轮机的叶片进行等离子喷涂试验，运行 4210h 后发现正面涂层脱落约 50%，背面约 80%。

由于等离子喷涂设备较为复杂，噪声较大，现场应用困难较多。等离子喷涂涂层的结合强度虽较火焰喷涂高，但仍不能完全满足要求，特别是在空化区，易发生脱落等现象。目前等离子喷涂在水电站中很少应用。

瑞士苏尔泰公司自 20 世纪 80 年代后期开始试用 HVOF 方法对一系列冲击式水轮机的喷针、喷嘴、空放阀和混流式水轮机的转轮、止漏环、抗磨板等喷涂 SXH48 陶瓷护面层，取得良好效果。超声速喷涂对工件表面要求预热的温度低、喷涂速度快，因此部件变形较小。

国外应用喷涂防护的水轮机大多容量与尺寸较小，含沙量也都不太大。从 20 世纪 90 年代起，中国从国外引进的许多水轮机开始试用超声速喷涂等方法对水轮机进行保护。先后有羊卓雍湖、三门峡、青铜峡、小浪底、万家寨等水电站水轮机进行超声速喷涂用于防护，除此之外国内有不少单位也纷纷引进有关设备，开展了相应的工作。

超声速喷涂涂层的结合强度可达 60～70MPa，涂层的气孔率小于 1%，表面粗糙度为 *Ra*3.2～6.4μm，硬度为 70～75HRC。从一些大型水轮机的应用效果看，其抗磨性能良好，但在叶片背面空化区及头部撞击区等部位涂层易发生局部脱落。从小浪底、万家寨等水电站水轮机涂层脱落的情况看，都是发生在叶片背面靠下环与靠近出水边区。小浪底水电站在非汛期清水中运行也发生涂层脱落现象，因此涂层并不是在磨损条件下脱落的。

中国水利水电科学研究院（简称水科院）余江成与吴剑用小水洞与转盘仪，对三种配方 HVOF-WC 涂层与 13-4 钢进行抗磨抗空蚀对比试验。试验结果证明，HVOF-WC 涂层有良好的抗磨性能。速度越高，抗磨性能也越突出。当速度达到 40m/s 以上时，其抗磨性能可达 13-4 钢的 60 倍以上，但抗空蚀性能则很差，其空蚀率为 13-4 钢的 5～12 倍，这与一些水电站实际使用结果相符。

三门峡水电站轴流转桨式水轮机转轮 1 号机的防护效果较好，该水轮机由 VOITH 公司设计制造。叶片、裙边与转轮室都采用 WC 喷涂保护。自 2000 年 12 月至 2003 年 3 月，共运行 11259h，其中汛期运行 2643h，汛期平均过机含沙量为 37.67kg/m^3。经检查除叶片头部靠外缘区有脱落外，叶片正背面的 WC 涂层仍保持完好。此外转轮室进出口处也有一些破坏。又运行一个汛期至 2004 年 11 月打开检查时，叶片正背面的 WC 涂层仍保持完好，叶片外缘头部经补焊后破坏有所减轻，但裙边头部迎水处破坏较深。叶片与转轮室间隙无明显扩大，转轮室上环进口有一圈被磨光，中环组合缝处产生一些冲沟，下环在叶片出口边处有一圈呈空蚀破坏的迹象。三门峡水电站水轮机转轮未发现像其他水电站水轮机转轮的涂层脱落现象，分析认为可能与所设计加工制造的水轮机空化很轻有关。

7.1.5　喷焊

喷焊是把抗磨蚀性能好的合金粉末熔敷到基体表面而形成保护层，又称喷熔。喷焊的方法主要有氧乙炔火焰喷焊、等离子喷焊、激光喷焊等。

1983 年石河子农业科学研究院与红山嘴水电站合作，对水轮机转轮的止漏环进行等离子喷焊 S07A 粉末保护。运行四年，迷宫间隙仅扩大 1.8mm，取得较好效果。但因硬度高，车削加工困难，修复也有难度，且难以用于转轮叶片易磨蚀部位等的喷焊，故未再使用。

目前使用得较多的是氧乙炔火焰喷焊。该技术于 20 世纪五六十年代开始用于石油、化工、矿山和机械等行业。20 世纪 70 年代后期，日本首先试用于水力机械的局部修复。它的优点是：涂层的材料成分可根据需要进行调整；可使涂层与工件形成冶金结合，因此即使在较强的空化区也不会脱落；设备简单，除专用的喷枪及少数辅助工具外，一般电厂均具备此条件，故便于在电厂大修时应用。国内从 20 世纪 70 年代末引进这一技术，并在机械、电力等行业中开始应用。在 20 世纪 80 年代初开始试用于水轮机，并取得了一定成效。

氧乙炔火焰喷焊的实施方法为：首先对工件表面进行仔细的喷砂和清洗；然后用氧乙炔火焰或带温控的箱式电炉对待喷焊的部件表面进行预热，通常碳钢件预热至 250～300℃，不锈钢件预热至 350～400℃；最后用喷枪将达到熔融或高塑性状态的粉末喷到经过加热的工件表面，并进行重熔。重熔可分为一步法和两步法两种。一步法是边喷边重熔，两步法是先喷后重熔。

自熔性合金粉末在水轮机喷焊中常用的为镍基与铁基两类。其特点是：形状规则（多为球形）、熔点低（1200℃以下）、脱氧能力强、对基体润湿性较好、涂层致密。根据水轮机磨蚀的特点，要求喷焊结果达到下述要求：

（1）喷焊层需具有大量由硬质点形成的骨架，以抵御强烈的磨损破坏；

（2）基体组织具有较高的韧性，保证优良的抗冲击与抗疲劳性能；

（3）基体与硬质相有良好的互熔性，在使用条件下，前者能有效地支持硬质相不被剥落，后者能最大限度地熔入基体；

（4）在真机条件下具有优良的焊接性。

粉末合金的成分对水轮机的抗磨蚀性能起到关键性作用。因此选择合适的粉末成分至关重要。20 世纪 80 年代初，甘肃工业大学（现更名为兰州理工大学）针对水轮机抗磨蚀特点，开发研制了 N31、N37 合金粉末，消除了 N_3B（脆化相）的网状组织，细化了晶粒，提高了喷焊层的韧性，从而提高了喷焊层的抗磨蚀性能。粉末的基础配方及物理性能见表 7.4。

表 7.4　兰州理工大学研制的粉末合金及其性能

化学成分(质量分数)/%						硬度(HRC)	熔点 T/℃	结合强度/MPa	喷焊工艺性能
C	B	Si	Cr	Ni	其他				
0.8	3.6	4.4	16	余量	2.5	51～55	980～1100	约 400	优

根据圆盘仪试验结果，其喷焊层的抗磨损性能相当于 A102 不锈钢堆焊层的 10～11 倍。兰州理工大学与兰州电力修造厂用喷焊方法修复甘肃礼县红崖水电站两台 HL29-WJ-60 水轮机（设计水头 $H_r = 93$m，额定功率 $P = 1000$kW，年平均含沙量 $S = 5.3$kg/m^3），寿命延长 3 倍以上。重庆水轮机厂（现称重庆水轮机厂有限责任公司）用喷焊方法喷焊了十多台中小型水轮机。20 世纪 80 年代后期，云南元江成立了专门的水电抗磨技术开发站，对几十个小水电站 100 多台水轮机的转轮和导叶等进行了喷焊修复。20 世纪 90 年代，天津市水利勘测设计院对南乌牛泵站泵轮和草坡水电站冲击式水轮机的喷针进行了喷焊修复，都取得了良好效果。

对大工件来讲，喷焊因工件需加热与重熔，温度高，易引起变形与裂纹等问题，有时会出现喷焊质量问题。1985～1995 年，水科院刘家麟、陈晓平等开展了大中型水轮机喷焊修复研究，在渔子溪水电站水轮机的抗磨板与三门峡水电站水轮机的中环、叶片上进行试验，根据大型水轮机磨蚀的特点，优化了粉末合金的成分（该配方称为 SPH），有针对性地调整了材料的性能指标，在保证涂层具有优良抗磨蚀性能的同时，适当降低了涂层的硬度，最大限度地抑制与减少裂纹。在三门峡水电站水轮机叶片上应用该涂层，通过改进施工工艺，叶片的变形量控制在 0.15%以内。经过 2200h 汛期和非汛期运行，用 SPH 防护的部位（叶片头部、背面外缘、端面）发现少量掉块，其余 93%的面积未见破坏。

7.1.6　常用的抗磨蚀材料

金属材料的抗磨蚀顺序由强到弱分别为锡铬钴合金、奥氏体不锈钢、镍铬合金钢、镍铬青铜、铸造物、锻钢、青铜、铸铁、铝等。

1. 铸铁和青铜

早期水轮机部件常用青铜和铸铁制造，它们价格便宜，但抗磨蚀性能不良，20 世纪 50 年代以后逐渐被碳钢和合金钢代替。

铜及其合金硬度低，抗磨蚀性能低于碳钢，但某些铝铜合金有较好的抗磨蚀性能，如热压铝青铜（CuAl10Fe5Ni5）、铸造铝青铜（ZCuAl10Fe3）的抗磨蚀性能为 18-8 不锈钢的 2～4 倍。也有人报道铝铜合金抗冲蚀磨蚀性能较好，可用于水轮机转轮，法国曾有使用铝铜合金制造水轮机转轮的例子。普通铸铁抗磨蚀性能很差，只有小型水轮机考虑它的低价格而准备磨损后随时更换备品才使用它。

2. 碳钢

水轮机部件常用碳钢整铸制造。我国在 20 世纪 50 年代主要采用 25 号、30 号铸钢，以后逐渐改用 20SiMn 钢。碳钢的抗磨蚀性能较低，不宜作为抗磨蚀材料使用。但它的加工性、焊接性和力学性能良好，价格便宜，并且冲蚀空蚀磨损只在材料表面层内进行，因此，可使用普通碳钢或低合金钢作为基体，进行表面覆层保护处理。

3. 合金钢

近年来，合金钢广泛用于水轮机部件，特别是用于制造大型和巨型水轮机过流部件。我国科研工作者先后研制出 Cr5Cu、Cr8CuMo、0Cr13Ni4CuMo、13-6 钢、13-4 钢、17-4PH 等钢种。实践证明，一种实验室性能优良的新型钢种要在水电站生产中得到推广，必须解决它的冶炼、铸造、热处理、机加工等问题。目前，0Cr13Ni4-6Mo 具有较好的抗磨蚀性能，且其制造和加工问题已得到较好的解决，在我国大中型水电站水轮机上得到了普遍应用。国内新建水电站几乎全部采用这种材料。

虽然 0Cr13Ni4-6Mo 的抗磨蚀性能已较好，但由于它不是专门为抗磨蚀而设计的，作为水轮机过流部件材料使用时，还需要定期（一般为 1～3 年）进行大修，抗磨蚀性能还不够理想，所以设计开发抗磨蚀新材料是急待解决的问题。

7.1.7　抗磨蚀材料的要求

抗磨蚀材料首先要考虑其抗冲蚀性能，要保证材料中有足够数量的、硬度可与泥沙相抗衡的硬质强化相，其次才是抗空蚀性能，即在材料具有良好抗空蚀性能的基础上，致力于提高材料的抗冲蚀性能。

镍基合金具有较好的抗冲蚀空蚀性能。进一步改善现有镍基合金的成分和配比，覆层硬度可高达 70HRC 以上，使镍基覆层材料具有更高的抗磨蚀性能；铜基合金价格便宜，且具有较优异的塑性和韧性，通过成分及组织调整，有可能形成抗空蚀性能优异的材料。

超弹性合金因具有伪弹性，在受到粒子冲击或微射流的作用时，可以吸收较多的冲击动能，因此有可能在抗冲蚀空蚀材料中得到应用。

不同种类和性能差异较大的材料复合到一起，只要搭配合理、结合良好，就能形成性能优异的复合材料。例如，选择抗空蚀性能优异的铜基合金或镍基合金作为基体，加入陶瓷颗粒以抵抗浆体冲蚀的作用，形成的复合材料能够抵抗浆体冲蚀和空蚀的联合破坏。

7.1.8　抗磨蚀防护技术及发展方向

抗冲蚀空蚀性能优良的整体材料由于价格高等，在实际应用中受到限制。水力机械过流部件冲蚀、空蚀破坏仅在发生表面，采用便宜的碳素结构钢或低合金结构钢作为基体，进行覆层处理，这样既节约贵重材料，又使冲蚀、空蚀严重部位得到恰当的保护，因而表面覆层处理是一种经济有效的措施。

1. 涂层法

我国早在 20 世纪六七十年代就开始将环氧树脂及其化合物应用于水轮机的抗磨蚀防

护。20世纪80年代又相继开发了复合尼龙涂层、聚氨酯涂层、橡胶涂层以及陶瓷涂层等非金属涂层。国外主要是环氧和聚氨酯系列。实践证明，非金属涂层与金属基体结合强度不高，脱落问题没能得到彻底解决，难以达到预期的抗磨蚀效果。

1）金属护面板

可以用抗磨蚀的金属材料进行覆面保护，如20世纪70年代三门峡水电站第一台4号机制造时，叶片背面采用18-8不锈钢钢板铺焊，转轮室则选用Cr5Cu钢板铺焊保护。映秀湾水电站转轮叶片背面也采用Cr5Cu钢板铺焊保护。也有将18-8不锈钢作为抗磨保护层用的，如刘家峡水电站的导水叶采用18-8不锈钢钢板铺焊保护，每次大修时予以更换。

使用结果证明，虽然18-8不锈钢是一种抗空蚀性能良好的材料，但水轮机投入运行不久即发现，叶片背面空化区铺焊的钢板易发生鼓起甚至脱落，三门峡水电站转轮室上环铺焊的Cr5Cu钢板很快磨薄磨穿或磨缺成齿刃状。此外还发现，有不少破坏是从焊缝等薄弱环节处首先发生磨穿而导致钢板撕脱的。因此目前已极少采用铺焊的办法。

2）金属陶瓷

其组织为硬度很高的金属化合物（如Al_2O_3、SiC、WC等）与金属黏结构成的微观非均质组织。它对磨损具有良好的抵抗力，缺点是脆性大，易产生裂纹，由于硬度十分高，难以打磨，脱落后修补也较困难。20世纪80年代杨勋烈开展金属陶瓷在水力机械上的应用研究，用粉末压制、烧结金属陶瓷薄片的办法试制成金属陶瓷片与焊条，其化学成分为W84Cr2，规格为30mm×17mm×1.2mm，（ϕ4mm～ϕ8mm）×400mm。主要性能为基体硬度＞60HRC，硬质点硬度＞70HRC。用搅拌仪试验结果表明，其抗磨性能为不锈钢和碳钢的4.8～8.5倍。用钎焊方法在绿水河、榆林等水电站水轮机的抗磨板和叶片背面等部位进行了试验。试验表明，这种材料确实有良好的抗磨性能，但仍有一定的磨损。此外在金属陶瓷片焊缝处易产生裂纹，从而导致小块脱落。而在红山嘴水电站水轮机的止漏环上使用时，发现很快磨掉。

之后杨勋烈等进行了研究改进，适当降低了金属陶瓷的硬质相成分，增大了韧性，并利用电弧焊条作为热源，将针焊改为堆焊，即把金属陶瓷片熔到焊缝中。1983年在叶片背面出水边堆焊的280mm×300mm金属陶瓷运行48484h仍完好。这表明金属陶瓷具有良好的抗磨性能。但由于容易产生裂纹和难以打磨，价格较贵，推广应用困难。

3）渗铝

其工艺为将碳钢工件表面仔细清理和预热后，浸入高温的铝液中保温缓冷，之后进行高温扩散退火。此时钢材的表面就形成一层连续致密的Al_2O_3，同时Al原子向金属基体扩散，从而形成一层硬度高的铝铁化合物。渗铝层具有良好的抗氧化、抗腐蚀及抗磨性能。硬度高达700HV。不足之处为渗铝层较薄（约为0.4mm），表面光洁度稍差。

青海黄丰水电站HL240-WJ-71型水轮机（设计水头$H = 21$m，设计流量$Q = 2.8\text{m}^3/\text{s}$，额定功率$P = 500$kW，年平均含沙量$S = 2\text{kg/m}^3$）的2号转轮曾采用整体渗铝制造。运行12457h后进行检查，抗磨效果较好，比未渗铝的1号转轮可延长寿命约1倍。

4）渗氮

20世纪80年代初，重庆水轮机厂用这种方法为绿水河水电站的“胖导叶”试用过这一技术。所用的基体为45号钢，经调质处理后进行了渗氮硬化处理。经过运行6918h后检查，损坏较轻。但局部冲蚀坑槽深达 2～4mm，据分析有可能是表面硬化层较薄，一旦硬化层被磨去，即失去抵抗力。

5）激光表面强化

激光表面强化是国外近年来新发展起来的一种技术。最初主要用于钢铁材料的相变硬化，后来逐步发展到激光表面硬化、激光表面合金化、激光表面涂覆和非晶态处理等。目前已发展成范围广泛的对金属材料表面进行改性处理的技术。

激光淬火是激光表面强化工艺中最早应用于工业部件的工艺。通过高能激光束，工件表面发生快速相变和冷却，细化晶粒。表面形成的相变硬化层的组织是不同形态的马氏体，比高频淬火硬度高，硬化层均匀变形也小。硬化层的内应力为压应力，故抗磨蚀性能好，疲劳强度高。水科院李勇、陈晓平等曾对不同钢材进行了激光处理试验，并将不同合金粉末用激光表面涂覆方法进行试验研究。不同钢材激光处理参数与表面相变硬化试验结果见表 7.5。20 世纪 80 年代时曾采用激光技术对以礼河水电站冲击式水轮机的喷针进行过表面硬化处理。使用结果发现，虽然经激光处理后的表面硬度十分高，未遭到磨损破坏，但在激光扫描搭接处出现了破坏，后来放弃了继续试验。20 世纪 90 年代初水科院用激光涂覆 SPH 合金粉末方法为渔子溪水电站制成一小块扇形抗磨板，但是未能获得真机试验结果。

表 7.5　激光表面相变硬化参数与结果

钢材牌号	激光功率/W	扫描速度/(mm/s)	硬化宽度/mm	硬化深度/mm	硬度		金相组织
					（HV）	（HRC）	
35	152	5.2	1.30	0.16	416	42.9	马氏体＋屈氏体
40	500	12	2.30	0.45	624	—	隐晶马氏体
45	1000	14.7	—	0.45	770	—	细针状马氏体
45	1000	19	4.0	0.50	—	64	细马氏体
GCr15	500	8	约 1.0	约 0.30	—	65	—
GCr15	1300	19	4.4	0.40	—	约 67	—

6）中频感应强化

20 世纪 90 年代初，沈阳铸造研究所（现称沈阳铸造研究所有限公司）对青铜峡水电站 3 号机叶片进行表面强化处理。青铜峡水电站水轮机叶片材质为 13-4 钢，采用中频感应加热淬火表面强化方法，对叶片外缘区宽约 500mm 进行处理，表面淬火温度约为 900℃，淬火后进行 200℃回火。经处理后，13-4 钢的强度和硬度有较明显的提高。根据试验结果，抗空蚀磨损性能可提高 3 倍左右。

7）电镀

电镀铬的硬度高（≥60HRC）、抗磨性能好，表面光洁，是抗泥沙磨损的工艺方法之一。云南工学院（现称昆明理工大学）王飚研发出电镀铬合金，1992 年电镀复合板在三门峡水电站 1 号机中环进行挂片试验，运行 1 个汛期后表面仍光洁，2 个汛期后表面失去光泽，3 个汛期后涂层的 70%已空蚀掉，而 1992 年铺焊的复合板几乎已全部脱落。可能是试板所选位置不当，正处于原人孔位置，该处有结合缝之故。另外可能与电镀层抗空蚀性能不够及它与钢板结合强度低有关。

电镀层尽管抗空蚀性能不太好，但抗磨性能好，故用于泥沙磨损以及泥沙磨损与弱空蚀联合作用的工况条件下还是有一定优势的。云南省元江县水电维修抗磨技术开发站建立 $4.5m^3$ 镀槽装置，可对直径2.5m以下水轮机过流部件实施电镀铬合金，运行实践表明，与不锈钢水轮机相比，连续工作寿命普遍延长1～3倍。

8）自熔合金粉末烧结

材料为NrCrSiB或CrFeSiB自熔合金粉末，在用火焰或等离子喷涂后，采用高能烧熔法（可能是微波烧结或高频感应烧结），借助B和Si降低熔点，使自熔合金熔化，润湿工件和硬质相形成冶金结合，形成1～3mm厚全致密自熔合金层。因是冶金结合，结合强度高，避免了自熔合金覆层脱落，覆层不仅抗磨性能高，抗空蚀性能也好。经烧结处理的导叶运行两年后，导叶与上抗磨板间隙增加仅0～0.1mm，转轮与下迷宫环间隙增量只及常规条件下的15%。

2. 堆焊法

堆焊法设备简单，水电站检修车间均有此设备，技术成熟，目前仍是最普遍的抗磨损修复方法。目前我国用于水轮机抗磨蚀堆焊的焊条主要有以下几类：高铬铸铁型（如抗磨一号D642）、Cr-Mn高奥氏体型（如堆277）、Cr-Ni奥氏体不锈钢型（如A102、A103）和低碳马氏体不锈钢型（如0Cr13Ni4-6Mo、0Cr18Ni16Mo5、0Cr17Ni4Cu4Nb）。其中0Cr13Ni4-6Mo焊条具有较好的抗磨蚀效果，其抗磨蚀性能为1Cr18Ni9Ti的2倍左右。堆焊法可使焊层与基体形成冶金结合，结合强度高，但冲淡率大，焊层厚且不均匀，加工余量大，对工件基体材料的可焊性要求高。经堆焊法处理的水轮机叶片表面，在堆焊处发生空蚀破坏前，在堆焊点周围又迅速发生新的空蚀破坏，直至堆焊层底部。因此，堆焊法不能彻底解决水力机械过流部件浆体冲蚀空蚀问题。

3. 喷焊法

喷焊法是在喷涂和堆焊的基础上发展起来的一种表面防护技术。它利用氧乙炔焰经专用喷焊枪将具有特殊性能的自熔合金粉末喷焊到工件基体表面。因为喷焊层经过重熔过程，所以与基体形成冶金结合，结合强度可达300～500MPa，覆层为组织均匀、致密无孔的铸态结晶组织，表面光滑平整，具有材料省、质量好、效率高的优点。喷焊覆层硬度可高达60～70HRC，使用寿命可延长6～10倍，如NiCrMoSiB喷焊覆层抗空蚀性能为0Cr13Ni5Mo的11倍，在NiCrSiB中加入35%的硬质WC陶瓷颗粒形成的WC/NiCrSiB复合覆层的抗冲蚀性能为NiCrSiB覆层的5.4～7倍。该法适合大型水力机械过流部件现场作业，技术容易掌握，是一种比较理想的过流部件修复和预保护的表面保护工艺。

7.1.9 水力机械抗磨蚀涂层的实验研究与应用

1. 复合树脂抗磨蚀涂层

复合树脂抗磨蚀涂层是在环氧金刚砂抗磨涂层和环氧铸石砂浆抗磨涂层的基础上添

加多种树脂组分研制的新型抗磨蚀涂层。复合树脂抗磨蚀涂层的对接抗拉强度大于50MPa，涂层搭接抗剪强度大于30MPa，抗空蚀性能可抗3级空蚀程度，抗泥沙磨损性能是铸铁的4～5倍。它施工温度低，工艺简单，因此广泛地应用于水泵、水轮机的抗磨蚀保护。山西省抽黄电灌站水泵和矿用泵遭受磨蚀后，其运行效率仅有额定效率的50%，经复合树脂抗磨蚀涂层修复的水泵的运行效率都能达到额定效率，为电灌站节约了大量的电能。1988年3月，葛洲坝水电站水轮机过流部件复合树脂抗磨蚀涂层工业试验的涂施工作圆满完成。在水轮机的导叶下部、座环和上环、叶片正面、轮毂和泄水锥上部涂覆了3mm厚的复合树脂抗磨蚀涂层，在汛期平均过机含沙量为2.06kg/m^{3}的条件下累计运行14756h，经现场检查，四个叶片正面涂层完好，仅在叶片头部有一块小磨蚀区，面积为1.38m^2，占叶片正面涂层面积的1.68%。除导叶下部和头部有被硬物撞击的斑点外，涂层仍然完好。轮毂靠叶片根部处也有小片的磨蚀，其面积小于3m^2，不到涂层总面积的1%，因施工条件不满足要求而造成涂层脱落的面积为1%。一台水轮机涂覆一次复合树脂抗磨蚀涂层的费用为16万元，但它可以保证水轮机过流部件6年以上磨蚀很轻，涂覆四次就可延长水轮机过流部件寿命1倍，而且涂覆复合树脂抗磨蚀涂层与不锈钢补焊工艺相比，还有不损伤基体并能缩短检修工期10天以上的优点，为水电站创造的直接经济效益是涂层涂施费用的60～70倍。该涂层还应用于黄河天桥等水电站的中小型水轮机上，都取得了很好的经济效益。

2. FM型防腐抗磨粉末涂层

各种碱、盐溶液对涂层的年腐蚀率为0.5%，硫酸溶液对涂层的年腐蚀量为0.013mm。涂层的抗泥沙磨损性能是铸铁的4～5倍。涂层与金属基体的黏结力很高，其对接抗拉强度大于70MPa，搭接抗剪强度大于45MPa，冲击强度大于500MPa，还有优良的车、铣、锉、磨等机加工和耐水性能。运用风送粉末喷涂设备，将FM型防腐抗磨粉末涂料喷涂到预热温度为250℃的工件上，涂层就均匀熔融并黏附在工件表面上，其涂层厚度由于防腐和抗磨的不同需要一般控制在0.5～2mm。由于它的涂施温度要求较高，目前多应用于中小型水轮机、各种水泵和防腐抗磨管道。山西省灵丘县唐河水电站的HL-WJ-71型水轮机运行一个汛期就被泥沙严重磨损，1987年为其喷涂了FM型防腐抗磨粉末涂层，经过7000h运行，FM型防腐抗磨粉末涂层基本完好，有效地保护了水轮机转轮基体。太原市自来水公司的深井泵采用FM型防腐抗磨粉末涂层后，其使用寿命延长了2～3倍，大大减少了检修工作量。徐州玉泉排灌机械厂生产的潜水电泵用在山东、苏北盐场抽提盐卤水，使用仅三个月就腐蚀破坏。1988年该厂引用FM型防腐抗磨粉末涂层喷涂技术，已生产2000多台QSL型盐卤潜水电泵，每台泵投资仅增加20%，厂家的销售价增加50%。该泵投放山东、苏北等盐场，其使用寿命都延长3倍以上。山东兖州煤矿机械有限公司用该技术生产大型矿用防腐泵，使用寿命延长10倍以上。输送泥浆的管道和矿内排水管道，经常受到泥沙和矿浆的磨损与腐蚀破坏。山东兴隆庄煤矿采用无缝钢管（直径150mm、壁厚7mm）排除矿井水（pH＝3～4），由于磨损和腐蚀的作用，钢管使用一年即要报废。1986年用FM型防腐抗磨粉末涂层喷涂在钢管内壁后，3000m排水管道内壁的涂层至今仍然完好，已延长使用寿命5倍以上，喷涂费用仅为钢管费用的30%，经济效益相当可观。

3. 聚氨酯橡胶抗磨蚀涂层的试验研究

有关文献表明，空化气泡破裂时有很高的冲击能量，气泡靠近边壁速度对边壁的破坏起着主要作用，高弹性橡胶有吸收空蚀破坏能量的作用。为了了解空化气泡破裂时对不同边壁的影响，进行高速摄影试验研究。运用高速摄影机，拍摄在不同边壁（铸铁、不锈钢、陶瓷、海绵和涂覆聚氨酯橡胶保护层的试件）上空化气泡破裂时的运动轨迹，根据气泡运动轨迹和时间间隔即可计算出气泡的运动速度。测算出气泡作用于陶瓷的速度为 54m/s，作用于铸铁的速度为 28.5m/s，作用于不锈钢的速度为 32.5m/s，作用于不同厚度聚氨酯橡胶保护层的速度为 16～21m/s，从气泡作用于不同边壁的速度看来，聚氨酯橡胶（弹性体）比金属材料（刚性材料）更能抵抗空蚀破坏。用研制的 SE 系列聚氨酯橡胶黏合剂黏合的聚氨酯橡胶涂层，在高水头小水洞空蚀试验台（水头为 192m，流速为 54m/s，空化系数为 3.2）进行空蚀试验，其结果表明涂层不起皮、不脱落，表面无空蚀破坏痕迹，它是包括天然橡胶在内的各种非金属材料中失重最少的一种，在黄河水利科学研究院 N-CA 转盘空蚀试验机上试验 30h，涂层仍保持完好。它的抗空蚀性能是 18-8 不锈钢的 1.5 倍。为了了解聚氨酯橡胶涂层的抗磨损性能，用黄河沙（中径为 0.06m，比重为 2.67）和攀钢的尾矿沙（中径为 0.27～0.28mm，比重为 3.65），在含沙量为 100kg/m^3 时进行磨损试验，结果表明其抗磨损性能是铸铁的 22～24 倍。为了了解聚氨酯橡胶涂层的抗磨蚀性能，在浑水转盘试验台上试验，其结果表明，涂层的抗磨蚀性能是 Cr13 的 1.26～1.54 倍，是 13-4 钢的 1.10～1.24 倍。聚氨酯橡胶涂层与金属基体的结合强度是决定它能否在水力机械上应用的关键问题。水力机械抗磨蚀的聚氨酯橡胶在金属 SE 系列高效黏合剂作用下，能较牢固地粘接在金属（钢、铸铁、铝和不锈钢）基体，其 180°剥离强度大于 550N/25mm，在水中运行 5 年其 180°剥离强度还大于 300N/25mm。美国无溶剂喷涂型聚氨酯橡胶抗磨蚀涂层与金属基体的结合强度不高，其剥离强度为 178N/25mm，瑞士卡斯特林公司麦卡太克（Mecu Tec）黏合剂抗磨蚀涂层也属于弹性体抗磨蚀涂层，其给定的剥离强度为 8.2N/mm。陕西省绥德县水电站 ZD66LH-120 型水轮机由于年过机含沙量高达 48～54kg/m^3，铸钢水轮机叶片运行不到 3000h 就磨蚀报废，不锈钢叶片不到 5000h 也报废。在水轮机叶片涂施聚氨酯橡胶涂层，采用 SE821 黏合剂浇注成型。从 1982 年 7 月运行到 1985 年 12 月，累计运行 12313h，运行期平均过机含沙量为 48.28kg/m^3。其叶片正面涂层完好，叶片背面涂层破坏面积为 5cm^2，占叶片背面总面积的 0.2%。而美国无溶剂喷涂型聚氨酯抗磨蚀涂层在平均过机含沙量为 16kg/m^3 的条件下运行 3972h，叶片正背面涂层脱落和破坏面积为叶片正背面总面积的 13.88%。涂覆一套聚氨酯橡胶涂层的费用为一套铸钢叶片费用的 50 倍，但它的使用寿命为铸钢叶片的 6 倍以上，投入产出比为 1∶12。黄河天桥水电站于 1984 年在 22105-LH-530 型 1 号水轮机叶片的强磨蚀部位涂覆聚氨酯橡胶、抗磨焊条、复合尼龙及复合树脂涂层进行抗磨蚀性能对比试验。聚氨酯橡胶涂层是四种抗磨蚀材料中性能最好的一种。1987 年采用聚氨酯橡胶涂层对水轮机叶片的强磨蚀区进行涂覆，其厚度为 3～5nm，在叶片其他部位和轮毂涂覆了 3mm 厚的复合树脂抗磨蚀涂层，累计运行 24000h。叶片正面涂层仍保留 95%以上，叶片背面涂层保留 85%以上。对水轮机涂施一次聚氨酯橡胶和复合树脂抗磨蚀涂层创造直接经济效益 106 万元，是涂层涂施费用的 10 倍以上。而瑞士卡斯特林公司的麦卡太克抗磨蚀涂层涂覆在甘肃省武都地区马宕水电站的小水轮机上，运行一个多月涂层就全部脱落。聚氨酯橡胶涂层还广泛地应用于水泵的运行，在北京石景山发电厂的凉水塔循环泵（湘江型）和太原一电厂的供水泵上的使用取得了满意的效果。聚氨酯橡胶等高弹性抗磨蚀涂层在水电站生产实践中取得了良好的效果，但其与金属基体的黏结仍有待进一步研究，以降低涂施温度，简化施工工艺，使其在水力机械的生产实践中创造更大的经济效益。

7.2 抗磨蚀材料的分类

为了减轻固体颗粒对过流部件的磨损，在水利工程上除设计沉沙池、改进水力机械设计和控制运行工况等措施外，提高水力机械过流部件本身的抗磨性能也是一条重要途径，由此，研究材料的抗磨性能对于选择含沙水流中受沙粒磨损的部件材料具有十分重要的指导意义。抗磨蚀材料从总体上讲应具备韧性强、硬度高、质量均一、结晶颗粒细、结构致密、拉力强、疲劳极限高等综合性能，并具有可加工性和可焊性。

材料的抗冲蚀性能与其组织有密切关系。铁素体组织抗冲蚀性能最低，珠光体和高温回火低碳钢的索氏体组织的抗冲蚀性能也不佳。而屈氏体-马氏体、奥氏体、马氏体、马氏体-渗碳体组织均有较高的抗冲蚀性能。合金奥氏体组织，特别是某些不稳定和介稳定合金奥氏体组织，除易于产生加工硬化外，在冲蚀过程中还可能分裂而转化为新的晶相，如马氏体和ε相组织等，新的转化相往往具有较高的硬度和抗冲蚀性能。金属材料的冲蚀破坏实际上是在材料表面反复塑性变形产生加工硬化和相变强化过程结束后才开始的，因此，变形和强化效果越好，对材料的抗冲蚀性能越有利。合金的晶粒越细小，某些硬质相（如合金碳化物、氮化物）的弥散度越好，抗冲蚀性能越好。

目前水力机械过流部件所采用的抗磨蚀金属材料主要有高铬铸铁、铸钢、有色金属及其硬质合金。实际工况运行的检验和试验研究表明，层错能低、弹性好、强度高、组织致密、晶粒细微、抗蚀性能好、具有足够韧性的亚稳态奥氏体材料是理想的水轮机过流部件使用材料。但是由于金属材料本身具备硬度较低、强度较小的特性，限制了其抗磨性能的提高。颗粒增强金属基表面复合材料的组织结构和抗浆料冲蚀磨损性能的研究已具有很高的工程实用价值。

普通铸铁的抗磨性能很差，这主要是由它的金相组织中不均匀片状石墨成分及脆性导致的，其抗磨性能一般低于普通的碳钢，同时冷焊性、加工性均很差，所以现在很少用作沙粒磨损的水轮机过流部件。

早期水轮机部件常用青铜和铸铁制造，它们价格便宜，但抗冲蚀空蚀性能不良，20 世纪 50 年代以后逐渐被碳钢和合金钢代替。铜及其合金硬度低，抗冲蚀性能低于碳钢，但某些铝铜合金有较好的抗空蚀性能，如热压铝青铜、铸造铝青铜的抗空蚀性能为 18-8 不锈钢的 2～4 倍。

球墨铸铁的金相组织为球状石墨和马氏体组织，其硬度较高，它的抗磨性能高于铸铁，目前还在一些小型机组中采用。

铸铁（特别是含 Cr 较高的高铬合金铸铁）的硬度更高，在低冲击磨损下，表现出更高的抗磨性能，但相应的脆性增加，抗空蚀性能较差，切削研磨和加工性能均较差，可焊性低，因而它一般不适合在高冲击能量磨损和空蚀的联合作用条件下应用。

水轮机中常见的材料是碳钢及合金钢。碳钢的抗磨蚀性能较低，特别是在泥沙的磨损与空蚀的联合作用下会很快破坏，因而一般不作为过流部件的抗磨蚀材料。但是碳钢具有良好的机械加工性能，可焊性较好，而且较为便宜，在水轮机过流部件中常用它作为基体的材料，在其上再制作一层抗磨蚀材料。同时，对于碳钢的抗磨性能提高的研究也已取得了一定的进展，例如，表面进行抗磨硬化处理、渗碳处理、表面氧化处理、合金扩散渗镀处理、加入微量的合金元素处理等，均可使碳钢的抗磨性能得到较大的提高。

近年来，合金钢广泛用于水轮机部件，特别是用于制造大型和巨型水轮机过流部件。我国科研工作者先后研制出 Cr5Cu、Cr8CuMo、0Cr13Ni4CuMo、13-6 钢、13-4 钢、17-4PH 等钢种。实践证明，一种实验室性能优良的新型钢种要在水电站生产中得到推广，必须解决它的冶炼、铸造、热处理、机加工等问题。目前，0Cr13Ni4-6Mo 具有较好的抗磨蚀性能，且其制造和加工问题已得到较好的解决，在我国大中型水电站水轮机上得到了普遍应用。国内新建水电站几乎全部采用这种材料。

虽然 0Cr13Ni4-6Mo 的抗磨蚀性能已较好，但由于它不是专门为抗磨蚀而设计的，作为水轮机过流部件材料使用时，还需要定期（一般为 1～3 年）进行大修，抗冲蚀空蚀性能还不够理想，所以设计开发抗磨蚀新材料是急待解决的问题。

合金钢是在水力机械过流部件应用最多的材料，主要有 18-8 不锈钢、Cr13 钢、高锰合金钢、铬钢等，它们的抗磨性能及抗空蚀性能均比普通碳钢要好。

铬钢中的马氏体组织和铬元素的合金强化大大提高了其抗磨性能，但可焊性较差，18-8 不锈钢为奥氏体合金钢，在水轮机中最常用到的是 1Cr18Ni9Ti。这种材料的抗磨性能并不是很高，几乎与普通 30 号碳钢一致，或稍高于碳钢，但它的抗空蚀性能较好，碳钢和 Cr13 钢抗腐蚀性能强，因此它们是主要的抗空蚀材料。我国在研发抗磨损和抗空蚀材料时，还曾应用到 Cr8CuMo 及 Cr5Cu 钢，在有关水电站的使用中取得了一定的成效。

在进行材料抗磨性能试验时，由于试验方法以及影响试验的各种因素较为复杂，试验结果存在差异。为了统一判别各种抗磨材料的性能，引入抗磨系数ε，即相对于普通低碳钢的抗磨性能，而将材料分为四级。

1 级，$\varepsilon \geqslant 4$，即抗磨系数高于碳钢的 4 倍，称为抗磨性能极高的材料。

2 级，$4 > \varepsilon \geqslant 2$，即抗磨系数为碳钢的 2～4 倍，称为抗磨性能高的材料。

3 级，$2 > \varepsilon \geqslant 1$，即抗磨系数为碳钢的 1～2 倍，称为抗磨性能较高的材料。

4 级，$\varepsilon < 1$，即抗磨系数低于碳钢，称为抗磨性能低的材料。

抗磨系数ε定义为

$$\varepsilon = \frac{\Delta V_T / V_T}{\Delta V_P / V_P} = \frac{\Delta G_T \gamma_P V_P}{\Delta G_P \gamma_T V_T}$$

式中，ΔG_T 和 ΔG_P 分别为研究材料与参考材料的磨损重量损失；ΔV_T 和 ΔV_P 分别为研究材料与参考材料的磨损体积损失；V_T 和 V_P 分别为研究材料与参考材料的试件原体积；γ_T 和 γ_P 分别为研究材料与参考材料的比重。

7.3　激光熔覆表面改性技术

7.3.1　概述

激光熔覆是在工件表面加入熔覆材料，通过高能量密度激光加热，使熔覆材料和基体表面薄层金属迅速熔化，此时靠工件本身的导热，快速凝固为熔覆层，获得工件所要求的具有各种特性的改性层或修覆层。

激光熔覆工艺与激光合金化类似，主要区别在于：前者通过激光工艺参数和熔覆材料以及送入方式等因素的控制，使熔覆层化学成分基本上不变化，即使熔覆层成分由熔化的基体材料混入而引起的成分变化（定义为稀释率）降至最低程度，以达到提高工件表面抗蚀、抗磨、耐热、减摩及其他特性的目的；而后者则通过表面合金元素渗入基体，获得以基体元素为主导的合金化层，稀释率高。

激光熔覆层从金相学观察可分为四层：熔覆层、过渡层（熔覆层与基体冶金结合层）、热影响区、基体。其显微组织和性能以及生产效率等指标除了受基体和熔覆材料成分、激光工艺参数、单层或多层熔覆等因素影响，还与熔覆材料供给方式有密切关系。最常用的有粉末黏结预置法和同步送粉法。

粉末黏结预置法是将粉末与黏结剂调制成膏状，涂在基体表面。常用的黏结剂有清漆、硅酸盐胶、水玻璃、含氧纤维素乙醚、硝化纤维素和环氧树脂等。其中后三种黏结剂在低温下可以燃烧汽化，不影响熔覆层的组织性能，且对辐射激光有良好的吸收率。该方法具有较好的经济性和方便性，但预置层均匀性差，需消耗更多的激光能量熔化，黏结剂汽化与分解易造成熔覆层污染和气孔等缺陷，难以获得大面积的厚度均匀的熔覆层。故目前该方法多用于局部小面积薄层改性和修复以及激光熔覆的基础研究。

同步送粉法是将以气体为载体的粉末直接送入熔池中，分为同步侧送粉法和同轴送粉法，其中同步侧送粉法有正向和逆向两种送粉方式（工件运动方向与粉末气流运动方向的夹角小于 90°为正向；大于 90°为逆向）。逆向送粉的合金粉末利用率高于正向送粉。在同步送粉中，不仅激光工艺参数对激光熔覆层质量有影响，粉末的流量、给料距离、激光束与送料喷嘴的轴线夹角等参数也对其质量有影响。一般认为，粒度在 40～160μm 的粒状粉末具有最好的工艺流动性。采用尺寸过小的粉末易产生结团；反之，尺寸过大的粉末容易堵塞送料喷嘴。

同步送粉法与粉末黏结预置法相比具有很多优点，如易实现自动化生产，可制备出多层、大面积熔覆层，大大降低了熔覆层不均匀性以及形成泪珠状表面特征的可能性，减少了激光对基体材料的热作用等；缺点是粉末利用率低（40%～50%），必须配有复杂的送粉、排除粉尘污染以及粉末回收等装置。为此又发展了同步送丝法，它是在激光束焦点附近自动供给丝料使之熔化，并以细粒状进入激光熔池。此法比同步送粉法生产效率高，一次熔覆层厚度可达 3mm，甚至更厚（取决于丝材直径和激光功率密度），材料利用率高，适合大批量生产，并可实现侧壁、内壁自动化堆焊。

激光熔覆特性如下。

（1）由于激光的高能量密度产生近似绝热的快速加热过程，激光熔覆对基体的热影响较小，引起的变形小、生产效率高。

（2）可将高熔点材料熔覆在低熔点的基体表面，且材料成分不受通常的冶金热力学条件限制，因此所选用的熔覆材料的范围是相当广泛的，包括镍基、铁基、钴基、碳化物复合材料以及各种陶瓷材料等。

（3）激光熔覆层的成分、稀释率、组织性能、厚度和形状均可控，为制备各种类型的复合涂层、双金属涂层零件以及使废旧零件实现再制造成为可能。

7.3.2　激光熔覆表面改性技术的机理

当激光与金属表面和熔覆材料交互作用时，在金属表面熔池内存在金属熔体的对流运动。当激光照射时，激光光斑中心附近熔体的表面温度最高，其表面张力最低；而偏离熔池中心区域越远，熔体的表面温度越低，其表面张力越高。因此，在激光熔覆过程中，在熔池表面存在表面张力梯度。这个表面张力梯度成为合金熔体在熔池中对流的驱动力，促使合金元素的混合搅拌，获得在宏观上成分基本均匀的熔覆层。

影响合金熔体对流的因素有激光功率，扫描速度，光斑尺寸，光斑能量分布均匀性，熔覆材料组分、浓度、黏度、密度和热物性参数等。它们的综合作用决定了熔体的温度梯度、表面张力梯度，进而影响熔池中熔体对流、传热和传质。

因此，激光熔覆表面改性的机理来自以下几个方面。

（1）熔覆合金元素的冶金反应生成某些特定性能的新合金表面，如抗蚀、抗磨、耐热、减摩及其他特性。

（2）激光快速加热冷却特性造成的细晶效应，获得高性能的表层。

（3）控制熔覆层合金元素含量及热影响区，可以获得组织梯度过渡分布，从而获得所需性能。

7.3.3　激光熔覆专用合金粉

早期国内外多采用热喷涂合金粉或在其中加入各种陶瓷硬质颗粒作为激光熔覆的材料，并在某些特定的零件上取得了一定的效果。热喷涂材料的液-固区间较宽，温度梯度小，有利于缓解热应力且易获得光滑表面。而激光熔覆时基体基本上处于冷态，温度梯度大，热应力大，因此要求激光熔覆材料比热喷涂粉末具有更好的塑、韧性。此外为了降低合金的熔点、便于造粒以防熔池氧化，在热喷涂合金粉中加入高含量的 Si、B 元素；而在激光熔覆过程中，由于熔池寿命短，过量的 Si、B 等合金元素不能有效上浮，以夹杂形式保留在熔覆层中，增加了裂纹敏感性。为此，在激光熔覆材料中应大大减少 Si、B 元素的含量。

事实上，激光熔覆的研究者都意识到借用热喷涂合金粉的弊端，并开展了许多有实用价值的铁基、镍基和钴基等专用合金粉的研究。例如，Nagarathnam 等设计了 FeCrWC 合金粉，覆层组织为细小的初生奥氏体枝晶和枝晶间奥氏体与 M_7C_3 碳化物共晶，显微硬度约 800HV。张庆茂等设计了（2.4%Zr + 1.2%Ti + 15%WC）FeCSiB 合金粉，用预置激光熔覆技术制备出原位析出的颗粒增强金属基复合材料。贾俊红等在 FeCSiB 熔覆粉末中加一定比例的 Ti 粉能有效减少熔覆层的裂纹。赵海云设计了 FeCrCWNi 合金粉末，获得了表面成形好、无气孔和裂纹的熔覆层，其硬度为 60HRC。李胜等设计了中碳混合马氏体（或低碳板条马氏体）+少量残余奥氏体+少量碳化物合金粉，其硬度根据成分的不同，可为 30～60HRC，熔覆层无裂纹，无须预热和后热处理，该类型合金粉已成功用于大型轧辊、大型曲轴和精密模具上。姚成武等设计激光熔覆层的相区间在过包晶相区，防止了裂纹的产生，其组织为马氏体+残余奥氏体+原位生成增强颗粒，硬度为 65HRC，其硬度、抗磨性和韧性均高于 9Cr2Mo 冷轧辊用钢。

姚建华等基于微纳米细晶强化、弥散强化理论的设计思想研发出铁基、镍基和钴基系列专用合金粉，满足不同工况条件下的技术要求。基于目前激光表面改性研究与应用中遇到的实际问题，研究发现，在高温远平衡凝固条件下，析出和相变与常规条件下差异甚大，在无法实施后处理的情况下获得硬质相的析出需要异常高的过饱和度，这是产生应力和开裂的主因。姚建华等提出了激光快速微纳米非析出弥散结构强韧化的设计思想，根据这一设计思想，在已有功能性基体粉体的基础上，从两个方面入手：一是用低热膨胀系数微纳米混合粉以及吸收率异常高的纯纳米陶瓷制备激光强化材料，如纳米陶瓷、介孔 WC 等，在激光作用下直接获得纳米颗粒钉扎弥散结构，而与相变析出无关；二是采用纳米碳管等材料，获得异常高的增碳作用，增加韧性，降低摩擦系数，获得强韧兼备的强化层。

7.3.4　铝合金激光表面改性技术

1. 铝合金特性

铝合金具有密度小、热膨胀系数低、易于成形、热导率高、成本低廉等优点，正广泛应用于航天航空、汽车、包装、建筑、电子等各个领域。铝合金结构件在使用中存在一些问题，例如，在存在氧离子及碱性介质的情况下，它极易发生点蚀、缝隙腐蚀、应力腐蚀和腐蚀疲劳等多种形式的失效，且其硬度较低、摩擦系数较高，容易拉伤和难以润滑，这在很大程度上限制了铝合金的使用范围。

激光表面改性技术通过激光束与材料的相互作用使材料表面发生物理化学性能变化，因此它是改善铝合金表面性能的有效方法。与其他传统方法（阳极氧化、物理气相沉积、化学气相沉积、溶胶-凝胶、等离子喷涂以及等离子微弧氧化等）相比，其最大的特点是改性层厚而致密，与基体呈冶金结合，且结合强度高。铝合金的品种虽不及钢铁那么多，但也不少，其成分、性能和用途也各异。因此需有针对性地采用激光熔凝、合金化、熔覆等激光表面改性的方法，满足更多应用领域的需求。

2. 铝合金激光重熔表面改性技术

铝合金分为变形铝合金和铸造铝合金两大类。在变形铝合金中，不能用热处理强化的多为单相铝，只靠固溶强化和冷作硬化获得强度。这类合金采用激光重熔处理后，虽然可使晶粒细化，并产生大量位错，但硬度增加不明显。这类铝材中合金元素含量较低，难以提高固溶体中的过饱和度。相反，对经过冷作硬化处理的材料再进行激光重熔处理后，其硬化效果消失，出现软化现象。

对可以用热处理方法强化的铝合金，激光重熔处理后强化的效果取决于合金的初始状态。如果合金未经热处理且组织含有稳定的二次相的固溶体，经激光重熔处理后就可以得到含过饱和固溶体和细化组织的强化层。但这类合金的合金元素含量有限，且通常都是经过时效处理后才使用的。此时组织中含有介稳偏析物的固溶体和介稳相。经激光重熔后，将出现介稳相溶解，快速冷却凝固后形成过饱和度不高的固溶体，因此会出现表面硬度比处理前降低的现象。可见，变形铝合金不适宜采用激光重熔表面改性技术。对铸造铝合金采用激光重熔表面改性技术效果显著，其处理后的表面硬度与其含 Si 量有关。亚共晶 Al-Si（如 ZL104）硬度提高 20%～30%，其抗磨性能提高 1 倍。共晶 Al-Si 合金（如 ZL108、ZL109）硬度提高 50%～100%，而过共晶 Al-Si 合金硬度提高大于 100%。ZL109 合金经激光重熔处理后改性层的组织明显细化，细化的处理层枝晶间距是基体组织中枝晶间距的 1/18，其 α-Al 固溶体中的含 Si 量呈过饱和状态，平均硬度比基体提高了 30～110HV，抗磨性能提高 1.5～3.0 倍。

3. 铝合金激光合金化表面改性技术

铝合金的激光表面合金化不仅可以提高表面强度、硬度等性能，还可以在铝合金表面制备出与基体呈冶金结合的具有各种优良性能的新型合金表层。为使合金化元素对铝合金产生强化作用，加入的合金元素必须与基体满足液态互溶、固态有限互溶或完全不溶的热力学条件，方能在激光合金化处理时达到固溶强化、沉淀强化或第二相强化等效果。

Si 和 Ni 是铝合金化中最常用的合金元素。Si 溶于 Al 中形成固溶强化层，同时可以形成大量弥散分布的高硬度的 Si 质点（1000～1300HV），从而提高抗磨性能。Si 粒子的弥散分布有两种形式，即未熔 Si 粒子对流混合弥散分布和粒子完全熔化再以先共晶粒子析出呈弥散分布。前者可通过多次激光照射使 Si 粒子充分熔化形成在 Al-Si 合金共晶基体上分布的片状先共晶 Si 组织。

Ni 在浓度较低时与 Al 形成 NiAl 硬化相，可有效地强化铝基体。此外，Cr、Fe、Mn、Mo、Ti、Zr、V、Co 等也是对 Al 进行合金强化的有效元素，它们在铝合金表面形成过饱和固溶体及多种介稳化合物强化相。有时为了降低摩擦系数，还加入 MnS，或为了提高硬度和抗腐蚀性，加入 TiC、WC、SiC 等硬质粒子。

姚建华等对 ZL109 铝合金表面进行 FeNiCr 合金化处理，发现铝合金表面出现 Al9NiFe 和 AlFeNiSi 硬化相，强化了铝合金表面。

Staia 等对 A356 表面加入 96%WC、2%Ti 和 2%Mg 混合粉进行激光合金化处理后，获得 WC、W_2C、Al_4C_3 相及少量 Al_2O_3 和 SiO_2，抗磨性能显著提高。Almeida 等在纯铝板上加入 75%Al 和 25%Nb 激光合金化后获得 Al-Nb 金属间化合物相和少量枝晶体 α-Al 固溶相，表面硬度可达 450～650HV，无裂纹。Dubourg 在铝基板上加入 Al、Cu 粉末（90%Cu + 10%Al）和 99.5%Al 粉进行激光合金化后获得 Cu 相，其硬度和抗磨性能比基体显著提高。

4. 铝合金激光表面改性技术的工业应用

铝合金激光表面改性技术可以大大提高其表面抗点蚀、缝隙腐蚀、应力腐蚀、腐蚀疲劳和抗磨损等性能，同时保留了铝合金的优良特性，所以在许多场合是其他材料难以取代的，已大量用于许多行业。作为一种轻金属，铝合金除在航天航空广泛应用外，也受到交通、运输部门的高度重视，如铝质发动机已广泛用于出口轿车，如图 7.2 所示；全铝轿车也已问世，铝质活塞环内体阀座齿圈的激光熔覆如图 7.3 所示；激光熔覆汽车发动机 Al-Si 合金阀座如图 7.4 所示。

图 7.2　铝合金发动机缸体激光熔覆硬化处理

图 7.3　药芯焊丝激光熔覆活塞环多道齿圈

图 7.4　激光熔覆汽车发动机 Al-Si 合金阀座

7.4　含沙水流条件下的非金属涂层抗磨蚀性能

7.4.1　概述

从试验数据及现场验证已阐释，在含沙水流条件下初生空穴的压力比清水条件下压力高，含沙水流条件下的空蚀是含沙水流的泥沙磨损与空蚀的联合作用，有人称为浑水空蚀，破坏力比单个磨损或空蚀的破坏力更大，不是简单的数学加法。从金属材料试验资料看，国内外有关学者提及的在不同试验条件下的数据表明，浑水空蚀程度是清水空蚀程度的3～16 倍，是泥沙磨损的 2 倍左右。非金属涂层在浑水条件下的抗磨蚀性能是应用非金属涂层的单位和研究人员比较关注的问题。因此非金属涂层在不同含沙及不同过流速度工况下的抗磨蚀性能成为选择应用不同非金属涂层的关键所在。表 7.6 为非金属涂层在不同含沙量及过流速度工况下抗磨蚀性能比较。

试验中发现，非金属涂层由于内部分子结构不同，对抵御浑水磨蚀的功能也有很大差异。在过流速度低于 30m/s 工况下，非金属涂层中的刚性结构为主的环氧金刚砂、复合尼龙涂层却能承受高含沙量的磨蚀。在含沙量小于 10kg/m^3、过流速度增大到 38m/s 以上时，刚性相应较低、弹性不足的复合尼龙涂层却显得力不从心，而表现较好的是聚氨酯橡胶面层，在高含沙量、高过流速度下显示了很好的抗磨蚀性能。当过流速度达到45m/s、凸体空穴源工况下，环氧金刚砂和复合尼龙涂层在 10kg/m^3 含沙量水流冲刷下抗磨蚀性能勉强与不锈钢相当，在含沙量 15kg/m^3 工况下，保护效果相应降低许多，而聚氨酯橡胶面层抗磨蚀性能相比之下却上了一个台阶。因此，通过试验，选择既抗磨又抗空蚀的保护材料并与基体材料具有足够结合强度的涂层是追求的产品目标。聚氨酯橡胶面层抗磨蚀性能已超过碳钢和不锈钢。试验也客观地说明，每一种涂层都有其特点和优势，包括施工工艺的难易、对现场条件要求的苛刻与简单、涂层的价位和适用范畴，人们可以按照现场条件及涂层保护的泥沙水力条件而选择性价比合宜的涂层材料，使每种涂层均有最合适的定位，发挥它们的优势。

表 7.6　非金属涂层在不同含沙量及不同过流速度工况下抗磨蚀性能（以抗磨蚀系数表示）

材料	1～2kg/m^3		5kg/m^3		10kg/m^3		25kg/m^3	
	28m/s	38m/s	28m/s	38m/s	28m/s	38m/s	30m/s	40m/s
ZG45 钢	1	1	1	1	1	1	1	1
环氧金刚砂	0.83	0.72	0.62		0.87	2.30	1.78	1.62
复合尼龙	1.06	0.46	0.61		0.65	0.94	3.33	2.77
MT-4 尼龙	2.29	0.48	0.31		0.33	0.53	2.50	1.30
聚氨酯橡胶面层		0.55	0.93		0.53	1.28	0.87	5.11

7.4.2 非金属涂层抗泥沙磨损性能试验

人们在选择表面再制造工程中的非金属涂层时，比较关注两个问题：①在弱空蚀工况下，各种非金属涂层能得到较好应用的临界含沙水流速度；②不同含沙量水流对不同的非金属涂层抗磨损性能的影响。这项试验是在转盘空蚀试验台对不同过流速度条件下进行的，其抗磨损性能见表 7.7 和表 7.8。它反映了不同的聚合物涂层的抗泥沙磨损性能以及对含沙水流速度的灵敏度差异性。例如，热塑性 MT-4 尼龙由几种尼龙单体共聚而成，结晶度低，刚性低，随着过流速度增加，磨损量急剧上升。而刚性较好的环氧金刚砂涂层磨损量上升则不明显。多层次弹性体聚氨酯橡胶面层对过流速度不敏感，说明聚氨酯橡胶面层在 48m/s 转盘绕流圆周速度的含沙水流冲击下仍处于韧性状态，其内部高分子链段运动平衡了外力的冲击，该材料用于东雷黄河 4 号泵叶轮出口处，运行 1600h，磨损轻微。而同样工况下，碳钢与不锈钢已出现严重的沟槽与深坑的破坏痕迹，深度达 6～7mm。

表 7.7 非金属涂层在不同含沙量和过流速度下的抗磨损性能（以磨损体积表示，单位为 mm/h）

材料	1～2kg/m^3						5kg/m^3		
	24.5m/s	26m/s	28m/s	33m/s	35m/s	38m/s	24.5m/s	26m/s	28m/s
环氧金刚砂	0.360	0.587	0.490	0.388	0.803	0.797	0.612	0.927	1.084
聚氨酯橡胶面层	0.004	0.369	—	0.502	0.497	1.042	0.858	0.523	0.720
复合尼龙	—	0.447	0.384	0.195	0.632	1.239	—	0.163	1.099
MT-4 尼龙	0.676	0.074	0.178	0.021	0.948	1.190	0.998	0.794	2.169
45 号钢	0.303	0.258	0.408	0.445	0.507	0.574	0.481	0.515	0.704
不锈钢	0.074	0.099	0.144	0.186	0.378	0.358	0.296	0.330	0.581
材料	10kg/m^3						25kg/m^3		
	24.5m/s	26m/s	28m/s	33m/s	35m/s	38m/s	24.5m/s	26m/s	28m/s
环氧金刚砂	0.773	1.305	1.596	0.872	1.086	1.416	1.232	0.943	1.402
聚氨酯橡胶面层	0.786	0.907	1.455	0.649	0.865	1.962	1.603	1.618	2.572
复合尼龙	0.807	0.945	2.087	0.890	0.662	1.885	2.052	1.306	3.514
MT-4 尼龙	2.253	2.301	3.111	1.894	1.693	3.759	4.411	4.337	8.258
45 号钢	0.968	0.952	5.433	0.739	0.828	1.233	2.230	1.811	3.317
不锈钢	0.922	0.831	1.532	0.775	0.825	1.034	2.142	2.112	3.079

表 7.8 非金属涂层在同一含沙量（15kg/m^3）条件下不同过流速度下的磨损量 单位：10^3cm^3/h

材料	35.44m/s	38.43m/s	43.56m/s	48.09m/s
MT-4 尼龙	0.598	4.548	7.974	15.13
复合尼龙	0.939	4.000	5.656	7.809
环氧金刚砂	1.021	2.264	2.043	5.688
聚氨酯橡胶层面	0.663	0.982	1.851	1.500

7.4.3　非金属涂层

非金属涂层有 4 个基本系列：环氧金刚砂、复合尼龙粉末涂层、聚氨酯橡胶类以及最近开发的它们的复合层。它们在各自合适的领域都产生明显的保护效益。在引入水力机械的水下工况后，尤其是在多泥沙河流中，这些涂层在黏结和抗空蚀方面还缺乏全方位功能，或者因工件巨大，工艺上整体加热有困难。为此，当前需要解决的是在采用常温工艺的前提下，通过配方设计将这些涂层材料的优势基团通过内部和界面的整合，在涂层结构中将不同部位（如底部和面层）发挥结构优势，组合成既有高黏结性又具抗磨损和抗空蚀的综合性能。

现有的涂层存在的结构性缺陷主要有：附着力高的涂层欠缺必要的弹性，在强空蚀区使用寿命较短；弹性好的涂层在附着力和耐水性方面不足，脱落、失效较快；弹性好的涂层施工工艺在温度上要求较高，现场装备存在一定难度。因此在总结现有涂层的基础上，必须进行结构性改革与创新，以达到功能定位的要求。

目前所进行的涂层的结构性改革如下：适应功能的要求，既能保持传统设计的合理性，也能适应近阶段现场施工。在配方上，采用弹性体（如聚氨酯预聚体及端羟基液化丁腈化学改性环氧树脂），使涂层的主体树脂的弹性有较大的提高，能经受中强度空蚀的冲击，保持或提高原环氧树脂的附着力；研制常温固化的弹性体，并且此弹性体在界面上与环氧树脂或改性环氧树脂具有界面反应，达到设计要求的附着力，使得材料的弹性充分发挥。涂层的整体结构可以软硬结合或软硬分层次排列，与功能要求相适应。在施工工艺上，根据目前技术要求和采购设施的可易性，能将现场工件加热在 50℃左右，同时在 30℃施工时，可以使得涂层质量在合理要求的可控范围。

7.5　超高分子量聚乙烯抗磨蚀材料

聚乙烯是人们早已熟悉的聚合物材料，按相对分子质量（简称分子量）分类，有低、中、高密度三种，分子量超过 150 万的聚乙烯称为超高分子量聚乙烯，通常以 UHMW-PE 表示。因为它有极高的抗磨性，由水科院姚启鹏等经改性引入超高分子量聚乙烯作为水力机械抗磨蚀材料，从水轮机的抗磨板到水泵的密封环都取得成功，并有条件地用于水力机械抗磨的过流部件。

超高分子量聚乙烯在熔融状态是一种凝胶状的高黏弹体，不能用一般塑料加工设备成型，主要采用烧结压制法成型，加工后的成品表面很光滑，摩擦系数很小，在无润滑条件下为 0.1～0.22，与聚四氟乙烯接近，并具有自润滑性。它的比重为 0.94～0.97，相当于钢的 1/8，用它制作的部件的结构强度可以同铝相比。它在水中不膨胀，吸水率小于 0.01，几乎不吸水。它具有良好的韧性，冲击强度达到 $140kg{\cdot}cm^2$。但因结晶熔点在 135～138℃，工作温度不宜超过 80℃，具有无黏结性，但能进行车、刨、钻、铣等加工。它的热膨胀系数为钢的 15 倍，在使用时要经过填充或交联改性，符合抗磨蚀性能要求。经试验，其抗磨性能为18-8不锈钢的3.5～10倍（在不同速度和磨粒条件下），抗空蚀性能是18-8不锈钢的6.78倍。

超高分子量聚乙烯已用于多泥沙河流中高水头混流式水轮机的导水机构的抗磨板，并取得成效。例如，它用于陕西省东雷抽黄灌溉管理局的加西泵站的水泵静密封环，该密封环安全运行2084h，直径仅增大0.27mm，而铸铁密封环运行580h，直径增大2.0mm，实际运行效益十分明显。

7.6　水力机械过流部件表面强化技术

7.6.1　堆焊技术

堆焊是利用焊枪与基体间所形成的电弧高温而使焊条熔化，堆积于零件金属基体表面，形成一层与焊条成分相同的具有抗磨、抗蚀等特殊性能的金属保护层的工艺方法。堆焊不仅可显著延长零件的使用寿命，节省制造、维修费用，而且因缩短修理和更换磨损件的时间，可提高生产率，降低生产成本。

由于堆焊层厚度不均匀，表面成型差，消耗堆焊材料多，表面加工余量大，对零件基体材料的可焊性要求高。经堆焊法处理的水泵叶片表面，在堆焊处发生空蚀破坏前，堆焊点周围又迅速发生新的空蚀破坏，直至堆焊层底部，因此堆焊法不能彻底解决水力机械过流部件的冲蚀空蚀问题，只适用于大型轴流泵叶片空蚀修补以及一些浅层小焊接层的空蚀修补。安徽淮安二站CJ4.5-70型水泵叶片采用此方法修补后，运行20000h以上未发现明显空蚀磨损。

7.6.2　化学涂层技术

化学涂层技术是以高分子基体材料与金属粉末、陶瓷粉末、二硫化钼等功能填料组成的复合材料涂覆于零部件的工作表面，形成一层保护膜，实现某种用途或功能的新技术。目前主要应用的高分子基体材料是环氧树脂、复合尼龙涂层、聚氨酯涂层等。为了提高涂层与过流部件结合的牢靠性和抗磨蚀性能，在高分子基体中加入的强化材料为金属粉末、陶瓷粉末等功能填料，它们与高分子基体形成了多种复合材料。

化学涂层技术的优点是取材方便、价格低廉、施工简单、无须消耗热能和电能、成本低等，但是涂层与基体结合的牢固程度无法保证。另外，涂层易受机械损伤，因此在机械部件拆装吊运过程中必须采取措施防止机械碰伤涂层。此技术特别适用于大中型泵空蚀情况不严重、所送流体含泥沙较少或较小空蚀孔洞的修补。ARC系列高分子复合材料是20世纪90年代美国Chesterton公司开发的系列产品，具有良好的冷焊式施涂作业性能，但价格较高，施工工艺要求较为严格。安徽省驷马山灌区首级提水泵站于1996年大修时，发现某水泵叶片表面密布由空蚀引起的蚀坑，约占叶片表面积的1/3，并在泵壳内壁形成宽约300mm的空蚀环带，蚀坑深3～5mm，直径为10～

20mm，致使泵组运行效率明显降低。采用 ARC 复合涂料涂覆后，运行近 10 年的水泵叶轮除表面有个别轻微空蚀点外，线形完好，泵壳内壁完好无损，有效地延长了水泵的使用寿命，改善了水泵的运行性能。中国铝业股份有限公司中州分公司的 21 台离心泵采用 ARC 高含量陶瓷涂层处理后，维修周期延长 6～7 个，每年节约泵维护维修费用约 20 万元。

7.6.3　热喷涂技术

热喷涂技术是利用热源将线状或粉末状的喷涂材料加热熔化或软化，靠热源的动力或外加的压缩气流，将熔滴雾化并推动熔粒形成喷射的粒束，以一定的速度喷射到基体表面形成涂层，达到表面防护目的的工艺方法。由于工艺灵活、喷涂层的厚度可调范围大、工件受热程度可以控制，该技术广泛用于航天航空、冶金、机械等工业领域。目前，热喷涂已用于水力机械过流部件的表面防护，但该技术较适用于空蚀不太严重的中小型泵。

7.6.4　合金粉末喷涂和喷焊技术

合金粉末喷涂技术利用氧乙炔焰所产生的热能和自身压力，用专用喷枪将合金粉末加热到半熔融状态并喷敷到水泵叶片面，形成一定厚度的、均匀致密的、与基体以机械结合为主的涂层。其硬度可达 50～55HRC。与堆焊法相比，合金粉末喷涂成品美观平整，冲淡小，厚度易于控制，热源易得，加工不受气候、场地限制。但因涂层属于层状结构，且有内应力，故对于一般空蚀不太严重的中小型泵，用 Fe280、Fe250 等铁基喷涂粉末进行喷涂处理可满足要求。

合金粉末喷焊技术从 20 世纪 80 年代开始在我国进行研究应用。合金粉末喷焊技术利用氧乙炔焰所产生的热能，通过特制的喷枪将采用高硬度的镍、铬、钨、钼、钴等金属组成的自熔性合金粉末高速喷射到处理过的工件表面上，然后对该涂层加热重熔并润湿工件，通过液态合金与固态工件表面相互溶解和扩散，形成牢固的、薄而均匀致密的、冶金结合的合金焊层。近年来随着技术发展，出现了等离子喷熔。此项技术采用的喷熔材料主要是合金粉末，如镍基合金、Stellite 合金，也有少数水电站喷熔金属陶瓷涂层，喷焊层与基体结合致密无孔，表面光滑平整，具有材料省、效率高、工艺简单、便于现场加工等优点，焊层的硬度可达 60～70HRC，抗空蚀磨损性能是不锈钢的 11 倍，是普通铸件的 30 多倍，使用寿命可延长 6～10 倍，经济效益显著，是一种比较理想的过流部件修复和保护的表面保护工艺。它一般用于空蚀情况较严重、用其他修补方法无效的轴流泵的空蚀修补。

合金粉末喷焊的主要缺点是热变形和质量不稳定。喷焊分为喷粉和重熔两个阶段，高温重熔并冷却后，水轮机构件（特别是转轮及抗磨板）会产生较大的变形。由于要避免变形，采用分块喷焊，块与块之间的搭接处结合不良，在工件运行过程中搭接处易首先破坏而形成空蚀源。另外，喷焊质量的稳定性是决定使用效果的关键，重熔好的部位使用效果较好，重熔不透或者有喷熔缺陷的部位使用中涂层会首先脱落，并形成空蚀源，空蚀从此部位向基体内扩展，直到挖空基体。喷焊质量主要取决于喷焊操作人员的技术水平。河南大学采用喷焊法在低碳钢试样表面制备了 Ni60 喷焊层，发现喷焊层组织较细，显微硬度远高于常规材料 16-5 钢，并且抗空蚀性能有所提高；江苏省凌城泵站的 10 台轴流泵经喷焊后立式轴流半调式叶片角度从–6°调至 2°，大角度运行，流量增大 20%，泵安全运行 28000h 后，叶片表面仍光滑，未见空蚀破坏痕迹，而该站在喷焊前，水泵运行 1500h 后，叶片即呈严重蜂窝状侵蚀，叶轮室呈空蚀带穿孔破坏等现象。

7.6.5 渗铝和渗氮及热处理技术

试验表明，水轮机部件经渗铝和渗氮处理后叶轮抗空蚀性能将提高 1 倍，但其缺点是必须进行整体渗铝或渗氮，受空间和加工设备的限制，不宜现场加工，只适用于制造厂车间内加工。另外，水轮机部件采取低温淬火加低温回火的热处理工艺可提高材料的抗磨性能。抗空蚀电镀层的主要成分是稀土铬合金，1989 年由云南工学院金属材料研究所首先研制成功。在国内一些水电站推广应用后，使水轮机的工作寿命延长 2 倍以上。电镀不经过高温加工，没有变形问题，表面光滑，电镀层硬度高达 1000HV，因此电镀层具有较好的抗空蚀和抗磨蚀性能。抗空蚀电镀的主要缺点是镀层较薄，经过 14～16h 的电镀，镀层厚度也仅有 0.25～0.35m，在水流量和含沙量均较大的介质中工作，电镀层的使用性能还不令人十分满意，达不到年内不损坏、不维修的要求，但在含沙量较小的水介质中运行，电镀层可连续工作 3 年以上。

7.6.6 激光表面处理技术

激光表面处理技术是把传统的表面热处理与焊接技术相结合的一门新技术，激光束经聚焦后，能在焦点处产生几千至上万摄氏度的高温，可以按照需要进行材料表面固相相变硬化、熔覆、表面合金化、表面诱导沉积等。与其他传统表面工程技术（如热喷涂）相比，激光表面处理技术的突出特点是能够得到其他表面工程技术很难达到或不能达到的效果。

7.6.7 激光表面相变硬化技术

激光表面相变硬化技术是用高能激光束扫过可硬化材料表面，使表面温度达到相变点以上，当激光束移开后，表面由于基体的传热而快速冷却、硬化的技术，可用于改善并提高碳钢和铸铁的抗磨蚀性能。孙寿试验发现，采用激光表面相变硬化处理后试件的抗空蚀性能大幅提高。

7.6.8 激光表面熔覆技术

激光表面熔覆技术是将不同成分的合金粉末添加到激光束加热所形成的熔池中，

并由激光将其熔化，快速凝固后形成与基体材料冶金结合的表面涂层，从而显著改善基体材料表面的抗磨蚀抗腐蚀性能的一种加工方法。激光表面熔覆加工的热变形小，覆层成分及稀释率可控，涂层与基体结合强度高、不脱落，加工速度快，光束瞄准加工灵活，自动化程度高，在经济上和覆层质量上都优于传统的堆焊与热喷涂修复方法。另外，它具有容易编程控制以及覆层与叶片基体能实现冶金结合等特点，是目前叶片修复中最先进的一种方法。激光表面熔覆方法在表面可得到细小、均匀的致密组织，且硬度高，与基体结合牢固，对磨粒磨损有较好的抵抗作用，可望在抗冲蚀空蚀中发挥作用。

近年来，扬州大学在农机具和水泵铸铁、铸钢材料的主要工作零部件上开展了激光表面熔覆处理的研究，处理后的材料表面抗磨蚀性能大幅度提高，说明激光表面熔覆很适合水力机械主要过流部件抗空蚀的表面处理。镍基自熔性合金粉末抗蚀抗磨性能好，加工过程中不易烧蚀，具有良好的性价比，是激光表面熔覆的首选材料。有文献报道，铸钢和铸铁经过激光表面熔覆处理后，抗空蚀性能分别是原来的 15.91 倍和 21.43 倍；抗空蚀性能分别是喷焊工艺处理的 1.5 倍和 1.3 倍。可见工件经激光表面熔覆处理后的抗磨蚀性能明显优于合金粉末喷焊，因此激光表面熔覆技术具有非常广阔的应用前景。

在研究激光表面熔覆后所得合金化涂层的抗空蚀性能时发现，对于奥氏体为主的试样，涂层失效机制为塑性断裂；对于铁素体相和金属间化合物为主的涂层，涂层失效机制为脆性断裂。空蚀首先发生在相界处，然后向弱相发展。浙江工业大学经过研究发现，汽轮机叶片经激光修复和合金强化后的硬度、抗磨损、抗空蚀等性能比叶片基体有显著提高，叶片性能优于新叶片，可大幅延长叶片的使用寿命。

7.6.9　水力机械过流部件表面涂护技术的应用研究

水力机械过流部件表面的空蚀磨损问题一直为泵站的设计者和运行管理人员所关注。为限制空蚀磨损的危害范围和深度，有关部门进行了深入广泛的应用研究。甘肃省的抗磨蚀涂护材料“可赛钢”的应用研究，扬州大学的粉末喷涂（焊）保护材料的研究，湖南省的霞光牌节能防腐涂料的研究，以及各地开展的不锈钢材料镶嵌、修补、堆焊技术的研究和环氧树脂、聚氨酯、橡胶、尼龙复合材料的研究，都取得了一定的效果。湖南省泵站多集中于沿江沿淮沿巢地区，虽然汛期江湖水质混浊，但其含沙量与陕甘宁等地区高含沙量相比，是微不足道的，泥沙磨损对泵过流部件的破坏作用并不明显。而由于水位变幅较大，泵站常常不能在设计工况下运行，淹没深度不够或因进水池及管路设计中的问题，致使泵在运行中产生剧烈的空蚀现象，使泵的性能曲线变坏，出现振动、噪声，严重时蚀穿叶片、泵体。空蚀对泵过流部件的破坏作用是明显的。泥浆泵是工作介质为高含沙量的水泵，水中挟带的沙粒对过流部件的磨蚀常常使一台新泵的使用寿命缩短为几百小时。为探索解决这些问题的途径，早在 20 世纪 80 年代初先后开展了用非金属涂料对泥浆泵进行防治试验和在中小型排灌站进行环氧金刚砂涂护试验的科研课题。经过长时间的试验研究和实践，探索空蚀、磨损机理，改进配方、工艺、材料，取得了一些阶段性科研成果。此后又在大泵上进行了试验，并且引进了美国 Chesterton 公司的 ARC 复合材料，效果是显著的。

1. 泥浆泵的磨损机理及涂护铸铁和青铜

江苏省水利建设工程总公司疏浚公司自行设计制造的泥浆泵，设计排量为4500m^3/h。一台新泵挖泥 20 万～40 万 m^3 就要报废，一只叶轮工作 10 万 m^3 就要更换，频繁的停机维修补焊或更换部件加大了运行工作的劳动强度，占用了施工佳期，影响了正常生产，造成巨大的经济损失。曾试图用多种方法解决这个问题，均未取得明显进展。泥浆泵的基体原为铸铁，后改为普通铸钢，在磨损严重的前后盖板表面敷以 35MnSi 防磨衬板，以提高抗磨性能。当浓度为 11%的泥浆水进入叶轮吸口处后改变流向，由于水沙各自重度不同，在水流改变方向的瞬时，泥沙将偏离水的流线，对叶轮产生冲削磨损，导致表面破坏。随着泥沙向叶轮吸口表面的冲角不同，磨损的程度也不同，在叶轮吸口附近，泥沙的冲角大，叶轮承受的动能也较大，结果使叶轮吸口处形成密集的凹坑，深度达 20～30mm，面积有手掌大小。在远离叶轮吸口处的内两侧与叶片正面，泥沙水流比较平顺，泥沙的冲角小，离心速度加大，对叶轮内表面破坏以摩擦切削为主，出现鱼鳞状沟槽。由于叶轮铸造缺陷、表面凹凸不平而产生脱流，其局部空蚀依然存在。气泡溃灭时，泥沙颗粒获得较高加速度，加剧了泥沙的破坏作用，使叶轮内侧以吸口处为中心呈放射状划痕沟槽，间有鱼鳞状蚀穴向外扩散，深度逐渐减小、面积变大。叶片逐渐磨薄、变短或穿孔，叶轮外缘线速度达 30m/s，破坏作用更为明显。叶片边缘呈锯齿状，泵蜗壳环流区空蚀损失在很大程度上由制造粗糙所致。水流在蜗壳环流区受凹凸不平等障碍物影响产生漩涡、脱流，在与叶轮外缘相近的环形区域，产生明显的与水流方向一致的切削划痕和密集的鱼鳞坑，顺出水方向逐渐加剧，至隔舌分流处更为剧烈，在与叶轮外缘相对应的蜗壳环形区域形成宽约 10mm、深约 5mm 的环形蚀损区。抗磨性能较好的 35MnSi 合金钢也不能遏制泥沙的磨蚀，严重时，前后盖板和蜗壳也被蚀穿。泥浆泵的工作介质为高浓度的泥沙块石水流（块石最大直径达 50mm），工作条件极为恶劣。由于泵的材质、加工精度、水流速度及冲击方向等因素不同，其过流部件的破坏程度也不相同。针对泥浆泵的磨损，不断改进环氧金刚砂涂层的配方和填充剂，对泥浆泵实施了涂护试验，并取得了良好效果。一台报废的泥浆泵经涂护后的使用寿命相当于三台新泵，经济效益显著，并为解决水轮机、水泵等水力机械过流部件的空蚀磨损问题奠定了基础。

2. 中小型泵站中泵的空蚀及涂护

我国中小型泵站众多，泥沙磨蚀的破坏作用各有不同，但由于水泵自身的原因及泵站可能出现的恶劣条件，空蚀较为明显。水泵的空蚀是一个复杂过程，其空蚀机理至今仍在探讨之中。通常认为，在流体内部发生气泡溃裂时产生的强大冲击应力的频繁作用下，金属表面材料局部疲劳、塑性变形、硬化、变脆，产生麻点，伴之液体中的有机物、气体对材料产生化学腐蚀作用、电化作用，加速了对材料的剥蚀。典型的破坏形式是过流部件表面金相组织疏松，呈海绵状或蜂窝深蚀坑。空蚀现象在沿淮等水位变幅较大的部分泵站中较为普遍。

3. 28CJ-70 轴流泵的空蚀、涂护及 ARC 复合材料涂护铸铁和青铜的应用

我国在安徽省茨淮新河工程管理局上桥抽水站安装的 28CJ-70 泵于 1977 年投入运行。由于铸造毛糙、材质较差，时有铸渣脱落，水流经过流部件易产生脱流，形成空蚀源，当淹没深度不够时空蚀加剧。拆检时，4 个叶片进水边工作面上均有空蚀三角区带，空蚀孔呈蜂窝状，深度为 5mm 左右，背面稍好，叶片外缘边上呈小块蜂窝状。1986 年初，6 号机检修时，对空蚀部分进行了涂层保护。6 号机涂护前开机 1478.97 台时，提水 13732.1 万 m^3，涂护后至 1996 年已开机 2364.78 台时，提水 22243.6 万 m^3。6 号机涂护前后开机时间及提水量见表 7.9。

表 7.9　上桥抽水站 6 号机涂护前后开机时间及提水量统计表

	年度	1977	1978	1979	1980	1981	1982	1983	1984	1985	1986	合计
涂护前	开机时间/台时	—	1034.4	190.9	—	—	130.17	85.17	—	—	38.33	1478.97
	提水量/万 m^3	—	9216.4	1830.7	—	—	1394.9	932.2	—	—	357.9	13732.1
涂层后	年度	1987	1988	1989	1990	1991	1992	1993	1994	1995	1996	合计
	开机时间/台时	—	80.8	—	—	648.5	366.07	79.7	205.65	367	617.06	2364.78
	提水量/万 m^3	—	687.1	—	—	6488	3169.7	730.3	1910.1	3317.8	5940.6	22243.6

1996 年 12 月 4 日拆机检查，虽然涂护部位经历了 11 年的锈蚀、腐蚀、空蚀、磨蚀破坏，开机时间和提水量是涂护前的 1.6 倍，涂层保留面积仍在 98%以上（个别部位因安装时重物碰撞造成极少涂层表面碰伤），原涂护的黑褐色面层都基本完好无损，未发现空蚀空穴和锈蚀状况。实践证明，这种配方的涂层对于提高上桥抽水站水泵过流部件抗空蚀磨损性能和延长水泵使用寿命是十分有效的。

驷马山引江灌溉工程于 1971 年建成，安装的 28CJ-70 泵在运行中的抗空蚀性能与模型试验提供的资料有差距，长江水位偏低时（水位大于模型试验资料中的最低淹没水位），泵就会发生强烈空蚀现象。1978 年由于干旱，长江最低水位达 3.22m 时，受高扬程和低淹没水深影响，机组出现剧烈振动和震耳欲聋的噪声，虽采取多种措施，也未能缓解，最后被迫停机，关键时刻不能抽水。为提高泵的抗空蚀性能，解决高扬程、低淹没水深时机组的工作可靠性问题，20 世纪 80 年代初，驷马山管理处曾请广州七〇八所对 7 号机叶片进行改型试验，性能有所改善。由于各种原因，其余机组的问题仍未能解决。1971 年 10 月驷马山管理处在 9 号机大修时，发现叶轮工作面上均密布空蚀坑，重点空蚀区约占叶片面积的 1/3，尤以进水边工作面上形成的空蚀三角区带严重。与叶轮中心线相对应的叶轮室内壁形成的宽约 300mm 的空蚀环带，空蚀坑一般深 3～5mm，最深 7mm，直径为 10～20mm，最大直径为 30mm，已不能正常使用，如果送外地修复或更新，要花费大笔维护费用。针对该站的实际情况，经多方案比较，最后确定运用美国 Chesterton 公司的 ARC

复合材料对9号机的叶轮和叶轮室内壁空蚀部位进行涂护，恢复叶轮和叶轮室内壁的几何尺寸，提高抗空蚀性能，对非空蚀部位施涂后，以增强其抗腐蚀锈蚀性能。ARC复合材料是美国Chesterton公司开发的系列产品，适合修复金属等表面受到化学侵蚀、磨损（尤其是流体和颗粒物料引起的）所产生的减薄、裂缝、凹坑、穿孔等缺陷，经ARC复合材料修复的设备，其使用寿命更长，也可用于新泵的表面涂覆防护，经有关权威机构（如美国国防部、美国船舶局、日本海事协会）检验认可，在复合材料技术领域内唯一达到ISO9001标准。ARC复合材料能够最大限度地降低设备使用维修费用，产生明显的“冰山效应”，获得良好的经济效益，已在100多个国家中广泛使用。

ARC复合材料的基体为Chesterton的改良超高分子异步型聚合物及脂肪族固化剂，加入增强材料，采用含硅、碳化元素的偶联的真空雾化超细金属粉末，石英碳化金属微粒与金属纤维、超细陶瓷、石英微粒在真空条件下制成，具有良好的冷焊式施涂作业性能，施涂作业机动灵活简便，施涂后迅速固化，使修复后的设备迅速投入使用，甚至可在设备工作的情况下进行紧急修复。ARC涂层抗磨损、抗化学腐蚀、抗冲击性能优越，有特别强的黏着力，热膨胀系数与一般金属相近，不会发生连底剥离或膜层下腐蚀的现象，固化密度为1.69g/cm^3，体密度为625kg/m^3。

1996年对9号机的叶轮及叶轮室内壁实施了ARC855涂护。ARC855是一种高级陶瓷复合材料，低黏度，便于用刷子、滚筒、橡皮滚子、泥刀或喷涂设备进行操作，可用硬质合金刀具进行机械加工，还可用金刚石刀具或研磨方法处理。在驯马山乌江泵站的泵房现场，对叶轮及叶轮室内壁表层进行喷砂处理，使之形成75°～125°的尖角分布，用Chesterton公司的261安全溶剂清洁剂冲洗后，分底层和面层两次涂刷，操作容易，无须进行热固化处理。由于涂层表面光洁度高，可减小阻力，提高泵的效率，而且成本低廉。用同样方法对8号机的叶轮及叶轮室内壁也实施了涂护。

水力机械过流部件表面涂护施工工艺比较简单，价格低廉，具有冷焊的特点，只要金属表面处理得当，认真操作，涂层的寿命相对较长，是抗空蚀磨损锈蚀的有效保护方法。上桥抽水站28CJ-70泵涂护后，经过11年的锈蚀、腐蚀，2365h提水时长的空蚀、磨蚀破坏，没有出现涂层脱落现象，还能使用很长时间，其抗锈蚀空蚀性能的优越性已显而易见。美国Chesterton公司的专利产品ARC系列涂料性能优越，其抗压强度、抗弯强度高于国内同用途的粉末喷涂材料和抗腐蚀涂料，可广泛用于水利以及国民经济各部门使用的水力机械和受损部件的修复，特别是在高含沙量，磨蚀、空蚀严重的恶劣条件下使用时，更能显示其优越性。

第 8 章　含沙水中水力机械抗磨蚀设计和运行措施

8.1　概　述

运行在含沙河流中的水力机械存在不同程度的破坏。第 5 章和第 6 章已经详细介绍了破坏成因的不同学术观点：第一种观点认为水轮机在清水中运行时破坏甚微，在含沙水中因泥沙作用而破坏较严重，主张从减少过机泥沙、提高材料的抗泥沙磨损性能方向去解决问题；第二种观点认为空蚀是水力机械快速破坏的主要原因，泥沙加剧或使空蚀提前发生，因而只要减轻或消灭空蚀，就可以解决含沙水中水轮机的快速损坏问题；第三种观点认为运行在含沙水中的水力机械遭受空蚀与泥沙磨损的联合作用（即磨蚀），才导致快速的破坏，主张采取综合治理的措施。

我国现阶段水力机械的选型及模型试验研究一般针对清水状态，没有在浑水条件的试验模型转轮，对水电站的选型设计也是在此基础上的，而实际情况是河流中含有大量的泥沙，使得水力机械的运行性能发生了较大的变化。因而必须研究含沙水条件下水力机械的运行问题，探讨含沙水两相流在水力机械引水、导水部件以及转轮中的流动机理，掌握两相流在其中的运动规律，从而预测或减轻含沙水中水力机械的破坏，提高水力机械的抗磨蚀性能，以改善在含沙水流中工作的水轮机的运行质量和延长其运行期限，甚至从根本上解决水力机械的快速破坏问题。

多年来的研究工作所得到的成果和实际水电站运行经验的积累已提供了某些有成效的抗磨措施，采用这些措施可以在一定程度上减轻水力机械沙粒磨损的危害，延长在含沙水流中工作的水力机械设备的工作寿命。改善水力机械抗磨蚀性能的措施通常可以分为三大类。

（1）提高水力机械抗磨性能的设计与运行措施。其中包括水工建筑物的拦沙措施；合理选择在含沙水流中工作的水力机械型号和工作参数；改进水力机械的结构设计和合理安排水力机械的运行工况。

（2）采用抗磨材料制造或覆盖水轮机和水泵部件。

（3）对磨损的水轮机、水泵采取检修措施等。

8.2　水工建筑物的抗磨蚀设计

防止水轮机或水泵遭沙粒磨损的最根本措施是拦截泥沙，不使其进入水力机械过流通道。但是要把泥沙完全拦截并不现实，只能通过修建水工建筑物来消除水力机械工作水流中的大粒径沙粒和减小含沙量。

同时，人们总是希望混凝土结构的水工建筑物具有良好的耐久性。然而，实际工程运行或使用过程中存在许多难以预料的破坏因素，它们交互作用、反复出现，对混凝土建筑物的耐久性构成严重威胁。水工建筑物在过水运行中，也会出现严重的磨蚀破坏。这种磨蚀破坏机理虽然与机械材料中的磨粒磨损相似，但也有很大的不同。水中的磨粒作用在混凝土的表面，大多数情况下，除有一个水平方向的磨损外，还有一个垂直方向的冲击破坏。由于混凝土属于脆性材料，混凝土材料的硬度只是磨蚀破坏的一个影响因素。混凝土也不会像金属材料磨粒磨损那样因为反复的荷载作用产生没有重量损失的犁沟现象，混凝土各种程度的磨损都将导致混凝土的重量损失。影响混凝土磨蚀破坏更重要的一个因素，是混凝土的宏观和微观结构的相对不均匀性，包括水泥石基体、集料以及界面区结构，使混凝土的表面和内部出现较多的临空自由界面、各种缺陷或弱抗磨区。混凝土在受到外界的水流、硬颗粒的物理和化学作用时，往往会由于混凝土中预存的各种缺陷发生溶出、切削和破裂磨损，同时包含随机断裂和低应力条件下微裂纹的扩展。无论是切削和破裂磨损，还是水化产物的溶蚀，或是裂纹的扩展，混凝土受到磨蚀作用后终究以疲劳损耗而破坏。

水电站常具有相当于沉沙池的水库，它可使进库沙粒沉积在库区，而减小水轮机工作水流中的含沙量。最主要的是可以有效地拦截粗沙进入水轮机流道。但是水库或沉沙池的设计与合理运行方式也必将影响水轮机的磨损问题。通常情况下有大型水库的水电站在投产初期即使进库沙量很大，水轮机仍可引用清水而无磨损。但随水库淤积，库容减少，沉沙效果会逐渐下降。这时，水轮机工作水流中的含沙量增大，粒径增大，导致水轮机的磨损日益严重。

我国多泥沙河流的特点是沙粒较细，沙峰集中，大多数水库在汛期都能形成入库的异重流，汛期异重流可能挟带 40%以上的泥沙入库。因此，必须注意水库防淤措施，合理设计排沙孔位置，把这部分泥沙大量排到库外，减少坝前淤积。

当库首淤积所造成的淤沙三角洲向坝前推移时，将使得更多的粗沙进入水轮机流道。而异重流坝前淤积又将减小水电站进水口与库底的距离，也可导致水轮机工作水流中含沙量增大，除流域水土保持以外，主要采用异重流排沙方法。

根据库底河道位置、水库形状等因素，采用水库模型试验方法确定合理的排沙孔布置方式。

排沙孔排沙效率与其布置位置有关：

$$\frac{p}{h} \propto \frac{Q_{si}}{Q_{so}} \tag{8-1}$$

式中，p 为排沙孔口到库底的距离；h 为孔口到水库水面的距离；Q_{si} 为进库输沙率；Q_{so} 为排出输沙率。

$\frac{p}{h}$ 越小，排沙效率越高；$\frac{p}{h}$ 越大，排沙效率越低，异重流中的泥沙将更多淤于库底，从而使坝前河床坡度变缓。同时，异重流将易扩散，使水电站进水含沙量增加。此外，排沙孔布置在水电站进水口下方，对减轻水轮机沙粒磨损最为可靠和有利。

除了异重流排沙，定期冲刷库底也是比较有效的方法。这种方法通过使水库水位极大下降，水库中流速超过泥沙颗粒的挟动流速，从而将淤沙三角洲和库底积沙挟带到坝前，由排沙孔下泄，这样将可增大库容和保证以后的泥沙沉降效果。

同时，科学合理地设计水库的运行调度方式也是比较有效的方式。进库沙峰与洪峰常同时出现，由此，可以每年汛期前降低水库水位，汛期中利用底孔排沙，尽量保持坝前水位不升高，从而不仅使沙峰更有效地排出，而且在较大比降下，利用洪峰时的大流量冲刷库底，取得了良好的排沙效果。

1. 沉沙池的合理运行

多泥沙河流上的引水式水电站常设有沉沙池，以减少水轮机工作水流中的含沙量。沉沙池的设计要求是具有足够的沉降尺寸，而这往往带来较高的工程投资。

沉沙池的容积可由下列经验公式计算：

$$V = \frac{Qh'}{\omega} K \tag{8-2}$$

式中，V 为沉沙池沉降粒径为 d 的沙粒所需容积；Q 为引水流量；h' 为沉沙池水深；K 为安全系数，$K = 1.5 \sim 2.0$；ω 为所欲沉降最小粒径为 d 的沙粒的临界沉速。

临界沉速 ω 为

$$\omega = \sqrt{\frac{4g(\rho_s - \rho)d}{3C_D \rho}} \tag{8-3}$$

式中，d 为所欲沉降的沙粒粒径；ρ_s 为沙粒密度；ρ 为水的密度；C_D 为阻力系数。

由式（8-3）可见，沙粒临界沉速与粒径、沙粒和水的密度以及阻力系数有关。所欲沉降的沙粒粒径越小，ω 越小。因而要求沉沙池有较大的容积。

在沙粒较粗大的山区河流修建沉沙池，使水轮机工作水流含沙量得到有效控制，同时，多泥沙河流中的水电站的技术供水系统（特别是采用水润滑导轴承时）必须保证清水水源，因此，修建沉沙池是必需的。

沉沙池的合理运行也很重要，应定期冲洗池内淤沙，冲沙孔或冲沙道最好布置在迎水面。

2. 取水口的设计

水电站取水口位置应避免异重流进入。水电站取水口和排沙孔的相对位置与进入水轮机的含沙量有密切关系，因此，应将取水口布置在远离原河道的一端，取水口与排沙孔之间的距离应较大，排沙孔位置应尽量低，而水电站取水口应尽量高，这样就可以使水电站进水中的含沙量降低。

除了合理地安排水电站取水口与排沙孔位置，取水口在各种枢纽条件下的合理布置也很重要。取水口应尽量布置在水流方向的侧面（对引水式和明渠式等无大型水库的水电站），取水口下面应布置有效的排沙孔；取水口底槛高程应高于河床等原则是必须遵守的。

水电站取水口布置方案一般应根据模型试验和具体情况分析来确定。下列几种布置方式各有特点，可供参考。图 8.1 为苏格兰 Glen Shira 水电站取水口的布置图。其特点为进水井由通过拦污栅的水流侧面上部取水，而静水池又由进水井侧面取水。水流中的泥沙可以在进水井中第二次沉淀。图 8.2 为 Jaeger 所报告的取水口布置方案。S_1 跨度闸门常不开启。由于速度水头的回复，导流墙和取水区域的水位高于另外两个过水闸门 S_2 和 S_3 跨度区域的流动水位。因此，在底部形成强烈迴流，防止推移质泥沙进入水电站取水口。图 8.3 为山区河流上的一种水电站取水口布置方式。

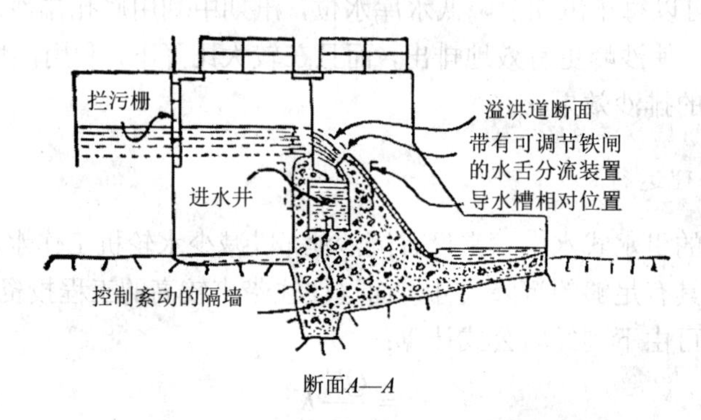

图 8.1　Glen Shira 水电站取水口的布置图

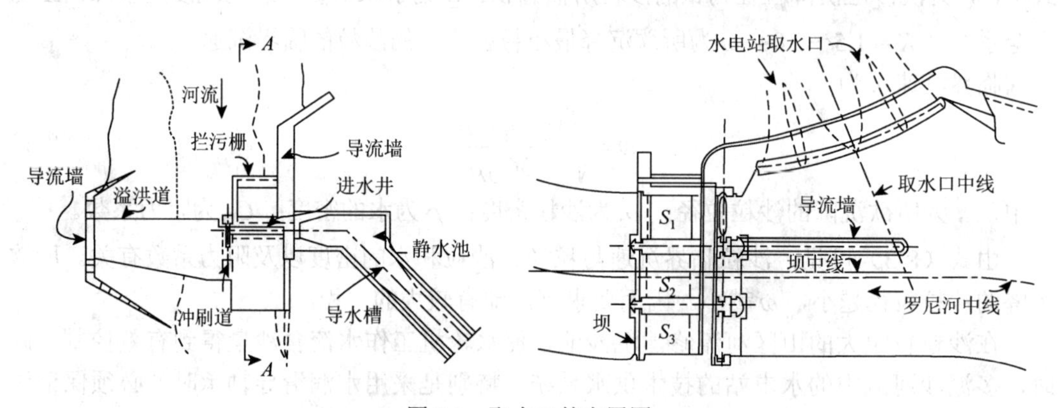

图 8.2　取水口的布置图

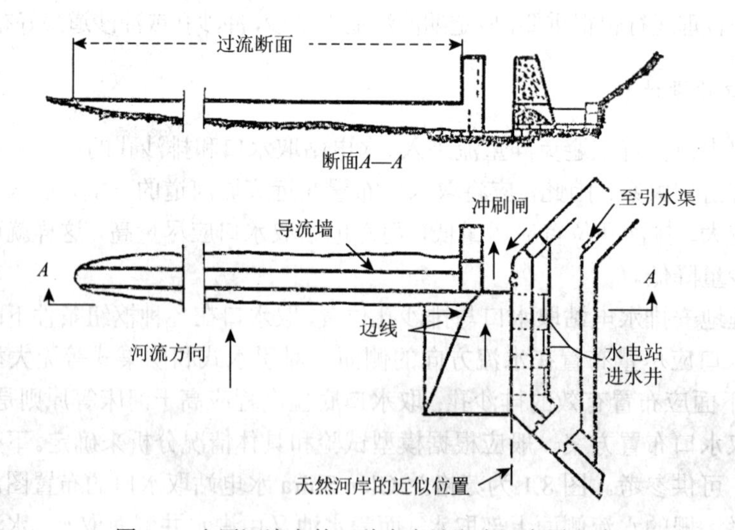

图 8.3　山区河流上的一种水电站取水口布置方式

8.3　含沙水流中工作水力机械的选择

水轮机选择是一个技术经济综合比较问题，需要全面考虑各种因素，以选定最优方案。如果已预定所选择的水轮机将在含沙水流中工作，那么提高其抗沙粒磨损性能将是最主要的和需要优先考虑的问题。

从改善和减轻水轮机沙粒磨损危害方面考虑，水轮机选择必须注意下列问题：合理选择水轮机的型式、比转速及其他参数。

8.3.1　含沙水中水轮机型式的选择

运行在含沙水中的水轮机，合理选择其型式以及各参数是十分重要的。在水头较高的水电站，水轮机的过流部件内的流速相对较高，由高速含沙水流所引起的严重沙粒磨损是不得不关心的问题。

在一定水头和容量下，常可考虑两种型式的水轮机方案。例如，水头为 100～500m，冲击式水轮机和混流式水轮机均可供选用；而水头为 40～80m，可以选择混流式水轮机，也可以选用轴流式水轮机。这时，应以各型式水轮机的沙粒磨损条件作为确定方案的主要考虑因素。

在相同水头条件下，混流式水轮机导水机构处的流速一般比冲击式水轮机喷嘴处的流速要低，冲击式水轮机磨损的程度要严重，其效率下降也较大，所以在高水头含沙水中选择冲击式水轮机或混流式水轮机时后者较为有利。

同样对于 40～60m 的水头段选择混流式水轮机或转桨式水轮机时一般选择前者。

1. 冲击式水轮机与混流式水轮机的选择

目前混流式水轮机有应用于更高水头的趋势。在高水头下，任何一种水轮机过流部件内的流速均相当高。因此，冲击式水轮机或混流式水轮机均可预期有严重沙粒磨损。

冲击式水轮机磨损的关键部件是喷嘴和针阀。它们承受在全部水头作用下的高速含沙水流的磨损。特别在针阀小开度下，将遭到空蚀与磨损的联合作用。因此，针阀与喷嘴的磨蚀损坏常十分严重。

高水头混流式水轮机的比转速很低，其所有受磨损部件均会遭到较为严重的磨损，而以导水机构部件磨损最重。在相同水头下，混流式水轮机导水机构处的流速一般比冲击式水轮机喷嘴处的流速要低。这可能使其磨损程度较轻。但从磨损程度上难以严格区分两种型式水轮机抗磨性能的优劣。因为在高水头下，它们的磨损程度都很严重。

但是，同样磨损程度，对两种水轮机工作质量的影响则不同。冲击式水轮机喷嘴或针阀的少许磨损，都将使水轮机效率显著下降。这是由于喷嘴或针阀表面磨损粗糙后，引起喷射水流的很大扰动，导致射流分散。散射的水量随喷嘴流道表面粗糙度增加而迅速增大。射流的散射减小了转轮名义直径与射流直径的比值 D_1 / d_0，从而导致转轮效率下降。实际运行资料表明，冲击式水轮机针阀磨损 0.5～1.0mm 就可使水轮机效率下降 9%左右。

此外，喷嘴和针阀磨损后，还将加大液流通过时的摩擦损失，并使喷嘴部件处于更不利的空蚀条件下。实际运转经验也表明，冲击式水轮机在含沙水流中工作时总是会遭到很严重的磨损。许多水电站即使有沉沙池，且转轮、喷嘴和针阀用高合金钢制造，仍然磨损严重，每年都要大修。

相对来说，混流式水轮机磨损最重的导水机构部件即使严重磨损后，也不会对水轮机效率产生很大影响。混流式水轮机决定效率的主要部件（迷宫环和转轮）是磨损较轻的部件。水头越高，越是如此。此时，均匀而平缓的转轮磨损不致使转轮效率显著下降。水电站实际运转经验也表明，水轮机比转速越低，相对于导叶的磨损程度，水轮机转轮磨损越轻微。

综上所述，在同一高水头下，冲击式水轮机的喷嘴与针阀的磨损最为严重，而且其少许磨损将导致水轮机效率较大地下降。这表明，它的工作期限短，工作期间效率下降所引起的电能损失大。混流式水轮机的导水机构虽也有严重磨损，但转轮磨损轻微，故因磨损引起的效率下降较小。这表明，混流式水轮机比冲击式水轮机有更长的工作期限，以及较小的电能损失。因此，从上述分析来看，选择混流式水轮机较为有利。

但冲击式水轮机检修时间短，拆卸整个冲击式水轮机转轮和喷嘴所需时间较短，混流式水轮机的拆装和检修时间一般较长。

这里仅从减轻和改善水电站沙粒磨损条件方面考虑选择水轮机型式，最终方案还需要考虑其他方面综合确定。

2. 混流式水轮机与转桨式水轮机的选择

当水头为20～80m时，混流式水轮机与转桨式水轮机均可供选择。

转桨式水轮机的磨损条件要比混流式水轮机严重得多，转桨式水轮机转轮遭泥沙磨损后，被磨损的表面将加速叶片的空蚀破坏。同时由于叶片表面形状的变化，水轮机效率大为下降。应当注意到，转桨式水轮机空蚀系数较高。同时，叶片外缘缝隙处易有强烈磨损而导致容积效率大为下降。

当水轮机可望常在最优工况下运行，且工作水流中有大量泥沙时，若选择转桨式水轮机，其转轮叶片的磨损和空蚀破坏将很剧烈，而导致工作效率显著下降和检修周期缩短。相对来说，选择混流式水轮机更有利。

混流式水轮机变负荷工作时叶片的局部阻力绕流磨损条件恶化，特别在大负荷下，转轮出口边相对流速有较大的升高。因此，变负荷工况下工作的混流式水轮机的磨损条件是恶劣的。而转桨式水轮机工作条件较好，几乎无变化。因此，选择转桨式水轮机也有有利之处。

此外，转桨式水轮机的检修条件要优于混流式水轮机。转桨式水轮机可以不拆机组，而从尾水管边壁处取出叶片。但混流式水轮机通常则要求整个机组拆卸后才能提出转轮。同时，混流式水轮机转轮叶片间流道狭窄，不宜进行叶片磨损部件的修补工作。总之，被磨损的混流式水轮机的检修工作比转桨式水轮机复杂些。总的来看，从主要方面（转轮的磨损程度和机组效率与检修周期）考虑，当水头高于40～60m，且沙粒磨损条件恶劣时，选择转桨式水轮机较为不利。

8.3.2 含沙水中水轮机比转速的选择

不同比转速水轮机流道内的平均流速是不同的，其数值取决于水轮机转轮的几何参数。一般情况下，随着水轮机比转速的降低，转轮区域内的相对流速 w 下降，而导水机构流速 v_0 增加。对于运行在含沙水中的水轮机，选择较低的比转速，可以大大降低其磨损程度。

由于水轮机零件的磨损程度与其含沙水流速度的 3 次方成正比，水轮机转轮的比转速对转轮的磨损程度将有重要影响。例如，计算表明，某种设计情况下，有比转速 200 和 160 两种转轮可供选用，如果采用 $n_s = 200$ 的转轮，其转轮出口流速系数为 0.8；如果选择 $n_s = 160$ 的转轮，其相应流速系数为 0.7，则两种转轮的磨损量的比值为

$$\frac{W_1}{W_2} = \left(\frac{0.8}{0.7}\right)^3 = 1.5 \tag{8-4}$$

由此可见，选择较低比转速转轮时，其磨损量将减少 1/3 左右。

一般来看，对于预计在沉重的沙粒磨损条件下工作的水轮机，可考虑选择较低比转速的转轮，以获得流道中的低速度，减轻水轮机的磨损。自然，选择低比转速水轮机将导致水电站和机组的造价有所提高，因此需要进行技术经济比较确定。

在沙粒泵或泥浆泵中也提出过基于同样理由的降低比转速的选择原则。

但同时应注意，降低比转速，转轮内的流速不一定降低，因此需要对方案进行比较，计算转轮出口的相对流速 w_2，最后确定合理可行的比转速。

综上所述，对于转轮磨损最重的高比转速混流式水轮机，选择较低比转速转轮，可以使转轮磨损减轻。从改善机组磨损条件来看，这是有利的。对于转轮磨损较轻的低比转速水轮机，选择较低比转速转轮似乎并无必要，因为导叶是磨损最严重的部位。最终方案的确定取决于磨损减轻程度、空蚀条件、能量指标和投资等一系列因素的综合比较。

1. 选择较大的水轮机转轮直径 D_1

当所设计的水电站在电力系统中占有重要位置时，为了保证水电站能够在更大的水头变动范围内，即使水轮机因磨损而效率下降时，也可以保持额定出力，可以选择较大转轮直径，从而使计算水头有所下降。计算水头下降，将使机组在更大的水头范围内保证水轮机出力的储备。当水轮机因沙粒磨损而效率降低时，仍能用加大流量的方法提高出力。这提高了水电站的出力保证率。

同时，选取大直径转轮时，水轮机转轮过水部分厚度相应增加，而转轮中相对流速也将下降，从而在一定程度上减轻了转轮的相对磨损和绝对磨损量。

2. 降低 H_S

水轮机的空蚀条件对水轮机沙粒磨损程度有较为重要的影响，转轮叶片出口边磨损折断，形成缺口，一般均为空蚀与沙粒磨损的联合作用的结果。因而，在多泥沙河流中工作的水轮机的安装高程应确定得更低一些，以保证更好的无空蚀条件。

模型水轮机空蚀实验所确定的临界空蚀系数 σ 仅对应于水轮机效率明显降低的实验工况，而并不反映初生空化的影响。实际上，初始阶段空化空穴的形成和不稳定形态可以加剧沙粒磨损，因为初生空化总要引起水流的扰动。也就是说，水轮机空蚀参数的确定并未考虑它对沙粒磨损的影响，含沙水流中的空化空穴较清水中提前发生。因此，为了保证沙粒磨损不因空蚀而加剧，可以考虑选择较低的水轮机安装高程和吸出高度。

实际选型计算时 H_S 的计算由式（6-4）确定。

在含沙河流中工作的水轮机装置处的高程还应较式（6-4）计算值低一些，从而保证机组更好的无空蚀条件。杜同教授曾提出大大降低 H_S 的经验公式（6-5），目的就是考虑含沙水中泥沙等因素对空蚀的影响。

3. 选取较多机组台数

在水电站一定的总装机容量下，因为水轮机在超负荷或低负荷下运转时总是要恶化其沙粒磨损条件，从改善沙粒磨损角度考虑，应选取较多的机组台数，以保证水电站负荷变动时各台水轮机不过分偏离其设计工况。

8.4 含沙水流中水力机械过流部件的水力设计

在含沙河流中的水电站水轮机遭受严重破坏的主要过流部件有水轮机的固定导叶、活动导叶、转轮及吸出管等。本节主要针对水轮机过流通道的几何尺寸、形状（特别是水轮机转轮的设计）进行研究，提出解决运行在含沙河流中的水电站水轮机快速破坏问题的措施。

含沙水流中，固相颗粒可以具有相对于水流的相对速度，固相颗粒粒径越大，两相流动条件所允许存在的相对速度越高。当存在沙粒的相对速度时，就水轮机流道某断面而言，固相颗粒改变了流道的过流断面面积，这种因固相颗粒存在而导致的过流断面面积减少的情况，称为相对阻塞。同理，当沙粒相对速度方向与水流速度方向一致时，产生流道断面面积的相对扩大，称为相对抽吸，相对阻塞和相对抽吸的效果取决于沙粒相对速度、沙粒粒径和含沙量等因素。

水轮机压力钢管内，沙粒因有较大的密度而获得较高的速度，其相对于水流的速度方向与水流速度方向一致，超前运动，从而造成相对抽吸效果，使过流量增大。在水轮机转轮流道中情况比较复杂。

对于按清水条件设计的水轮机转轮，若在含沙水流中工作，由于存在上述因固相颗粒的相对速度所引起的有效过流断面面积的变化，对于一定流量，断面流速将发生改变，而压力随之变化。

对于混流式水轮机，在转轮进口区域，由于流体的加速，具有较大惯性的固体沙粒将滞后于水流，产生负方向的相对速度，从而造成进口断面的相对阻塞。对于一定流量，将导致转轮进口绝对速度增加和进口相对速度方向的改变，在这种情况下将造成转轮进口的脱流和撞击。在转轮出口区域，由于流道转入轴向，泥沙颗粒在较大的重力作用下将逐渐领先于水流，从而造成出口断面的相对抽吸，使有效过流断面面积扩大。在这种情况下，相对于定流量，出口绝对速度下降，增加了出口的正环量。

这样，由于存在沙粒，按清水设计的水轮机转轮将不能保持无撞击进口和法向出口，在进出口处产生局部水流扰动，从而恶化了沙粒磨损条件。

水流中存在沙粒时，水轮机流道将不能很好地保持转轮流道逐渐收缩以使水流逐渐加速的原设计意图，使转轮效率降低，而且将有较劣的抗空蚀性能。

图 8.4 为含沙水流下转轮流道有效断面面积的变化规律以及叶型压力分布与清水条件下压力分布的比较，由于水中含沙，进口流速增大，则最低压力点的位置 M' 和压力分布曲线改变。最低压力 $p'_{\min}$ 将较清水下的 $p_{\min}$ 显著降低，从而具有大为恶化的空蚀条件，将更易于产生空蚀与沙粒磨损的联合作用，而加剧转轮磨损。

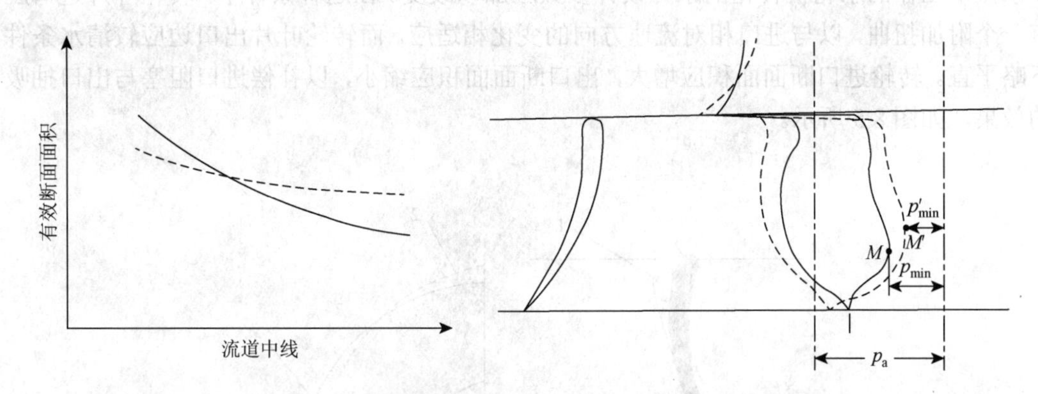

图 8.4　转轮流道有效断面面积的变化和含沙水流与清水叶型压力分布曲线的比较

实线：清水情况；虚线：含沙水流情况

8.4.1　过流通道的匹配设计

从水轮机的蜗壳开始，研究含沙水流运动规律，找到水流能量转换的最优轨迹线，设计蜗壳型线，一定要将固定导叶的型线及安放角与蜗壳和活动导叶进行匹配设计，这样才能保证不在这些区域造成水流的紊乱和严重的磨损。同时应研究水流与活动导叶、转轮之间的流动耦合问题。

为减轻含沙水流中水轮机等的快速损坏，在参数的选择及叶片形状设计时提出如下具体的技术措施：

（1）适当加大导叶的高度 B_0 以及提高导叶分布圆直径 D_0；

（2）采用较大的转轮下环过渡圆弧的半径；

（3）将下环多段圆弧过渡的形状尽可能改变为单圆弧的过渡；

（4）减小转轮出口直径与转轮直径的比值 D_2/D_1，也就是减少下环的扩散锥角，以减小脱流；

（5）尽可能向上抬起转轮的上冠曲线；

（6）适当增大叶片的包角，研究叶片包角 θ 与叶片数 Z 的组合关系，即 θ、Z 与比转速的关系$\theta \cdot Z = f(n_s)$，一般情况下，$n_s \leqslant 150$时$\theta = 40° \sim 50°$，$n_s \geqslant 150$时$\theta = 30° \sim 40°$，从而可确定Z与θ；

（7）适当增加叶片的长度，或在含沙水流中叶片设计成长、短的组合式叶片；

（8）叶片设计成X形或λ形。

8.4.2 含沙水流中水轮机的结构设计

1. 叶片的设计与制造

为了消除前述因流道有效断面面积的变化而引起的局部扰流和不良的空蚀条件，在含沙水流中工作的水轮机转轮的水力设计参数应加以改变。在这种条件下，转轮叶片进口应有一个附加扭曲，以与进口相对流速方向的变化相适应。而转轮叶片出口边应较清水条件下略平直。转轮进口断面面积应增大，出口断面面积应缩小，以补偿进口阻塞与出口抽吸的效果，如图 8.5 所示。

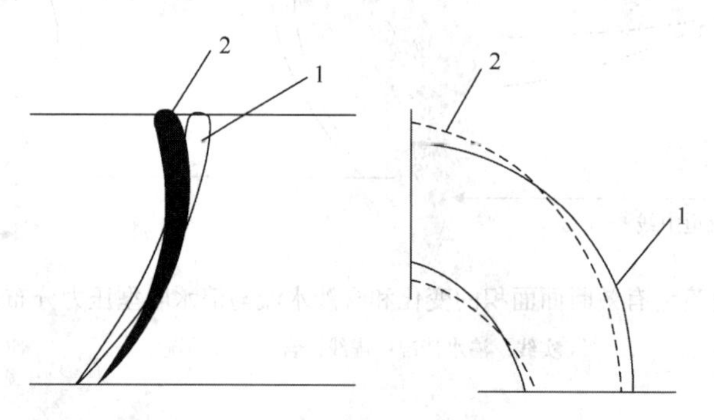

图 8.5 转轮水力设计的特点

1-清水设计；2-两相流设计

该方案已在砂石泵设计上获得了成功，该砂石泵最大真空吸上高度达 9.4m，用于提升含大粒径沙砾达 60%的砂水混合流体，效率为 63.5%，实际运行一年多以后，叶片并无任何磨蚀损坏。

在叶片的设计与制造上，采用电渣熔焊技术，压模曲面采用五轴数控加工，对大型的分瓣转轮在工地加工，以解决大型分瓣转轮在工地焊接后上、下止漏环的加工精度及效率的问题。

2. 座环新结构

座环则采用平行式座环结构和具有导流环的箱式座环结构。

3. 导叶摩擦装置

为防止导水机构剪断销剪断时导叶的摆动，在导叶与转臂之间采用摩擦装置，而不再在底环上设计导叶限位块，故减轻了由它引起的水轮机底环、导叶等区域可能存在的空蚀破坏。

4. 筒式阀结构

在固定导叶与活动导叶之间设置圆筒形阀，进行动水关闭，紧凑结构，可使导水机构的漏水量大大减少，从而减轻导叶的磨损。

5. 导水机构抗磨板新结构

水轮机在含沙水中运行，特别是在高水头的水电站中运行，其导水机构过流表面受到高速水流的冲刷作用，磨蚀破坏十分严重，一般用螺钉连接到底环和顶盖上的抗磨板结构。虽抗磨板检修拆卸方便，但从长期的运行情况来看，抗磨板的磨损情况也是非常不均衡的，有的地方十分严重，有的地方比较轻微。有文献研究表明，导水机构在导叶分布圆附近，水流受到导叶的排挤、干扰，流速在该部位最高，且流动状态很不稳定，其磨蚀最为严重。因此可根据流动计算或模拟的结构，针对不同区域设置不同材料的小的抗磨板结构形式，如图 8.6 所示。

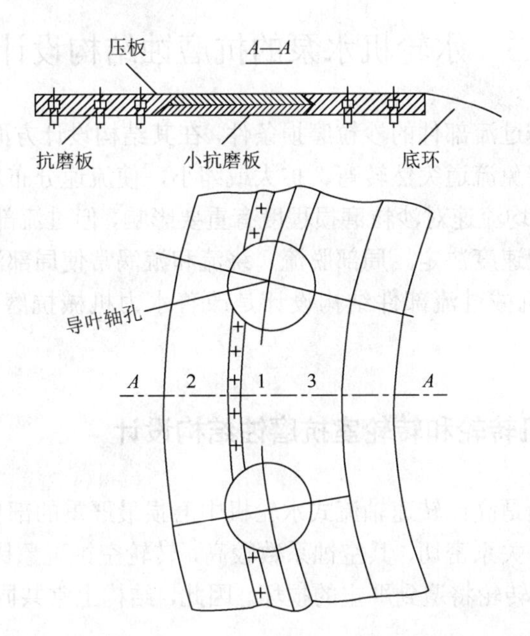

图 8.6　不同区域设置不同材料的小的抗磨板结构形式

1-小抗磨板区域；2-抗磨板区域；3-底环区域

6. 转轮叶片设计

转轮叶片设计时，要求从出水边至进水边相对速度与圆周方向的夹角 β 呈单调增加，这意味着对叶片出水边的切割将使出水边处相对速度与圆周方向的夹角 β_2 增大；转轮流道从进口到出口呈收缩状态，切割出水边将使叶片出水边半径和转轮出口过水断面面积也增大（图 8.7）。

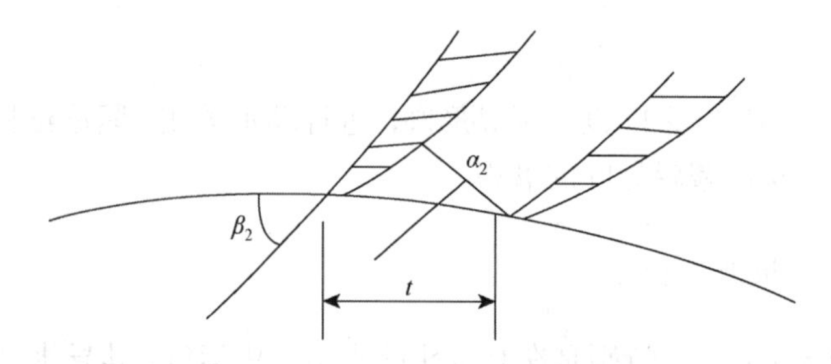

图 8.7　转轮叶片开口及流量校核

由图 8.7 可知，$\alpha_2 = t \cdot \sin\beta_2$。相邻两叶片间流道的流量为：$\Delta Q_i = w_{2r}t = w_2 t \sin\beta_2 = w_2\alpha_2$（$w_{2r}$ 为叶片出口相对速度的径向分量），叶片出口边的切割大大改善了转轮叶片下环区域和叶片上冠区域的流动，使下环区域的速度和压力分布较为均匀，上冠区域没有明显的二次回流，而且叶片开口加大，叶片加长。

8.5　水轮机水泵的抗磨蚀结构设计

为了改善水力机械过流部件的沙粒磨损条件，在其结构设计方面，应使过水流道尽量符合水流平顺条件，避免流道突然转弯、扩大或缩小，使流速分布均匀。

一般来说，流道平均流速对沙粒磨损程度有重要影响，但过流部件某部位的磨损量却终归由该处的局部水流速度决定。局部脱流、绕流和漩涡常使局部沙粒磨损加剧。

因此合理的水力机械过流部件结构设计是改善水力机械抗磨性能的十分重要的措施之一。

8.5.1　轴流式水轮机转轮和转轮室抗磨蚀结构设计

轴流式水轮机转轮是高比转速轴流式水轮机中磨损最严重的部件，轴流式水轮机转轮的沙粒磨损与空蚀条件关系密切，其空蚀系数较高，转轮空蚀现象比较严重，在沙粒磨损与空蚀的联合作用下，转轮将遭到严重的损坏。因此，结构上常共同采取抗磨损与抗空蚀措施。

转轮叶片出口边外缘是磨蚀损坏最严重的部位，叶片外缘与转轮室之间的缝隙区域的磨损流动条件最为不良，其磨损程度也常决定了整个水轮机的检修周期。

对水轮机叶片端部与转轮室之间缝隙的形状和压力分布的实验结果如图 8.8 所示，结果表明，当含沙水流通过狭窄的平面缝隙时，缝隙的形状（特别是进口和出口部分边缘形状）对缝隙区域压力分布有很重要的影响，也就是说，对缝隙扰流流态和空蚀形成有重要影响。

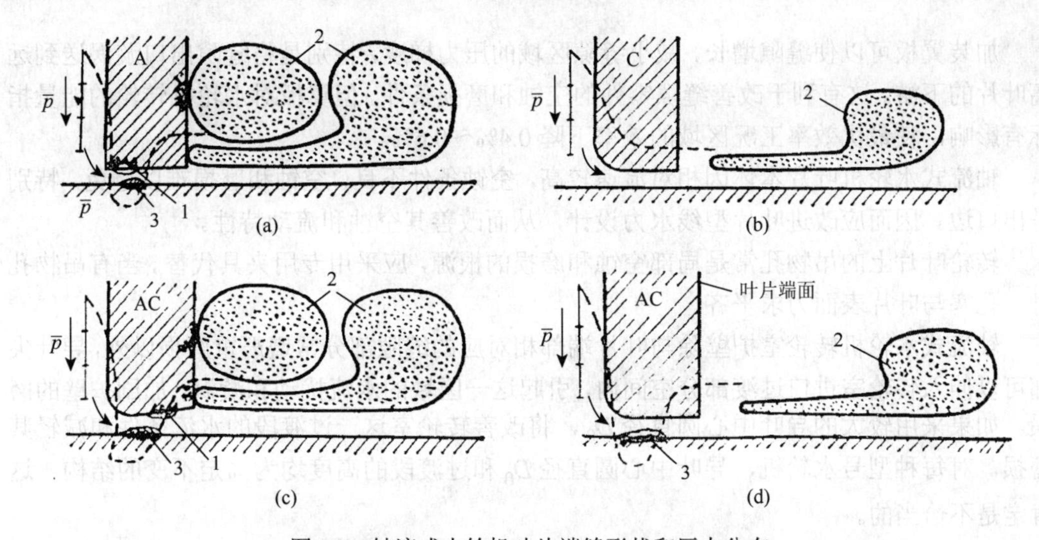

图 8.8　轴流式水轮机叶片端缝形状和压力分布

1-上缝隙边壁磨蚀损坏部位；2-含沙水流漩涡；3-下缝隙边壁磨蚀损坏部位；$\overline{p}$ 为桨叶内压力；A 为 A 型缝隙；C 为 C 型缝隙；AC 为 AC 型缝隙

C 型缝隙有最好的流态和缝隙压力分布，如图 8.8（b）所示，因缝隙进口有较大半径的圆弧，水流的突然收缩引起压力急剧下降，而平直的出口缝隙可使出口脱流漩涡在距叶片边壁较远处形成，避免了叶片出口边壁的局部漩涡磨损。因此，这种缝隙是最好的。缝隙区零件的空蚀与沙粒磨损大为减轻。

若叶片宽度（缝隙长度）为δ，进口部分圆角半径的最优值是$R=0.5\delta$。叶片出口部分保持直角或小于 3°的扩散角。

为了改善轴流式水轮机叶片端缝的流动条件，可在叶片外缘加装翼板。翼板装于叶片泄水边，如图 8.9 所示。

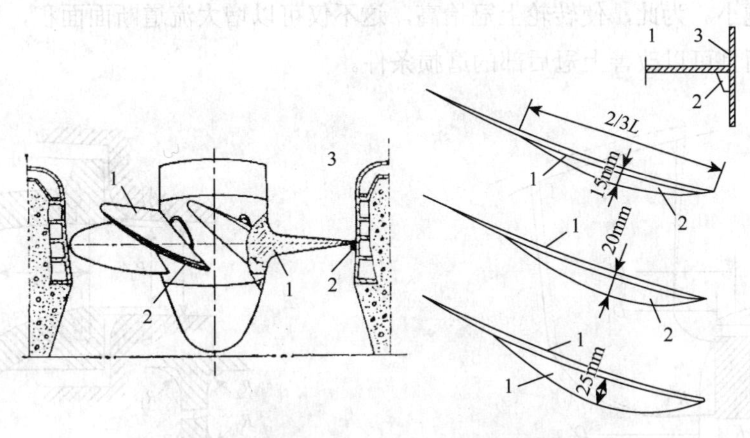

图 8.9　轴流式水轮机叶片端部的翼板

1-转轮叶片；2-翼板；3-转轮室边壁

加装翼板可以使缝隙增长，减小缝隙区域的压力梯度，特别是将缝隙出口漩涡送到远离叶片的下游。这有利于改善缝隙零件的空蚀和磨损条件。但翼板对水轮机转轮的能量指标有影响，使最优效率工况区域的效率下降 0.4%～0.6%。

轴流式水轮机叶片本体因相对流速较高，空蚀条件不良，空蚀和磨损难以避免，特别是出口边。因而应改进叶片型线水力设计，从而改善其空蚀和流动特性。

转轮叶片上的吊物孔常是局部空蚀和磨损的根源，应采用专用夹具代替。当有吊物孔时，孔塞与叶片表面力求平齐。

轴流式水轮机转轮室护壁除与叶片端部相对应的缝隙部分常遭严重磨损以外，导叶尖部可以伸入转轮室进口过渡部分空间内，引起这一区域的水流扰动和漩涡，加剧护壁的磨损。如果采用较大的导叶中心圆直径 D_0，将改善转轮室这一过渡段的水流条件和减轻其磨损。对每种型号水轮机，导叶中心圆直径 D_0 和过渡段的高度均为固定不变的结构，这肯定是不恰当的。

8.5.2　混流式水轮机转轮抗磨蚀结构设计

对于中高比转速水轮机，转轮叶片出口边靠近下环处和下环内表面是磨损最严重的部位。其原因主要是该处相对流速高、局部含沙量高、导水机构底环出口水流的急剧转弯和脱流。

为了改善这一部位的磨损流动条件，可以采用图 8.10 的结构改进方案。将导水机构底环和转轮下环内表面的轴截面形状由实线所示改为虚线所示。导水机构底面尖部后移（由 D_1 改变为 D_1'），同时修改后的下环内表面有较大的圆弧过渡，从而使轴截面内水流由径向转为轴向，得到较好的绕流条件，减轻下环处的脱流和漩涡。在改进的结构下，由于迷宫环漏水分流转弯，下环内表面的沙粒动能和数量也有所减少。

这种结构设计中，下环内表面弧度越大，转轮出口直径越小（由 D_2 改变为 D_2'），从而断面面积越小。为此，使转轮上冠抬高，这不仅可以增大流道断面面积，以补偿 D_2 减小的影响，而且可以改善上冠后部的磨损条件。

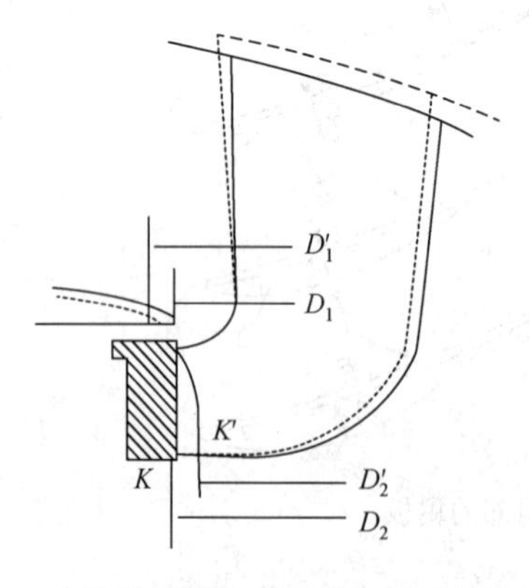

图 8.10　高比转速混流式水轮机转轮结构的改进

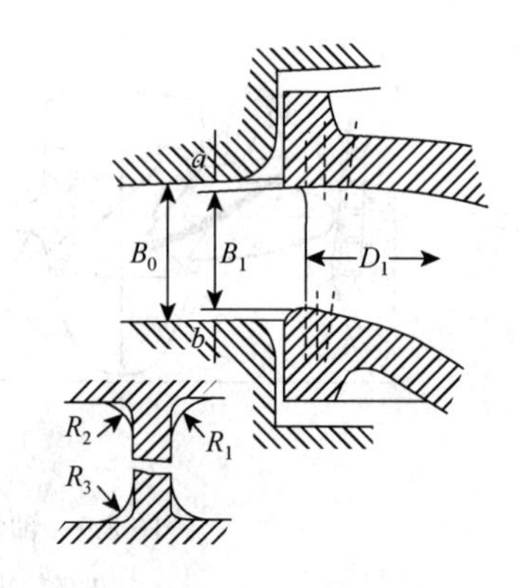

图 8.11　转轮进口部分结构改进

混流式水轮机进口边以靠近上冠和下环处磨损最重。图 8.10 的结构改进方案同样可使转轮进口边靠近下环处的磨损条件有所改善。此外，可以使导叶高度 B_0（导水机构顶盖和底环平面间的距离）大于转轮进口叶片高度 B_1。进口边这一区域的磨损条件主要因 $B_0 < B_1$ 的结构尺寸而恶化，因此改变为 $B_0 > B_1$ 的结构将改善磨损条件。改变结构如图 8.11 所示。

B_0 按式（8-5）计算确定：

$$B_0 = B_1 + (a+b), a = \frac{B_1 q_1}{Q}, b = \frac{B_1 q_2}{Q} \tag{8-5}$$

式中，a、b 为导水机构高度的超出量，如图 8.11 所示；q_1 和 q_2 为转轮上冠与下环迷宫缝隙的漏水量；Q 为转轮流量。

采用这种结构尺寸关系，可以避免水流进入转轮时的脱流漩涡，减轻该处的磨损。同时，向上下迷宫间隙分流（q_1 和 q_2）引起轴面流速的下降，造成转轮进口高度的降低，使得磨损性能改善。a 与 b 过大时，转轮进口迎流面端部的冲击磨损将加大。因此必须准确地保持计算值。

由于机组安装时一般并不严格地考虑水轮机转子重量和轴向水推力在上机架上引起的挠度，为了保证 a 与 b 在运转中合乎要求，维持按式（8-5）计算的数值，应准确调整推力轴瓦的标高。

8.5.3　导水机构部件抗磨蚀结构设计

导水机构所有零件中以下端缝部件磨损最重，其磨损条件的改善将使整个导水机构的工作期限延长。导水机构下导轴承衬套处磨损可以采用套环（抗磨环或压环）和橡皮止水密封结构。其结构如图 8.12 所示。

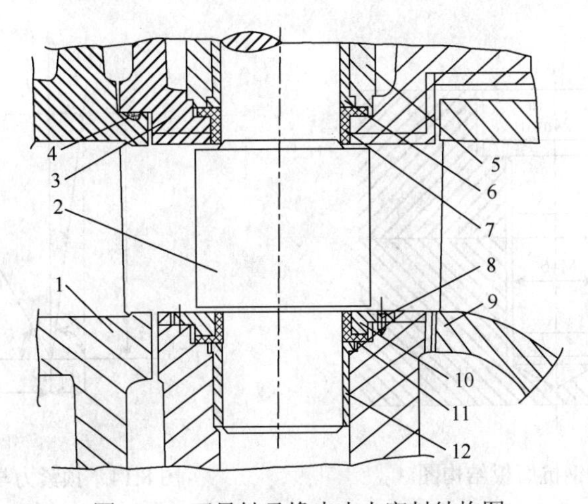

图 8.12　下导轴承橡皮止水密封结构图

1-座环；2-导叶；3-顶盖；4-盘根；5-轴承套筒；6-中部轴套；7 和 11-L 形橡皮密封；8-螺钉；9-转轮；10-套环；12-下轴套

由于套环尺寸小，可以采用高抗磨材料制造，并易于用各种表面抗磨处理方法来加强其抗磨性能。同时，套环磨损后也易于更换备品，无须修补。为了减少导叶枢轴与轴套之间的缝隙漏水，可以采用橡皮密封。橡皮密封可以采用 L 形密封和 U 形密封等。橡皮密封可以防止含沙水流和沉落沙粒对轴颈与轴承衬套的磨损。

导水机构下轴颈与轴承衬套的磨损不能完全靠橡皮密封来消除，同时高水头水轮机导叶高度较低，而导叶下缝隙的磨损在整个水轮机部件中最为沉重，因此也可以考虑取消下导轴承结构设计方案。取消下导轴承后，由于轴颈取消，缝隙处流动条件将大为改善，可简化成平面缝隙流动。如果导水机构底环再采用高抗磨材料，则导水机构以及整个水轮机的整体磨损速度可大为减缓，水轮机工作周期得以延长。

取消下导轴承的方案，对减轻导水机构零件磨损程度无疑是很有益的。但这种结构将使导叶仅有上部两个导轴承而呈悬臂受力形式，其强度和刚度必须保证。

此外，第 5 章还介绍了一些导水机构结构设计的新方案，此处不再详述。

另外，一种改性聚烯烃与钢板复合抗磨板结构也得到了广泛应用，这是在各种材料抗磨板设计加运行维护实践经验基础上研制开发的。其材料的抗磨性能高于目前采用的所有金属和塑料抗磨板，克服了塑料抗磨板与顶盖和底环连接所存在的问题，达到金属抗磨板和顶盖、底环连接紧密牢固和可靠的目的，进一步提高了水轮机抗磨板的技术水平，为我国水电机组，特别是多泥沙河流水电站机组的安全可靠经济运行提供了保证。

例如，某大型水轮机的不锈钢抗磨板采用 M6 螺钉与底环和顶盖把合，如图 8.13 所示。每只螺钉的把紧力 $V = 700\text{g}$，此时预紧力与变形的关系如图 8.14 所示，即螺钉伸长 $\lambda_\gamma = 0.0058\text{mm}$，被连接件压缩 $\delta_\gamma = 0.0016\text{mm}$。在外力作用下，可保证抗磨板连接的紧密性和可靠性。假如与图 8.13 同样的结构，但抗磨板采用超高分子量聚乙烯塑料，则被连接件的压缩 $\delta_{\gamma 1} = 0.1\text{mm}$，尽管可在螺钉头下面垫较大的垫圈，但刚度的增加是有限的。此外，工程塑料服从胡克定律的弹性极限范围较小，要考虑冷流蠕变特性。

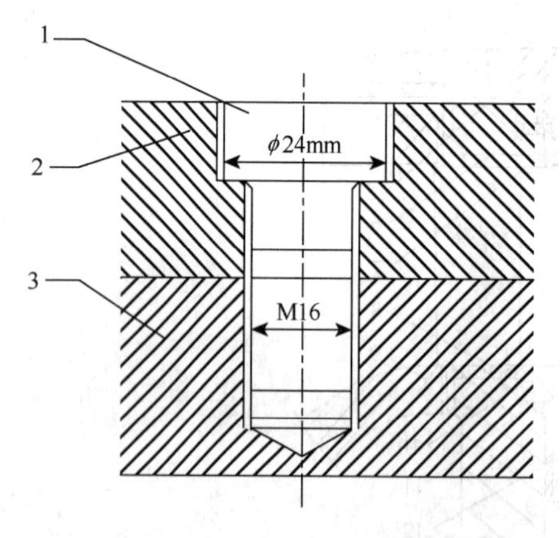

图 8.13　不锈钢抗磨板结构图

1-M16 特殊圆头螺钉；2-不锈钢抗磨板；3-底环

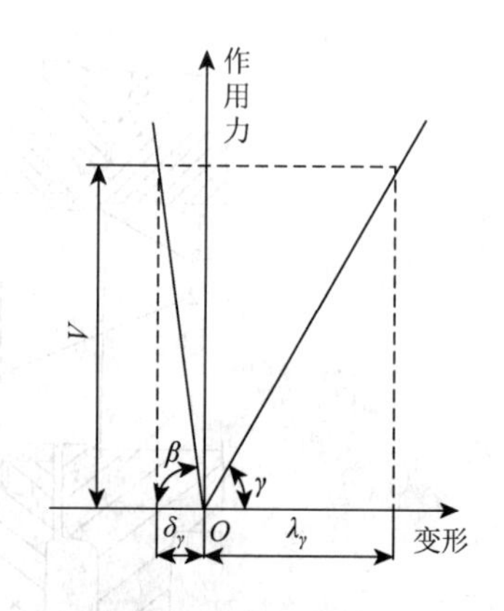

图 8.14　预紧力与变形的关系图

可应用如图 8.15 所示三种结构型式的聚烯烃塑料合金与碳钢板复合抗磨板。

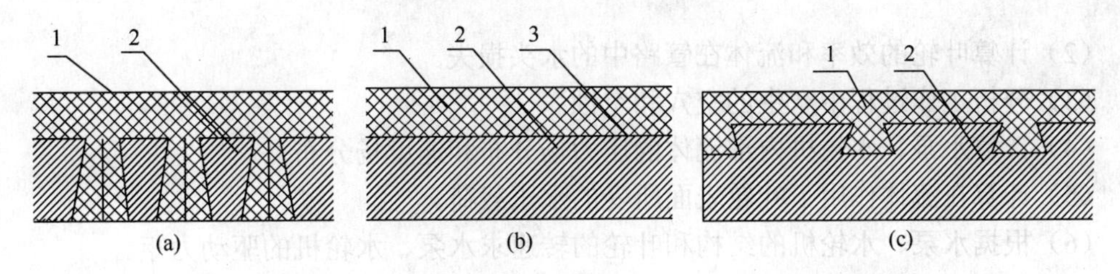

图 8.15　三种结构型式的聚烯烃塑料合金与碳钢板复合抗磨板

1-聚烯烃塑料合金；2-碳钢板；3-特殊结合层

图 8.16 为聚烯烃塑料合金与碳钢板复合抗磨板的俯视图，也示出了用螺钉与底环连接的剖图。从图中可以看出，抗磨板的过流表面有足够厚度的聚烯烃塑料合金的抗磨层。它将大幅度延长抗磨板的使用寿命，抗磨板与底环、顶盖的连接和金属抗磨板相同，为金属与金属的螺钉连接，可以得到足够的预紧力，保证抗磨板在水力脉动等变载荷作用下连接紧密牢固可靠，而且螺钉不必布置得太密；把合螺钉的数目可以按碳钢板把合选取，比塑性与钢连接的螺钉数明显减少，螺钉的沉孔用特殊处理的聚烯烃塑料合金封堵，牢固不脱落，用木工加工工具可以修刮研磨，容易保证光滑齐平，无空蚀。

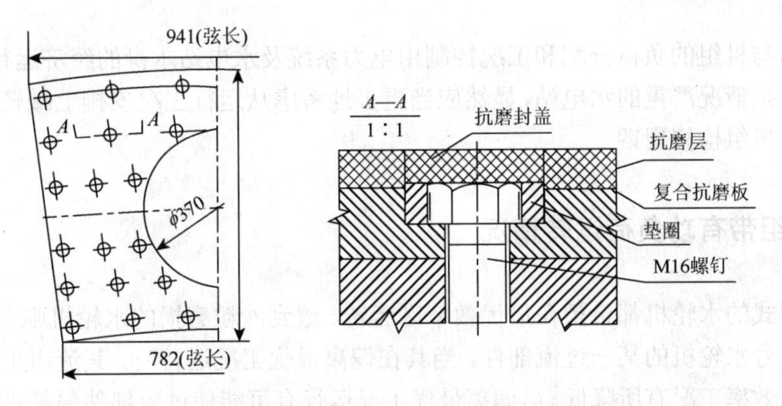

图 8.16　聚烯烃塑料合金与碳钢板复合抗磨板的俯视图及剖图（单位：mm）

8.5.4　水力机械加工制造与新技术的应用

水轮机、水泵设计制造中的最核心技术是过流件的水力学性能设计，叶轮、蜗壳、导流体、导流片、出水口、进水口及栅格的型面都将影响水泵、水轮机的水力学性能。流体的流动特性决定了水泵、水轮机的过流部件和流道是一些复杂的曲面。因为水泵、水轮机内流体的流动是三维的，包括涡流和紊流状态，设计时还要考虑固定部分、转动部分以及流体之间的交互作用，这样复杂的工作状态很难通过设计员的经验以及试验来实现产品性能优化，所以必须采用流体分析软件进行仿真分析。结合分析软件的分析和水力学的测试，进行如下分析。

（1）根据水泵、水轮机模型和叶轮的转速求水泵的扬程、流量和效率以及水轮机的性能参数。

（2）计算叶轮的效率和流体在管路中的水头损失。

（3）分析工作过程中产生的空穴和空蚀。

（4）计算水泵、水轮机内部流体的压力场分布和速度场分布。

（5）计算在流体作用下叶轮表面所受的水压载荷。

（6）根据水泵、水轮机的结构和叶轮的转速求水泵、水轮机的驱动力矩。

有条件情况下应进行浑水试验的校核与在浑水条件下的参数修正。

此外，还要依靠分析软件对水泵与水轮机的结构强度、零部件的疲劳寿命、结构动力学进行分析，从而通过结构优化设计减小水泵、水轮机的振动，提高动态性能。最基础、最重要的分析是求解系统的固有频率和相应的振型，为电机的选择提供依据。

水泵、水轮机制造加工的创新如下：构建应用软件的水泵设计、仿真和制造平台，可以实现无差错的设计和制造，逐步在产品设计中采用虚拟样机技术，将彻底改变研制手段落后的局面，从而减少物理样机的制造与试验，达到缩短研制周期、降低开发成本、加快产品更新换代速度的目的，使对不同的流体介质均有相应的设计与加工制造。

8.6 水轮机运行工况的控制

水电站与机组的负荷分配和工况控制由电力系统及水电站本身的经济运行要求确定。但对沙粒磨损情况严重的水电站，显然应当更多地考虑从运行工况安排上减轻水轮机的磨损，以延长机组检修周期。

8.6.1 机组带有功负荷运转情况

任何型式的水轮机都希望在最优效率区运转。遭到沙粒磨损的水轮机则有所不同。因为对给定型号水轮机的某一过流部件，当其在偏离最优工况运转时，其流道平均相对速度可能比最优效率工况有所降低。虽偏离最优工况运行有可能使过流部件局部水流扰动加剧或影响其他部件的磨损流动条件，但磨损程度与平均流速的三次方成正比，空蚀与流速的更高次方成正比。同时，局部扰流强度也与流道平均流速有关。因此，通过控制运行工况，以降低流道平均流速和磨损程度是可以考虑的措施。

在有些情况下，有可能控制水轮机运行工况，以改善水轮机的磨损条件。例如，对高比转速混流式水轮机，当预见其转轮将要或已经有较严重的磨损时，可以控制其运行工况在较低负荷区内运转。这时，转轮出口速度将大为下降，从而减缓了磨损最严重的转轮出口边的磨损速度，迷宫环磨损也将有所减轻。虽然转轮进口边会因冲击和脱流而恶化磨损条件，导水机构处流速和磨损速度加大，但从水轮机整体来看，将可能延长工作期限和减小电能损失。

在下列情况下，可以考虑控制水轮机在低负荷区运转，以延长水轮机的工作期限。

（1）机组较长时间在满负荷下运转，同时水流中含沙量较大。这时，可以预见水轮机转轮严重磨损。例如，在汛期，水轮机一般满负荷或超负荷运转，而这一时期水中含沙量很高。满负荷工况运行有时可延续到秋季平水期。显然，转轮磨损将很重，而导水机构磨损则较轻微。在这种情况下，控制水轮机工况在较低负荷下运转是有利的。

（2）通过一次检修，发现转轮磨损严重，而导水机构磨损轻微，转轮的磨损速度决定水轮机工作期限。

（3）根据备品情况，一般导水机构备品较充裕，而转轮难于更换。如果转轮磨损严重，需要减轻其磨损以延长水轮机的工作期限。

由此可见，可以通过合理地安排水轮机的运行工况，降低磨损最严重部件的磨损速度，以造成整个水轮机的“均匀的磨损”，从而延长机组的工作期限和工作寿命。为了合理地控制水轮机工况，应掌握各种型式水轮机在各种工况下的磨损规律，制订具体的运行计划。

8.6.2　水轮机做调相运行及停机方式的控制

通常用关闭导叶同时向转轮室充气压水的方式完成水轮机组由发电方式向调相方式的转换，也常用关闭导叶方式停机截断水流。这些情况下导叶零件将处于最不利的磨损条件，应予避免。

用导叶截断水流时，导叶将承受近全部水头，导叶各个漏水缝隙中（导叶密封不良时的立面缝隙和上下端面缝隙）的射流速度将很高，远大于水轮机带负荷运转时的情况。因此，仅从流速因素考虑，在此工况下导叶磨损量也将较大。

对于在含沙水流中工作的水轮机，用关闭导叶来调相或停机是十分不利的。因而，应采用水轮机前主阀来截断水流。主阀只有两个工作位置：全关或全开，不需中间工作位置。因此其密封条件比导叶好得多。如果无漏水，则无磨损。可以用关闭导叶来停机或调相，但用关闭主阀来承受水头。长期停机时，应关闭引水管进水口闸门，以防泥沙沉降、堵塞阀轴间隙。

8.6.3　根据河流挟沙情况安排水轮机运行工况

一般河流中，洪峰和沙峰常同时发生，汛期洪水中挟有大量泥沙，沙粒粒径也较大。在这一期间，应加强观测和取样分析。从减轻沙粒磨损角度考虑，汛期水流中含沙量过大时，停机回避是有利的，特别是水轮机沙粒磨损较为严重时。否则，水轮机将加速磨损。汛期短期停机以换取较长工作期限是可以考虑的。当然，在这种情况下也要考虑水电站在系统中的地位，是否有停机回避的可能。

习　题

一、名词解释

1. 空化和空蚀；
2. 水力机械的泥沙磨损；
3. 泵的安装高程；
4. 屏壁作用；
5. 沙粒冲角和含沙浓度；
6. 空化核子；
7. 空化初生；
8. 水轮机的空蚀程度；
9. 变形磨损；
10. 两相流中的“相”；
11. 空蚀系数；
12. 库首淤积；
13. 异重流坝前淤积；
14. 空蚀指数；
15. 装置有效空化余量；
16. 空化数；
17. 吸出真空度和吸入真空度；
18. 空化比转速；
19. 超空化；
20. 泥沙磨损强度。

二、简答题

1. 在多泥沙河流中延长水力机械设备工作寿命和改善其抗磨性能的措施有哪些？
2. 推导空化系数、空化比转速与比转速之间的关系。
3. 间隙空化空蚀是怎样形成的？它在混流式水轮机、轴流转桨式水轮机和冲击式水轮机中主要发生的部位有哪些？
4. 翼型空化空蚀在水轮机和泵中主要发生的部位有哪些？
5. 局部空化空蚀是怎么形成的？它在水轮机和泵中的主要破坏部位有哪些？
6. 水力机械泥沙磨损的危害有哪些？
7. 空化与空蚀的防护措施有哪些？

8. 水力机械中磨损的形态有哪些?

9. 空化、空蚀和泥沙磨损的特征是什么?

10. 空化核子的基本类型有哪些?

11. 试推导空化比转速的表达式。

12. 解释空化的热力学效应。

13. 按照空化发展的不同阶段，空化可分为哪三个阶段?

14. 阐述气核和空泡的稳定性、临界半径与临界压力的关系。

15. 空蚀引起剥蚀，空蚀速度通常以单位时间材料的损失质量计算。空蚀速度并不是固定的，它随时间而变化，一般可分为哪些变化阶段?

16. 空蚀程度的表示方法有哪些?

17. 结合所学知识阐述影响空蚀程度的因素。

18. 试推导转轮叶片上最低压力的表达式。

19. 试推导空化相似定律的表达式。

20. 水轮机模型空化实验装置有哪些?

21. 研究空蚀现象的试验设备有哪些?

22. 两相流、多相流有哪些类型?

23. 两相流动采用的数值模拟方法有哪些?

24. 概括多相流研究计算软件主要采用的两种方法以及两种方法的比较。

25. 概括多相流模型选择的基本原则。

26. 概括水轮机四大过流部件泥沙磨损的主要特点。

27. 沙粒特性对磨损的影响有哪些?

28. 含沙水流特性对磨损的影响有哪些?

29. 水力机械泥沙磨损的实验研究装置有哪些?

30. 简述微切削磨损过程。

31. 简述变形磨损过程。

32. 简述复合磨损过程。

33. 水力机械泥沙磨损的基本模型有哪些?

34. 简述水中泥沙对空化现象的影响和空化对泥沙磨损现象的影响。

35. 简述空化与沸腾的区别。

36. 空蚀与泥沙磨损的区别有哪些?

37. 水轮机的吸出高度和安装高程是怎么确定的?

38. 空化的热力学准则是什么?

39. 简述影响水轮机空蚀程度的主要因素。

40. 水泵的吸上高度和安装高程是怎么确定的?

三、计算题

1. 一台泵的吸入口径为242mm，流量 $q_v = 65\text{L/s}$，样本给定 $[H_v] = 8.6\text{m}$，吸入管路损

失 $\Delta H_S = 0.5$m。试求：

（1）在标准状态下抽送常温清水时 H_{SZ}；

（2）如果此泵在拉萨（$p_a = 64922.34$Pa）使用，从开敞的容器中抽取 80℃温水，其 H_{SZ} 又为多少？

（注：80℃清水的 $p_v = 47367.81$Pa，$\rho g = 9530.44\ \text{N}/\text{m}^3$。）

2. 双吸离心泵的转速为 2900r/min，最优工况的扬程为 58m，流量为 $2.21\ \text{m}^3/\text{s}$，临界空化余量 $\Delta h_{cr} = 4.21$m，最大流量工况 $\Delta h'_{cr} = 10.06$m，吸水管路的水力损失为 0.91m，当地大气压力为 10.36m，所输送的冷水的汽化压力 $H_{va} = 0.31$m。试确定：

（1）最优工况的比转速 n_s、空化比转速 C、临界空化系数 σ_{cr} 和几何吸上高度是多少？

（2）最大流量工况的几何吸上高度是多少？

（提示：计算 n_s 和 C 时应取总流量的 1/2，K 为空化安全余量，取 $K = 0.3$。）

3. 某水电站安装卧轴反击式水轮机，转轮直径 $D_1 = 2.0$m，水轮机的设计水头为 80m，电站下游水面海拔为 420m。如果水轮机在设计水头下的空化系数是 0.035，试求设计水头下允许的吸出高度 H_S 和安装高程 H_{SZ}。

4. 已知卧式水轮机的水头 $H = 43$m，水电站水温为 20℃，大气压力为 10.25m（绝对压力），水轮机主轴中心线高于下游水面 3.86m，水轮机转轮出水边最高点高于主轴中心线 253mm，求该水轮机的装置空化系数。

5. 已知水轮机的临界空化系数 $\sigma_{cr} = 0.28$，水电站水温为 15℃，电站下游水面的海拔为 1524m，水轮机的吸出高度为 3m，求根据空化条件允许的最大水头。

6. 想要设计一台在标准状态下抽送常温清水的泵，其流量为 77.8L/s，几何吸上高度 $H_{SZ} = 5.0$m，吸入管损失为 0.5m，若设计时估计泵的空化比转速 $C = 800$，试问：应如何选择泵的转速？

7. 一台冷凝泵从封闭的容器中抽水，液面的压力等于汽化压力，样本给定 $[\Delta h] = 0.6$m，吸入管路水头损失 $\Delta H_S = 0.3$m，试求泵的几何吸上高度。

8. 一台泵在大气压力下抽送常温（20℃）清水（$H_{va} = 0.24$m），吸入管路水头损失 $\Delta H_S = 0.5$m，样本上给出 $[\Delta h] = 4.5$m，试求此泵分别在天津（海拔 3m，大气压力 $H_a = 10.35$m）和兰州（海拔 1517m，大气压力 $H_a = 8.68$m）使用时最小几何吸上高度。

9. 试设计一台泵，要求在海拔 1000m 的地方作倒灌使用（即几何吸上高度 $H_{SZ} < 0$），在大气压力下抽取 40℃的清水。泵流量为 $4.33\ \text{m}^3/\text{s}$，转速 $n = 495$r/min，泵的几何吸上高度 $H_{SZ} = -2$m，泵的吸水管路水头损失 $\Delta H_S = 0.5$m，空化安全余量 $K = 0.3$m。求所设计的泵的空化比转速 C。

（查阅资料得 $t = 40$℃的清水汽化压力 $p_v = 7374.86$Pa，$\rho g = 9370.51\text{N/m}^3$，海拔 1000m 处大气压力 $p_a = 90224.4$Pa。）

10. 设锅炉给水泵入口水温为 433K，那么当汽化压力降低 1m 时，空泡区内气泡体积占总体积的份额是多少？当空化发展到空泡占总体积的 1/3 时，汽化压力降低多少？

参 考 文 献

埃杰尔，1990. 水斗式水轮机[M]. 北京：机械工业出版社.

曹芳滨，2013. 基于 CFD 的长短叶片水轮机转轮三维空化数值模拟[D]. 昆明：昆明理工大学.

陈次昌，宋文武，2002. 流体机械基础[M]. 北京：机械工业出版社.

陈鹏，2014. 基于软刻蚀技术的无阀微泵制造工艺研究[D]. 武汉：华中科技大学.

陈庆光，吴玉林，刘树红，等，2006. 轴流式水轮机内三维空化湍流的数值研究[J]. 水力发电学报，25（6）：130-135.

仇宝云，林海江，袁寿其，等，2006. 大型水泵出水流道优化水力设计[J]. 机械工程学报，（12）：47-51.

储训，1999. 水泵抗泥沙磨损、抗汽蚀合金粉末喷焊的材料及工艺[J]. 水泵技术，（5）：16-22，28.

单鹰，唐澍，邓杰，等，1996. 水轮机导对抗泥沙磨损的水力研究[J]. 水力发电学报，（2）：86-96.

丁成伟，1996. 离心泵与轴流泵原理及水力设计[M]. 北京：机械工业出版社.

杜晋，张剑峰，张超，等，2016. 水轮机金属材料及其涂层抗空蚀和沙浆冲蚀研究进展[J]. 表面技术，45（10）：154-161.

杜世平，2016. 水轮机泥沙磨损及应对措施[J]. 机电技术，（3）：92-94.

段昌国，1981. 水轮机沙粒磨损[M]. 北京：清华大学出版社.

段生孝，2001. 我国水轮机空蚀磨损破坏状况与对策[J]. 大电机技术，（6）：56-59，64.

冯世良，马俊林，李新，1995. 挑流板减轻水轮机泥沙磨损的试验研究[J]. 陕西水力发电，（1）：42-45.

高忠信，2009. 溪洛渡水电站水轮机导叶区流动分析及泥沙磨损预估//中国水力发电工程学会水力机械专业委员会，中国电机工程学会水电设备专业委员会，中国动力工程学会水轮机专业委员会. 水电设备的研究与实践——第十七次中国水电设备学术讨论会论文集[C]. 北京：中国水利水电出版社.

顾四行，2005. 我国水轮机泥沙磨损研究 50 年[J]. 水电站机电技术，（6）：60.

顾四行，2011. 多沙河流水电站水轮机磨损与防护//中国水利技术信息中心，中国水利学会水资源专业委员会. 第三届全国河道治理与生态修复技术交流研讨会专刊[C]. 广州：中国水利技术信息中心：6.

关醒凡，2011. 现代泵理论与设计[M]. 北京：中国宇航出版社.

桂中华，2011. 水轮机空化在线监测研究及应用新进展//中国电机工程学会水电设备专业委员会，中国水力发电工程学会水力机械专业委员会，中国动力工程学会水轮机专业委员会，水力机械专业委员会水力机械信息网，全国水利水电技术信息网. 第十八次中国水电设备学术讨论会论文集[C]. 北京：中国水利水电出版社.

哈尔滨大电机研究所，1976. 水轮机设计手册（水轮发电机组设计手册第一部分）[M]. 北京：机械工业出版社.

贺文静，2012. 水轮机空化、空蚀的预控与处理[J]. 四川水力发电，31（3）：95-96.

侯远航，钱冰，向虹光，2010. 龚嘴水电站水轮机泥沙磨损处理的启示[J]. 水电与新能源，（6）：3-5.

胡海龙，2015. 水轮机叶片耐磨蚀梯度涂层制备技术研究[D]. 哈尔滨工业大学.

胡建其，2014. 双相不锈钢在水泵上的应用及加工工艺研究[D]. 长沙：中南林业科技大学.

胡金荣，1993. 提高水轮机抗磨蚀性能的关键技术措施[J]. 陕西水力发电，（1）：30-34，45.

胡俊平，李志伟，2010. 水泵转子体叶片的三维造型和五轴联动加工[J]. 装备制造技术，（1）：132-133，142.

胡龙兵，王蓬蕙，蔡其波，2019. 高速水力测功器过流部件抗空蚀技术研究[J]. 机械工程师，（11）：68-71.

黄继汤，1991. 空化与空蚀的原理及应用[M]. 北京：清华大学出版社.

黄剑峰，张立翔，王文全，等，2011. 混流式水轮机三维非定常流分离涡模型的精细模拟[J]. 中国电机工程学报，26：83-89.

黄剑峰，张立翔，姚激，等，2016. 水轮机泥沙磨损两相湍流场数值模拟[J]. 排灌机械工程学报，34（2）：145-150.

黄源芳，2005. 中国河流沙粒对水轮机磨损影响的研究与实践[J]. 水力发电，（12）：56-58.

蒋文山，2016. 大型水库化学污染对水力机组空化性能的不利影响[D]. 北京：中国农业大学.

柯强，2016. 混流式水轮机转轮内部流动的数值模拟及 PIV 测试探究[D]. 成都：西华大学.

赖喜德，2007. 叶片式流体机械的数字化设计与制造[M]. 成都：四川大学出版社.

蓝成根，金维俊，1994. 聚氨酯弹性体抗泥沙磨损抗空蚀水轮机叶片的应用[J]. 聚氨酯工业，（2）：24-26，7.

李扶汉，1996. 减轻泥沙对水泵水轮机磨损的措施[J]. 水力发电，（7）：50-51.

李贵勋，张雷，郑军，等，2017. 磨蚀防护技术在水力机械的应用研究[J]. 水电站机电技术，40（05）：21-23.

李建伟，2008. 水轮机抗泥沙磨损用高速喷镀新技术的试验研究[J]. 电气技术，（2）：5-7，11.

李锐，张凡，王全洲，等，2010. 小浪底水电站水轮机泥沙磨损研究[J]. 人民黄河，32（12）：237-239.

李欣，2016. 水轮机的空化与空蚀[J]. 科技创新与应用，（14）：109.

李言亮，2012. 水泵磨蚀修补技术综合评价[D]. 扬州：扬州大学.

李叶兵，2018. 夏特水电站水轮机导叶泥沙磨损研究[D]. 成都：西华大学.

李玉梅，格桑多吉，2014. 水轮机组泥沙磨损的分析及思考[J]. 西藏科技，（7）：67-70，74.

李媛，2009. 含沙水流条件下轴流转桨式水轮机内部流动数值研究[D]. 西安：西安理工大学.

李忠，2011. 轴流泵内部空化流动的研究[D]. 镇江：江苏大学.

梁武科，罗兴琦，郭鹏程，等，2004. 高含沙水流水轮机转轮的改型与抗磨蚀研究[J]. 中国农村水利水电，（2）：78-80.

廖庭庭，陈和春，高甜，等，2012. 三峡水电站过机泥沙粒径对水轮机叶片空化空蚀的影响[J]. 中国农村水利水电，（2）：121-123，126.

廖伟丽，姬晋廷，逯鹏，等，2009. 混流式水轮机的非定常流动分析[J]. 机械工程学报，6：134-140.

林斌，2010. 水泵空化与空蚀分析研究[J]. 中国电力教育，（S1）：707-709.

林良有，2007. 水轮机空化噪声测试系统设计研究[D]. 北京：清华大学.

林良有，张伟，吴玉林，2007. 水轮机空化空蚀分析软件设计[J]. 大电机技术，（1）：37-40.

刘超，2016. 部分负荷工况下水泵水轮机空化流动特性研究[D]. 兰州：兰州理工大学.

刘大恺，1997. 水轮机[M]. 3 版. 北京：中国水利水电出版社.

刘功梅，李志国，2017. 金沙江下游水轮机泥沙磨损情况分析[J]. 水电与新能源，（4）：2-5.

刘光宁，陶星明，刘诗琪，2008. 水轮机泥沙磨损的综合治理[J]. 大电机技术，（1）：31-37.

刘建华，管超，万雪营，2017. 挠性叶轮泵设计研究[J]. 机电工程技术，46（11）：24-26.

刘娟，2013. 冲击式水轮机过流部件泥沙磨损的试验研究//中国动力工程学会水轮机专业委员会，中国水力发电工程学会水力机械专业委员会，中国电机工程学会水电设备专业委员会. 第十九次中国水电设备学术讨论会论文集[C]. 北京：中国水力发电工程学会：5.

刘鹏，宋华婷，2012. 塔尕克水电站水轮机泥沙磨损分析[J]. 中国水利，（22）：54-55.

刘一杰，2014. P-2200 高压泥浆泵制造工艺设计与优化[D]. 西安：西安石油大学.

刘一心，1983. 对含沙水流空蚀与磨损问题的几点看法[J]. 人民黄河，（5）：9-12.

刘争光，2012. 长短叶片混流式水轮机内部固液两相流动数值模拟[D]. 成都：西华大学.

刘中成，2013. 水轮机空蚀安全裕量系数 K 值的取法[J]. 云南水力发电，29（4）：134-137.

卢池，2006. 流体机械内部空化流动的数值模拟[D]. 成都：西华大学.

卢池，杨昌明，陈次昌，等，2006. 水轮机空化系数的动态测定[J]. 西华大学学报（自然科学版），(1)：50-51.

陆力，刘娟，易艳林，等，2016. 白鹤滩电站水轮机泥沙磨损评估研究[J]. 水力发电学报，35（2）：67-74.

马素萍，2014. 对水轮机泥沙磨损保证值参数检测的探讨[J]. 水利技术监督，22（6）：13-14.

梅颖，1998. 泥沙对水泵叶轮磨损的分析及防护[J]. 小水电，(1)：18-19.

孟玢，2012. 浅析水泵空蚀与泥沙磨损的预防及修复技术[J]. 科技创新导报，(8)：77.

明乐乐，2015. 立轴空间导叶式离心泵内部流动数值分析及性能优化[D]. 武汉：华中科技大学.

齐学义，杨军虎，刘在伦，1999. 旋喷泵设计参数的分析探讨[J]. 流体机械，(10)：19-21，3.

秦三虎，薛永辉，2011. 水轮机空化系数对水力性能的影响[J]. 中国城市经济，(8)：139.

屈红岗，2008. 浅谈水轮机的空化和空蚀机理以及抗空化的措施[J]. 湖南水利水电，(3)：96-97.

沈碧桦，2014. 叶片泵 CAD/CAE/PDM 集成设计平台的研究与开发[D]. 咸阳：西北农林科技大学.

施郑赞，2018. 非光滑叶片离心泵空蚀损伤特性研究[D]. 浙江工业大学.

石建伟，金永鑫，宋文武，等，2017. 多级离心泵叶轮相位交错对转子受力变化的影响[J]. 热能动力工程，32（11）：33-40，130.

石祥钟，闫雪纯，孟燕，等，2016. 长短叶片混流式水轮机空化特性的数值模拟[J]. 水电能源科学，34（12）：164-167，203.

石永伟，2006. 三门峡水电厂水轮机泥沙磨蚀及其防护的研究[D]. 南京：河海大学.

史会轩，2008. 大型水轮机空化在线监测与分析——方法及应用研究[D]. 武汉：华中科技大学.

史会轩，李朝晖，毕亚雄，2008. 基于声波探测的水轮机空化分析方法研究与应用[J]. 水利水电技术，(9)：75-77.

史振声，1995. 水轮机[M]. 北京：电子工业出版社.

司乔瑞，袁寿其，李晓俊，等，2014. 空化条件下离心泵泵腔内不稳定流动数值分析[J]. 农业机械学报，5：84-90.

宋文武，2006. 水力机械及工程设计[M]. 重庆：重庆大学出版社.

苏江帆，2012. 水轮机空蚀监测与诊断系统研究[D]. 武汉：华中科技大学.

唐卫卫，2011. 离心水泵的优化设计及其仿真[D]. 咸阳：西北农林科技大学.

田宏涛，2019. 水力机械过流部件材料及防护工艺的抗泥沙磨蚀性能实验研究[D]. 西安理工大学.

王波，2017. 水力机械常用材料磨蚀特性实验研究[D]. 西安理工大学.

王成民，2000. 我国水轮机泥沙磨损课题的研究[J]. 黑龙江电力，(6)：53-56.

王杰，2016. 混流式水轮机在含沙水流下的空化特性研究[D]. 杭州：浙江大学.

王民富，2006. 水轮机导水机构抗磨板的新结构//水轮机抗磨蚀技术研讨会论文集[C]. 兰州：甘肃省水力发电工程学会.

王鑫，2017. 混流式水轮机转轮空化流动特性的数值计算及性能改善[D]. 成都：西华大学.

王秀礼，2013. 核主泵内多相流动瞬态水力特性研究[D]. 镇江：江苏大学.

王洋，1998. 泵叶轮与导叶冲压焊接成形工艺的研究[J]. 农业机械学报，(1)：118-120.

王者昌，陈静，2009. 水轮机抗空蚀磨损金属覆层方法、材料和应用[J]. 焊接，(2)：38-46，70.

吴钢，张克危，卢进玉，2001. 可控喷丸对水轮机抗泥沙磨损性能的影响[J]. 水力发电学报，(3)：91-95.

吴玉林，吴伟章，曹树良，等，1999. 水轮机转轮泥沙磨损的数值模拟[J]. 大电机技术，(5)：54-58.

熊茂涛，2006. 含沙水流中离心式水泵过流部件泥沙磨损的数值模拟[D]. 成都：西华大学.

徐朝晖，陈乃祥，吴玉林，等，2002. 水轮机空蚀破坏估算法[J]. 华东电力，(8)：75-77.

徐文吉，贾允，李颖奇，等，2018. CAP1000 核主泵闭式锻造叶轮加工技术[J]. 水泵技术，(3)：42-46.

杨宛利，2017. 高水头混流式水泵水轮机空化特性研究[D]. 西安：西安理工大学.

杨勇，2007. 水轮机空化状态监测与诊断[D]. 武汉：华中科技大学.

姚丽琴，张红兵，2005. 大中型水泵空蚀与泥沙磨损预防及修复技术[J]. 科技情报开发与经济，（6）：265-266.

姚启鹏，1997. 平面绕流泥沙磨损试验及水轮机磨损预估[J]. 水力发电学报，（3）：70-79.

易艳林，陆力，2014. 水轮机泥沙磨损研究进展[J]. 水利水电技术，45（4）：160-163.

余江成，2007. 溪洛渡水轮机泥沙磨损预估及分析//甘肃省水力发电工程学会，全国水机磨蚀试验研究中心，中国电机工程学会水电设备专业委员会. 水轮发电机组稳定性技术研讨会论文集[C]. 兰州：甘肃省水力发电工程学会：9.

余江成，2011. 关于水轮机磨损标准制定及相关问题的讨论//中国电机工程学会水电设备专业委员会，中国水力发电工程学会水力机械专业委员会，中国动力工程学会水轮机专业委员会，水力机械专业委员会水力机械信息网，全国水利水电技术信息网. 第十八次中国水电设备学术讨论会论文集[C]. 北京：中国水利水电出版社.

余良伟，2017. 离心泵叶轮的结构光测量技术研究[D]. 武汉：武汉工程大学.

翟江，赵勇刚，周华，2012. 水压轴向柱塞泵内部空化流动数值模拟[J]. 农业机械学报，11：244-249，260.

占梁梁，2008. 水力机械空化数值计算与试验研究[D]. 武汉：华中科技大学.

张宏中，田磊，赵小康，2017. 水力机械抗磨蚀技术的应用与发展[J]. 内燃机与配件，（24）：137-138.

张辉，2018. 含沙水流特性对磨蚀破坏的研究[D]. 天津大学.

张建勋，2017. 泵工况下水泵水轮机空化流动特性研究[D]. 兰州：兰州理工大学.

张剑新，顾四行，1994. 葛洲坝水轮机抗泥沙磨损保护涂层[J]. 水电站机电技术，（1）：6-9.

张俊华，张伟，蒲中奇，等，2006. 轴流转桨式水轮机空化声信号特征研究[J]. 大电机技术，（2）：57-61.

张帅，2014. F2200 泥浆泵制造质量进度控制技术与方法研究[D]. 西安：西安石油大学.

张欣，2018. 不同粒径下涂层对材料抗磨蚀性能影响试验研究[D]. 西安理工大学.

张永泉，黄建华，姜娟，2008. 水泵制造与数控加工[J]. 通用机械，（1）：85-87.

赵希枫，2009. 基于 CFD 技术改善离心泵内部空化性能的研究[D]. 兰州：兰州理工大学.

赵越，2017. 模型水轮机转轮叶片初生空化声学判定方法的研究[D]. 哈尔滨：哈尔滨工业大学.

郑源，鞠小明，程云山，2007. 水轮机[M]. 北京：中国水利水电出版社.

周继良，2004. 轴流水泵空化问题的研究[D]. 哈尔滨：哈尔滨工程大学.

祝继文，陈建福，2018. 多泥沙电站水轮机抗泥沙磨损措施探析[J]. 黑龙江水利科技，46（7）：140-142，153.

卓玛穷达，2012. 关于西藏正在兴修水电站预防水轮机空化与空蚀技术探讨[J]. 水电站机电技术，35（1）：13-16.

DAHLHAUG O G，2006. 混流式水轮机的泥沙磨损问题—来自尼泊尔 Jhimruk 水电厂的研究[J]. 陈婷，译. 国外大电机，（2）：64-66.

DVKHERA，马元珽，2002. 水轮机的泥沙磨损问题[J]. 水利水电快报，（4）：27-28.

GÜLICH J F，2008. Centrifugal Pumps[M]. Berlin：Springer-Verlag Berlin Heidelberg.